L'ÂNE D'OR

Collection dirigée
par
Alain Segonds

COLLECTION «L'ÂNE D'OR»

KEPLER : LA PHYSIQUE CELESTE

Autour de l'*Astronomia Nova* (1609)

KEPLER : LA PHYSIQUE CELESTE

Autour de l'*Astronomia Nova* (1609)

Présenté par Édouard Mehl
avec la collaboration de Nicolas Roudet

PARIS

LES BELLES LETTRES

2011

www.lesbelleslettres.com

Pour consulter notre catalogue
et être informé de nos nouveautés
par courrier électronique

© *2011, Société d'édition Les Belles Lettres,
95, bd Raspail, 75006 Paris.*

ISBN : 978-2-251-42046-2

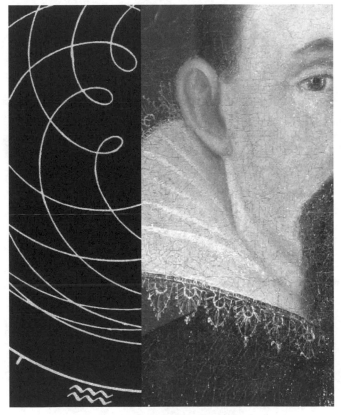

D'après un portrait original de J. Kepler,
Strasbourg, Fondation du Chapitre Saint-Thomas

Ce volume a été mis en page par Ersie Leria (Service des publications et périodiques de l'Université de Strasbourg).

Alain-Philippe Segonds
(1 August 1942 - 2 May 2011)
in memoriam

NICK JARDINE

In the 1980s I came to know Alain through reports of his formidable scholarship (from Charles Schmitt and Owen Gingerich) and through his translation, with notes and commentary, of Kepler's *Mysterium cosmographicum* (Jean Kepler, *Le secret du monde*, Les Belles Lettres, Paris, 1984). Reviewing this, the notoriously severe critic Edward Rosen declared: "Segonds' scrupulous respect for historical truth is absolutely admirable. So is his amazing capacity for absorbing his subject's vast multilingual literature" ("Review: Kepler's early writings", *Journal of the History of Ideas*, 46, 1985, 449-454, p. 452). To this it may be added that Alain's annotations show an impressive command of the technical mathematical details of the work, and that his translation of this difficult text is exemplary. As a translator Alain had (I can hardly bring myself to write "had") a quite extraordinary capacity to combine accuracy with accessibility – not the sort of accessibility got by anachronistically modernising, but that far subtler sort that leads the reader gently into the past.

In 1987 we first met while Alain was a visiting scholar at Corpus Christi College, Cambridge, and he arranged for me to come to Paris in the following year to give some talks on Kepler at the Centre Alexandre Koyré and to work with him and his colleagues at L'Observatoire. There we planned an ambitious project, to produce critical editions, translations and commentaries for the extant documents relating to the prolonged and heated debate over priority in the formulation of a geo-heliocentric world system, all to be published by Les Belles Lettres under the title *La guerre des astronomes*. We were fascinated by this controversy, in which Brahe, Nicolaus Ursus, Helisaeus Roeslin and Kepler were involved, for two basic reasons: first, on the general historiographical ground that in such conflicts the participants do much of the historian's work, revealing each other's interests, assumptions and prejudices; secondly, because of the scholarly challenge posed by the range of relevant and often textually problematic documents already known and the exciting prospect of travelling around ferreting out more of them. In this project we were joined by others over the years, notably Miguel Granada, expert on Roeslin, Dieter Launert, biographer of Ursus and adept at hunting out new documents, and Adam Mosley, connoisseur of Brahe and his correspondence network.

Over the next two decades Alain and I became firm friends, discovering shared interests in such diverse realms as early-modern book history, astronomical imagery, and neoplatonism (for Alain as a world expert, for me as an amateur). Occasionally we also shared our antipathies: to most postmodern gurus, and to many brands of recent philosophy, both analytic and "continental". It should be added, however, that Alain was discriminating in his antipathies. Thus, for all his mistrust of gurus, he respected the saner portions of Foucault's oeuvre, and he saw that Derrida had come out on top in his famous confrontation with Searle on speech act theory. Likewise, despite his suspicion of all things Heideggerian, he admired Gadamer's dialectical readings of Plato.

In the following years Alain and his wife Miriam were wonderfully hospitable. In all our conversations Alain wore his learning lightly, as the saying goes, and it was only gradually that I came to realise the extraordinary scope of his philosophical, philological, editorial and text-critical enterprises. Indeed, much of this range has only become evident to me from reading the obituary notices by Henri Dominique Saffrey (*The International Journal of the Platonic Tradition*, in press), Michel Lerner (http://syrte.obspm.fr/histoire/segonds.php and *Journal for the History of Astronomy*, in press) and Stefano Gattei (*Isis*, in press), as well as the recent Wikipedia listing of his publications (http://fr.wikipedia.org/wiki/Alain_Philippe_Segonds). First and foremost there are his editions, translations and annotations of neoplatonic works, including Proclus' *Commentary on the Alcibiades*, Iamblichus' textually challenging *Life of Pythagoras*, Porphyry's *Isagoge* (with Alain de Libera), Damascius' *Commentary on Plato's Parmenides* (with Leendert Gerrit Westerink and Joseph Combès), and the ongoing edition of Proclus' *Commentary on the Parmenides* (now being continued by Concetta Luna). Turning to the early-modern period, there are, in addition to the works already mentioned, his contributions to the translation and annotation by Henri Hugonnard-Roche and Jean-Pierre Verdet, of Rheticus' *Narratio prima*, his translation of Tycho Brahe's *De stella nova*, his edition (with Owen Gingerich) with splendidly informative new references and footnotes of Max Caspar's *Kepler*, and his contributions to the Les Belles Lettres *Œuvres complètes* of Giordano Bruno. Starting in 1973 Alain embarked, with Michel Lerner and Jean-Pierre Verdet, on a critical edition, translation and annotation of Copernicus' *De revolutionibus*, a monumental undertaking now on the verge of completion. This edition is most eagerly awaited by historians of science, whose field is one in which truly critical editions of the kind taken for granted by classicists are regrettably few and far between.

Alain was not just an editor, translator and textual critic. Many of his introductions, appendices, and often lengthy footnotes constitute original essays in the history of philosophy. And his twenty or so articles are multa in parvo masterpieces, some of them packed with enough learning for an entire book. In my own field of early-modern history of the sciences, I particularly admire his "Tycho Brahe et l'alchimie", in *Alchimie et philosophie à la Renaissance*, Paris, 1993, «Kepler et l'infini», in *Infini des philosophes, infini des astronomes* (Paris, 1995), and «Astronomie terreste/astronomie céleste chez Tycho Brahe», in *Nouveau ciel, nouvelle terre. La révolution copernicienne dans l'Allemagne de la Réforme, 1530-1630*, Paris, 2009.

In all his dealings with other scholars, and especially with students, Alain was unfailingly generous, tirelessly helping with translation, decipherment of manuscripts, and tidying up of arguments. His only weakness was an extreme reluctance to take credit: on more than one occasion I found it almost impossible to secure his name as co-author when he had done more than half the work.

Alain was full of surprises. He was, for example, extraordinarily well informed on such diverse matters as the history of paper production and watermarking, Raymond Queneau and pataphysics, the paintings of Gustave Moreau, and the works of Rétif de la Bretonne. And I owe much (at least 5,000 roubles) to another unexpected side of Alain. In 2001 we went to St Petersburg to examine Kepler manuscripts at the Russian Academy of Sciences. One evening in a crowd on an underground platform I was grabbed by a man after my wallet. I shouted "Alain, help!". *Mirabile dictu*, the normally sedate and unathletic Alain flew sideways, shoving away the mugger and enabling me and my wallet to escape. Alain expressed great astonishment and amusement at his own vigorous and courageous act! In fact, earlier that day there had been another remarkable revelation as Alain demonstrated his way of telling the order of rapidly superimposed manuscript deletions by looking with the aid of a dictionary lens for the paler margins of the ink of the second one, like the pale margins of the second of two wet tyre tracks in a car park, as he put it.

What lay behind Alain's so varied scholarly activities and enthusiasms? Once or twice I tried direct questioning, but he was evasive. The answer is, I think, Plato. Not, or not primarily, the Platonism of forms and ideas; for though he greatly admired the Platonic history of science of his sometime teacher Alexandre Koyré, Alain was insistent, against Koyré, that technology has run neck and neck with ideas as a driving force in the sciences; nor did Alain show any hint of Platonic aspiration to rule as a philosopher-king; nor, with his bibliophilia and his taste for tripou and tarte tatin, did he altogether spurn earthly things. Alain's Platonism lay rather in something he shared with Pierre Hadot and Père André-Jean Festugière, his teachers and inspirers at the École Pratique des Hautes Études, namely, the practice of philosophy as a way of life. To me this was most evident in the open-endedness of his enquiries and conversations, like Plato's dialogues (as expounded by Gadamer), ever chary of answers, but persistent in their uncovering of presumptions and opening up of new questions.

Introduction
Non igitur μυθολογεῖ Copernicus...

Édouard Mehl

L'*Astronomia Nova* de Kepler occupe une place singulière, aussi bien dans l'œuvre de l'astronome impérial que dans l'histoire des sciences. Cette singularité se manifeste à travers une série de paradoxes, dont on peut, en guise d'introduction, dresser une liste succincte. L'*Astronomia Nova* (1609)[1] est tout d'abord, dans l'aventure intellectuelle de son auteur, la première œuvre de la maturité et la plus personnelle; pourtant elle est souvent occultée par la célébrité des *Dissertations sur le Mystère Cosmographique* (1596), opuscule de jeunesse programmatique, certes prometteur et gros de l'œuvre à venir, mais plus modeste en ce sens qu'il se proposait seulement d'apporter un démonstration du système copernicien, et mettait donc tout son génie au service d'un savoir déjà là. Au contraire, l'*Astronomia Nova* résulte de plusieurs années d'inlassables réflexions et recherches, et c'est dans ce travail obscur, souvent labyrinthique, et d'une âpreté sans exemple[2], que l'ouvrier s'est affranchi de la tutelle de ses maîtres en astronomie, Tycho, Copernic, Ptolémée, pour accéder directement, selon ses propres dires, aux «sources de la nature».

---

[1] *Astronomia Nova* ΑΙΤΙΟΛΟΓΗΤΟΣ *seu Physica Coelestis tradita Commentariis de motibus stellae Martis, ex observationibus G. V. Tychonis Brahe* (désormais AN).

[2] «Plurium annorum pertinaci studio elaborata Pragae» dit encore la page de titre.

De surcroît c'est aussi bien l'astronomie elle-même que Kepler prétendait libérer en dévoilant, dans le hors-texte introductif de l'*Astronomia*, ironiquement adressé à La Ramée, la véritable identité de l'*Avis au Lecteur* ajouté par le théologien Andreas Osiander au *De Revolutionibus* copernicien[3]. En effet, récusant l'épistémologie sceptique et relativiste enveloppée dans cet *Avis au lecteur* (que La Ramée attribuait fautivement à Copernic lui-même), Kepler affirme que l'astronomie n'a pas à se contenter d'inventer des hypothèses plus ou moins arbitraires et seulement propres à sauver les apparences des mouvements célestes[4]. Mais elle a bien pour fonction d'expliquer les *naturalia* par leurs vraies causes, ce qui est proprement «philosopher».

L'édition récente du *Contra Ursum* de Kepler par Nick Jardine et Alain-Philippe Segonds, texte intermédiaire dont Kepler abandonne la rédaction après la mort de Tycho Brahé (1601), et précédant immédiatement la mise en chantier de l'*Astronomia Nova*, permet de mieux comprendre le sens de cette entrée en matière, et montre que le rapport de Kepler à Osiander est en fait médiatisé par la polémique avec l'astronome *radicalement* sceptique qu'est Ursus, ce que, selon lui, n'était pas Osiander : «Il ne faut pourtant pas manquer de noter qu'Osiander semble avoir écrit par feinte (*simula[te] scripsisse*), et non pas en son âme et conscience, faisant siens les conseils de Cicéron dans son *De Republica*»[5]. Cette relecture d'Osiander est assez improbable, mais témoigne de l'habileté rhétorique par laquelle Kepler, sans chercher véritablement à déterminer quelles étaient les intentions d'Osiander, cherche plutôt à neutraliser les effets de sa ruse, en même

---

3   AN, KGW 3, 6. L'adresse à La Ramée fait suite à une assez longue citation des *Scholae Mathematicae* (1569), où La Ramée, déclarant qu'il est «absurde de démontrer la vérité des choses naturelles par des causes fausses», exprimait le souhait, ou plutôt le regret que Copernic n'ait pas constitué une astronomie «sans hypothèses». Pour ce que La Ramée entend par là, et à quoi Kepler répond de manière très ironique, voir A. Ph. Segonds et N. Jardine, «A challenge to the reader: Petrus Ramus on astrologia without hypotheses», in M. Feingold, J. S. Freedman and W. Rother (dir.), *The Influence of Petrus Ramus: Studies in Sixteenth and Seventeenth Century Philosophy and Sciences*, Basel, Schwabe, 2001, p. 248-266.

4   Sur cet Avis, voir M.-P. Lerner et A.-P. Segonds : «Sur un avertissement célèbre : l'*Ad lectorem* du *De Revolutionibus* de Nicolas Copernic», *Galilaeana*, V, 2008, p. 113-148.

5   Kepler, *Contra Ursum*, Paris, Les Belles Lettres, 2008, vol. II. 2, ch. I, p. 269. Comme le notent les éditeurs, l'allusion au *De Republica* concerne en fait le *Songe de Scipion* de Cicéron : c'est dire que Kepler prête ici à Osiander un procédé rhétorique apparenté à ce que le commentaire de Macrobe au *Songe de Scipion* thématise sous le titre de «narratio fabulosa». Chose que, prenant Osiander *à la lettre*, ni La Ramée ni Ursus n'auraient comprise.

temps qu'à isoler complètement Ursus et le courant sceptique, qui prétendaient interdire à une astronomie seulement mathématique la connaissance par les causes (physiques), et partant l'accès à la « forme » ou la « source » de la nature. Mais en s'attaquant ainsi à cette forme de scepticisme exacerbé et radical, Kepler est inévitablement amené à se confronter au problème sous-jacent du statut de l'astronomie, science dont une bonne partie de l'aristotélisme médiéval a interprété le caractère mathématique dans le sens de l'abstraction et d'une certaine indifférence (doublée d'incompétence) à l'égard du réel[6].

Tel serait donc, d'un mot, l'enjeu de l'*Astronomia Nova*, lapidairement énoncé dans la réplique inaugurale à La Ramée (« Non igitur μυθολογεῖ Copernicus… »[7]) : refaire de l'astronomie une « philosophie », à savoir une philosophie « naturelle », certes, mais qu'il ne faut pas entendre comme subordonnée à une philosophie première, dont elle tiendrait ses principes, comme l'estiment la plupart des aristotéliciens. La « physique céleste » s'édifie en effet sur les ruines de la théologie cosmique des moteurs célestes, et remplace la supposition métaphysique, inutile et incertaine, des intelligences motrices, par l'étude des forces, quantifiables, donc réelles. Et comme l'axiome du mouvement circulaire uniforme des corps célestes dépendait de cette supposition invérifiable concernant la nature de leur cause (une intellection simple), il va de soi que cette révolution dans la conception des causes physiques de la motricité est indissociable de la nouvelle conception du mouvement lui-même, et qu'elle est une condition de possibilité de la « première loi » : de fait, la trajectoire elliptique ne satisfait pas aux conditions de simplicité requises – et imposées – par la supposition d'une cause intellective.

Ce retour, par un nouveau concept de force, aux sources (naturelles) de la physique, ne signifie toutefois aucunement l'entrée dans un nouvel âge de la rationalité moyennant l'interdiction de toute assomption « métaphysique » : tout au contraire la « physique céleste » permet et inaugure la refondation critique d'une théologie scientifique libérée des idoles païennes auxquelles l'aristotélisme la soumettait. C'est en effet au théologien qu'il appartient d'ouvrir et de déchiffrer

---

6   Notamment Maïmonide, dont les formules anticipent nettement sur celles d'Osiander : « [l'astronome] n'a pas pour but de faire connaître sous quelle forme les sphères existent, mais son but est de poser un système (1520 : *excogitare firmamentum*, autrement dit : inventer une hypothèse, au sens d'un fondement) par lequel il soit possible d'admettre des mouvements circulaires, uniformes, et conformes à ce qui se perçoit par la vue, n'importe que la chose soit (réellement) ainsi ou non » (Maïmonide, *Le Guide des Égarés*, II, 24, tr. S. Munk, 1856, II, p. 193).

7   *AN*, KGW 3, 6 : « Non igitur μυθολογεῖ Copernicus, sed serio παραδοξολογεῖ, hoc est, φιλοσοφεῖ· quod tu in Astronomo desiderabas ».

le «livre de la nature», et c'est à l'astronome qu'il revient de reconnaître «dans le mouvement si secret de la Terre la sagesse si admirable du Créateur»[8], ce dont Aristote, qui «n'a rien su ni cru du commencement du monde»[9], et sa théorie des «moteurs éternels», est parfaitement incapable[10]. Il fallait donc renverser tout l'édifice conceptuel de l'aristotélisme, de manière à ce que l'astronomie puisse retrouver son antique statut de théologie naturelle. C'est en entreprenant cette tâche immense que Kepler, laborieusement, est devenu lui-même. Aussi, bien que seconde dans l'ordre chronologique, faut-il considérer l'*Astronomia Nova* comme l'œuvre véritablement première, novatrice et instauratrice, où l'astronome donne toute la mesure de son génie et pose les fondements d'une science nouvelle.

Ce premier constat en appelle immédiatement un autre, qui a trait cette fois à la réception de l'œuvre, et à l'émergence des «lois de Kepler» dans le contexte de l'astronomie pré-newtonienne. L'œuvre contient, on le sait, l'exposé des deux premières lois (loi des orbites elliptiques, loi des aires), mais, à s'en tenir strictement à l'exposé de l'*Astronomia Nova*, le statut de ces lois, leur connexion nécessaire, et leur rôle dans la définition de ce que l'œuvre désigne dès son titre comme la «physique céleste», est beaucoup moins évident. Par ailleurs, si Kepler a bien libéré ici l'astronomie de la hantise de la circularité – selon l'heureuse formule de Koyré –, s'il est vrai que les orbites elliptiques supposent un univers homogène, où les mouvements célestes s'expliquent par le jeu des forces et non par la vertu des intelligences motrices, s'il est vrai encore que la notion même de «physique céleste» implique une compréhension entièrement renouvelée du partage traditionnel des sciences théorétiques (métaphysique, physique, mathématique), cependant l'ordre choisi par Kepler pour exposer toute cette nouveauté est loin rendre celle-ci immédiatement et suffisamment intuitive. À cet

---

8   *AN*, KGW 3, 33, l. 15-16. Pour la traduction française, voir A.-P. Segonds: [Kepler] *Le Secret du Monde*, Paris, Les Belles Lettres, 1984, p. 187. Pour le commentaire de cette *Préface* à l'*Astronomia Nova*, initialement destinée au *Mysterium cosmographicum*, voir C. Methuen, «De la *sola scriptura* à l'*Astronomia Nova*», dans *Nouveau Ciel, Nouvelle Terre. L'astronomie copernicienne dans l'Allemagne de la Réforme*, M. Á. Granada et É. Mehl (dir.), Paris, Les Belles Lettres, 2009, p. 319-338.

9   *AN*, ch. II, KGW 3, 68, l. 22.

10   Kepler donne, dans ce chapitre II, la version de l'aristotélisme la moins compatible qui se puisse faire avec l'Écriture. Aristote aurait notamment soutenu démonstrativement l'éternité du monde et la causalité du mouvement par des moteurs éternels. Les contemporains de Kepler ont souvent cherché à donner de *Physique VIII* et de *Métaphysique Λ* une interprétation plus souple (pour une liste des auteurs selon lesquels Aristote aurait soutenu une thèse créationniste, voir Suarez, *Disputationes Metaphysicae*, Salamanque, 1597, disp. XX., section I, § 30).

égard, il est intéressant de noter que Kepler ne cesse par la suite de renvoyer à ses *Commentaires sur Mars*, mais c'est autant, semble-t-il, parce qu'il considère lui-même cette œuvre comme le manuel de la science nouvelle, que pour en préciser le sens, et pour en approfondir les conséquences, au point que certains historiens des sciences n'ont pas hésité à dire que la formulation de la troisième loi (loi des vitesses ou des temps périodiques, divulguée quelque dix ans plus tard dans l'*Harmonice Mundi* et l'*Epitome astronomiae copernicanae*), n'était qu'un simple corollaire de la loi des distances bien comprise : c'est dire que Kepler n'aurait ultérieurement progressé qu'en revenant, pour les clarifier, sur certaines difficultés cruciales de l'*Astronomia Nova*[11].

Sous cet aspect, cette *Nouvelle Astronomie* est donc bien l'œuvre centrale de Kepler, mais c'est aussi la moins accessible, tant en raison de la difficulté technique qu'on vient de dire, que de ce qu'on pourrait appeler la structure « feuilletée » de son propos, dont un synopsis complet suivi d'un exposé synthétique des soixante dix chapitres composant les cinq parties de l'ouvrage[12] fait apparaître toute la densité et la complexité. Ce statut tout à fait particulier a amené les collaborateurs de ce volume à poser et à sérier plusieurs questions que la *Rezeptionsgeschichte*, si souvent décriée, aide ici ne serait-ce qu'à instruire : l'*Astronomia Nova* a-t-elle été lue et comprise ? Qu'est-ce qui explique l'insuccès d'un ouvrage aussi fondamental ? Autrement dit, on ne voulait pas se contenter de souligner ici, comme l'a fait Max Caspar, qu'un Galilée n'a par exemple jamais évoqué (et vraisemblablement jamais lu) cet ouvrage dans les vingt trois ans qui séparent sa publication (1609) de celle du *Dialogo sopra i due massimi Sistemi del Mondo* (1632)[13] : il fallait comprendre *pourquoi*, et avancer de nouvelles hypothèses interprétatives. On espère également que ce volume contribuera à établir de nouvelles pistes pour la recherche, et à tenir compte plus systématiquement de cet ouvrage injustement marginalisé dans l'étude de questions fondamentales – comme, pour n'en prendre qu'un exemple, la question de la rotation axiale du soleil juste *avant* la découverte et l'observation des taches solaires.

Les contributions rassemblées dans ce volume sont issues d'un colloque international organisé à l'Université Marc Bloch de Strasbourg en décembre 2008 « autour de l'*Astronomia Nova* », à la veille de l'année mondiale de l'astronomie, et du quadricentenaire de sa publication (1609-2009). Ce colloque, organisé conjointement par l'Équipe d'Accueil et de Recherche en Philosophie de

---

[11] E. J. Aiton, « Kepler's Second Law of Planetary Motion », *Isis*, 60, n° 1 (1969), p. 75-90.
[12] KGW 3, 34-55.
[13] KGW 3, *Nachbericht*, p. 439.

l'Université Marc Bloch (EA 2326) et par la Commission éditoriale des *Œuvres* de Kepler (Bayerische Akademie der Wissenschaften) permet aujourd'hui, grâce à la générosité de l'éditeur, de donner un aperçu de l'état de la recherche internationale sur un sujet aussi important que peu étudié en France, à l'exception des travaux de Gérard Simon[14]. Plusieurs contributions montreront d'ailleurs ici combien le travail pionnier de Gérard Simon avait anticipé sur des études anglo-saxonnes désormais classiques, mais parfois un peu fermées sur une bibliographie de langue anglaise, et loin de rendre justice aux mérites d'un historien original et unique en son genre.

La première partie rassemble des études consacrées à l'étude matérielle du livre, aux circonstances de son élaboration, et à sa diffusion. Isabelle PANTIN donne un portrait inédit de la fabrication du livre, des multiples contraintes auxquelles Kepler a dû se plier, et montre tout le soin apporté à sa confection, pour s'étonner, en conclusion de son enquête, de la réputation d'obscurité faite à un texte qui ajuste si parfaitement son langage formel à sa démarche démonstrative. L'organisation des dédicaces, la mise en page complexe, la répartition des figures, le temps (et l'argent!) investis dans cette entreprise: tout cela prouve, si besoin était, l'ampleur des ressources mobilisées pour guider et convaincre le lecteur. Menso FOLKERTS présente ensuite une étude complète des rapports que Kepler entretint avec David Fabricius: avant de se faire connaître par ses observations sur les taches solaires, Fabricius a travaillé sur la théorie de Mars en même temps que Kepler, et la correspondance qu'ils échangèrent au cours de l'année 1604 est décisive pour la genèse de l'*Astronomia Nova*. Fabricius qui tient au principe du mouvement circulaire uniforme, se voit ainsi adresser une réplique dans laquelle tient presque toute la révolution astronomique de Kepler: «Les principes par lesquels j'explique moi les mouvements planétaires restent constants. La seule différence est que pour toi ce sont des cercles, et que pour moi ce sont des vertus corporelles»[15].

La section suivante est plus spécifiquement consacrée à des questions mathématiques et scientifiques. Jürgen HAMEL étudie le rapport de Kepler avec Kassel, c'est-à-dire avec les observations menées par le Landgrave Guillaume IV de Hessen-Kassel, patron de l'astronome copernicien Christoph Rothmann, tous deux ayant entretenu avec Tycho Brahe l'une des correspondances scientifiques les plus importantes de l'époque moderne. Hamel montre que Kepler est parfaitement

---

[14] G. Simon, *Kepler, Astronome, Astrologue*, Paris, Galimard, 1979. Sur l'AN, voir les ch. VI et VII, p. 295-390.

[15] Kepler à David Fabricius, 1er août 1607, KGW 16, 14 (cité par G. Simon, *op. cit.*, p. 389).

informé des activités de Kassel qui fournissent, en dehors des observations de Tycho, les données les plus précises dont on puisse disposer alors. Les deux contributions suivantes sont strictement complémentaires : A. E. L. Davis étudie la « géométrie céleste » de l'*Astronomia Nova*, montrant *in concreto* comment Kepler combine une extrême nouveauté dans sa technique de géométrisation des orbites elliptiques avec un idéal de la science mathématique géométrique déductive entièrement fidèle au canon de la géométrie euclidienne, mis à mal par les ramistes. La Première Partie de l'*Harmonice Mundi* y reviendra pour expliciter les fondements théoriques de la géométrie keplérienne. Dieter Launert étudie précisément un aspect assez mal connu de la praxis mathématique de Kepler : l'algèbre (« Coss »), qui intervient à plusieurs reprises dans le maquis des calculs de l'*Astronomia Nova*. L'étude, qui complète l'enquête menée jadis par Martha List et Volker Bialas, montre donc que son rejet *théorique* des méthodes algébriques employées par Nicolas Reimer Ursus[16] et par Jost Bürgi, en lesquelles il ne voit qu'une espèce de bricolage non-scientifique, n'en implique pas, en pratique, l'ignorance totale.

La section suivante est consacrée à la question cosmologique de *l'Astronomia Nova*. Miguel Ángel Granada interroge, à partir d'une lecture serrée de *l'Astronomia Nova*, la question de l'agent du mouvement planétaire dans le contexte de la dissolution des orbes solides : après une étude de l'état initial de la question dans le *Mysterium Cosmographicum* et sa dissertation de jeunesse *De motu Terrae* (1593), il montre l'originalité de l'explication physique, proposée dans l'AN : c'est une puissance motrice extérieure au corps céleste qui est au principe de son mouvement. M. Á. Granada montre le rôle que jouent ici la nouvelle définition du concept de « gravité », et l'introduction d'une notion d'inertie incompatible avec la distinction aristotélicienne du mouvement naturel / violent. Finalement, l'étude souligne l'enjeu apologétique d'une explication mécanique des mouvements célestes qui permet au *sacerdos naturae* d'échapper aux théories captieuses de la théologie païenne.

Deux études sur l'astrologie de Kepler viennent clore cette section : Patrick Boner étudie la place que l'astrologie (réformée) tient dans le système

---

[16] Dans les *Nova Kepleriana* édités par la Bayerische Akademie der Wissenschaften, voir M. List et V. Bialas, *Die Coss von Jost Bürgi in der Redaction von Johannes Kepler, Ein Beitrag zur frühen Algebra* (1973). Voir également Dieter Launert, *Nicolaus Reimers Ursus, Stellenwertsystem und Algebra* (2007).

cosmologique de Kepler, qui résiste décidément à son interprétation mécaniciste : en dépit de ce qui semble être le projet même de la physique céleste (remplacer les intelligences par des forces), l'étude de Patrick Boner montre que la rotation diurne de la Terre ne peut s'expliquer autrement, selon Kepler, que par l'existence d'une « âme de la Terre », vivante et douée de perception, lui permettant de percevoir les rapports mathématiques sous-jacents aux « aspects » célestes. L'*Astronomia Nova*, loin de l'évacuer comme le reste d'une *épistémé* obsolète, reconnaît donc à l'astrologie une place bien définie dans la physique céleste, que l'extension du paradigme mécaniste dans l'étude des mouvements célestes ne remet pas en cause. Nicolas ROUDET aborde cette question – de la connexion intime, chez Kepler, entre l'astronomie physique et l'astrologie – sous un angle plus historique et documentaire. La contiguïté dans le temps entre l'*Astronomia*, l'*Antwort auf Röslini Diskurs* et le touffu *Tertius Interveniens* (1610), encore peu considéré dans les monographies consacrées à Kepler, permet à Nicolas Roudet de préciser les liens conceptuels entre l'astrologie – ou ce que Kepler entend désormais par là –, l'astronomie physique, la météorologie et la physique terrestre.

Une dernière section est consacrée à des questions de réception, tantôt directe – mais le cas n'est pas si fréquent[17] –, tantôt médiate et indirecte de l'œuvre. L'enjeu des ces quatre contributions (Paolo Bussotti, Édouard Mehl, Fabien Chareix, Ivo Schneider) est de comprendre comment l'*Astronomia* fut reçue, comprise et assimilée entre Kepler et Newton. Paolo BUSSOTTI présente une étude sur la circulation de l'œuvre de Kepler en Italie. Plusieurs acteurs de la réception et diffusion de Kepler sont étudiés : Edmund Bruce à Padoue, Magini à Bologne, Galilée, Remus Quietanus, Cesi, le Collegio Romano, les Lincei… Cette brève énumération donne une idée de la complexité de cette réception, dont Galilée n'offre qu'un exemple parmi d'autres. P. Bussotti étudie la réception contrastée du *Mysterium*, puis l'âge d'or (1609-1612) pendant lequel l'Italie découvre à la fois le *Sidereus Nuncius* et l'*Astronomia Nova* ; enfin la dernière période concerne la lecture de Kepler en Italie après la condamnation de l'héliocentrisme en 1616. Ma propre contribution aborde une question assez classique mais peu étudiée dans le

---

[17] Le présent volume n'étudie pas spécialement la réception allemande de Kepler. Notons qu'on trouve en la personne du médecin souabe et alsacien Helisaeus Röslin l'un des lecteurs allemands les plus fidèles et attentifs. Röslin a, sitôt leur parution, lu et commenté le *Mysterium* (1596), le *De Stella Nova* (1604) et enfin l'*Astronomia Nova* (1609). Sur ce point, voir, entre autres, l'étude récente de Miguel Ángel Granada, « After the nova of 1604 : Roeslin and Kepler's discussion on the significance of the celestial novelties (1607-1613) », *Journal for the History of Astronomy*, xlii (2011), 353-390.

détail et l'ensemble de ses implications : celle du rapport Descartes / Kepler. Elle veut montrer que cette question oblige à reconsidérer le statut de l'optique chez ces deux auteurs, et qu'avec sa lecture critique de Kepler un « tertius interveniens », Isaac Beeckman, a permis à Descartes de conquérir les positions dont les *Principia Philosophiae* (1644) font l'exposé, sans jamais citer les protagonistes du débat.

Fabien CHAREIX, étudiant la figure de Huygens, centrale dans la réception de Kepler à l'époque de Newton, montre d'abord combien la fidélité à Galilée et à un certain cartésianisme a pu compliquer la réception des lois – c'est dire qu'en dépit de Kepler la hantise de la circularité avait encore de beaux jours. Montrant que Huygens a pu, relativement tôt, accepter la troisième « règle » képlérienne sans pour autant souscrire aux deux premières et aux orbites elliptiques, l'étude amène à poser la question de la systématicité de ces règles, et remet donc en question l'hypothèse mentionnée plus haut selon laquelle il ne faudrait voir dans la formulation de la troisième loi qu'un corollaire et une implication directe de celle qui est – rétrospectivement – dite « seconde ». Enfin, l'étude d'Ivo SCHNEIDER restitue synthétiquement les principales articulations du débat Kepler-Newton, et sa perception dans l'historiographie moderne. D'où il ressort, *last but not least*, que la perception que Newton peut avoir des « lois » est elle-même entièrement conditionnée par la réception critique de Kepler chez Boulliau, Huygens et Leibniz. C'est dire, donc, que les « lois de Kepler » n'ont pas été une révélation soigneusement mise en scène par leur inventeur, mais qu'elles ont eu un long temps de gestation dont Newton aura finalement eu la gloire d'être l'accoucheur.

Nos remerciements vont tout spécialement, pour leur aide généreuse, à Miguel Ángel Granada et Nicolas Roudet.

Le livre : son contexte et sa production

L'*Astronomia nova* :
le point de vue de l'histoire du livre

Une nouvelle conception du traité scientifique

L'*Astronomia nova* n'est pas seulement une œuvre mémorable parce qu'elle a été la première à imposer la notion d'astronomie physique, en démontrant avec succès qu'une «hypothèse physique» était indispensable pour tirer de certaines impasses l'astronomie géométrique, et que celle-ci, en retour, possédait seule la capacité de valider ladite théorie. Elle a aussi introduit de grandes innovations dans le domaine de l'écriture scientifique. En effet, elle a abandonné la structure démonstrative consacrée par Ptolémée, et scrupuleusement conservée par Regiomontanus et Copernic, au profit d'une organisation concertée qui entraîne le lecteur dans une démarche où la vérité lui est progressivement révélée, comme s'il participait à l'expérience de l'auteur. Ce qui venait en partie d'une imperfection (en 1609, Kepler n'était pas encore en état de développer un système complet) se trouvait ainsi tourné en avantage. D'autre part, loin de proposer un traité introduit simplement par une dédicace et, au besoin, une préface méthodologique, selon l'usage, l'*Astronomia nova* offre un appareil complexe de résumés, de plans et d'éclaircissements préalables qui permettent de comprendre à fond les enjeux du texte, sa logique, ainsi que l'originalité et la solidité de ses trouvailles, avant même d'entreprendre un courageux pèlerinage de chapitre en chapitre.

James R. Voelkel[1] a bien montré qu'un tel effort de présentation avait un lien direct avec la situation inconfortable dans laquelle se trouvait Kepler depuis qu'il avait succédé à Tycho Brahe. Empêtré dans une liaison aussi fâcheuse qu'indissoluble avec les héritiers de l'illustre Danois, il était desservi par le contrat inégal qu'il avait été contraint de signer, en juillet 1604[2], et avait dû redoubler d'habileté rhétorique pour en neutraliser les effets et présenter son œuvre au public dans sa parfaite intégrité et sous le jour qui convenait, afin de conserver ses chances de faire prévaloir ses idées.

La justesse de cette analyse n'interdit nullement de replacer les choses dans un cadre plus large. Pour s'en tenir aux livres majeurs, le *Mysterium cosmographicum* et l'*Optique* adoptaient déjà, quoique de façon moins maîtrisée, moins complète et moins consciente de ses effets, le mode de présentation que l'*Astronomia nova* a porté à sa perfection. Au lieu de remettre dignement entre ses mains des paquets théoriques avec lesquels se débrouiller tout seul, en affichant, dès le seuil, un avertissement décourageant («Nul n'entre ici s'il n'est géomètre!»), Kepler a constamment montré le souci d'accompagner son lecteur, de soutenir son intérêt et de lui fournir des explications. À toutes ces attentions s'ajoutait un effort pour susciter sa sympathie, et donc faire appel à sa participation, en lui confiant les difficultés traversées ou même, plus simplement, grâce aux qualités d'un style remarquablement expressif où l'*ethos* de l'auteur se rendait perceptible. Les livres de Kepler ont presque tous été plus proches du «commentaire»[3] que du traité.

---

[1] James R. Voelkel, *The Composition of Kepler's* Astronomia nova, Princeton UP, 2001; *Idem*, «Publish or Perish: Legal contingencies and the Publication of Kepler's *Astronomia nova*», *Science in Context* 12-1, 1999, p. 33-59.

[2] Contrat établi le 8 juillet 1604 entre Kepler et les héritiers de Tycho (KGW 19, p. 189-190). En échange d'un libre accès aux observations de Tycho, Kepler s'engageait à mettre les résultats de ses travaux à la disposition de Tengnagel, et à ne rien publier sans l'accord de ce dernier (qui avait le droit d'introduire des corrections), tant que les *Tables rudolphines* ne seraient pas finies, «mais en conservant intacte <sa> liberté philosophique par la suite» Tengnagel se réservait «le droit d'exercer <son> jugement sur la forme, la dédicace et l'édition du livre entier» des *Tables*. En contrepartie, il ne pouvait utiliser les travaux de Kepler sans reconnaître leur origine, ni les altérer sans le consentement dudit Kepler.

[3] Sur les différents usages de ce terme à la Renaissance, voir notamment Jean Céard, «Les transformations du genre du commentaire», dans *L'Automne de la Renaissance*, Paris, Vrin, 1981, p. 101-115. Un trait commun entre les différentes formes est la forte présence de l'auteur dans son texte. S'agissant de l'*Astronomia nova*, l'expression *commentari<i> de motibus stellæ Martis* comporte évidemment une allusion aux *Commentaires* de César.

D'autre part, sur le chapitre des préparations et des encadrements visant à mettre en pleine lumière les intentions de l'œuvre et à confier au lecteur le processus de sa genèse, le *Mysterium cosmographicum* était déjà particulièrement bien pourvu. Son titre explicite son programme[4]. Un poème au lecteur résume ses idées fondatrices, à commencer par l'association de Pythagore et de Copernic. Sa dédicace, loin d'en rester à des généralités polies, souligne les implications théologiques de la découverte de Kepler sur le secret de la Création[5]. Sa préface raconte l'histoire de la découverte. Enfin, son chapitre inaugural développe une défense des hypothèses de Copernic, en annonçant ce qui sert de seconde partie au volume: l'édition de la *Narratio prima*, présentée par Mæstlin qui y a joint un appendice *De Dimensionibus Orbium et Sphærarum Coelestium iuxta Tabulas Prutenicas, ex sententia Nicolai Copernici*. En adoptant ce mode de présentation, le tout jeune auteur qu'était Kepler en 1596 ne s'inspirait d'aucun modèle connu – du moins dans sa discipline. Sa conviction très forte de l'extrême importance de son livre et sa crainte d'être méconnu lui firent trouver ce qui devait rester son style personnel.

L'*Optique* de 1604 est un ouvrage plus complexe et moins bien centré puisque à travers la critique de la méthode des perspectivistes médiévaux elle aborde toute une série de sujets: la nature de la lumière, l'anatomie de l'œil et son fonctionnement, l'examen de la règle pour trouver le lieu de l'image réfléchie, une longue poursuite des lois de la réfraction, et enfin toutes les questions liées à l'observation de la lune et des éclipses et à la mesure des liminaires. Elle offre pourtant un guide de lecture aussi efficace que possible. Son titre met en relief ses deux acquis majeurs (les progrès obtenus dans l'évaluation des diamètres

---

[4] *Prodrome aux dissertations cosmographiques contenant le secret du monde, relatif à l'admirable proportion des orbes célestes, aux causes authentiques et propres du nombre des cieux, de leur grandeur et de leurs mouvements périodiques. Démontré au moyen des cinq corps réguliers de la Géométrie... On a ajouté la [...] Narration de Georges Joachim Rheticus relative [...] aux admirables hypothèses sur le nombre, l'ordre et les distances des Sphères du Monde de l'excellent mathématicien et restaurateur de l'astronomie tout entière [...] Nicolas Copernic* (trad. d'Alain Segonds, Kepler, *Le Secret du monde*, Paris, Belles Lettres, 1984, p. 1): tout est dit.

[5] Trad. cit., p. 12-16.

de la lune et du soleil et dans l'analyse du processus de la vision)[6]. Sa longue
dédicace à Rodolphe II expose les raisons du projet, retrace les étapes du travail
et montre comment l'enchaînement des chapitres obéit à une logique, tandis que
son prologue explique en quoi l'optique est partie intégrante de l'astronomie, et
comment l'œuvre de Tycho Brahe, à la fois par ses réussites et par ce qu'elle a
laissé en suspens, a rendu évidente la nécessité urgente de la développer. De plus,
sa table des chapitres se double d'un index très détaillé[7].

La mise en forme de l'*Astronomia nova* n'était donc pas vraiment nouvelle
dans sa conception, mais elle marquait un progrès certain. La difficulté des
circonstances rendait Kepler encore plus soucieux d'assurer à son œuvre une bonne
réception, et l'expérience passée lui avait enseigné que les idées les plus lumineuses
pouvaient sombrer sous l'indifférence si on ne les aidait par tous les moyens à
vaincre la mauvaise volonté des lecteurs. James Voelkel a d'ailleurs montré que
ses échanges épistolaires avec Fabricius lui avaient fait mesurer la résistance qu'il
allait rencontrer même auprès de ceux qui semblaient les plus capables de suivre
ses démonstrations[8]. De plus, puisqu'il fondait l'«astronomie physique», il devait
s'adresser à un public élargi. Son nouveau livre marquait la fin de la période où
il s'était contenté de s'adresser à la communauté des mathématiciens, et il s'y
amorçait cette orientation vers un début de «vulgarisation» qui devait s'affirmer
avec la composition de l'*Epitome*[9].

Pour l'introduire, il ne s'est donc pas contenté de multiplier les éléments
contribuant à éclairer sa démarche, il les a rendus à la fois complémentaires et
cohérents entre eux, en montrant clairement la fonction de chacun, comme le
niveau auquel il se situait. Sa dédicace jouait vraiment, mais seulement, un rôle
de dédicace en magnifiant le thème majeur de l'ouvrage à travers la métaphore

---

[6]   *Ad Vitellionem Paralipomena quibus Astronomiæ pars optica traditur, potissimum De
      artificiosa observatione et æstimatione diametrorum deliquiorumque Solis et Lunæ [...]
      Habes hoc libro, Lector, inter alia multa nova, Tractatum luculentum de modo visionis,
      et humorum oculi usu, contra Opticos et Anatomicos [...]* (nous soulignons). Ce titre ne
      respecte pas l'ordre suivi dans le livre, où la vision est traitée avant ce qui concerne la
      mesure des éclipses : Kepler a préféré y mettre en premier ce qui était le plus susceptible
      d'intéresser les astronomes – et qui avait, effectivement, déclenché ses recherches
      en optique. Voir, sur ce dernier point, Stephen M. Straker, «Kepler, Tycho and the
      Optical part of astronomy», *Archive for History of Exact Science*, 24 (1981), p. 267-293.
[7]   16 pages in-folio (Lll1v°-Nnn1r°).
[8]   Voelkel (2001), chap. VIII.
[9]   Isabelle Pantin, «Kepler's *Epitome*: New Images for an Innovative Book», dans Sachiko
      Kusukawa et Ian Maclean dir. *Transmitting Knowledge: Words, Images and Instruments
      in Early Modern Europe*, Oxford University Press, 2006, p. 217-237.

filée de la guerre contre Mars, avec une chute sur une demande de subsides. La section suivante, ouverte par trois épigrammes amicales, concernait le dossier des relations avec la famille Brahe. Elle comprenait un poème de Tycho, une *Responsio* de Kepler, une élégie, également de sa plume, sur la devise du défunt Danois, *Suspiciendo Descipio*, et enfin le bref et maussade avis au lecteur que Tengnagel avait rédigé pour prendre acte de la publication. L'introduction, située juste après, s'adressait aux «physiciens»[10] et leur rendait possible un trajet dans l'œuvre passant uniquement par les points capables de les intéresser (et qu'ils étaient eux-mêmes capables de comprendre). Elle leur démontrait, ce faisant, que l'enchaînement des éléments qui constituaient «l'hypothèse physique» composait par lui-même un discours cohérent, même si on se contentait de signaler les résultats des démonstrations géométriques qui assurent réellement sa solidité. Et elle répondait à leurs objections prévisibles[11]. En revanche, les sommaires des chapitres (*Argumenta singulorum capitum*) donnaient aux astronomes un aperçu, miniaturisé mais exact, du cheminement des raisonnements. Ils étaient séparés de l'introduction par un *bifolium* encarté où une table synoptique (*Synopsis totius operis*), s'étalant sur les deux pages intérieures, résumait le contenu des cinq parties, en joignant par des accolades les éléments à mettre en correspondance, à la façon des diagrammes ramistes. Cette table faisait donc voir d'un coup d'œil la logique de l'ensemble, tout en ayant besoin d'être glosée par les sommaires qui la complétaient, comme l'annonçait le dernier paragraphe de l'introduction:

> Que ce qui a été dit jusqu'ici <= *dans l'introduction*> soit pour les physiciens. Les astronomes et les géomètres trouveront toutes les autres choses, chacune à sa place, dans les sommaires des chapitres qui suivent, <sommaires> que j'ai voulu assez développés, d'une part pour qu'ils tiennent lieu d'index, et, d'autre part, afin qu'un lecteur qui se trouverait arrêté ici ou là, à cause de l'obscurité de la matière ou du style, en suivant la table synoptique, cherche un éclairage dans ces sommaires, et

---

[10]   Les deux premières manchettes (*De difficultate legendi scribendique libros Astronomicos* et *Introductio in hoc opus in gratiam Physices studiosorum*) l'indiquent clairement.

[11]   (***)3r°-(***)6r° (KGW 3, p. 22-34). Le plan de l'introduction suit la succession des étapes (*gradus*) franchies en direction de la découverte des causes physiques des mouvements, en se référant aux points développés dans le livre. Cependant, une longue réfutation des objections au mouvement de la terre (qui ne correspond à aucun chapitre) s'intercale entre la deuxième étape (que le mouvement de la terre – ou du soleil – nécessite un équant, et donc une bissection de l'excentricité) et la troisième (la bissection de l'excentricité doit être précisément appliquée à Mars): il s'agit, du moins pour la partie théologique, d'un texte d'abord écrit pour le *Mysterium* mais écarté à la demande de Hafenreffer. Voir E. Rosen, «Kepler and the Lutheran Attitude towards Copernicanism», *Vistas in Astronomy*, p. 317-337; Voelkel (2001), chap. IV.

afin qu'il perçoive plus clairement dans les sommaires divisés en paragraphes la raison de l'ordre et de la liaison des matières groupées dans le même chapitre, si jamais elle n'est pas évidente dans le texte même. Je prie donc le lecteur de s'en satisfaire, (***) 6 v°.

Tantum igitur in gratiam Physicorum dictum esto: cætera invenient Astronomi et Geometræ suo quælibet ordine ex sequentibus singulorum Capitum argumentis, quæ paulo prolixiora esse volui; cum ut essent loco indicis, tum ut lector passim hærens in obscurite sive materiæ, seu styli, secundum Tabulam Synopticam, ab his etiam argumentis aliquam lucem petat; rationemque ordinis et cohærentium rerum in idem caput congestarum, si minus fortassis in ipso contextu sit conspicua, percipiat evidentius inter argumenta in paragraphos suos secta. Quare lector boni consulat, rogo.

Les contraintes matérielles de l'impression

Ce qui précède montre que Kepler concevait ses textes en ayant présentes à l'esprit les conditions concrètes de leur lecture. Il attachait de l'importance à leur ordre de présentation, comme à leur disposition sur les pages (dans la dernière citation, il parle de la division en paragraphes comme d'une garantie de clarté). Il faisait donc partie des auteurs ayant une «conscience typographique», et ce que l'on peut savoir du mal qu'il se donnait pour l'impression de ses livres le confirme. La précieuse étude de Friedrich Seck[12] permet en effet de mesurer quelle part de son temps et de son énergie il a consacré à cette activité. La réunion des fonds nécessaires (surtout pour les grands livres dont la rentabilité était moins assurée que celle des calendriers, par exemple), le choix de l'imprimeur, la préparation de la copie, la gravure des figures, parfois même l'approvisionnement en papier, et la supervision de l'impression, qui l'obligea plusieurs fois à se déplacer[13], posaient à chaque fois des problèmes différents qu'il devait affronter presque sans aide.

---

[12] Friedrich Seck, «Johannes Kepler und der Buchdruck», *Archiv für Geschichte des Buchwesens* XI, 1970, col. 609-726. Voir aussi les notices de Max Caspar et Martha List, *Bibliographia Kepleriana*, Munich, Beck, 1968 (BK); Gerhard Dünnhaupt, *Bibliographisches Handbuch der Barockliteratur*, Stuttgart, Hiersemann, 1980-1981, 3 vol.

[13] À Graz et à Prague, Kepler ne trouva que des imprimeurs peu compétents pour les livres mathématiques; il ne fit appel à eux que lorsqu'il y était contraint (jamais pour ses ouvrages importants). À Linz, en revanche, de 1615 à 1620 il connut une collaboration heureuse avec Hans Planck (qui imprima, entre autres, l'*Harmonice Mundi* en 1619 et le livre IV de l'*Epitome* en 1620). L'impression des *Tabulæ Rudolphinæ* constitue un cas particulier. Fuyant Linz dévastée par le siège, Kepler avait obtenu de l'empereur la permission de s'installer à Ulm afin de ce consacrer à cette tâche qui fut effectivement menée à bien, sur les presses de Jonas Saur, entre décembre 1626 et septembre 1627.

Car il ne put toujours compter sur des soutiens aussi dévoués que Mæstlin (qui se dépensa sans compter pour le *Mysterium*[14]), Bernegger (qui s'entremit dans les années 1613-1614[15]), ou encore Schickard[16].

La longueur des délais entre l'achèvement des ouvrages et celui de leur impression permet aussi d'évaluer les obstacles rencontrés. Pour le *Mysterium*, il s'écoula moins d'un an entre l'approbation du manuscrit par les professeurs de Tübingen, à la suite d'un chaleureux rapport de Mæstlin[17], et la sortie du livre, vendu à la foire du printemps suivant (avril 1597).

L'impression de l'*Optique* prit quelque six mois de plus. La rédaction de l'ouvrage était terminée au début de juin 1603[18]. Avant même d'avoir choisi un imprimeur, Kepler s'occupa de dessiner les figures et de les faire graver sous sa direction à Prague au cours de l'été et de l'automne[19]. Il présenta à l'empereur un manuscrit mis au net en janvier 1604. Un marché fut conclu avec Claude de

---

[14] Mæstlin, qui dessina certains schémas, allait chaque jour dans l'atelier de l'imprimeur, si bien que le Sénat lui reprocha de négliger ses propres tâches (KGW 13, n°58, l. 28 sq. ; n° 63, l. 153- ; Seck, col. 623). Kepler devait le remercier en ces termes : « Illi enim <=meum opus> ego Semele fui, tu Jupiter. Aut si malis Minervæ illud comparare quam Libero : Jupiter ego capite illud gestavi, sed nisi tu Vulcanus cum bipenni fuisses obstetricatus, nunquam ego peperissem » (lettre du 10 février 1597, KGW 13, n°60, l. 23-).

[15] Bernegger surveilla l'impression du *Bericht vom Geburtsjahr Christi* (Strasbourg, Karl Kieffer, 1613 ; BK 43, Seck col. 662-663). Il servit d'intermédiaire pour deux livres imprimés à Francfort en 1614, le premier par Erasmus Kempffer, le second par Johann Bringer : l'*Ad epistolam Calvisii responsio* (BK 45, Seck, col. 663-4) et le *De Anno natali* (BK 44, Seck, col. 664-665). Pour les *Eclogæ chronicæ* (BK 47, Seck, col. 665), Kepler avait interrogé Bernegger, en avril 1613, sur la possibilité d'une impression à Strasbourg, mais s'adressa finalement à Stephanus Lansius, professeur et bibliothécaire à Tübingen, qui transmit le manuscrit à Tampach, le libraire de Francfort.

[16] Lors de son séjour en Württemberg à la fin de 1617, Kepler fit la connaissance de Wilhelm Schickard, dessinateur, graveur, mathématicien et spécialiste de langues orientales. Celui-ci dessina les figures de l'*Epitome* (à partir du livre IV), et rendit bien d'autres services.

[17] KGW 13, 84-86, n° 43 (fin mai 1596).

[18] KGW 14, 437, n° 263, l. 87-92 : « In meis Opticis tandem Deo gratia ad finem perveni […] Jam […] de occasionibus edendi… cogito ».

[19] KGW 14, 448, n° 270 (fin septembre 1603), l. 77-80 : « Erunt ad 100 figuræ, quas consilio peritorum hic sculpi curo in mea præsentia, ubicumque jam imprimatur liber, eo transmissurus pro compensatione schematum typos ».

Marne, imprimeur-libraire à Francfort, qui commença le travail au printemps[20].
Kepler avait alors d'autres soucis: il explorait les tours et détours de l'hypothèse
de la trajectoire «ovale» de Mars et des autres planètes, et son long conflit avec
les héritiers de Tycho était dans une phase active (le contrat avec Tengnagel qui
devait lui causer tant d'angoisses fut signé au début de juillet). Il n'eut donc
pas le loisir de se déplacer à Francfort, mais l'imprimeur lui envoya les feuilles
au fur et à mesure de leur impression, et il s'en servit pour réaliser un *erratum*
relevant minutieusement toutes sortes d'erreurs «troublant le sens» (*quæ sensum
turbabant*)[21] : non seulement des erreurs de chiffres dans les tableaux et de lettres
dans les schémas, mais des fautes dans la pagination, et quantité d'expressions
inexactes, parfois dues à de mauvaises lectures des compositeurs (par exemple,
P. 231. l. 26. pro auctior lege acutior. P. 237. l. 12 pro minus lege nimis), mais aussi
probablement parfois à une négligence de l'auteur (par exemple, *Pagin. 22. [...]
lin. 17. pro Sole, lege Luce*). L'*Optique*, dont la dédicace à l'empereur est datée du
28 juillet 1604, parut vers la fin de l'automne 1604, sans doute trop tard pour être
vendue à la foire (bien qu'elle ait été annoncée dans le catalogue)[22].

L'*Astronomia nova* requit des délais plus longs encore. En raison de son
importance, c'était le premier livre de Kepler à devoir être entièrement financé
par l'empereur, alors que celui-ci s'était contenté de gratifications *a posteriori* pour
l'*Optique* et le *De stella nova*, qui lui étaient aussi dédiés: 100 taler à chaque fois
(soit un peu plus de 116 gulden)[23].

---

20 Voir la lettre de Claude de Marne accompagnant l'envoi à Kepler, (8 juin 1604,
    KGW 15, 48-49, n° 289). Après l'*Optique*, de Marne eut des livres de Kepler en
    commission (notamment le *De stella nova*) ; en 1607, Gottfried Tampach le remplaça
    dans ce rôle.

21 *Ad Vitellionem Paralipomena*, éd. cit., Nnn1v°-Nnn2r°.

22 Le 10 décembre 1604, Kepler dit à Herwart qu'il vient de recevoir ses exemplaires:
    «nuper admodum accepi exemplaria mea» (KGW 15, 68, n° 302, l. 8-). Sa première
    lettre de dédicace connue (à l'archiduc *Erzherzog* Maximilian) est du 15 novembre
    (KGW 15, 64-66, n° 300). La foire d'automne durait quinze jours, de fin septembre
    au tout début d'octobre.

23 Pour l'*Optique*, voir KGW 19, 2.11, p. 51: demande du 4 décembre 1604, et reçu du
    24 juin suivant. Pour le *De stella nova*, KGW 19, 2.14, p. 52, demande du 18 juillet
    1606, reçu du 31 janvier 1607 (pour une impression achevée au début d'octobre
    1606, voir KGW 15, n° 397, l. 17). Kepler se plaignit pourtant à Mæstlin, en avril
    1607 que l'empereur n'avait participé aux frais qu'en offrant le papier: «... meis
    impensis excudi; Cæsar quidem me juvit, sed per chartam. Nec aliud fuit dedicationis
    præmium», 7 avril 1607, KGW 15, n° 417, l. 13-14. De toute façon, comme pour
    l'*Optique*, cette somme était arrivée bien après l'impression.

La première demande de subsides pour l'*Astronomia nova* remonte à Noël 1604, quand Kepler présenta à l'empereur un manuscrit encore imparfait[24]. Le manuscrit définitif fut mis au net après Pâques 1605, c'est-à-dire après la découverte de l'ellipse[25]. Le 5 août 1605, Kepler pouvait évoquer la copie qui servirait à obtenir l'argent de la publication et le consentement de Tengnagel[26]. Le 13 janvier 1606, Kepler écrivit à Herwart von Hohenburg que Pistorius lui avait fait miroiter l'espoir d'obtenir 800 gulden[27]. Le 29 décembre suivant, répondant à une demande formulée quelques semaines plus tôt[28], Rodolphe accorda, en termes solennels, 400 gulden pour l'impression d'un livre qui contenait « tant de glorieux secrets de la nature (*herrliche gehaimnus der Natur*) ». Il se réservait, en contrepartie, la maîtrise exclusive de la distribution des exemplaires[29].

Kepler se mit alors en quête d'un imprimeur capable d'un travail de grande qualité, y compris pour le papier et les caractères. Le 7 avril 1607, il demanda à Mæstlin de se renseigner sur les possibilités offertes à Tübingen, en usant de la plus grande discrétion pour ne pas compromettre ses tractations avec des imprimeurs de Francfort (sans doute aussi parce que l'affaire était commanditée par un empereur catholique).

> Je t'envoie un fragment qui ne me sert plus des Commentaires sur la théorie de Mars, pour qu'un imprimeur (mettons Cellius, si tu le juges capable) s'en serve pour calibrer l'ouvrage : j'ai écrit à peu près 140 feuillets semblables, tous en petite écriture si bien qu'aucun ne contient moins que celui-ci ; il devrait falloir 70 feuilles, ou trois séries de signatures. Je demande donc à quelles conditions Cellius accepterait de l'imprimer. L'empereur m'ordonne de le faire imprimer, mais de tenir la garde la plus attentive sur les exemplaires pour qu'aucun ne soit détourné sans qu'il l'ait permis. Il y a joint des subsides (je te le confie), mais la date de leur versement est incertaine. Ils ont été remis à Welser, trésorier de l'empire et catholique, qui hait Tübingen sans aucun doute parce que c'est la Rome des hérétiques en Allemagne, comme dit Clavius. C'est pourquoi je ne fais qu'une demande, pas une proposition de contrat. Personne ne m'empêchera <d'aller> là où la dépense sera plus légère.

---

[24] À Herwart, 10 février 1605, KGW 15, n° 325, p. 145-147, l. 52-4 ; cf n° 402, l. 3-8.
[25] KGW 3, 435.
[26] KGW 15, 221-224, n° 351 : 5 août 1605, à Gaspar Odontius (Graz), spt p. 222. l. 47-49.
[27] « D. Pistorius in spem me erexit, nuncupata summa Octingentorum, qua opus habeam ; quæ spes utinam mihi non damnosa, et temporis jactura fiat », KGW 15, 300, l. 187-189, n° 368).
[28] KGW 15, n° 402, p. 364-365, à Rodolphe II, 4 décembre 1606.
[29] KGW 19, p. 53, n° 2. 16. 2

Il faut que le papier soit beau et le caractère assez grand pour que, selon mon estimation, chaque feuille imprimée corresponde à peu près à chaque feuille écrite.

Je demande aussi s'il y a chez vous un bon graveur sur bois et à quel prix il graverait des figures comme celles-ci ; mais il y en a beaucoup qui demandent plus de travail, pour la grandeur du format, beaucoup pour lesquelles il faut graver toutes les lettres de l'alphabet. Je pense qu'il en faudra jusqu'à cent. Il y en a beaucoup en effet qu'il faut graver deux fois pour les placer dans chacune des pages de gauche[30].

Si c'est possible, que mon nom ne soit pas mentionné pour commencer. Car les imprimeurs se haïssent entre eux, et il ne pourrait rester caché que j'ai aussi fait une demande aux gens de Francfort. Mais je crois qu'il est plus facile de se procurer du papier chez vous qu'à Francfort.

Si Cellius veut bien penser à ce travail, qu'il mette aussi <*dans son devis*> un caractère qui te plaise, de la lettre antique, avec de la cursive et de la grecque, et avec <*des caractères*> pour les manchettes.

Qu'il sache aussi que les propositions et les sommaires des chapitres se distinguent du texte par un corps supérieur. Qu'il mette aussi enfin le temps dans les limites duquel il espère réaliser tout ce que j'ai dit, afin qu'à partir de là je puisse prendre des mesures pour venir chez vous, avec la permission de l'empereur.[31]

---

[30]   Allusion à son intention de répéter les figures de page en page. De fait il semble s'être arrangé pour que les même bois puisse être réutilisés à chaque fois (voir *infra*).

[31]   « Mitto hic fragmentum inutile de Commentariis in Theoriam Martis, ex quo Typographus aliquis (puta Cellium, si tibi videtur idoneus) judicium ferat de magnitudine Operis : horum enim foliorum circiter 140 perscripta sunt, omnia literâ minori, ut in nullo minus insit quam in hoc ; essent paginæ 70. seu Alphabeta 3. Quæro itaque quibus / conditionibus hoc Opus excudere velit Cellius. Cæsar me jussit imprimere, sed exemplaria diligentissime custodire, ut non unum citra ipsius voluntatem abalienatur. Sumptus addidit (.quod Tibi dico.) sed incertum, quando refundendos. Ii ad Welserum devoluti sunt, Quæstorem imperii, et Catholicum, qui procul dubio Tubingam odit, quia est urbs Hæreticorum in Germania, ut Clavius ait. Itaque tantum quæro, non contraho. Nam ubi levior sumptus, ibi me nemo impediet. Papyrum oportet esse elegantem, typum majusculum, ut putem fere singula impressa folia singulis scriptis responsura. Quæro etiam an sit vobis bonus lignorum sculptor et quanto precio exaret hujusmodi figuras ; sed multæ sunt operosiores, latitudine formati, multæ in quibus integrum Alphabetum sculpendum. Puto ad centum futuras. Multæ enim sunt bis sculpendæ, ut in singulis paginis sinistris collocentur. Si fieri potest, nomen meum inter initia supprimatur. Nam Typographi invicem oderunt, nec latere poterit me quæsivisse et a Francofurtensibus. Puto autem apud vos papyrum esse parabiliorem quam Francofurti. Quod si Cellio placuerit, cogitare de hac opera addat et Typum, qui Tibi placuerit, Antiquam cum Cursiva et Græca, et cum marginalibus. Et noverit Propositiones interdum, et Capitum Summas, distinguendas majori typo a textu. Denique et tempus addat, intra quod absolvere speret tantum quantum dixi : ut ex eo inire possim rationem ad vos veniendi, cum veniâ Cæsaris », KGW 15 n° 417, l. 16-44 : à Mæstlin, 7 avril 1607.

Cette lettre, qui ne reçut pas de réponse[32], montre à quel point Kepler avait une idée précise du résultat qu'il souhaitait. En attendant de trouver un imprimeur, il s'occupa de faire graver les figures à Prague, tout en tâchant de hâter les choses et de venir à bout de la résistance de Tengnagel sans devoir en passer par des corrections[33].

À l'été 1607, un accord fut enfin trouvé avec Gotthard Vögelin, qui était installé à Heidelberg, avec des points d'attache à Leipzig et à Francfort où il était présent durant les foires[34]. En août, Kepler envoya à Francfort les bois gravés réalisés à Prague, et en septembre il expédia le manuscrit à Leipzig où se trouvait Vögelin. Il ne restait alors qu'une partie de l'argent impérial (après le paiement des gravures et ce que Kepler avait dû consacrer à ses propres dépenses en raison des retards de son salaire). Cet argent fut remis à Vögelin, et Kepler confia à Herwart, en novembre, dans la lettre où il lui faisait part de ces arrangements, qu'il attendait une première feuille imprimée pour commencer le « décorticage » (c'est-à-dire le repérage des fautes)[35] et que, d'ailleurs, malgré la compétence de Vögelin, il envisageait un voyage à Heidelberg[36].

Cependant, comme l'impression ne progressait pas, il demanda à l'empereur, en août 1608, un congé pour aller à Francfort où se trouvait alors Vögelin. Le 25 août, il excipa de l'autorisation obtenue, pour réclamer le versement d'un arriéré de salaire pour ses frais de voyage[37]. Le 13 septembre, il était prêt à

---

[32]   Kepler s'en inquiéta dans une lettre à Besold, datée du 18 juin (KGW 15, n° 432, p. 492-493, l. 26-8).

[33]   KGW 15, n° 431, p. 491 (à Johannes Pistorius, 15 juin 1607) : « Exsculpuntur jam typi lignei » ; KGW 16, n° 438, p. 30 (à David Fabricius, 1er août 1607) : « Commentarios ut edam, laboro diligenter. Videtur Tengnaglius concessurus, si permittam ipsi quorundam emendationem, quod mihi grave est [...] ».

[34]   Sur Vögelin, voir Hans Dieter Dyroff, « Gotthard Vögelin, Verleger, Drucker, Buchhändler 1597-1631 », *Archiv für Geschichte des Buchwesens* 4, 1963, 1129-1424.

[35]   KGW 16, n° 461, p. 82 (à Herwart se trouvant à Munich, 24 novembre 1607) : « Pars pecuniæ, quam a Cæsare accepi per manus D. Welseri factorum, transmissa est ad Vogelinum, quod nullum scirem Typographum magis idoneum. Commendatus quippe mihi fuit ab artis intelligentia. Figuræ excusæ sunt Pragæ et missæ Francofurtum mense Augusto. Exemplar mense Septembri Lipsiam. Expecto formam typi ad delibrandum. Pars vero reliqua pecuniæ cum multis aliis a me consumpta est, cum non fiant justæ solutiones aulicæ ».

[36]   *Ibidem*, p. 80 : « Nam etsi Vogelinus artem intelligit nescio tamen an non iter mihi nihilominus Haidelbergam sit faciendum ».

[37]   Lettre de Kepler au trésorier impérial, août 1608, KGW 19, n° 2.24, p. 56).

partir[38], mais resta à Prague pour attendre le versement des 300 gulden qu'il avait obtenus[39]. Il ne partit qu'à la mi-avril 1609, au moment de la foire de printemps, arrachant *in extremis* à Tengnagel les quelques lignes hâtives qui signifiaient son consentement[40]. Son séjour à Heidelberg et à Francfort dura trois mois. Début mai, il interrompit son travail de correcteur pour une brève visite en Württemberg[41]. Le 18 juillet, il était de retour à Prague[42], tandis que l'impression s'achevait. La liste d'*errata* imprimée à la fin du dernier cahier des liminaires couvre l'ensemble du texte, ce qui suggère qu'il resta à Heidelberg jusqu'à ce que la fin du texte fût passée sous la presse. Le 1er septembre, il écrivit à Harriot qu'il n'avait pas reçu d'exemplaire, mais que le livre était en vente à Francfort[43]. Avant la fin du mois, l'*Astronomia nova* fut présentée à l'Université de Tübingen qui accorda à l'auteur un *honorarium* de cinq ducats[44].

On sait, sans autre précision, que le tirage fut inférieur à la moyenne (c'est-à-dire inférieur à 600 exemplaires et sans doute plus proche de 200)[45]. Comme l'empereur avait été commanditaire et s'était réservé la haute main sur la distribution, ni le nom de Vögelin, ni l'adresse de Heidelberg (haut lieu du calvinisme allemand), ne figuraient au titre ou au colophon[46]. Si les choses s'étaient passées comme prévu, l'ouvrage aurait été envoyé aux plus prestigieux mathématiciens d'Europe et à leurs patrons. Mais en réalité les conditions spéciales de sa publication tournèrent à son détriment. Le triste destin de son

---

[38] KGW 16, 176, n° 501, à Johannes Seussius : « Jam propero Francofurtum ».
[39] KGW 19, n° 2.27 et 2.28, p. 58-59. Cf. KGW 16, n° 505, p. 188 (à Herwart, 18 octobre 1608) : « Literas tuas […] tertio Octobris etiamnum Pragæ hærens accepi. Viatico inhio hactenus frustra : nec sine eo ire queo. Remissus quidem sum cum trecentis ad Welserum : at nisi ille prius consensisse se testetur, hac spe Praga pedem non moveo […] ».
[40] L'avis au lecteur imprimé au bas du f. (***)1v*, à la fin de la section consacrée à la famille Brahe, et avant que ne commence sa section personnelle : introduction, table synoptique, sommaire des chapitres, récapitulation des *marginalia* et *errata*.
[41] Voir les lettres écrites de Stuttgart au duc de Württemberg, KGW 16, n° 527-528, p. 238-243.
[42] KGW 16, n° 532, p. 247-248.
[43] KGW 16, n° 536, p. 251, l.49-51 : « Quæris de studiis meis. Commentaria de Marte titulo Astronomiæ novæ *aitiologètou*, seu Physicæ cœlestis, prostant jam Francofurti. Exempla nondum habeo ».
[44] KGW 16, n° 540, p. 254-5, 25 septembre 1609.
[45] KGW 7, p. 7, l. 5-11.
[46] Sur de rares exemplaires ayant eu un colophon de Vögelin, voir Seck, col. 646 ; Dyroff, art. cit., col. 1247 ; BK.

frontispice en est un symbole. En effet, le titre de l'*Astronomia nova* n'appartient pas au premier cahier, il est imprimé au recto du second feuillet d'un *bifolium*, dont le premier feuillet devait porter un frontispice gravé sur cuivre. Dans la majorité des exemplaires conservés, ce premier feuillet est resté blanc. Dans un petit nombre d'autres[47], un portrait de Rodolphe II occupe le feuillet précédant le titre, mais il est évident qu'il n'a pas été réalisé spécialement pour l'édition car ses dimensions ne s'accordent pas bien.

L'empereur abandonna d'ailleurs le livre à son destin. À court d'argent, Kepler se résolut à vendre tout le tirage à Tampach et de Marne, les libraires de Francfort qui avaient ses livres en commission depuis 1606[48], et, de façon assez paradoxale, il eut moins d'exemplaires à envoyer aux lecteurs dont le jugement lui importait que pour ses précédentes publications. Magini, qui avait des relations régulières avec la cour de Prague, lui en demanda un, en janvier 1610, après avoir parcouru, chez un libraire de Bologne, celui qui avait été réservé pour un noble vénitien[49], et on n'a pas lieu de douter de la sincérité de la réponse :

> Il aurait été convenable de donner gratuitement des exemplaires aux mathématiciens, comme l'empereur me le demandait. Mais comme il me laisse rigoureusement mourir de faim, j'ai été forcé de tout vendre à un libraire, sans exception. Mais je peux en obtenir un à Prague, pour trois gulden[50].

[47] BK en signale 13. Cependant, beaucoup des exemplaires qu'il énumère ne sont plus signalés dans les inventaires. Pour d'autres (Dresde, Landesbibl. et Munich, BSB), le catalogue des ouvrages imprimés en Allemagne au XVIIe siècle (VD17 : *Das Verzeichnis der im deutschen Sprachraum erschienenen Drucke des 17. Jahrhunderts*) indique qu'ils ne comportent pas le portrait. Un nouveau recensement est en cours.

[48] Catalogue Francfort, Latomus, automne 1609, C4 : *Astronomia nova ... ex observationibus Tychonis Brahe, jussu & sumptibus Rudolphi II. Rom. Imp. Elaborata a Joanne Keplero Mathematico Cæsareo. Prostat Francof. Apud Godf. Tampach, & Pragæ in taberna Marneana in fol.*

[49] KGW 16, n° 548, p. 270 (Magini à Kepler, 15 janvier 1610) : « Vidi nuper insigne tuum opus de motu Martis a librario quodam Bononiensi huc pro nobil viro Venetia allatum, et mutuo quidem mihi ad unicam diem concessum percurri breviter [...] »

[50] KGW 16, n° 551, p. 279 (à Magini, 1er février 1610) : « Par erat, ut Cæsar mihi mandaret, gratis donare exemplaria Mathematicis. At quia strenue me esurire patitur, coactus sum vendere typographo, sine exceptione. Pro tribus tamen florenis hic Pragæ habere possum unum ».

C'était une offre honnête, puisque l'ouvrage valait le double en Italie[51], mais elle révèle les conditions assez peu favorables de la réception de l'*Astronomia nova* qui se diffusa davantage comme un beau livre de prestige que comme un livre d'étude. Remus Quietanus, l'un de ses lecteurs importants (parce qu'il contribua à l'introduire dans le cercle des *Lincei*) y eut accès, par exemple, grâce à la bibliothèque du duc Sforza[52]. De plus, le tirage s'écoula lentement. Il passa du fonds de Tampach dans celui de Krüger, au moment où celui-ci, qui exerçait à Augsbourg, s'engageait dans l'impression de la première partie de l'*Epitome*)[53]. Krüger, ruiné, cessa d'exercer en 1620, et on ne sait ce qu'il advint de son stock.

Au bout du compte, un nombre honorable d'exemplaires trouva son chemin dans des collections qui assurèrent leur préservation, et permirent aux astronomes, puis aux historiens de l'astronomie, de les consulter assez facilement. L'*Astronomia nova* se trouve actuellement conservée dans une douzaine de grands observatoires détenant des fonds de livres anciens[54], et dans beaucoup de bibliothèques nationales, régionales et universitaires du monde entier, avec des inégalités prévisibles (il y a de nombreux exemplaires en Allemagne et peu en Italie ou en Espagne)[55]. Sa carrière ne peut pas être comparée à celle du *De revolutionibus*, qui servit de livre d'exercice à plusieurs générations de mathématiciens[56], ni à celle du

---

51   Voir KGW 16, n° 547, p. 268 (Martin Horky à Kepler, 12 janvier 1610): «Vestræ Eccellentiæ opus insigne de motu Martis oculis meis maxime placet, sed loculis displicet. Nimis enim care venit in Italiis, et pro uno exemplari librarii nostri 6 aureos demandant. Reversus *sun theô* ad patrios lares credo me precio viliori adsecuturum».

52   KGW 16, p. 396 (Johannes Remus Quietanus à Kepler, 17 décembre 1611). Sur cette correspondance et, plus largement, sur la réception de l'*Astronomia nova* en Italie, voir Massimo Bucciantini, «Dopo il *Sidereus Nuncius*: il copernicanesimo in Italia tra Galileo e Keplero», *Nuncius*, 9-1, 1994, p. 15-35; *Idem, Galilée et Kepler. Philosophie, cosmologie et théologie à l'époque de la Contre-Réforme*, trad. G. Marino, Paris, Belles Lettres, 2008, p. 260-269.

53   Voir le catalogue de Francfort, automne 1614, C2: *Astronomia nova […] prostat Aug. Vind. Apud Jo. Krugerum in fol.* (cité dans Seck, col. 718).

54   Babelsberg, Bologne, Edimbourg, Hambourg, Moscou, Padoue, Paris, Rome, St Andrews, Uppsala et Vienne. BK signale également un exemplaire à l'observatoire de l'université de Breslau, désormais Wroclaw.

55   Pour l'Italie, en plus de ceux des observatoires de Rome, de Padoue et de Bologne, sont recensés un exemplaire à l'Université La Sapienza (département de mathématiques) et un autre à l'université de Turin. Pour l'Espagne, il se trouve des exemplaires dans les bibliothèques universitaires de Barcelone et de Valladolid, et à la bibliothèque nationale de Madrid (2).

56   Voir Owen Gingerich, *An annotated census of Copernicus' De revolutionibus (Nuremberg, 1543 and Basel, 1566)*. Leiden: Brill, 2002.

Dialogo (surtout grâce à ses rééditions en latin), mais elle n'a rien de pitoyable. Sur le moment, cependant, le rayonnement de l'édition fut décevant, et Kepler commença à travailler, dès 1611, à un projet d'ouvrage qui diffuserait ses idées cosmologiques d'une façon tout à fait différente, en s'adressant d'emblée au public des étudiants et de leurs professeurs.

Le style typographique de Kepler

L'*Epitome* montre une grande inventivité typographique, facilitée par la levée de certaines contraintes : le livre échappait au contrôle de la famille Brahe (puisqu'il ne révélait aucune découverte nouvelle, fondée sur les observations de Tycho), en même temps qu'aux exigences du *decorum*[57]. L'*Astronomia nova*, sur laquelle ces contraintes pesaient pleinement, manifeste, dans un autre registre, une originalité de style comparable. Cette originalité ressort si on la compare, du point de vue des normes typographiques, d'une part aux livres antérieurement publiés par Kepler, de l'autre à la production allemande contemporaine dans le domaine érudit. Bien entendu, une telle comparaison n'est pas si aisée à mener et la validité de ses conclusions reste très relative puisqu'il est impossible de maîtriser la multitude des facteurs de variation.

Au début du XVIIᵉ siècle, le genre du « livre savant », particulièrement bien représenté sur le marché de la foire de Francfort, offrait aux auteurs des moyens aussi étendus que possible pour déployer leur érudition et aider leurs lecteurs à s'approprier le savoir qu'ils mettaient à leur disposition. Les progrès dans ce domaine avaient été, durant toute la Renaissance, l'une des contributions majeures du génie de l'humanisme à l'art du livre, notamment en Allemagne où l'idéal antiquisant du « texte nu » n'avait jamais prévalu comme il avait pu le faire en Italie[58]. Au besoin, on pouvait multiplier les sections des liminaires, les types d'index, les marques de division à l'intérieur du texte, les interventions marginales ; on pouvait même créer plusieurs niveaux d'annotation. Comme on l'a vu dans la première section de cette étude, Kepler ne s'est jamais privé d'utiliser cette ressource pour composer des traités conformes à ses intentions. Il lui est même arrivé d'en jouer : l'architecture compliquée du *Somnium* en témoigne.

---

57 Voir I. Pantin, « Kepler's *Epitome*… », cit. *supra*.
58 L'imprimerie germanique n'a jamais pris comme modèle l'élégance aldine. Et le sentiment qu'un livre trop chargé d'appareil érudit risquait d'entrer dans la catégorie du pédantesque, sentiment très présent en France à la fin de la Renaissance, ne semble guère avoir existé en Allemagne.

L'*Astronomia nova*, dans un registre plus sérieux, permet plutôt d'observer un souci à la fois de l'organisation, de l'économie et du détail qui dépasse la norme.

La tripartition des liminaires (dédicace, avis au lecteur, pièces encomiastiques) était, par exemple, traditionnelle. Mais Kepler savait la plier aux exigences particulières d'un projet. Dans l'*Astronomia nova*, il était ingénieux, par exemple, de mettre tout ce qui concernait «l'héritage Brahe» dans la section encomiastique, non seulement par le rapprochement des pièces, mais en utilisant l'expression poétique pour un dialogue avec Tycho tout à fait dans l'esprit du disparu[59]. De cette façon, l'avis au lecteur de Tengnagel n'était plus qu'un morceau d'accompagnement parmi d'autres et perdait toute fonction introductive. Cette dernière fonction était entièrement prise en charge par l'auteur, dans une section à son tour subdivisée de façon à permettre à différentes catégories de lecteurs, non seulement d'accéder au texte, mais d'y agréer avant même de l'avoir lu, comme on l'a dit plus haut.

Un évident souci de clarté règne dans tout l'ouvrage, et il est poussé jusqu'au détail. En ouvrant le livre à n'importe quelle page, par exemple, on sait, grâce aux titres courants et aux indications marginales, dans quelle partie et dans quel chapitre on se trouve. Ou bien encore, la disposition des *errata* est inhabituelle. Au lieu de faire se succéder les corrections tout au long de lignes compactes, selon l'usage et comme c'est le cas dans l'*Optique* de 1604, on a utilisé une disposition sur trois colonnes principales, de façon à ce que les chiffres des feuillets soient très lisiblement placés les uns au-dessous des autres, sans trop de place perdue. On a classé les erreurs par catégorie: «superflua», «omissa», «mutanda», et regroupé à la fin de chaque catégorie les plus importantes, imprimées dans un corps nettement plus gros. Enfin, chaque colonne principale est elle-même subdivisée en deux pour faciliter le repérage, en indiquant, d'abord l'incipit de la ligne, ensuite, après un blanc, le texte corrigé: comme on sait, d'après la rubrique, s'il s'est agi d'ôter, d'ajouter ou de changer des signes, il n'est pas besoin (sauf exception) de reproduire l'endroit fautif.

On a vu combien Kepler s'était inquiété très tôt de trouver un imprimeur disposant de fontes aussi complètes que possible. L'utilisation des caractères à des fins de division et de mise en relief se retrouve tout au long du livre. La gradation des corps aide à distinguer les trois principales sections des liminaires (celle de l'empereur, celle des Brahe et celle de l'auteur). Dans le traité lui-

---

[59]   Sur le rôle attribué par Tycho à l'expression poétique, voir I. Pantin, «Lire les signes du ciel. Tycho Brahe entre prose et poésie», dans *Écrire en vers, écrire en prose: Une poétique de la révélation*, dir. Catherine Croisy-Naquet, *Littérales*, 2007.

même, l'utilisation du corps supérieur a une fonction emphatique, associée à un rôle de scansion. Ce corps, qui sert pour les intitulés des chapitres, attire aussi l'attention sur le préambule de la IV⁰ partie où les principes physiques trouvés dans la partie précédente sont désignés comme la «clef de l'approfondissement de l'astronomie» (*clavis astronomiæ penitioris*), approfondissement qui va être mis en œuvre, à partir de l'exemple généralisable de Mars, dans les chapitres qui suivent. De fait, il revient dans la même partie pour souligner les points successifs des démonstrations données dans les chapitres LIX et LX : celles de la trajectoire elliptique et de la loi des aires. Il ne s'agit pas alors de faire simplement se détacher des énoncés de propositions, mais bien de faire porter l'accent sur ce qui est important (on le voit bien, par exemple, aux p. 291, 292 [KGW 3, 371-373], 294 [KGW 3, 375], 300 [KGW 3, 381]).

L'alternance du romain et de l'italique permet généralement de marquer les passages démonstratifs où la lecture du texte doit s'accompagner de celle des figures (qui se trouvent toujours à portée de regard)[60]. Le géomètre comme le physicien peuvent donc y trouver le moyen soit d'accélérer, soit d'abréger leur consultation. L'insertion de quelques mots en romains dans de l'italique sert aussi à signaler l'intercalation d'un commentaire, ou à détacher une expression importante. Par exemple, au chapitre XXII, dans la démonstration de la nécessité d'un équant pour le soleil (ou la terre), se détachent en romain : «Dico his concessis, observationes tales exhibitum iri, ex quibus quis suspicari possit, orbem annuum DE augeri minuique» (KGW 3, 192, l. 25-27), ainsi que «In forma Ptolemaica» et «In forma Tychonica» (p. 125-126 [KGW 3, 193]).

Il y aurait beaucoup à dire sur les manchettes qui jouent un rôle multiple : ponctuation, signalisation des *notabilia*, annotation (avec appel par des numéros ou des astérisques), et même commentaire ; celle qui s'allonge à côté de la démonstration de la page 322 (ch. LXVIII [KGW 3, 406-407]) tient ainsi tout un discours explicatif, encore complété par un ajout dans les *errata*. Dans le premier chapitre, la manchette accompagnant la figure des boucles de Mars entre 1580 et 1596 (p. 4 [KGW 3, 64]) se développe en légende, en description, en éclaircissement et en commentaire qui sollicite l'attention du lecteur (*Et nota…*) ; elle commence même à se transformer en glose puisqu'elle encadre le schéma sur

---

[60] Donahue (Johannes Kepler, *New Astronomy*, p. 18) parle de «Kepler's idiosyncratic use of italics to distinguish mathematical passages, which reveals much about the distinction then drawn between mathematics and physics». Ce n'est pas tout à fait exact puisque de nombreux passages évidemment mathématiques sont en romain. La distinction, à mon avis, est moins épistémologique que pratique : elle vise à faciliter la lecture. Notons que l'italique est aussi utilisé pour distinguer les citations, ce qui était usuel.

deux côtés : cela donne une idée de la liberté avec laquelle Kepler usait du code typographique.

La mise en paragraphes est également remarquable. Les ouvrages savants imprimés au début de l'époque moderne, surtout en Allemagne, commençaient à recourir couramment à l'alinéa[61], y compris dans les parties où le discours dominait[62], mais bien rarement avec de telles intentions expressives. Sans même parler du marquage par le jeu des caractères, Kepler a combiné plusieurs moyens de diviser du texte à l'intérieur des chapitres et des rubriques : le blanc aldin (c'est-à-dire le blanc intra-linéaire), l'alinéa simple et l'alinéa avec saut de ligne. Il en a fait un usage essentiellement logique dans l'introduction, les sommaires et le traité lui-même. Dans la dédicace, il s'y ajoute un usage oratoire et pompeux, plutôt inhabituel. Kepler lui-même n'avait utilisé cette disposition que dans la dédicace du *De Stella nova*.

Terminons ce catalogue par une remarque sur la réalisation du calibrage et de l'imposition. Ils ont dû réclamer un soin particulier pour obtenir les effets voulus par l'auteur. Par exemple, le début du chapitre VIII, qui reproduit la table tychonienne des mouvements de Mars de 1580 à 1600, est imprimé sur une double page. Cela n'était possible qu'en utilisant un *bifolium* au centre d'un cahier, en l'occurrence, le *bifolium* E3-E4 (p. 54-55 [KGW 3, 110-111]). Comme la série des cahiers de six feuillets n'a pas été perturbée, on imagine les calculs préparatoires qui ont été nécessaires. La répartition des figures suggère un commentaire analogue. Elles sont fréquemment répétées jusqu'à cinq fois et plus dans le même chapitre, pour que le lecteur ne les perde pas de vue. Mais on s'est arrangé, sauf exception, pour que les mêmes bois puissent être réutilisés. La disposition est telle qu'ils n'ont jamais eu à figurer deux fois dans la même forme de caractère. Bien entendu, puisqu'on retrouve souvent la même figure au recto et au verso d'une feuille, il faut supposer que le matériel typographique était redistribué immédiatement après l'impression de chaque face, mais cela n'avait rien d'exceptionnel.

---

[61] Voir F. A. Janssen, « The rise of the typographical paragraph », dans K. A. E. Enenkel et W. Neuber (éd.), *Cognition and the Book: Typologies of Formal Organisation of Knowledge in the Printed Book of the Early Modern Period*, Leyde, 2005, p. 9-31 ; I. Pantin, « Mise en page, mise en texte et construction du sens dans le livre moderne. Où placer l'articulation entre l'histoire intellectuelle et celle de la disposition typographique », *Mélanges de l'École Française de Rome, Italie et Méditerranée*, 120-2, 2008 [= 2009], p. 343-361.

[62] On voit pourtant dans les *Epistolæ* de Tycho, par exemple, que cette dernière pratique a tardé à s'installer.

Au terme de cette enquête sur la manière dont Kepler a pu plier à ses fins les diverses ressources de la typographie de son temps, on est réduit à s'étonner, une fois de plus, de l'étrange réputation qui s'attache encore parfois à l'*Astronomia nova*. Il s'agirait d'un livre obscur, embrouillé et qui mettrait sa lumière sous le boisseau. Or depuis l'invention de l'imprimerie, on n'avait peut-être jamais conçu aucun livre qui ajuste aussi précisément son langage formel à sa démarche démonstrative et à son désir de convaincre.

Johannes Kepler und David Fabricius

MENSO FOLKERTS

David Fabricius war einer der wichtigsten Briefpartner Keplers: 40 zum Teil sehr umfangreiche Briefe von Fabricius an Kepler und 8 Briefe von Kepler an Fabricius sind erhalten. Aus diesen Briefen ersieht man, dass Kepler Fabricius sehr schätzte. Überhaupt war David Fabricius zu seinen Lebzeiten recht bekannt, vor allem wegen seiner astronomischen Entdeckungen und Beobachtungen, die ihm die Anerkennung der Fachleute einbrachten. Heute ist Fabricius allerdings fast vergessen[1]. Dies hängt sicher damit zusammen, dass er weitab von den wissenschaftlichen Zentren lebte und dass er nicht als Astronom wirken konnte, sondern seine Forschungen neben seinem Brotberuf als Pastor betreiben musste. Der Aufsatz gliedert sich in drei Teile: Fabricius' Leben; die Hauptgebiete seiner

---

[1] Die letzte ausführlichere Arbeit stammt von D. Wattenberg, *David Fabricius. Der Astronom Ostfrieslands (1564-1617)*, Berlin 1964; allerdings beschränkt sie sich auf Fabricius' astronomische Arbeiten. Grundlegend sind immer noch die dreiteilige Arbeit von Bunte, „Über David Fabricius, I. II. III", *Emder Jahrbuch* 6/2 (1885), S. 91-128; 7/1 (1886), S. 93-130; 7/2 (1887), S. 18-66; 8/1 (1888), S. 1-40, sowie die Ausführungen von Berthold in seinem Werk über Johann Fabricius: G. Berthold, *Der Magister Johann Fabricius und die Sonnenflecken, nebst einem Excurse über David Fabricius. Eine Studie*, Leipzig 1894. Der vorliegende Aufsatz beruht wesentlich auf M. Folkerts, „Der Astronom David Fabricius (1564-1617): Leben und Wirken", *Berichte zur Wissenschaftsgeschichte* 23 (2000), S. 127-142. Siehe auch M. Folkerts, „Fabricius, David", *Biographisches Lexikon für Ostfriesland*, Bd. 2, Aurich 1997, S. 106-114.

wissenschaftlichen Tätigkeit; sein Briefwechsel mit Kepler. Die Korrespondenz fällt ganz wesentlich in die Zeit, in der Kepler an seiner *Astronomia nova* arbeitete, und die Frage nach der Bahn, auf der sich die Himmelskörper bewegen, ist ein zentrales Thema des Briefwechsels.

1. Leben

Unser Wissen über David Fabricius' Leben stammt größtenteils aus Bemerkungen in seinen Schriften und Briefen. Er wurde in demselben Jahr wie G. Galilei, nämlich 1564, geboren, und zwar am 9. (alter Stil) / 19. (neuer Stil) März. Sein Geburtsort war Esens in Ostfriesland[2]. Dieser nordwestlichste Teil Deutschlands grenzt im Norden an die Nordsee, im Westen an die Niederlande; östlich schließt sich das Herzogtum Oldenburg an, und im Süden bilden Moore eine natürliche Grenze. Durch seine Randlage – abgeschlossen durch das Meer oder durch moorreiche Gegenden – war Ostfriesland für die große Politik wenig interessant und konnte daher sehr lange eine gewisse Unabhängigkeit behaupten. Im 14. und 15. Jahrhundert war es von lokalen Häuptlingen beherrscht. Um 1500 bildeten sich die Landstände aus, die in der Folgezeit unter dem jeweiligen Fürsten das Land verwalteten. Nach dem Tod des letzten Fürsten im Jahre 1744 wurde Ostfriesland preußisch. Für Preußen war das Land deshalb interessant, weil es durch die Stadt Emden einen Zugang zur Nordsee bot. Durch seinen Hafen war Emden im 16. Jahrhundert nicht nur die größte Stadt Ostfrieslands, sondern erlangte auch innerhalb des Reichs eine gewisse Bedeutung. Hier spielt auch die geographische Nähe Emdens zu den Niederlanden eine Rolle, die schon vor 1500 einen regen Seehandel betrieben. Durch die Kriege, die Spanien (und damit auch die Niederlande) im 16. Jahrhundert mit Frankreich führte, konnte Emden als neutrale Stadt an die Stelle der Niederländer treten. Über Emden hatte man jetzt Anteil am internationalen Seehandel. Die Kontakte zu den Niederlanden, die schon immer bestanden hatten, wurden intensiviert, und in Emden ließen sich Flüchtlinge und Zuwanderer nieder oder reisten weiter in Richtung Hamburg. In Ostfriesland drang ab 1520 die Reformation ein. Die Mehrzahl der Bevölkerung wurden Lutheraner; im Gebiet um Emden gab es aber auch viele Protestanten reformierter Prägung.

---

[2] Das Geburtsdatum war Tycho Brahe bekannt, der ein Geburtshoroskop für Fabricius erstellte (9.3.1564, 4.59 Uhr morgens, Polhöhe: 53° 38').

Fabricius wurde im Norden Ostfrieslands geboren und war Lutheraner. Sein Vater, Jan Jansen, war Schmied[3]. Der Name „Fabricius", den David später benutzte, ist die latinisierte Form des Berufs seines Vaters. David war der älteste von wahrscheinlich fünf Geschwistern. Sein Vater zog später nach Emden, wo er 1608 in hohem Alter starb. Seine Mutter, Talke, war schon 1598 während einer Pestepidemie gestorben.

Über Fabricius' elementare Schulbildung ist nichts bekannt. Später hat er die Lateinschule in Braunschweig besucht; er berichtet, dass er dort von Heinrich Lampe (Lampadius, † 1583), einem aus Gronau stammenden Prediger, in die Mathematik und Astronomie eingeführt wurde. 1583 immatrikulierte er sich an der Universität Helmstedt. Er kann sein Studium nicht abgeschlossen haben, denn schon ein Jahr später (1584) erhielt er die Stelle des Pastors in Resterhafe (in der Nähe von Dornum, nicht weit von Esens entfernt). Noch in demselben Jahr heiratete er die verwitwete Tochter eines Schankwirts aus der Nähe. Aus der Ehe gingen acht Kinder hervor. Sein ältester Sohn Johann sollte später als Entdecker der Sonnenflecken berühmt werden[4].

Trotz seiner Dienstgeschäfte in Resterhafe hatte Fabricius genügend Zeit, seinen wissenschaftlichen Interessen nachzugehen. Er stellte regelmäßige Wetterbeobachtungen an und trug diese in ein Tagebuch ein. Das Tagebuch[5] informiert auch über astronomische Beobachtungen des Fabricius. Die dafür erforderlichen Instrumente stellte er selbst oder mit Hilfe eines Schmiedes aus Eisen her. U.a. baute er einen drei Fuß langen eisernen Quadranten, einen Sextanten und ein Visierinstrument, mit denen zuverlässige Beobachtungen möglich waren. Finanzielle Zuwendungen des Grafen ermöglichten es Fabricius, seine Instrumente zu verbessern und neue Instrumente – wahrscheinlich aus Holland – anzuschaffen. Kepler rühmte Fabricius' Instrumente und verglich sie mit denen von Tycho Brahe (1546-1601). Leider ist kein Instrument von Fabricius erhalten.

Die Entdeckung des veränderlichen Sterns im Sternbild des Walfisches[6] veranlasste Fabricius 1596, an Tycho Brahe zu schreiben. Hieraus entwickelte sich ein Kontakt, der bis zu Brahes Tod (1601) anhielt. Fabricius schickte ihm

---

3 Die Form „Goldschmied", die E. Zinner, *Verzeichnis der astronomischen Handschriften des deutschen Kulturgebietes*, München 1925, Nr. 3769-3772a, verwendet, ist reine Phantasie.
4 Zu Johann Fabricius siehe S. 55.
5 Zum Tagebuch siehe S. 58-60.
6 Hierzu siehe S. 50-51.

die Daten seiner Beobachtungen der Planeten (insbesondere Jupiter, Mars, Saturn) und des Mondes, die Brahe mit seinen eigenen verglich und für seine astronomischen Berechnungen benutzte.

Brahe hatte im Jahre 1596 Dänemark verlassen. Danach lebte er einige Zeit in Wandsbek bei dem Grafen Heinrich von Rantzau (1526-1599). Fabricius besuchte Brahe dort 1598 und blieb ein paar Tage bei ihm. Im Oktober 1599 erhielt Fabricius erneut einen Brief von Brahe, der inzwischen in Prag zum kaiserlichen Astronomen ernannt worden war. Fabricius entschloss sich nun zu einer Reise nach Prag, die er aber erst Anfang Mai 1601 antrat. Auf dem Hinweg besuchte er u.a. auch Georg Rollenhagen (1542-1609), Rektor und Stiftsprediger in Magdeburg. Rollenhagen äußerte in einem Brief an Brahe sein Bedauern darüber, dass „dieser elegante Ganymedes friesische Ochsen weide, statt, von Jupiters Adler entführt, die Götter im Himmel zu bedienen"[7].

Vom 28.5. bis Mitte Juni 1601 (a.St.) hielt sich Fabricius in Prag auf. In Prag traf er natürlich mit Brahe zusammen (der bald darauf, am 24. Oktober 1601, starb). Fabricius lernte auch Brahes Schwiegersohn Franciscus Tengnagel (1576-1622) und Brahes früheren Gehilfen Johann Erichson kennen, denen Fabricius sein ganzes Leben hindurch freundschaftlich verbunden blieb; in seinen Briefen an Kepler erkundigte er sich regelmäßig nach ihnen und ließ ihnen Grüße ausrichten. – Übrigens waren die beiden Reisen nach Wandsbek und nach Prag die weitesten, die Fabricius unternommen hat. Wir wissen, dass er auch mehrfach in den Niederlanden war, zumeist in Groningen, aber auch in Leiden. Ansonsten scheint er sich nur in seiner Heimat Ostfriesland aufgehalten zu haben.

Bei seinen wissenschaftlichen Arbeiten konnte Fabricius auf die Förderung durch das ostfriesische Grafenhaus rechnen. Fabricius war zeitweise als Hofprediger in Aurich tätig.

Durch Vermittlung des Auricher Hofes erhielt Fabricius 1603 die Pastorenstelle in Osteel (bei Norden) übertragen. Im November 1603 hielt er seine Probepredigt und siedelte im März 1604 endgültig nach Osteel über, wo er den Rest seines Lebens verbrachte. Seine wichtigsten Entdeckungen machte er in Osteel: die Nova von 1604 und die Sonnenflecken (1611). In Osteel schrieb er astronomische und historisch-geographische Schriften. Den Briefwechsel mit Kepler, den er schon in Resterhafe begonnen hatte, führte Fabricius von Osteel aus fort.

---

[7]   Brief vom 15.5.1601; siehe I. L. E. Dreyer (Hrsg.), *Tychonis Brahe Dani opera omnia* [TBOO], 15 Bde., Kopenhagen 1913-1929; hier: TBOO 8 (1925), S. 420.

Fabricius' Leben endete jäh am 7./17. Mai 1617: er wurde von einem Osteeler Einwohner erschlagen, den er in einer Predigt des Diebstahls bezichtigt hatte. Ein Erinnerungsstein an das Verbrechen befindet sich in der Osteeler Kirche.

Der wissenschaftliche Nachlass von Fabricius ist bis auf sein Tagebuch und seine Korrespondenz mit Brahe und Kepler verloren. Erhalten sind eine Reihe von Drucken und Karten.

2. Wissenschaftliche Leistungen

2.1. Kartographie

Fabricius hat bedeutende Beiträge zur Kartographie geleistet. Er hat als erste Person in Ostfriesland Karten seiner Heimat und der angrenzenden Gebiete angefertigt und herausgegeben, die relativ genau waren und zum Teil auf eigenen astronomischen Positionsbestimmungen beruhten. Seine Karten waren lange Zeit unbekannt. Erst 1895 wurde eine Ostfriesland-Karte aus dem Jahr 1592 gefunden. Eine ältere Karte aus dem Jahre 1589 wurde erst 1962 wiederentdeckt[8].

Von seinem Erstlingswerk, der Karte der Grafschaft Ostfriesland (1589), ist nur ein Exemplar bekannt. Sie ist die älteste Karte Ostfrieslands, die im Lande selbst gedruckt wurde. Sie beruht im Wesentlichen auf eigenen Erhebungen von Fabricius und zeichnet sich durch ihre relativ genaue Darstellung des Küstenverlaufs und durch eine Fülle von Detailinformationen aus. Dadurch bedeutet sie gegenüber den älteren Darstellungen Ostfrieslands einen wesentlichen Fortschritt. Von der Karte von 1589 erschienen bis 1634 mindestens sieben verschiedene Nachstiche; die meisten davon wurden unter missbräuchlicher Nennung des Namens von Fabricius in bekannten Verlagen in den Niederlanden herausgebracht.

Eine neue Ostfriesland-Karte veröffentlichte Fabricius im Jahre 1592. Erhalten ist nur eine Bearbeitung aus dem Jahr 1613. Trotz ihres kleineren Formats ist die Karte in vielen Einzelheiten genauer als diejenige von 1589. Außerdem gibt

---

[8] Fabricius' Leistungen in Verbindung mit der Kartographie Ostfrieslands werden gewürdigt in A. W. Lang (1985), *Kleine Kartengeschichte Frieslands zwischen Ems und Jade. Entwicklung der Land- und Seekartographie von ihren Anfängen bis zum Ende des 19. Jahrhunderts. Von 1900 bis 1985 fortgesetzt durch Heinrich Schumacher*, Norden 1985, S. 25-27, 29, 30. Weitere kartographische Funde vermerkt M. Aden, „Pseudofabriciana aus Amsterdam und Antwerpen. Ein Beitrag zur Kartographie Ost- und Westfrieslands. Mit einigen Nachrichten über Emmius und Fabricius", *Ostfriesland* (1963/3), S. 22-31; (1963/4), S. 10-23; (1964/1), S. 13-18.

es noch Spezialkarten von Ostfriesland und seinen Nachbargebieten. Fabricius wollte auch eine Karte der Grafschaft Oldenburg drucken lassen. Erhalten ist ein Schreiben von Fabricius an den Grafen von Delmenhorst, in dem Fabricius um die Druckerlaubnis nachsucht. Dies ist das einzige sehr sauber geschriebene Dokument von Fabricius' Hand, das heute noch vorhanden ist.

Die bedeutenden kartographischen Leistungen von D. Fabricius wurden in der Folgezeit nicht angemessen gewürdigt, vor allem deshalb, weil schon 1595 die Ostfriesland-Karte von Ubbo Emmius (1547-1625) erschien, der später Professor an der Universität Groningen wurde. Ubbo Emmius' Karte übertraf an Genauigkeit und typographischer Gestaltung die Fabricius-Karten und sorgte dafür, dass diese fast in Vergessenheit gerieten.

2.2. Geographisch-historische Arbeiten

Die Ostfriesland-Karten des Fabricius, auf denen auch einige historische Ereignisse festgehalten sind, und Einträge im „Tagebuch" lassen erkennen, dass Fabricius sich sehr für die Geschichte seiner Heimat interessierte. Er verfasste auch eine ostfriesische Chronik, die 1606 in Hamburg in niederdeutscher Sprache gedruckt wurde und 1640 in Emden mit vielen Ergänzungen neu herauskam[9]. Diese Chronik galt bisher als verloren. Es existiert aber ein Exemplar des Drucks aus dem Jahre 1642 in der Königlichen Bibliothek in Kopenhagen.

Fabricius' historische und geographische Interessen beschränkten sich nicht auf Ostfriesland. Er verfasste zwei geographisch-historische Arbeiten, die auch gedruckt wurden, beide in niederdeutscher Sprache: 1612 erschien in Hamburg ein zweigeteiltes Werk mit dem Titel *Korte Beschryuinge van West Indien* bzw. *Korte Beschryuinge Van Ost Indien*, also eine Beschreibung der Denkwürdigkeiten der neuen Welt bzw. von Indien und Hinterindien. Der erste Teil wurde schon 1598 abgeschlossen, der zweite wesentlich später. Von dieser Schrift sind nur zwei Exemplare bekannt. Ein Faksimiledruck zusammen mit einem wissenschaftshistorischen Kommentar von Uta Lindgren ist vor kurzem erschienen[10]. Fabricius' Stil ist schlicht, und seine Darstellung ist leicht

---

[9]   *Kleine Chronica, von etlycken besonderen Geschiedenissen, de sick in Ostfriesland vnd den benarborden Orden tho gedragen. Beschrewen vor desen durch David Fabricium Prediger tho Osteel in Ostfriesland. Nu avererst upt ney upgelecht vnde mit velen denckwordigen saken vermehret, bet up tagenwärdiges Jahr*, Emden 1640.

[10] U. Lindgren (Hrsg.), *Die Beschreibung von West-Indien und von Ost-Indien des David Fabricius. Faksimile der Ausgabe von 1612. Kommentiert, ins Hochdeutsche übertragen, erläutert und mit Abbildungen und alten Karten versehen*, Aurich 2006.

verständlich. Warum hat Fabricius ein Buch über Gegenden verfasst, die er nie gesehen hat? In seiner Vorrede wendet er sich an seine Leser, denen er in den gegenwärtigen schweren Zeiten eine Möglichkeit geben will, in der Neuen Welt „ein wenig spazieren zu fahren und das Unwetter vorbeiziehen zu lassen". Der geographische Schauplatz seiner Beschreibung sind die Inseln der Karibik, Teile Mittelamerikas (aber nicht Mexiko) und das nördliche Südamerika. Die politische Geschichte spielt für ihn kaum eine Rolle; es geht ihm um die dort lebenden Menschen, die Flora und die Fauna und um geographische Besonderheiten. Ähnliches gilt für die (kürzere) Darstellung Indiens. Fabricius verfolgt keine besonderen wissenschaftlichen Ambitionen und möchte auch nicht die Sensationslust seiner Leser befriedigen. Fabricius schildert West- und Ostindien irgendwie als „paradiesisch". Es kommen keine exotischen wilden Tiere vor, und die Vielfalt der Flora ist im Wesentlichen auf Mais und Yuca beschränkt. In dieser Reduzierung Amerikas auf die bäuerliche Welt in Analogie zu Mitteleuropa liegt das Besondere der *Beschreibung von West-Indien*. Fabricius erwähnt nicht explizit die Quellen, die er benutzt hat, aber er nennt einige Namen. Es sind spanische, französische, italienische und holländische Reiseberichte, die im 16. Jh. im Druck erschienen. Seine Hauptquelle für die Beschreibung Ostindiens war ein Reisebericht eines holländischen Zeitgenossen[11]. Fabricius hat sicher die holländischen überseeischen Aktivitäten genauer beobachtet: Es gab in Holland 14 Handelsgesellschaften, die auf eigenes Risiko und mit großem Erfolg Schiffe ausrüsteten, um Gewürze einzukaufen; 1602 schlossen sie sich zur „Vereinigten Ost-Indischen Kompanie" zusammen.

Im Jahre 1612 war Fabricius' Schrift über West- und Ostindien erschienen. Vier Jahre später, 1616, kam, ebenfalls in niederdeutscher Sprache und in demselben Verlag in Hamburg, eine ähnliche Schrift über Island und Grönland heraus[12]. Sie beruht auf einem viel gelesenen Reisebericht, der kurz zuvor

---

[11] Jan Huygen Linschoten (1563-1611).

[12] *Van Ißlandt vnde Grönlandt/ eine korte beschryuinge vth warhafften Scribenten mit vlyte colligeret/ vnde in eine richtige Ordnung vorfahtet/ Dorch DAVIDEM FABRICIVM Predigern in Ostfreßlandt. Gedruckt Im Jahr/ 1616.* Auf dem Titelblatt ist kein Druckort angegeben. Da aber der Titelholzschnitt mit dem des Drucks von 1612 übereinstimmt, kann man annehmen, dass auch dieses Buch in Hamburg erschien. Es gibt einen Nachdruck mit Übertragung ins Hochdeutsche: K. Tannen (Hrsg.), *Island und Grönland zu Anfang des 17. Jahrhunderts kurz und bündig nach wahrhaften Berichten beschrieben von David Fabricius, weil. Prediger und Astronomen zu Osteel in Ostfriesland. In Original und Uebersetzung herausgegeben und mit geschichtlichen Vorbemerkungen versehen*, Bremen 1890.

erschienen war. Der Autor dieses Berichts, Dithmar Blefken (†nach 1608), stammte aus Dithmarschen. Er war 1563/64 von Hamburg aus nach Island und weiter in Richtung Grönland gefahren[13]. Blefkens Darstellung, die Wahrheit und Dichtung vermischte, wurde schon bald darauf von einem Isländer angegriffen, der Blefken als Lügner und Hochstapler darstellte. Dieser Isländer veröffentlichte auch eine Erwiderung auf Fabricius' Schrift, in der er nachwies, dass Fabricius weite Teile der Arbeit von Blefken wörtlich aus dem Lateinischen übersetzt hat – was Fabricius übrigens nicht abgestritten hat.

Die beiden geographischen Schriften von Fabricius deuten darauf hin, dass damals in Norddeutschland ein gewisser Markt für Reiseschilderungen in niederdeutscher Sprache bestanden haben muss. Offenbar gab es eine Schicht von Personen, die sich für weit entfernte Länder interessierten, insbesondere für diejenigen, die erst durch die Entdeckungsfahrten bekannt geworden waren. Es ist sicher kein Zufall, dass beide Bücher in Hamburg erschienen.

2.3. Astronomie

David Fabricius war ein hervorragender Astronom. Die Eintragungen in seinem Tagebuch zeigen, dass Fabricius die Sonnenhöhen maß und mit ihrer Hilfe die geographische Breite von Resterhafe berechnete; er bestimmte die Distanzen der Planeten von hellen Fixsternen und ihre Meridianhöhen; er beobachtete Nordlichter und Halo-Erscheinungen. Besonderes Interesse verdienen zwei Kometen, die Fabricius erwähnt: der von 1596, den Fabricius früher als Tycho Brahe beobachtete, und der Halleysche Komet, der im September 1607 sichtbar wurde.

Die wichtigsten astronomischen Leistungen von Fabricius sind seine Entdeckung eines veränderlichen Sterns (1596) und einer Nova (1604).

a) Veränderlicher Stern im Walfisch (1596)

Fabricius beobachtete am Morgen des 13. August 1596 im Sternbild Walfisch (*Cetus*) einen hellen Stern, den er vorher nicht bemerkt hatte, und bestimmte in den folgenden Tagen dessen Abstand vom Jupiter. Fabricius bemerkte, dass die Helligkeit dieses Sterns sich ändert. Er bezeichnete diesen Stern als „res mira"; hierdurch beeinflusst, prägte Kepler später den Namen „mira Ceti" (die wissenschaftliche Bezeichnung ist: *o Ceti*).

---

[13] Zu Blefken siehe den Artikel von V. Hantzsch, *Allgemeine deutsche Biographie* 47 (1903), S. 17-19.

Fabricius hat seine Entdeckung nicht im Druck bekannt gegeben. Er teilte aber ein paar Tage später seine Beobachtungen Tycho Brahe mit[14]. Kepler, der als Nachfolger Brahes in Prag Zugang zu Brahes Manuskripten hatte, wusste offenbar aus dieser Quelle, dass Fabricius die „Mira Ceti" entdeckt hatte. Jedenfalls stammt die erste *gedruckte* Nachricht über den von Fabricius entdeckten Stern von Kepler, der dies in seiner *Astronomiae pars optica* (1604) erwähnt. Kepler schreibt dort, Fabricius habe an Brahe Beobachtungen des Abstandes des Merkur von einem hellen Stern im Walfisch gesandt, doch habe er diesen Stern nicht wiederfinden können[15]. Diese Nachricht ist nur teilweise korrekt, da Fabricius den Abstand des Sterns nicht vom Merkur, sondern vom Jupiter bestimmt hatte. Offenbar durch Keplers Schrift veranlasst, stellte Fabricius diesen Sachverhalt in einem Brief an Kepler richtig[16]. Es trifft allerdings zu, dass Fabricius den Stern aus den Auge verlor.

Erst mehr als 12 Jahre später, am 5. Februar (a.St.) 1609, fand Fabricius den Stern wieder. Dies teilte er Kepler mit und schrieb u.a.[17]: „Ich rufe Gott zum Zeugen an, dass ich ihn zweimal zu verschiedenen Zeiten gesehen und beobachtet habe; der Umstand verdient Beachtung, dass Jupiter diesmal beinahe zum gleichen Ort gewandert war, als er sich 1596 befand. Wie wunderbar sind Gottes Werke! Lieber Kepler, du siehst immerhin, dass meine Meinung über die neuen Sterne und Kometen richtig war, dass sie nicht neu entstünden, sondern wenigstens gelegentlich ihres Lichtes beraubt würden und trotzdem ihren Lauf vollenden." Fabricius stellte noch weitere Beobachtungen an, die er Kepler mitteilte; auch in seinem Prognostikon für 1615 geht er auf diesen Stern ein.

Nach Fabricius wurde der Stern erst wieder im Jahre 1630 beobachtet. Fabricius' Leistung wurde auch dadurch gewürdigt, dass der Berliner Astronom Gottfried Kirch (1639-1710) in seinen Beobachtungen die Mira Ceti als „Fabricius" bezeichnete. Neuere Untersuchungen haben allerdings ergeben, dass die Lichtabnahme dieses Sterns vermutlich schon von Hipparch (um 150 v.Chr.) wahrgenommen wurde. Heute wissen wir, dass die Mira Ceti eine Lichtwechselperiode von 330 Tagen hat und somit ein Stern mit langperiodisch veränderlicher Helligkeit ist.

---

[14] Fabricius vermerkt im *Calendarium*, er habe am 11. August 1596 erstmals an Tycho geschrieben, und dieser habe ihm am 28. September geantwortet (Bunte, siehe Anm. 1, 1885, S. 107). Beide Briefe sind nicht erhalten.

[15] Johannes Kepler, KGW 2 (1939), S. 376, Z. 3-6.

[16] Brief vom 14.1.1605 a.St. (KGW 15, Nr. 319, S. 117, Z. 63-76).

[17] Brief vom 12.3.1609 a.St. (KGW 16, Nr. 524 f., S. 232, Z. 265-275).

b) Nova (1604)

Im Jahre 1604 leuchtete ein neuer Stern im Schlangenträger (Ophiuchus) auf, der ähnlich hell war wie die Nova des Jahres 1572, über die u.a. Brahe eine Schrift verfasst hatte. Bekanntlich waren für die Menschen des 16. Jahrhunderts Novae – ebenso wie Kometen – besonders interessant, weil sie künftige Ereignisse anzukündigen schienen und gleichzeitig als Argument gegen die Gültigkeit des aristotelischen Weltbilds dienen konnten. Der neue Stern – wahrscheinlich eine Supernova –, der heute als „Nova Ophiuchi Nr. 1" bezeichnet wird, war vom 9. Oktober 1604 an sichtbar. David Fabricius entdeckte ihn am Abend des 13. Oktober in der Nähe von Jupiter und Mars. Fabricius verfasste über den Neuen Stern noch Ende 1604 einen ersten Bericht, von dem 1606 eine Neuauflage erschien[18]. 1605 veröffentlichte er eine zweite Schrift[19], von der drei weitere Auflagen erschienen (1605, 1612 und 1622). Eine dritte Schrift, diesmal in lateinischer Sprache, wurde 1606 veröffentlicht[20]; von ihr erschien, ebenfalls 1606, eine verbesserte Neuauflage[21]. Alle diese Schriften enthalten neben Beobachtungswerten auch astrologische Deutungen dieser Erscheinung.

Auch Kepler widmete der Nova von 1604 zwei Schriften, in denen er u.a. die Beobachtungen von Fabricius erwähnt und würdigt[22]. Der Stern verschwand nach Keplers Aussagen im März 1606 dem bloßen Auge.

[18] *Himlischer Herhold vnd Gelück-Botte Des Römischen Adelers fürstehende Renovation oder vorjungung offentlich ausruffendt...*, Magdeburg 1606. Von der Erstausgabe (1604) ist kein Exemplar bekannt.

[19] *Kurtzer vnd Gründtlicher Bericht/ Von Erscheinung vnd Bedeutung deß grossen newen Wunder Sterns...*, Hamburg 1605.

[20] *Faecialis coelestis Romani Aquilae revicturi. hoc est, De illustri & Nova quadam Stellâ, conjunctionem magnam Saturni & Iovis anni spacio consecutâ; futuram Imperij Romani mutationem, restaurationem & gloriam praesignificante*, o.O.

[21] *Prodromvs Romani aquilae iam iam renouandi hoc est. De Illustri & noua quadam stellâ coniunctionem magnam Saturni & Iouis anni spacio consecutâ ...*, Magdeburg 1606.

[22] *Gründtlicher Bericht von einem vngewohnlichen Newen Stern*, Prag 1604 (mit Nachdrucken 1604, 1605); *De Stella Nova in Pede Serpentarii...*, Prag 1606 bzw. Frankfurt 1606. Die deutsche Ausgabe ist wiederabgedruckt in KGW 1 (1938), S. 393-399, die beiden lateinischen ebendort, S. 147-292, 313-356. Fabricius wird in der lateinischen Schrift oft erwähnt, insbesondere auf S. 159, 210, 215, 216, 248-251, 259, 324, 354.

c) Kalender und Prognostiken

Entsprechend der Sitte seiner Zeit, hat Fabricius auch Kalender und Jahresprognostiken verfasst. Sie stehen in der Tradition der Prognostiken des 16. und 17. Jahrhunderts und enthalten Angaben über Lauf und Stellung von Sonne, Mond und Planeten im kommenden Jahr und sich daraus ergebende Vorhersagen über das zu erwartende Wetter, über wirtschaftliche, politische und sonstige Ereignisse. Sie befriedigten offenbar das Bedürfnis der Menschen, etwas über die nähere Zukunft zu erfahren; ob die Vorhersagen dann wirklich eingetreten sind, wurde im Nachhinein kaum hinterfragt. Eine Ausnahme bildet Kepler: Wir wissen, dass er Kalender und Prognostiken nur aus finanziellen Gründen erstellt hat. In seinem *Prognosticum auff das Jahr 1605* bedauerte er, dass seine Vorhersagen nicht immer eingetreten sind, und 1606 beschloss er, keine Kalender mehr zu schreiben: „Weil die Astrologi keine besondere Spraach haben, sondern die Wort bey dem gemeinen Mann entlehnen müssen, so wil der gemeine Mann sie nicht anderst verstehen, dann wie er gewohnet, weiss nichts von den abstractionibus generalium, siehet nur auff die concreta, Lobt offt einen Calender in einem zutreffenden Fall, auff welchen der author nie gedacht, vnd schilt hingegen auff jhn, wenn das Wetter nicht kömpt, wie er jhms eyngebildet, so doch etwa der Calender in seiner müglichen Generalitet gar wohl zugetroffen: Welcher verdruß mich vervrsachet, dass ich endtlich hab auffhören Calender zu schreiben."[23] Die meisten Autoren – auch Fabricius – waren nicht so konsequent. Aber manche fühlten sich veranlasst, die Wettervorhersagen in den Prognostiken durch eigene Beobachtungen nachzuprüfen, und auch die Wetteraufzeichnungen, die Fabricius gemacht hat, müssen im Zusammenhang mit seinen Prognostiken gesehen werden. In der Folgezeit verschwanden die Wettervorhersagen allmählich aus den Kalendern, und man wies stattdessen auf astronomische Vorgänge hin, die, anders als die Wettervorhersagen, auf Tatsachen beruhten.

Fabricius' Prognostiken folgen den üblichen Schema und sind ganz ähnlich aufgebaut wie die von Kepler. Auch bei Fabricius sollten die Kalender und Prognostiken sicherlich auch dazu dienen, sein verhältnismäßig geringes Einkommen als Pastor zu verbessern. Wir wissen nicht, ob er regelmäßig Kalender und Prognostiken verfasst hat. Erhalten sind Fabricius' Prognostiken

---

[23] Zitiert nach M. Caspar, *Bibliographia Kepleriana*, München 1936, S. 49, Nr. 26.

für die Jahre 1607, 1609, 1615, 1616, 1617 und 1618; weitere Prognostiken dürften verloren sein[24].

Es ist möglich, dass die große Konjunktion der Planeten Mars, Jupiter und Saturn im Herbst 1604, in der Kepler die Wiederkehr der Geburtsgestirnung Christi zu sehen meinte, in Verbindung mit der auffälligen Erscheinung der Nova von 1604 Fabricius zur Herausgabe von Prognostiken veranlasst hat. Fabricius' Prognostiken zeigen, dass er an einen großen Einfluss der Planeten und ihrer Konstellationen auf die Witterung glaubte. Sie enthalten aber auch wichtige astronomische Informationen, z.B. über den „Halleyschen Kometen", die Entdeckung und Beobachtung von Mira Ceti in den Jahren 1596 und 1609, die Sonnenfleckenbeobachtungen seines Sohns Johannes, und sie bezeugen – was sonst nicht bekannt ist –, dass Fabricius eigene Planetentafeln berechnet hat.

Die Prognostiken sind mit Kalendern verbunden. In den Prognostiken und in Briefen an Kepler erwähnt Fabricius mehrfach seine „großen Schreib Calender". Der Kalender für 1609 erhielt auch einen Bericht über den Kometen des Jahres 1607. Von diesem Kalender gab es zwei Exemplare, die aber im letzten Krieg verloren gingen[25]. Vermutlich hat sich nur ein Kalender (für das Jahr 1618) erhalten[26]. Er enthält für jeden Monat eine Seite mit dem alten und neuen Kalender, dem Lauf des Mondes, den Aspekten und mit Witterungsangaben sowie außerdem eine sonst leere Seite mit einigen historischen Bemerkungen zum betreffenden Monat. Nach dem eigentlichen Kalender folgen noch vier Seiten mit Angaben zu den Finsternissen, zu „Erwählungen" (d.h. geeigneten Zeiten für gesundheitliche Aktivitäten), zu den Sonnenaufgängen in verschiedenen Teilen Deutschlands und zu historischen Ereignissen.

---

[24] Zu den erhaltenen Exemplaren siehe Folkerts, „Der Astronom David Fabricius", (siehe Anm. 1), S. 134-135. Zu ergänzen ist das Prognosticon für 1618, von dem ein Exemplar (mit dem dazu gehörigen Kalender) in der Zentralbibliothek Zürich erhalten ist.

[25] Sie befanden sich in der Preußischen Staatsbibliothek Berlin und in der UB Greifswald.

[26] *Alter vnnd Newer Schreib-Kalender/ auff das Jahr nach der Gnadenreichen Geburt vnsers lieben HERRN vnnd Heylands JEsu Christi. MDCXVIII. Mit dem Stand/ Lauff vnnd Fürnembsten Aspecten der sieben Planeten/ sampt den Erwehlungen/ vnnd gemeine Monds witterung*, Nürnberg, o.J. (Exemplar in der Zentralbibliothek Zürich).

d) Entdeckung der Sonnenflecken

Besonders bekannt wurde David Fabricius in Verbindung mit den Sonnenflecken. Er war an der Beobachtung der Sonnenflecken beteiligt, die sein Sohn Johann mit Hilfe eines Fernrohrs erstmals am 9. März 1611 (n.St.) wahrnahm. Allerdings kommt der Hauptanteil an der Entdeckung der Sonnenflecken nicht David, sondern Johann Fabricius (1587-1617) zu. Johann Fabricius hatte von 1605 bis 1606 in Helmstedt und dann in Wittenberg studiert; dort wurde er 1611 Magister der Philosophie; zwischenzeitlich, im Wintersemester 1609/10, war er an der Universität Leiden für Medizin immatrikuliert. Nach Erwerb des philosophischen Magisters wandte sich Johann wieder dem Medizinstudium zu, vermutlich ebenfalls in Wittenberg; er starb aber schon wenig später. Über Todesort und -tag wird in der astronomiehistorischen Literatur wild spekuliert. Bisher wusste man nur, dass Johann Fabricius vor 1618 gestorben ist, denn Kepler berichtet, dass Fabricius im Prognostikon für 1618 den Tod seines Sohnes Johann mitgeteilt hat[27]. Nachdem jetzt ein Exemplar dieses Prognostikons aufgetaucht ist[28], können wir erstmals verlässliche Angaben über Johanns Tod machen. Sein Vater schreibt[29]:

> Ob ich nun wol bißher an mir nicht erwinden lassen / diese Astronomische künste / diuturno & pertinaci studio, multis Vigilijs & non parvis impensis & molestijs, inn bessern stand zu bringen / weil aber ich mich fast abgearbeitet / keine hülff noch sonderlichen beystand habe / so beginne ich fast daran zu zweiffeln vnnd die sache anderen (die besser gelegenheit vnnd beförderung haben) zu befehlen / fürnemblich / weil mein Filius M. Iohannes Fabricius, medicinae & Mathemattum Studiosissimus, vnnd der Haeres laborum meorum sein solte / auff seiner Reise nach Basel (ad summum in medicina gradum acquirendum) zu alten Dreßden / den zehenden Januarij dises 1617. Jahr / aetatis anno 30. completo, im HErren gestorben / vnnd damit mir vnnd meinen Studijs einen mercklichen stoß gethan / vnnd zu denselbigen gantz vnlustig gemachet.

Johann Fabricius ist also auf dem Weg (von Wittenberg) nach Basel, wo er den medizinischen Doktor erlangen wollte, am 10. Januar 1617 in Dresden gestorben.

Über die Beobachtung der Sonnenflecken durch Johann und David Fabricius sind wir gut informiert, weil Johann eine Schrift darüber verfasst hat. Sie trägt den Titel *De maculis in Sole observatis*, ist 22 Blatt stark und erschien

---

[27] In den *Ephemerides novae ...*, Linz 1617, in dem ein Nachruf auf Fabricius enthalten ist.
[28] Siehe Anm. 24.
[29] *Prognosticon astrologicvm Auff das Jahr ... MDCXVIII*, Nürnberg [1617], f. Aiij v.

zur Herbstmesse 1611 in Wittenberg im Druck. Johann Fabricius berichtet in seiner Schrift nicht nur über die Sonnenflecken, sondern er behandelt auch andere, zumeist allgemeinere, Fragen (Wesen der Naturforschung, Klage über die Geringschätzung der Naturwissenschaften, notwendige Sorgfalt bei den Beobachtungen, Sinnestäuschungen, Probleme des Autoritätsglaubens, Galileis Beobachtungen des Saturn und der Jupitermonde, Probleme bei der Beobachtung optischer Phänomene).

Johann Fabricius benutzte ein Fernrohr. Das Fernrohr ist bekanntlich in Seeland durch passende Kombination von Linsen erfunden worden. Da Johann Fabricius 1609-1610 in Leiden studierte, wird er dort von dieser Erfindung erfahren haben.

Als Johann Fabricius in Osteel sein Fernrohr auf die Sonne richtete, fand er an ihrem Rand eine „Ungleichmäßigkeit und Unebenheit", die auch schon seinem Vater aufgefallen war. Er erkannte auf der Sonne einen dunklen Fleck, der, wie mehrfache Beobachtungen mit verschiedenen Fernrohren zeigten, nicht durch die Wolken verursacht war. Weitere Untersuchungen, zu denen Johann auch seinen Vater heranzog, ergaben, dass es auf der Sonne mehrere unterschiedlich große Flecken gab, die in einer geneigten Bahn von Osten nach Westen wanderten; nach seiner Meinung bewegten sie sich nicht um die Sonne, sondern hafteten am Sonnenkörper fest. Daraus folgerte Johann, dass die Sonne um ihre Achse rotiere und somit die Ansichten von Bruno und Kepler korrekt seien. Vater und Sohn führten die Beobachtungen zuerst ohne Augenschutz durch. Später fingen sie nach Art der Lochkamera das Sonnenbild in einem verdunkelten Zimmer durch eine enge Öffnung auf einem Bogen Papier auf. Die Beobachtungen zogen sich über mehrere Tage hin. Johann hat sie bis zur Veröffentlichung seiner Schrift fortgesetzt und auch andere ermuntert, das Phänomen zu beobachten. Zwar gibt er nicht an, wann er die Sonnenflecken erstmals gesehen hat. Aber David Fabricius erwähnt in seinem Prognostikon auf das Jahr 1615, dass diese Beobachtung am 27. Februar 1611 (a.St., d.h. 9. März n.St.) erfolgt ist.

Bekanntlich sind die Sonnenflecken in den Jahren 1610-1611 mehrfach entdeckt worden, und zwar von[30]:

1) Galileo Galilei (1564-1646) im Juli oder August 1610 in Padua und Florenz

2) Thomas Harriot (1560-1621) am 8. Dezember 1610 in England

---

[30] Über die Geschichte der Entdeckung der Sonnenflecken siehe W. R. Shea, „Galileo, Scheiner, and the Interpretation of Sunspots", *Isis* 61 (1970), S. 498-519. Alle Daten sind nach dem neuen Kalender gegeben.

3) Christoph Scheiner (1573-1650) am 6. März 1611 in Ingolstadt
4) Johann und David Fabricius am 9. März 1611 in Osteel.

Johann Fabricius ist also nicht der Erstentdecker der Sonnenflecken. Er hat aber als erster seine Beobachtungen im Druck bekannt gemacht. Am 1. Dezember 1611 berichtete David Fabricius in einem Brief an Michael Mästlin über die Beobachtung der Sonnenflecken. Als im Januar 1612 Briefe von Scheiner über die Entdeckung der Sonnenflecken gedruckt wurden, führte dies zum einem Prioritätsstreit zwischen Scheiner und Galilei. Es ist erstaunlich, dass beide in ihrer Auseinandersetzung die Beobachtungen von J. Fabricius ignoriert haben und seinen Namen nicht einmal erwähnen. Wir wissen, dass David Fabricius und Scheiner in Briefkontakt standen, denn Fabricius erwähnt in seinem Tagebuch, dass er am 29. Oktober 1612 einen Brief von Scheiner erhielt. Dieser Brief ist nicht erhalten, aber die Annahme liegt nahe, dass in ihm auch von den Sonnenflecken die Rede war.

e) Kontakte zu anderen Astronomen und Naturwissenschaftlern

Aus Bemerkungen im Tagebuch und in den Prognostiken wissen wir, dass Fabricius mit vielen Astronomen seiner Zeit in Briefwechsel stand. Die wichtigsten waren Tycho Brahe und Kepler. Fabricius korrespondierte außerdem mit Christoph Scheiner, Jost Bürgi (1552-1632), Simon Marius (1573-1624) und Michael Mästlin (1550-1631). Der Schweizer Uhrmacher und Instrumentenbauer Jost Bürgi war von 1579 bis 1604 am Hof in Kassel und danach am kaiserlichen Hof in Prag tätig. Marius (Mayr) wurde vor allem durch die Entdeckung der Jupitermonde (1609-1610) bekannt; er hielt sich wie Fabricius im Jahre 1601 in Prag auf und könnte dort mit Fabricius zusammengetroffen sein. Mästlin, der Lehrer Keplers in Tübingen, war auch ein vorzüglicher astronomischer Beobachter. Während Fabricius' Korrespondenz mit Bürgi und Marius verloren ist, hat sich ein Bruchstück eines Briefes an Mästlin erhalten. Er stammt vom 1. Dezember 1612 und berichtet über die Beobachtung der Sonnenflecken durch Vater und Sohn Fabricius[31].

---

[31] Ediert bei R. Wolf, „Mittheilungen über die Sonnenflecken, VI", *Vierteljahrsschrift der Naturforschenden Gesellschaft in Zürich* 3 (1858), S. 124-154; hier: S. 144f.

3.1. Tagebuch

Fabricius' Nachlass ging nach seinem Tod verloren. Erhalten ist nur eine Art Tagebuch (*Calendarium Historicum*), in das Fabricius Beobachtungen und andere Ereignisse zwischen dem 1. Januar 1585 und Ende Januar 1613 eingetragen hat[32]. Das Tagebuch war ursprünglich ein Sterberegister des Minoritenklosters in Gent, in das Sterbefälle bis zum Jahr 1577 eingetragen wurden. Wie es von dort zu Fabricius gekommen ist, wissen wir nicht. Der Band war so angelegt, dass es für jeden Tag des Jahres eine Seite gab, die 32 Linien enthielt. Man konnte also für jeden Tag die für das Kloster in Gent wichtigen Ereignisse eintragen. Da das Register in Gent aber nur kurze Zeit benutzt wurde, stehen auf den 365 Seiten nur wenige, manchmal gar keine, Einträge. So hatte Fabricius viel Platz für seine Eintragungen. Er hat die Handschrift „umfunktioniert", indem er jede Seite, die ja 32 Zeilen hatte, für einen bestimmten Monat benutzte und in den Zeilen Dinge eintrug, die sich auf den jeweiligen Tag bezogen. Dies ist allerdings nicht durchgehend und nicht systematisch geschehen, so dass manche Seiten dichtgedrängt mit Eintragungen und andere Seiten ganz leer sind.

Die meisten Eintragungen betreffen Witterungsvorgänge. Fabricius gehört zu den frühesten Personen in Europa, die über einen längeren Zeitraum Wetterbeobachtungen durchgeführt und aufgezeichnet haben. Sie beruhten natürlich auf Augenschein, da Thermometer, Barometer und andere instrumentelle Hilfsmittel erst im 17. Jahrhundert nach Fabricius' Tod erfunden wurden. Fabricius' Interesse an der Meteorologie hängt sicher damit zusammen, dass er annahm, die Witterungsvorgänge hingen von der Konstellation der Planeten ab. Für die Frage, ob die Himmelsvorgänge das Wetter beeinflussen, hat sich auch Kepler interessiert; jedenfalls stellt er in seinem *Prognosticum auff... das Jahr 1605* den Wettervorhersagen für die Monate Oktober 1602 bis September 1604, die mit Hilfe der Astrologie gewonnen waren, die tatsächlich eingetretenen Witterungsverhältnisse in Prag gegenüber. Auch Tycho Brahe hat ein meteorologisches Tagebuch geführt, in dem das Wetter auf der Insel Hven zwischen 1582 und 1597 verzeichnet ist[33]. Es ist sehr wahrscheinlich, dass Brahe es war, der Fabricius zu Wetteraufzeichnungen anregte: Zwar wissen erst seit 1596 von Briefen, die zwischen Brahe und Fabricius gewechselt wurden, aber Brahe verzeichnet in seinem meteorologischen Tagebuch unter dem 5. Mai 1585, dass

---

[32] Es befindet sich im Staatsarchiv Aurich (Dep. 1 Msc. 90 in 2°).
[33] Edition: *Tyge Brahes Meteorologiske dagbok*, Kopenhagen 1876.

ein „M. Fabr." ihn auf seiner Sternwarte besuchte[34]. Dies kann sich auf David Fabricius beziehen und würde dann auf einen Einfluss Brahes auf Fabricius hindeuten. Fabricius' Aufzeichnungen reichen von Mitte März 1586 bis Januar 1613 mit einigen Lücken, vor allem in den Jahren 1586-1589 und 1591-1592. Mindestens einmal hat Fabricius' Frau die Eintragungen vorgenommen, als ihr Mann verreist war.

Die Eintragungen betreffen vor allem Windrichtungen, Fröste, heiße und warme Tage, Niederschläge, Gewitter, Raureif, Nordlicht und andere Singularitäten. Aufgezeichnet sind auch Eintreffen und Abreise der Störche, Getreidesaat und -ernte und andere lokale Ereignisse. Oft sind die für den betreffenden Tag gültigen Planetenkonstellationen hinzugefügt. In das Tagebuch sind andere astronomische Ereignisse und Beobachtungen und Informationen über die politischen Angelegenheiten in Ostfriesland und außerhalb eingestreut, so dass das Tagebuch in vielfältiger Hinsicht Interesse verdient. Die meisten Aufzeichnungen sind in niederdeutscher Sprache geschrieben, zum Teil vermengt mit lateinischen Teilen. Die Schrift ist sehr flüchtig und oft kaum zu entziffern. Dies ist sicher ein Grund dafür, dass bisher nur ein relativ kleiner Teil der Aufzeichnungen ediert ist[35].

Ein paar Bemerkungen zu interessanteren Angaben, die man in Fabricius' Tagebuch findet:

Sonne: Des Öfteren hat Fabricius die Sonnenhöhen gemessen. Mit Hilfe der Sonnenhöhe konnte er 1594 die Äquatorhöhe (und damit auch die geographische Breite) von Resterhafe bestimmen – offenbar die erste genaue geographische Positionsbestimmung in Ostfriesland.

Mond: Er wird in Verbindung mit Witterungsvorgängen überraschenderweise niemals erwähnt. Fabricius verzeichnet aber zwei Mondfinsternisse (1598 und 1612).

Planeten: Sie spielen eine Rolle in Geburtshoroskopen und in Verbindung mit besonderen Witterungsvorgängen. Manchmal wird die Distanz eines Planeten von hellen Fixsternen angegeben.

Kometen: Fabricius erwähnt den Kometen von 1596, den etwas später auch Brahe beobachtete, und den Kometen von 1607. Dies war der Halleysche Komet, den Kepler am 26. September in Prag beobachtete. Fabricius erwähnt ihn in seinem Tagebuch schon am 20. September und hat ihn in seinem Kalender für 1609 eingehend beschrieben.

---

[34] *Tyge Brahes Meteorologiske dagbok* (siehe Anm. 33), S. 52.
[35] Eine Edition des gesamten Tagebuchs ist geplant.

Meteore: Zweimal (1608 und 1611) hat Fabricius Meteorfälle beobachtet.

Nordlichter werden ungefähr 10mal erwähnt.

Familiennachrichten: Fabricius erwähnt u.a. die Geburtstage seiner Kinder unter Angabe der Geburtsstunde, Krankheitsfälle, Ereignisse aus dem Leben seiner Familie, seine eigene Reise nach Prag und anderes.

Curiosa: 1610 wird eine Wasserhose („Regentrappe") ausführlich beschrieben. 1593: Spuren von Blut auf dem Eis (offenbar hervorgerufen durch eine Alge). 1593: Fabricius sah eine Mumie, die vermutlich von Seefahrern mitgebracht worden war. 1597: Verlauf der Pestepidemie, die auch seine Familie betraf.

3.2. Fabricius' Korrespondenz mit Kepler

Die bei weitem wichtigste wissenschaftliche Kontaktperson für Fabricius war Kepler. Zu einer persönlichen Begegnung zwischen den beiden Gelehrten ist es allerdings nie gekommen, auch nicht, als sich Fabricius im Mai/Juni 1601 in Prag aufhielt, denn damals war Kepler in Graz.

Es wurde schon erwähnt, dass Fabricius Kepler mehrfach in seinen astronomischen Arbeiten erwähnt und dass auch Kepler die Leistungen von Fabricius im Zusammenhang mit dem veränderlichen Stern im Walfisch und der Nova von 1604 gebührend würdigt. Wichtiger noch sind die Briefe zwischen Fabricius und Kepler. In seinem Tagebuch vermerkt Fabricius, dass er am 1. April 1601 einen Brief von Kepler erhielt. Da es keinen früheren ähnlichen Eintrag gibt, ist zu vermuten, dass dies der erste Brief Keplers war. In den folgenden acht Jahren entwickelte sich ein reger Briefwechsel. Von 1601 bis 1609 sind 40 Briefe an und 8 Briefe von Kepler erhalten[36]. Sie umfassen nicht die gesamte Korrespondenz. Insbesondere fehlen naturgemäß Briefe von Kepler an Fabricius, da nur die Abschriften oder Zusammenfassungen vorliegen, die Kepler zurückbehielt. Auch der erste Brief, den Kepler schrieb, fehlt. Die folgende Liste zeigt die erhaltenen Briefe und gibt an, in welchem Band der Werksausgabe von Kepler sie ediert sind.

1) Fabricius an Kepler, 23.6.1601, Prag (KGW 14, S. 187-188, Nr. 193)
2) Fabricius an Kepler, 13.3.1602 a.St., Resterhafe (KGW 14, S. 219-222, Nr. 211)

---

[36] Die Briefe sind der Kepler-Ausgabe (KGW), Band 14-16, ediert. Allgemeine Bemerkungen zum Inhalt der Briefe bei Wattenberg (siehe Anm. 1), S. 17-20.

3) Fabricius an Kepler, 28.4.1602 a.St., Resterhafe (KGW 14, S. 223-226, Nr. 213)
4) Fabricius an Kepler, 28.4.1602 a.St., Resterhafe (KGW 14, S. 226-232, Nr. 214)
5) Fabricius an Kepler, 1./5.8.1602 a.St., Resterhafe (KGW 14, S. 239-256, Nr. 221)
6) Kepler an Fabricius, 1.10.1602, [Prag] (KGW 14, S. 263-280, Nr. 226)
7) Fabricius an Kepler, 24.9.1602 a.St., Resterhafe (KGW 14, S. 281-282, Nr. 227)
8) Fabricius an Kepler, 28.9.1602 a.St., Aurich (KGW 14, S. 291-292, Nr. 229)
9) Fabricius an Kepler, 4.11.1602 a.St., Esens (KGW 14, S. 306-308, Nr. 233)
10) Fabricius an Kepler, 8.11.1602 a.St., Esens (KGW 14, S. 308-311, Nr. 234)
11) Kepler an Fabricius, 2.12.1602, [Prag] (KGW 14, S. 317-336, Nr. 239)
12) Fabricius an Kepler, 8.12.1602 a.St., Esens (KGW 14, S. 337-341, Nr. 240)
13) Fabricius an Kepler, 30.1.1603 a.St., Esens (KGW 14, S. 359-361, Nr. 246)
14) Fabricius an Kepler, 7.2.1603 a.St., Esens (KGW 14, S. 363-378, Nr. 248)
15) Fabricius an Kepler, [12.2.1603 a.St., Esens] (KGW 14, S. 378-381, Nr. 249)
16) Fabricius an Kepler, 14.3.1603 a.St., Esens (KGW 14, S. 385-387, Nr. 252)
17) Fabricius an Kepler, 7.5.1603 a.St., Esens (KGW 14, S. 396-398, Nr. 257)
18) Fabricius an Kepler, 18.6.1603 a.St., Esens (KGW 14, S. 401-402, Nr. 260)
19) Fabricius an Kepler, 24.6.1603 a.St., Esens (KGW 14, S. 402-408, Nr. 261)
20) Kepler an Fabricius, 4.7.1603, Prag (KGW 14, S. 409-435, Nr. 262)
21) Fabricius an Kepler, 11.8.1603 a.St., Esens (KGW 14, S. 442-443, Nr. 266)
22) Fabricius an Kepler, 22.12.1603 a.St., Esens (KGW 15, S. 7-11, Nr. 275)

23) Fabricius an Kepler, 26.12.1603 a.St., Esens (KGW 15, S. 12-14, Nr. 277)

24) Kepler an Fabricius, [Februar 1604], [Prag] (KGW 15, S. 17-31, Nr. 281)

25) Fabricius an Kepler, 27.10.1604 a.St., Osteel (KGW 15, S. 58-62, Nr. 297)

26) Kepler an Fabricius, 18.12.1604, [Prag] (KGW 15, S. 78-81, Nr. 308)

27) Fabricius an Kepler, [Ende Dezember 1604 a.St.] (KGW 15, S. 98-101, Nr. 315)

28) Fabricius an Kepler, 3.1.1605 a.St., Esens (KGW 15, S. 101-102, Nr. 316)

29) Fabricius an Kepler, 14.1.1605 a.St., Osteel (KGW 15, S. 115-128, Nr. 319)

30) Fabricius an Kepler, 6.2.1605 a.St., [Osteel] (KGW 15, S. 151-156, Nr. 328)

31) Fabricius an Kepler, 10.2.1605 a.St., Osteel (KGW 15, S. 157-160, Nr. 330)

32) Fabricius an Kepler, 2.4.1605 a.St., Osteel (KGW 15, S. 191-197, Nr. 342)

33) Fabricius an Kepler, 23.9.1605 a.St., Osteel (KGW 15, S. 230, Nr. 355)

34) Kepler an Fabricius, 11.10.1605, [Prag] (KGW 15, S. 240-280, Nr. 358)

35) Fabricius an Kepler, 10.12.1605 a.St., Osteel (KGW 15, S. 284-286, Nr. 363)

36) Fabricius an Kepler, 11.1.1606 a.St., [Osteel] (KGW 15, S. 303-306, Nr. 371)

37) Fabricius an Kepler, 20.1.1607 a.St., Osteel (KGW 15, S. 376-386, Nr. 408)

38) Fabricius an Kepler, 5.4.1607 a.St., [Osteel] (KGW 15, S. 421-441, Nr. 419)

39) Fabricius an Kepler, 13.4.1607 a.St., Osteel (KGW 15, S. 443-447, Nr. 421)

40) Fabricius an Kepler, 1.6.1607 a.St., [Osteel] (KGW 15, S. 477-488, Nr. 430)

41) Kepler an Fabricius, 1.8.1607, Prag (KGW 16, S. 14-30, Nr. 438)

42) Fabricius an Kepler, 27.2.1608 a.St., Osteel (KGW 16, S. 123-130, Nr. 481)

43) Fabricius an Kepler, ohne Datum, [Osteel] (KGW 16, S. 131, Nr. 482)

44) Fabricius an Kepler, 18.8.1608 a.St., Osteel (KGW 16, S. 173-174, Nr. 498)

45) Fabricius an Kepler, 2.10.1608 a.St., Osteel (KGW 16, S. 179-188, Nr. 504)

46) Fabricius an Kepler, [August/Oktober 1608], [Osteel] (KGW 16, S. 191-193, Nr. 506)

47) Kepler an Fabricius, 10.11.1608, [Prag] (KGW 16, S. 194-207, Nr. 508)

48) Fabricius an Kepler, 12.3.1609 a.St., Osteel (KGW 16, S. 226-236, Nr. 524)

49) Kepler an Fabricius, 1.10.1616, Linz. Offener Brief (erwähnt: KGW 17, S. 192, Nr. 746. Ediert unter dem Titel: *Responsio ad interpellationes D. Davidis Fabricii* ... als Teil der *Ephemerides novae*; KGW 11,1, 1983, S. 26-38; Kommentar dazu auf S. 502-505).

Die Korrespondenz zeigt, dass nicht nur Fabricius Kepler sehr schätzte, sondern dass umgekehrt Kepler seinen jüngeren Freund als gleichberechtigten Briefpartner ansah, den er zu seinen engsten wissenschaftlichen Vertrauten zählte. Einige Schreiben umfassen im Druck 20-40 Seiten und kommen wissenschaftlichen Abhandlungen gleich. So stellt Fabricius im August 1602 etwa 70 Fragen astrologischen, astronomischen oder physikalischen Inhalts, auf die Kepler im Oktober antwortet.

Der Briefwechsel gibt insbesondere Aufschlüsse über die Entstehung von Keplers *Astronomia nova*. Etwa von 1604 an wird nämlich in den Briefen vor allem die Frage nach der Form der Marsbahn behandelt. Offenbar hat auch Fabricius über Beobachtungen der Marsbahn verfügt, da Kepler sich lobend über Fabricius' Beobachtungen äußert. Es ist bisher nicht untersucht (und wahrscheinlich auch schwer zu klären), ob sich im Kepler-Nachlass Beobachtungen von Fabricius befinden. Bekanntlich hat Kepler erst nach mehreren Ansätzen und vielen Rechnungen die elliptische Bewegung des Mars akzeptiert. Die Idee, dass sich der Mars auf einer Ellipsenbahn bewegt, äußerte Kepler in einem Brief an Fabricius vom 18.12.1604. Dort schreibt er, dass die Wahrheit der Bahn zwischen Kreis und Oval liege, „gerade wie wenn die Marsbahn eine vollkommene Ellipse wäre"[37]. Kepler hat die Idee der Ellipsenbahn gegenüber Fabricius also fast fünf Jahre eher geäußert, bevor diese Vorstellung durch die *Astronomia nova* im Druck verbreitet wurde.

---

[37] KGW 15 (1951), S. 79f., Z. 74-80: „omninò quasi via Martis esset perfecta Ellipsis".

Wir wissen aus dem Briefwechsel, dass auch Fabricius im Herbst 1604, nachdem Kepler ihm sein Berechnungsverfahren mitgeteilt hatte, zum Schluss gekommen war, die Marsbahn sei ein Oval. Kepler war sehr erfreut und antwortete[38]: „Schon so oft hast du deine Nägel in meine Wunden gelegt und bei Gott fast das ganze Studienmaterial eines Jahres zunichte gemacht. Dabei stimmen wir in den Argumenten, in der Erkenntnis des Fehlers, in den Ursachen des Fehlers und in der Angabe der Heilmittel überein. Endlich einmal reiche ich dir die Palme."

Trotzdem stand Fabricius Keplers neuen Ideen fremd gegenüber. Er konnte zwar Keplers Vorgehen nachvollziehen und überprüfen, interessierte sich aber offenbar wenig für die tatsächliche Form der Marsbahn. Fabricius ließ sich nicht einmal zur heliozentrischen Lehre des Copernicus bekehren, obwohl diese die Voraussetzung der neuen Forschungen bildete. Fabricius konnte sich mit Keplers Idee einer Ellipsenbahn der Planeten nicht anfreunden und versuchte, ihn zu veranlassen, an der traditionellen Vorstellung von kreisförmigen Bewegungen festzuhalten. So hat Max Caspar zu Recht betont, dass Fabricius das Ellipsengesetz schon deshalb nicht hätte finden können, weil er es nicht finden wollte[39]. Fabricius riet einmal Kepler, Brahes System zu benutzen, weil er damit mehr Zustimmung finden würde. Fabricius versuchte, durch eigene Rechnungen zu anderen Ergebnissen als Kepler zu gelangen. Kepler konnte Fabricius' Überlegungen, die dieser ihm am 27.2.1608 a.St. mitteilte, zunächst nicht verstehen. Kepler kam aber nach intensiverem Studium zu der Auffassung, dass auch Fabricius' Theorie auf die Ellipsenbahn hinauslaufe; der Unterschied bestehe nur darin, dass Fabricius in ptolemäischer Weise bei der Erklärung der Marsbewegung rein geometrisch verfahre, während er selber auf physikalische Ursachen zurückgehe. Darin, dass Fabricius schließlich zum selben Ergebnis kam, sah Kepler eine Bestätigung seiner eigenen Theorie[40]. Demzufolge schrieb Kepler ihm[41]: „Enthalte dich von dem Bestreben, eine neue Marshypothese aufstellen zu wollen. Denn sie ist schon aufgestellt. Ich habe so viel Arbeit darauf verwendet.

---

38 KGW 15, Nr. 308 (18.12.1604), S. 79, Z. 44-48.
39 *Johannes Kepler: Neue Astronomie. Übersetzt und eingeleitet von Max Caspar*, München / Berlin 1929, S. 34*.
40 Nachbericht zum Brief Keplers vom 10.11.1608 (KGW 16, S. 435).
41 KGW 16, Nr. 508, S. 201, Z. 282-287 (10.11.1608): „Abstineas a constituenda hypothesi Martis, iam enim est constituta. Ego tantum insumpsi laboris, quantum sufficit vel decem mortibus. Et pervici per Dei gratiam, pervenique eo, ut contentus esse possim meis inventis, et quietus. Antequam acquiescerem inventis, quiescere omnino non potui. Ex praesenti igitur quiete, argumentare de meis inventis."

Aber mit Gottes Hilfe habe ich durchgehalten und bin so weit gekommen, dass ich mit meinen Entdeckungen zufrieden und ruhig sein kann. [...] Aus meiner gegenwärtigen Ruhe magst du einen Schluss auf diese Entdeckungen richten."

Fabricius unterschied sich auch dadurch von Kepler, dass für ihn die Astrologie besondere Bedeutung hatte. Die unterschiedlichen Auffassungen von Fabricius und Kepler dürften dazu geführt haben, dass der Briefwechsel im Jahre 1609 abbrach. Trotz der Meinungsverschiedenheiten schätzte Kepler aber Fabricius weiterhin. In der *Astronomia nova* schreibt Kepler[42]: „Daher konnte auch David Fabricius meiner Hypothese im 45. Kap., die ich ihm als richtig mitgeteilt habe, auf Grund seiner Beobachtungen den Fehler nachweisen, daß sie in den mittleren Längen die Abstände zu sehr verkürzt; er schrieb seinen Brief gerade in der Zeit, wo ich selber in erneuter Bemühung an der Erforschung der wahren Hypothese arbeitete. So hat wenig gefehlt, und er wäre mir in der Entdeckung der Wahrheit zuvorgekommen." Dies ist sicherlich übertrieben, aber es zeigt Keplers Hochachtung. An einer anderen Stelle bezeichnete er Fabricius als den bedeutendsten astronomischen Beobachter nach Brahes Tod[43] .

Auch am frühen Tod von Fabricius' Sohn Johann nahm Kepler warmen Anteil. Dies erkennt man an einem offenen Brief (datiert: 1.10.1616), den Kepler in seinen *Ephemerides novae* (Linz 1617) abdrucken ließ. Hier geht Kepler ausführlich auf Bemerkungen ein, die Fabricius in seinen Prognostiken gemacht hatte[44], und bekundet seinen Schmerz über Johanns Tod, der nur dadurch gelindert wird, dass Johanns Buch über die Sonnenflecken Bestand haben wird. David Fabricius hat diesen Brief nicht mehr lesen können, da er kurz vor dem Erscheinen der *Ephemerides novae* gestorben ist.

4. Schlussbemerkungen

David Fabricius war in der Zeit um 1600 – auch über Deutschland hinaus – ein bedeutender Gelehrter. Nicht nur als Astronom, sondern auch als Kartograph war er zu seiner Zeit bekannt. Er gehört zu den frühesten Personen, die über längere Zeit hinweg das Wetter beobachtet und seine Beobachtungen aufgezeichnet hat.

---

[42] In Kapitel 55. Übersetzung nach Caspar (siehe Anm. 39), S. 324.

[43] Kepler lobt Fabricius als hervorragenden astronomischen Beobachter mit den Worten „vir equidem talis in astronomicis, penes quem post extinctam, cum authore Braheo, diligentiam observandi coelestia, omnis in observando stat authoritas" (KGW 1, S. 210, Z. 34-36).

[44] *Responsio ad interpellationes D. Davidis Fabricij astronomi Frisij, insertas prognosticis suis annorum 1615. 1616. 1617*, wiederabgedruckt in: KGW 11.1, S. 26-38.

Es ist erstaunlich, dass Fabricius solche Leistungen erbringen konnte, obwohl
er weitab von den wissenschaftlichen Zentren seiner Zeit lebte, auf sich selbst
angewiesen war und nur wenig Unterstützung erhielt. Dadurch, dass er in
brieflichem Kontakt zu wichtigen astronomischen Zeitgenossen stand, konnte er
diesen Schwierigkeiten wenigstens teilweise abhelfen. Sein wichtigster Briefpartner
war Kepler. Fabricius und Kepler diskutierten astronomische und andere
naturwissenschaftliche Fragen intensiv in ihren Briefen. Ihre Freundschaft wurde
auch dadurch nicht wesentlich beeinträchtigt, dass Fabricius viel konservativer
als Kepler war: Fabricius hatte Schwierigkeiten, das copernicanische System zu
akzeptieren; er konnte sich nicht mit der Ellipsenbewegung des Mars anfreunden,
und er war überzeugt, dass die Planeten und ihre gegenseitigen Stellungen
das Geschehen auf der Erde und insbesondere die Witterung beeinflussen.
Dadurch, dass Fabricius eines gewaltsamen Todes starb und sein Nachlass (bis
auf sein Tagebuch) ebenso wie seine Bibliothek verloren ist, können wir seine
wissenschaftlichen Leistungen nicht mehr in allen Einzelheiten einschätzen.
Glücklicherweise sind Fabricius' Briefe an Kepler ebenso erhalten wie Abschriften
der meisten von Keplers Antwortbriefen. Sie liegen in der Werksausgabe von
Kepler in guten Editionen vor. Es gibt aber keine Übersetzung in eine moderne
Sprache und – trotz des Nachberichts – auch keinen detaillierten Kommentar. Es
wäre eine lohnende Aufgabe, den Briefwechsel näher zu untersuchen.

Keplers Rezeption der astronomischen Forschungen in Kassel

Jürgen Hamel

Im letzten Drittel des 16. Jahrhunderts bildete sich unter direktem Einfluß des gelehrten Landgrafen Wilhelm IV. von Hessen in Kassel eines der beiden Zentren der praktischen Astronomie dieser Zeit heraus.[1]

Kurz nach 1560 schuf Wilhelm auf seinem Schloß in Kassel die erste festeingerichtete Sternwarte des neuzeitlichen Europa und zog mit Jost Bürgi und Christoph Rothmann zwei erstrangige Persönlichkeiten an seine Residenz. Infolge des frühen Todes des Landgrafen und des etwas mysteriösen Weggangs Rothmanns aus Kassel wurden nur Teile der bedeutenden Forschungsarbeiten der Kasseler Gelehrten publiziert und konnten in ihrer Zeit die Entwicklung der Astronomie befördern.[2] In der frühen Rezeptionsgeschichte der Arbeiten Rothmanns spielt neben Tycho Brahe Johannes Kepler die bedeutendste Rolle. Das betrifft 1. Rothmanns Eintreten für das copernicanische Weltsystem, 2. sein

---

[1] Der neueste Forschungsstand findet sich in: *Der Ptolemäus von Kassel. Landgraf Wilhelm IV. von Hessen-Kassel und die Astronomie*. Hrsg. von Karsten Gaulke. Kassel 2007 (Staatliche Museen Kassel / Kataloge; 35); vgl. auch die in Anm. 2 genannte weiterführende Literatur.

[2] Hamel, Jürgen: *Die astronomischen Forschungen in Kassel unter Wilhelm IV*. Frankfurt a. M. 2002, 2. korr. Aufl. (Acta Historica Astronomiae; 2); *Christoph Rothmanns Handbuch der Astronomie von 1589*. Hrsg. Miguel A. Granada, Jürgen Hamel, Ludolf von Mackensen. Frankfurt a. M. 2003 (Acta Historica Astronomiae; 19).

selbständiges Auffinden der kosmischen Natur der Kometen und Novae und 3. seine Arbeiten zur Refraktion, der astronomischen Strahlenbrechung.

Kepler war bereits sehr früh mit den wichtigsten Forschungsproblemen der Astronomie seiner Zeit in Berührung gekommen. Sein Tübinger Lehrer Michael Mästlin vermittelte dem jungen Theologiestudenten mehr als das übliche Maß an Himmelskunde, das für das astronomische Grundstudium der Sieben Freien Künste vorgesehen war.[3] Mästlin, der dem heliozentrischen Weltsystem des Nicolaus Copernicus nahestand, unterbreitete es seinen Zuhörern, sicherlich mit dem Hinweis darauf, daß es in Verbindung mit den seit 1551 veröffentlichten Prutenischen Tafeln Erasmus Reinholds eine deutlich bessere Berechnungsgrundlage für Himmelserscheinungen bot, als die herkömmlichen Tafeln. Auch in die Anfänge der praktischen Astronomie wird Kepler von Mästlin eingeführt worden sein. Wenigstens einen Begriff davon, daß die Astronomie nur weitergeführt werden könne, wenn man auch die Beobachtung der Himmelskörper einbezieht, wird Kepler erfahren haben. Denn ein beobachtender Astronom war auch Mästlin nicht. Doch zeigte er beispielsweise bei der Supernova von 1572 und dem Kometen von 1577, daß er selbst mit einfachstem Instrumentarium gute Ergebnisse erlangen könne.[4]

Die frühen Forschungen Keplers standen ganz im Zeichen einer auf pythagoreischem Gedankengut basierenden theoretischen Astronomie – das erste Resultat war seine Schrift „Mysterium Cosmographicum". Doch die Bedürfnisse nach exakter Beobachtung waren ihm nicht fremd. Seine 1594 erfolgte Übersiedlung nach Graz als Lehrer für Mathematik an die dortige Schule der evangelischen Landstände, war mit der dienstlichen Aufgabe verbunden, jährlich einen astronomisch-astrologischen Kalender nebst Vorhersage zu erstellen. Hier wird Kepler mit dem Problem praktisch vertraut geworden sein, das ihm sicherlich schon Mästlin demonstriert hatte: Die Berechnungen der Astronomie sind nicht auf dem Stand, den sie für eine exakte Bestimmung der Gestirnsörter haben müßten. Die Astronomie befinde sich in „Unordnung", hatte Luther im Juni 1539 geklagt[5] und ganz drastisch schilderte 1587 Tobias Moller, Bürger in Zwickau, das Problem: „Alleine das iudicium aff solch jre Wirckung, so viel die

3   *Zwischen Copernicus und Kepler. M. Maestlinus Mathematicus Goeppingensis 1550–1631.* Hrsg. von Gerhard Betsch und Jürgen Hamel. Frankfurt a. M. 2002 (Acta Historica Astronomiae: 17).

4   Schramm, Matthias: „Zu den Beobachtungen von Mästlin". In: *Zwischen Copernicus und Kepler – M. Michael Maestlinus Mathematicus Goeppingensis*; wie Anm. 3, S. 64-71.

5   Luther, Martin: *Werke.* Kritische Gesamtausgabe. Tischreden, 4. Bd. Weimar 1916, Nr. 4638, WATR 4, 412-413.

witterung belanget, zu sprechen, ist schwer, darumb das Astronomia so trefflich zerrüttet, und kan wol sein, wie mirs denn etliche Jahr her auch offt begegnet, das sich das contrarium zutreget, als da ich eine dürre prognosticir, sich dagegen eine solche Nässe thut begeben… Dieses aber geschicht darumb, auff das mit den Astronomis, und andern Gelerten ich alhie reden möge, das Astronomia dermassen abgangen, das wir davon nichts mehr, denn nur allein einen geringen Schatten noch haben, und also darinnen fledern, das wir nicht wissen wo wir daheime. Und wenn wir sagen, das solch Finsternis des Monden sich jtzt in drey und zwantzigsten Grad der Fische begeben werde, Ist die Frage ob deme auch also, Ja ob der Mond damals im Fischen oder wol einem andern Zeichen stehe."[6]

Nun mag das ein wenig polemisch überhöht sein, eine gute Möglichkeit, im Zusammenhang mit dem Versagen astrologischer Vorhersagen den Astronomen den „Schwarzen Peter" zuzuschieben. Aber im Kern war die Klage, wie sie sich in dieser Zeit mehrfach findet, sachlich berechtigt.

Da Kepler offenbar bald nach seiner Übersiedlung nach Graz damit begann, die heliozentrische Kosmologie näher auszuarbeiten und Belege für ihre Richtigkeit zu suchen, wird er aufmerksam alle Forschungen verfolgt haben, die damit in Verbindung standen. Es darf angenommen werden, daß Kepler bald nach Erscheinen des Briefwechsels zwischen Rothmann und Brahe im Jahre 1596[7] – es war gerade sein „Mysterium cosmographicum" in die Welt gegangen – Rothmanns Argumentation für Copernicus mit großem Interesse wahrgenommen hatte. Vordem gab es fast nur Anfeindungen gegen die neue Theorie, wenn man sie überhaupt als kosmologisches System nahm und nicht nur als mathematische Theorie. Doch bei Rothmann fand Kepler endlich einen Verteidiger der Lehre, deren Richtigkeit dieser zu erweisen versuchte, sogar gegen den großen Tycho Brahe. Nun ist von einem Kontaktversuch seitens Kepler nichts bekannt, aber Rothmann weilte zu dieser Zeit ohnehin nicht mehr in Kassel. Wenig später versuchte Kepler mit Galilei über dieses Thema zu diskutieren, ohne Erfolg, da Galilei das Bemühen Keplers ignorierte. Ich denke Galilei schwieg auch deswegen, weil er zwar behauptete, er hätte schon „vor vielen Jahren" die Richtigkeit des heliozentrischen Weltsystems erkannt und Untersuchungen darüber verfaßt,[8] aber in Wahrheit zu dieser Zeit zum Thema noch nicht viel hätte beitragen können. Da wäre Rothmann ein wesentlich kompetenterer Partner gewesen.

---

[6]   Moller, Tobias: *Prognosticon Astrologicum M.D.LXXXVII*. Eisleben o.J., Bl. C 4[b].
[7]   Brahe, Tycho: *Epistolarum astronomicarum libri*. Uranienburg 1596 (TBOO 6).
[8]   Brief vom 4. August 1597 (n° 73). KGW 13, 130.

Kepler Interesse bezog sich natürlich auch auf die Gewinnung exakter Gestirnsbeobachtungen, von denen es zu jener Zeit nur ganz wenige gab. Eigentlich kamen, von gelegentlichen Beobachtungen besonderer Himmelserscheinungen abgesehen, wie von Kometen und Novae sowie Planetenkonstellationen, nur die Sternwarten in Kassel und die auf der Insel Hven infrage. Von allen anderen Beobachtern, soweit es sie überhaupt gab, war an systematischer praktischer Arbeit nichts oder nur wenig zu erwarten. Was also Kepler in die Hand bekam, war wenig genug. So überrascht es, daß er am 2. August 1595 in einem Brief an Mästlin berichtete, er sei im Besitz von astronomischen Beobachtungen der Kasseler Sternwarte. Wir können zwar davon ausgehen, daß Kepler von den Forschungen Wilhelms IV. von Hessen und seiner Mitarbeiter an der Kasseler Sternwarte sowie von Tycho Brahe auf der Insel Hven wußte, doch war bislang aus Kassel noch gar nichts im Druck erschienen. Zu den Kasseler Beobachtungen schreibt er: „Tertio, habeo hic observationes Landgravij Hassiae qui censet 4 scrupulis minorem Solis eccentricitatem quam Prutenicae."[9]

Worum es sich bei diesen Arbeiten zur Sonne handelt, läßt sich nicht genau sagen. Die Sonne gehörte natürlich sofort nach der Begründung der Kasseler Sternwarte durch Wilhelm IV. zum stetigen Beobachtungsprogramm; Sonnenbeobachtungen zur Ableitung astronomischer Konstanten sind seit 1563 überliefert.[10] Eine größere Zahl von Beobachtungen von Meridianhöhen liegen dann ab November 1584 vor, die Christoph Rothmann sofort nach seinem Eintreffen in Kassel am 15. November 1584 und der Anstellung als Astronom des Landgrafen begann. Hierbei handelt es sich bereits um Berechnungen, die mit Sicherheit als Mittelbildung aus mehreren Einzelbeobachtungen Rothmanns hervorgegangen sind. Sie sind sehr sorgfältig registriert, unter häufiger Beisetzung der Beobachtungsumstände – man würde heute sagen, des „seeing" –, und der eigenen Einschätzung der Qualität der Beobachtung: nubolosa, diligentissima, diligentissima clara, obscura, ventosa u.a. Angemerkt ist auch, wenn der Landgraf selbst beobachtete oder Jost Bürgi. Die Sonnenhöhen sind in der Mehrzahl mit einer Genauigkeit von Drittel- oder Viertelgraden angegeben. Weiterhin gibt es von Rothmanns Hand eine Bearbeitungen von Kasseler Sonnenbeobachtungen der Jahre 1568 bis 1572, „Inquisitio Eccentricitatis et Apogaei Solis".[11]

    Bild 1. Beobachtungen der Meridianhöhen der Sonne 1585 von Christoph Rothmann mit Protokollierung der Beobachtungsbedingungen, die

---

[9]   Kepler, Johannes an Michael Mästlin, Brief vom 2.8.1595 (n° 21), KGW 13, 28, 18-29.
[10] Universitätsbibliothek Kassel, HSA, Ms. 2° Astr. 5[1, Bl. 2.
[11] Ebd., 5[12, 2 Bl.

OBSERVATIONES ALTITVDINVM SO-
LIS MERIDIANARVM.

Anno 1584	Altitudo ☉ meridiana	Gradus Eclipticae correspondens			Altitudo ☉ meridiana	Gradus Eclipticae responddens	
Die — Gra. Min.	Gra. Min.		Die — Gra. Min.	Gra. Min.			
Nouemb. 30	15	42 2/3		Februar. 16	29	41 1/3	6 ♓ 54 3/5 — Nubilosa
Decemb. 2	15	32 1/2		17	30	26 2/4	8 ♓ 54 3/10 — Nubil.
20	15	34		19	31	11 1/3	10 ♓ 54 1/4
21	15	37		20	31	34 1/3	11 ♓ 54 7/10
+29	16	29		21	31	57 1/4	12 ♓ 54 2/12
ANNO CHRISTI 1585				23	32	43 1/3	14 ♓ 54 4/5 — dilig.
Januarij 5	17	36 2/3		24	33	6 2/3	15 ♓ 54 3/5
9	18	24 1/3		28	34	40 1/3	19 ♓ 54 1/4 — Ventosa
10	18	37		Martij 2	35	27 1/2	29 ♓ 54 — ventos.
11	18	49 2/4	Coelo nihil	3	35	51 1/4	22 ♓ 53 5/6
18	20	32 1/2		4	36	15	23 ♓ 53 4/5
19	20	49 2/3	9 ♒ 41 4/5	5	36	38 2/3	24 ♓ 53 5/12
24	22	15 1/3	14 ♒ 47 1/2 — diligens	6	37	2 1/2	25 ♓ 53 1/3 — obscura
25	22	33 1/4	15 ♒ 48 4/15	7	37	25 5/6	26 ♓ 52
29	23	47 1/2	19 ♒ 50 2/4	10			
Februar. 10	27	51 1/3	1 ♓ 52 2/5 — dilig.	12	39	25	1 ♈ 51 1/3 — Primu
11	28	12 2/4	2 ♓ 52 1/2 — ventosa co nihil.	13	39	48	2 ♈ 49
13	28	56 2/3	4 ♓ 53 2/3 — dilig.	14	40	18 1/3	3 ♈ 48 38/60
14	29	18 3/4	5 ♓ 53 1/2	15	40	35 1/3	4 ♈ 48

Beobachtung am 26.3. von Landgraf Wilhelm, die vom 4.-6.6. von Jost Bürgi
(Universitätsbibliothek Kassel, HSA 2°, Ms. astron.5]3, Bl. 1

Es wäre interessant zu erfahren, wie Kepler zu dieser Zeit in den Besitz des Kasseler Beobachtungsmaterials gekommen ist, leider habe ich keinen Lösungsvorschlag dafür, welche Informationskanäle da eine Rolle spielten. Ein direkter Briefwechsel zwischen Kassel und Kepler ist für diese Jahre nicht belegt und auch kaum anzunehmen. Wilhelm wußte zwar von Mästlins astronomischen Arbeiten wenigstens im Zusammenhang mit dessen Gutachten zur Gregorianischen Kalenderreform,[12] doch ist einerseits eine direkte Verbindung zu Kassel nicht belegt, zum anderen schreibt Kepler an Mästlin über die Kasseler Beobachtungen in einer Weise, die ausschließt, daß er sie von Mästlin bekommen hat. Schließlich ist festzustellen, daß Kepler zu jener Zeit ein nur wenig bekannter Astronom war, er hatte außer einem Kalender mit Vorhersage für 1595 lediglich drei private Widmungsgedichte verfaßt,[13] sein Briefwechsel schloß, ausgenommen Mästlin, zu dieser Zeit keine bedeutenden Astronomen ein.[14] Zu dieser Zeit war Kepler jedenfalls noch kein Mitglied der scientific comunity. Und wir wissen auch von keinem Informationsaustausch der Kasseler Gelehrten aus dieser Zeit, was die Beobachtungstätigkeit betrifft. Der Briefwechsel mit Brahe beginnt erst 1585 und auch sonst ist nichts bekannt. Keplers Kenntnis von den Kasseler Arbeiten wirft auch die Frage auf, wie auf uns noch unbekannten Wegen zu dieser Zeit die Rezeption der dortigen Arbeiten erfolgte.

Wie dem auch sei, Kepler hält es für wichtig anzumerken, daß die Beobachtungen aus Kassel eine um 4' geringere Exzentrizität der Sonnenbahn ergeben, als die nach Daten des Copernicus gerechneten Prutenischen Tafeln, die ja bei ihrem Erscheinen mit der Hoffnung aufgenommen wurden, endlich ganz exakte Örter der Himmelskörper berechenbar zu machen. Wir wissen heute, daß diese Hoffnung nicht ganz unbegründet war und tatsächlich eine höhere Genauigkeit erreicht wurde, aber schließlich stellten sich wieder Fehler ein, wie Kepler konstatiert. Fünfzehn Jahre später, in seiner deutschen Arbeit

---

[12] Hamel, Jürgen: *Die Kalenderreform Papst Gregors XIII. von 1582 und ihre Durchsetzung* [unter besonderer Berücksichtigung der Landgrafschaft Hessen]. In: *Geburt der Zeit. Eine Geschichte der Bilder und Begriffe. Eine Ausstellung der Staatlichen Museen Kassel vom 12. Dez. 1999 bis 19. März 2000.* Wolfratshausen 1999, S. 292-301; Ders.: «Die Rolle Michael Mästlins in der Polemik um die Kalenderreform von Papst Gregor XIII». In: *Zwischen Copernicus und Kepler – Michael Maestlinus Mathematicus Goeppingensis. 1550-1631.* Frankfurt a. M. 2002 (Acta Historica Astronomiae; 17), S. 33-63.

[13] *Bibliographia Kepleriana.* Hrsg. von Max Caspar, 2. Aufl. von Martha List. München 1968; Ergänzungsband zur 2. Aufl. von Jürgen Hamel. München 1997.

[14] Kepler, Johannes: KGW 13, Briefe 1590-1599. München 1945.

„Tertius Interveniens" urteilt er sehr hart über diese Tafeln und über Hieronymus Cardanus, der sie für Berechnungen verwendete: „Ein schlechter *observator siderum* muß er gewest seyn, wann er den *Prutenicis tabulis* so viel getrauwet, die doch auff 1. 2. 3. 4. und fast 5. Gradt bißweilen fehlen können."[15]

Keplers Anmerkung der 4' Differenz zwischen den Kasseler Beobachtungen und den mathematischen Werten der Prutenischen Tafeln verdient noch einmal hervorgehoben zu werden. Denn dem liegt eine Beobachtungsgenauigkeit zugrunde, die an anderen Orten als in Kassel mit den dort verfügbaren, so genau gearbeiteten Instrumenten und dem genialen Beobachter Christoph Rothmann nur noch bei Tycho Brahe möglich gewesen wäre. Und die andere Seite: Nur wenige Theoretiker außer Kepler hätten diese Differenz überhaupt so aufmerksam zur Kenntnis genommen, daß sie es für nötig gehalten hätten, dies ihren Briefpartnern mitzuteilen. Kepler war zu dieser Zeit ganz sicher wenigstens auf dem Weg dahin, die volle Bedeutung eines sicheren Fundamentes der Astronomie in Gestalt neuer, exakter Beobachtungen zu erkennen. Allerdings ging er in seinem „Mysterium cosmographicum" erst einmal den anderen Weg und profilierte sich als philosophischer Theoretiker. Doch andererseits, wie hätte er auch anderes tun können, denn das empirische Fundament der neuen Astronomie war ja gerade erst begonnen worden.

Ich bin mir sicher, daß, als Kepler im Jahre 1600 Brahes Assistent in Prag wurde, die Kasseler Arbeiten, einen wichtigen Gegenstand der Unterredungen zwischen beiden gebildet haben. Brahe, eher dazu neigend, die Leistungen anderer gegenüber den eigenen klein zu halten, war voller Anerkennung der Kasseler Forschungen. Er hatte sich 1575, vor Beginn seiner großen astronomischen Karriere, kurz beim Landgrafen aufgehalten und aus den Diskussionen mit diesem sicherlich viel gelernt. Damals war er der Nehmende. Und den aus den Jahren von 1586 bis 1595 stammenden Briefwechsel mit Wilhelm IV. und Rothmann hatte Brahe 1596, nach Wilhelms Tod, als umfangreiches Buch drucken lassen. Daraus, sowie vermutlich aus Diskussionen mit Brahe, ging für Kepler die Bedeutung der Kasseler Beobachtungen, der dort zur Verfügung stehenden Instrumente, wie auch der Überlegungen zur Kosmologie, vor allem Rothmanns, klar hervor. Schließlich zählten Rothmann und der Landgraf zu den ganz frühen und ganz wenigen Vertretern des Heliozentrismus, was allein

15 Johannes Kepler. *Tertius Interveniens. Warnung an etliche Gegner der Astrologie das Kind nicht mit dem Bade auszuschütten* (KGW 4, 258, 8-10). Eingel. und mit Anm. versehen von Jürgen Hamel. Frankfurt a. M. 2004 (Ostwalds Klassiker der exakten Wissenschaften; 295), These 139, S. 253.

schon Keplers Interesse geweckt haben mußte. Details zu den Diskussionen um das wahre Weltsystem zwischen beiden konnte Kepler in dem 1596 gedruckten Briefwechsel zwischen Wilhelm IV., Rothmann und Brahe bekommen.[16]

Kepler war also über die Kasseler Forschungen seit um 1596 gut informiert und schätzte sie während der ganzen Zeit seines wissenschaftlichen Wirkens sehr hoch ein. In seinen „Tabulae Rudolphinae" spricht er von Landgraf Wilhelm voller Hochachtung als vom „Coryphaeus, Illustrissimus Cattorum Princeps Guilielmus".[17]

Noch ein Detail hinsichtlich der Diskussionen um das heliozentrische Weltsystem sei erwähnt. Die Gegnerschaft führte ja sowohl astronomische, als auch theologische Gründe an. Erstere seien hier nicht weiter erläutert, sie sind bekannt und waren zweifellos die grundlegenden. Die theologischen liefen darauf hinaus, daß es in der Bibel mehrere Stellen gibt, die von einer Sonnenbewegung und einem Erdstillstand zeugen. Der Bezug geht letztlich immer auf den Bericht von Josuas Kampf gegen die Amoriter zurück. In Luthers Worten lautet dieser Text: „DA redet Josua mit dem HERRN des tags / da der HERR die Amoriter vbergab fur den kindern Jsrael / vnd sprach fur gegenwertigem Jsrael Sonne stehe stille zu Gibeon / vnd Mond im tal Aialon. Da stund die Sonne vnd der Mond stille / bis das sich das volck an seinen Feinden rechete. Jst dis nicht geschrieben im buch des Fromen? Also stund die Sonne mitten am Himel / vnd verzog vnter zugehen einen gantzen tag." (Jos. 10, 12–14)

Die Argumentation war in den Worten, die Brecht in seinem großartigen „Leben des Galilei" dem „sehr dünnen Mönch" in den Mund legt: „Sonne, stehe still zu Gibeon und Mond im Tale Ajalon! Wie kann die Sonne stillstehen, wenn sie sich überhaupt nicht dreht, wie diese Ketzer behaupten? Lügt die Schrift?"[18] Dieses Problem, läuft am Ende auf die theologische Frage nach der Art und Weise der Interpretation der Bibel und des Wahrheitsanspruches ihrer Worte hinaus.

Schon Luther hatte die Alternative, entweder dem neuen astronomischen System, oder der Bibel zu glauben, zugunsten letzterer entschieden: „Denn Josua hieß die Sonne stillstehen, nicht die Erde".[19] Der Umgang mit diesem Bibelwort ist ein theologisches Problem, das in die unterschiedlichen Interpretationsweisen der Heiligen Schrift eingebettet ist. Sei die Bibel wörtlich

---

[16]   Brahe, Tycho: *Epistolarum astronomicarum libri*, wie Anm. 7.
[17]   Kepler, Johannes: *Tabulae Rudolphinae*, Praef. KGW 10, 41, 10-11.
[18]   Brecht, Bert: *Leben des Galilei*, 6. Aufzug.
[19]   Luther, Martin: Werke. *Kritische Gesamtausgabe*. Tischreden, 4. Bd. Weimar 1916, Nr. 4638, WATR 4, 412-413.

zu nehmen, in ihrem Literalsinn, oder ist sie auf der Grundlage des jeweiligen Standes der Naturerkenntnis zu interpretieren und in ihrem symbolischen Gehalt zu erschließen? Für Luther kam im Rahmen der protestantischen Erhöhung der Bibel nur die Literalbedeutung in Frage. Copernicus und Kepler bestritten den Kompetenzbereich der Theologie für die Mathematik und die Naturwissenschaften – „Mathematik wird für Mathematiker geschrieben", meinte Copernicus,[20] während letzterer schrieb: „In der Theologie gilt das Gewicht der Autoritäten, in der Philosophie aber das der Vernunftgründe."[21] Damit zielten sie gegen die Bevormundung wissenschaftlicher Forschung durch theologische Lehren, vermochten jedoch das Problem nicht zu lösen, da sie den allgemeinen Ansichten ihrer Zeit weit vorausgeeilt waren und kein Chance der Anerkennung hatten.

Für dieses theologische Problem des Umgangs mit der Bibel in Bezug auf die Bewegung der Erde gab Rothmann, der in Wittenberg, der Hochburg des Protestantismus, studiert hatte, die theologische Lösung. Der Widerspruch zwischen der Erdbewegung und der Bibel erweise sich insofern als ein scheinbarer, weil, wie Rothmann meinte, Gott in der Bibel zu allen Menschen spreche und sich aus diesem Grund in seiner Sprache dem allgemeinen Verständnis der Menschen anpassen müsse, „accomodatio ad captum vulgi", schrieb er an Tycho Brahe, der dies 1596 publizierte.[22]

Rothmanns theologische Lösung des theologischen Streites war damit allgemein bekannt und auch Kepler war sie zugänglich. Für Kepler, der ebenso wie Rothmann Theologie studiert hatte, wird diese Argumentation Rothmanns anregend für seine eigenen Überlegungen gewesen sein, gaben ihm möglicherweise eine direkte Anregung für seine eigenen Gedanken. Nebenbei bemerkt, folgte dann auch Galilei dieser Lösung, so in seinem Brief an Benedetto Castelli vom 21. Dezember 1613, wo er in dem Sinne argumentiert, daß vielfach Texte der Bibel in einer bestimmen Weise stehen, „um sich dem Verständnis der Menge anzubequemen".[23] Das ist nichts anderes, als Rothmanns „accomodatio ad captum vulgi".

---

[20] Copernicus, Nicolaus: *De revolutionibus libri sex.* Hildesheim 1984 (Nicolaus Copernicus Gesamtausgabe; 2), S. 5.

[21] Kepler, Johannes: *Neue Astronomie*, übers. und eingel. von Max Caspar. München; Berlin 1929, S. 33 (KGW 3, 33).

[22] TBOO 6, 159, 181 (Briefe vom 19.9.1588 und 22.8.1589).

[23] Galilei, Galileo: *Schriften, Briefe, Dokumente.* Hrsg. von Anna Mudry. Berlin 1987, Band 1, S. 169.

Kepler mußte verständlicherweise an allem interessiert sein, was mit einer Entstehung der neuen Astronomie, oder weiter gefaßt, mit einer Kritik am Aristotelismus als der physikalischen Grundlage des geozentrischen Planetensystems im Zusammenhang steht. Insofern fanden die mit Wilhelm IV. begonnenen, von Rothmann fortgesetzten Studien der Kometen sein tiefes Interesse. Wilhelm betreffend fand er Material im bereits erwähnten Briefwechsel mit Brahe, während Kepler Rothmanns Arbeiten zu Kometen aus dessen erst 1618 von Snellius herausgegebenen Schrift „Scriptum de cometa"[24] bekannt wurden. In seiner Schrift über die Natur der Kometen von 1625 „Tychonis Brahei Dani Hyperaspistes, adversus Scipionis Claramontii Anti-Tychonem" geht er mehrfach auf Rothmanns Kometenbeobachtungen ein.[25]

Sehr ausführlich setzt sich Kepler mit Brahes und Rothmanns Theorie der Refraktion in seinem optischen Werk von 1604 „Ad Vitellionem" in einem besonderen Kapitel „Über den Streit zwischen Tycho und Rothmann in Sachen der Refraktion" auseinander.[26] Sowohl Brahe, als auch Rothmann waren im Ergebnis ihrer sehr genauen Gestirnsbeobachtungen in der Lage, die Refraktion bis hinunter zu Beträgen zu verfolgen, die zuvor wegen der größeren Meßungenauigkeit verborgen geblieben waren. Nur unter der Voraussetzung, daß beide und nur sie in der Lage waren, Gestirnsörter mit einer statistischen Genauigkeit in der Größenordnung von etwa 1,5 bis 2,5' genau zu bestimmen, konnten Abweichungen von den Gestirnsörtern gefunden werden, wie sie durch die Refraktion verursacht werden.

Wenn man diese Probleme der Genauigkeit der Bestimmung der Sternörter berücksichtigt, ist es richtig diese Refraktionstafeln als insgesamt von sehr hoher Genauigkeit zu bewerten. Die Differenz von maximal etwa 6 bis hinunter im Bereich von etwa 1 Bogenminute ist ein sehr gutes Resultat und liegt an

---

[24]   Snellius, Willebrord: *Coeli siderum in eo errantium observationes Hassiacae, illustrißimi principis Wilhelmi Hassiae Lantgravii auspicijs quondam institutae. Nunc primum publicante Willebrordo Snellio.* Leyden 1618.

[25]   Kepler, Johannes: *Tychonis Brahei Dani Hyperaspistes, adversus Scipionis Claramontii Anti-Tychonem.* Frankfurt 1625. KGW 8, 361-401, 410.

[26]   Johannes Kepler. *Schriften zur Optik 1604-1611.* Eingeführt und ergänzt durch historische Beiträge zur Optik- und Fernrohrgeschichte von Rolf Riekher. Frankfurt a. M. 2008 (Ostwalds Klassiker der exakten Wissenschaften; 198), S. 128-220, bes. 128-131; natürlich war sich auch Wilhelm über die Bedeutung der Refraktion für die Bestimmung der Gestirnsörter im klaren, doch sind von ihm keine numerischen Werte bekannt (vgl. Brahe, Tycho: *Epistolarum astronomicarum libri*, Brief von Wilhelm an Brahe vom 14.4.1586, TBOO 6, 50).

der Grenze dessen, was mit den in Kassel und für Tycho Brahe verfügbaren Instrumenten überhaupt theoretisch möglich war. Um einen Vergleich zu geben, sei erwähnt, daß die mittleren statistischen Fehler (Standardabweichung) der Positionen der Sternkataloge von Rothmann bei +–1,2 bis 1,5', bei Brahe zwischen +–2,3 bis +–2,4' liegt.

Kepler fügt in seine „Tabulae Rudolphinae" unverändert die Brahesche Refraktionstafel ein, jedoch ohne die Werte der Refraktion für 0° und 1°, die ihm offenbar als nicht genau genug bestimmt erschienen.

In seiner optischen Schrift von 1604 geht es Kepler nicht um die numerischen Werte von Rothmann und Brahe, sondern allgemein um das „Maß der Brechungen", wie der betreffende Abschnitt des Buches überschrieben ist, wobei sich Kepler auf den 1596 veröffentlichten Briefwechsel zwischen Brahe und Rothmann bezieht. Es ist hier nicht der Ort, die Theorien im einzelnen zu skizzieren. Kepler ist mit beiden nicht zufrieden und findet so manche Kritikpunkte. An beiden kritisiert Kepler beispielsweise den frühen Übergang zu Refraktion von 0', was bei Brahe für eine Höhe von 20°, bei Rothmann für 29° einsetzt.[27] Außerdem findet er, daß der Vorgang der Strahlenbrechung beim Übergang zwischen zwei Medien im Detail nicht den bereits gesicherten Kenntnissen der Strahlenbrechung entspricht. Man darf wohl urteilen, daß sich im Unterschied zu Kepler beide nicht so tief in die Theorie der Refraktion eingearbeitet hatten.

Mir kommt es darauf an zu betonen, wie intensiv sich Kepler mit Rothmanns Ansichten der Ursache der Refraktion auseinandersetzte, die u.a. in die Frage der Existenz von Sphären der Planeten und des Äthers hinausläuft. Bekannt ist, daß Brahe und Rothmann die Existenz fester Sphären der Planeten ablehnen. Rothmann geht jedoch noch einen Schritt weiter als Brahe und leugnet auch die Existenz des Äthers. Für ihn zeigen die Refraktionsmessungen, daß die Welt bis an die Sterne mit Luft erfüllt ist und lehrt damit immerhin die stoffliche Einheit der Welt. Die Refraktion sei dann vor allem auf den unterschiedlichen Reinheitsgrad der Luft zurückzuführen, daß die Luft in Horizontnähe in besonderem Maße mit Dünsten durchsetzt sei.

Die kosmologischen Konsequenzen aus der Beobachtung der Refraktion, wie dies Rothmann versucht, verfolgt Kepler nicht weiter. Offenbar hält er sie zu dieser Zeit für einfach noch nicht lösbar. In seiner persönlich gefärbten

---

[27] Die damals vorgenommene Differenzierung zwischen der Refraktion der Sonne und der Sterne soll hier nicht weiter betrachtet werden, kann jedoch hinsichtlich Rothmann aus der Abbildung 2 ersehen werden.

Sprache meint Kepler: „Es ist viel dafür und dagegen gesagt, und die Diskussion so verwickelt worden, daß ich mich kaum herausfinde."[28] Soweit ich sehe, hält es Kepler zunächst für wichtiger, sichere Grundlagen für die Lehre von der Refraktion zu entwickeln, um die Fehler Rothmanns und Brahes zu vermeiden. Aber für seine allgemeinen Überlegungen zur Refraktion, die er in seinem Optikwerk von 1604 ausführlich entwickelt, spielen Rothmanns und Brahes Arbeiten eine wichtige Rolle, natürlich vor allem neben Witelo. Doch bis zuletzt ist Kepler mit seinen eigenen Arbeiten zur Refraktion nicht zufrieden. Noch am 2. März 1629 schreibt er, „ich habe allen, die mit mir auf vertrautem Fuß stehen, das Geständnis gemacht, daß ich bis heute die eigentlichen Ursachen für die Größe der Refraktion nicht kenne."[29]

TABELLA REFRACTIONVM
Solis et Stellarum in qualibet altitudine.

Altitudo Grad	Refractiones Solis Min. Sec.	Stellarum Min. Sec.	Altitudo Grad	Refractiones Solis Min. Sec.	Stellarum Min. Sec.
2		13 40	17	1 30	1 10
3	12 20	12 20	18	1 20	1 0
4	11 0	11 0	19	1 10	50
5	9 35	9 35	20	1 0	45
6	8 10	8 10	21	55	40
7	6 50	6 50	22	50	35
8	5 45	5 40	23	45	30
9	4 50	4 40	24	40	25
10	4 5	3 50	25	35	20
11	3 30	3 10	26	30	15
12	3 5	2 40	27	25	10
13	2 40	2 10	28	20	5
14	2 20	1 50	29	15	
15	2 0	1 35	30	10	
16	1 45	1 20	31	5	

Bild 2. Chr. Rothmanns Refraktionstafel (Universitätsbibliothek Kassel, HSA 2° Ms. astron. 5, Nr. 7, Bl. 49ʳ)

---

28 Ebd., S. 130 (KGW 2, 80, 17-18).
29 Kepler an Johannes Remus Quietanus, Zit. ebd., S. 543. Brief n° 1103, KGW 18, 54-56.

Höhe über dem Horizont	Rothmann	Brahe / Kepler	tatsächlich
0		30 0	36 36
1		21 30[31]	25 37
2	13 40	15 30	19 7
3	12 20	12 30	14 59
4	11 0	11 0	12 12
5	9 35	10 0	10 13
6	8 10	9 0	8 46
7	6 50	8 15	7 39
8	5 40	6 45	6 47
9	4 40	6 0	6 4
10	3 50	5 30	5 30
11	3 10	5 0	5 1
12	2 40	4 30	4 36
13	2 10	4 0	4 15
14	1 50	3 30	3 57
15	1 35	3 0	3 41
16	1 20	2 30	3 27
17	1 10	2 0	3 14
18	1 0	1 15	3 3
19	0 50	1 0	2 53
20	0 45	0	2 44
21	0 40		2 35...
27	0 10		1 57
28	0 5		1 53
29	0		1 48...
85			0 5

Tabelle: Vergleich der Refraktionstafeln von Rothmann und Brahe / Kepler mit den tatsächlichen Werten (Bogenminuten und -sekunden)[30]

---

[30] Rothmann: Universitätsbibliothek Kassel, HSA 2° Ms. astron. 5, Nr. 7, Bl. 49ʳ; Brahe: *Astronomiae instarautae progymnasmata*, p. 2. TBOO 2, 287; Kepler: *Tabulae Rudolphinae*, KGW 10, 142; tatsächlicher Wert: Paul Ahnert, *Kleine praktische Astronomie*. Leipzig 1983, S. 55.

[31] Keplers Refraktionstafel beginnt, ebenso wie die Rothmanns, bei 2°, offenbar erschien Kepler die Horizontalrefraktion bei Brahe zu unsicher bestimmt.

Les mathématiques de l'astronomie

Celestial Geometry in the *Astronomia Nova*

A. E. L. Davis

The title of my paper – and indeed of this colloquium – goes right to the root of Kepler's beliefs: after all, the heavens were the realm of God, and Kepler believed that the ultimate cause of planetary motion was God. It is well-known that Kepler originally trained as a minister, and remained all his life a devout, though somewhat unorthodox, Lutheran. But Kepler was no rigid dogmatist, and it is also possible to detect a slight whiff of paganism in his close identification of the Sun with God the Father. In *Epitome* Book IV, Kepler (twice) completed the analogy with the Persons of the Trinity, identifying God the Son with the sphere of fixed stars that bounded his universe, and the Holy Spirit with the space in between[1]. However for his astronomy the power of God in the Sun was all that he needed.

When Kepler was introduced to Copernicanism at Tübingen he not only adopted it with great enthusiasm, but immediately adapted it to a fully heliocentric view – Copernicanism unadulterated by the practical considerations that had influenced Copernicus himself. Consequently, in his early, cosmological work *Mysterium Cosmographicum*, Kepler rejected the pair of extreme distances for each planet calculated in the Copernican way from the mean Sun, in favour of the

---

[1] KGW 7, 258 and 287, Book IV Part I. All citations are from *Johannes Kepler Gesammelte Werke* (Munich 1937-2009), the superb modern edition of Kepler's works, edited by Caspar *et al.*

actual maximum and minimum distances calculated from the true Sun, in order
to obtain more accurate measurements for his theory of the regular solids[2]. He
went on to make the same change in his astronomy, starting in *Astronomia Nova*
Part I, by considering every distance of Mars throughout its orbit measured from
the true Sun rather than from the mean Sun. We emphasise that without this shift
of origin it would have been impossible to use the fundamental properties of the
Sun, clearly set out in *Astronomia Nova* Chs. 32-34. They should be regarded as
the two pillars on which Kepler's astronomy depended:

— The Sun is fixed in position at the hub of the world;
— The Sun is the source responsible for generating all celestial motion.

The second property, highlighting the Sun's function as the agent or cause
of motion, will be discussed at the end, when we have actually quantified the
motions for which causes are needed. It is the first property that supplies a fixed
origin or pole of coordinates, essential for the geometrical approach we have
promised here. But both properties justify Kepler's view of the Sun's role as the
originator of planetary motion.

In Kepler's work we find a fascinating contrast between his respect for tradition
and his innovative outlook. For instance, he closely followed Plato (*Republic*,
Book VII) in taking for granted that mathematics was the basis of the universe,
and in regarding mathematics as the only source of perfect knowledge. In Kepler's
day, mathematics inevitably meant geometry; and Kepler believed with greater
intensity than most of his contemporaries that geometry was the manifestation
of the handiwork of God. Moreover, geometry meant the *Elements* of Euclid,
regarded at that time as representing absolute truth and perfect exactitude.

We take the opportunity to contrast Kepler's attitude to algebra – generally
excluded from his astronomy and his cosmology, and to a lesser extent in his other
work: when Kepler described algebraic methods as 'ungeometrical', one can sense
the disapproval in his voice. As far as Kepler was concerned, this was not so much
because algebra produced solutions that were merely approximate, but that the
distinction between algebraic and geometrical determinations depended upon
the difference between discrete and continuous quantities, as he discussed most
fully in *Harmonice Mundi* (1619)[3]. Meanwhile the status of the geometry of the

---

[2]   KGW 1, 50-54, Ch.XV: the chapter was entitled, '*Correctio distantiarum…*'
[3]   KGW 6, 47-56, Book I, Prop. 45; there are useful notes on this proposition in
       Aiton, E. J., Duncan, A. M., Field, J. V., *The Harmony of the World by Johannes Kepler*,
       translated into English with Introduction and Notes, American Philosophical Society,
       1997.

heavens, and its association with God, was expressed most compellingly in that mainly cosmological work, where he notably described geometry as 'coeternal with God'[4].

Kepler had made a thorough study of the geometry of Euclid in the course of his training for the ministry, which happened to be good preparation for adopting it as the platform on which he built his astronomy. The first three Postulates of *Elements* implicitly laid down that the sole means of construction permitted were straightedge and compasses. Also one can deduce, from *Elements* III, 16, 18, 19 taken in combination, that any diameter of a circle meets its circumference at right angles; it was this property that introduced the mutual perpendicularity which is of the utmost significance in Kepler's approach. Now it is well known that a pair of (mathematically-defined) directed quantities are mutually independent if and only if they are at right angles. Accordingly, we will use Euclid's term 'orthogonal' (as defined in *Elements* Book I), to describe this precept as the Principle of Orthogonal Independence; it will, with hindsight, provide the justification not only for our separate treatment of the two constituents of the orbit, path and time-measure[5], but also for most of the subsequent features of Kepler's approach to astronomy.

We start an account of *Astronomia Nova* by mentioning some essential astronomical prerequisites which Kepler was able to sort out quite early on (before Ch. 32), by making use of the vast store of extremely accurate observations he had inherited from Tycho. In that preliminary astronomical phase he was able to establish that the planetary path lay in a plane, and that its single axis of symmetry (the line of apsides) passed through the Sun. Concomitantly, he compensated for small secular changes, and periodic perturbations, so enabling him to look for an orbit which would be planar, closed and repeating. Then he turned to the orbit of the Earth, which he managed to improve so that the effect of the second inequality could be negated altogether. This left him with an extremely simple first inequality model of the planetary orbit, on the basis of which we shall define the standard notation of this paper, with reference to the geometrical structure that forms the foundation for all Kepler's mathematical investigations, illustrated in figure 1.

---

[4] KGW 6, 104-108, Book III, Axiom VII.

[5] The significance of this separation of the two orthogonal constituents as a fundamental feature of Kepler's approach has been emphasized in Davis, A. E. L., 'Kepler's concept of an orbit', *Oriens Occidens: Cahiers du Centre d'Histoire des Sciences et des Philosophies Arabes et Médiévales,* 7 (2010), p. 269-277.

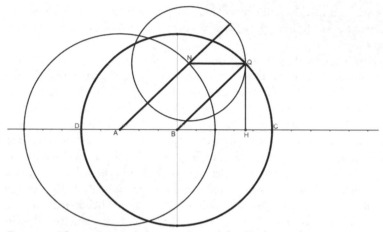

Figure 1: The geometrical framework used by Kepler, and some standard notation (First Stage).
$BC = BD = BQ = AN = a$
$AB = NQ = ae$
$\angle NAC = \angle QBC = \beta$
$AN \parallel BQ, \ NQ \parallel AB$
$QH \perp CD.$

Kepler introduced this structure in *Astronomia Nova* Ch.39: it was based on a framework to be found in the work of Ptolemy[6] (here transposed to heliocentricity, of course), in which the deferent circle of radius a, concentric to the centre A (the point that marks the position of the Sun, as pole), carried round the non-rotating epicycle centre N radius $AB = ae$ (where e is the polar eccentricity), to generate the eccentric circle centre B radius $BC = BD = a$. (The exact equivalence of the eccentric to the concentric-with-epicycle combination was originally established by Apollonius.) We name Q as the point at the intersection of the epicycle and the eccentric; also we define the eccentric anomaly (to be distinctively denoted by β) as $\angle QBC$, determined by the ordinate QH.

Now we have an invariant geometrical structure, we are able to classify the subsequent 'orbit-finding' phase of Kepler's work into three stages:

- Stage 1 (Chs.39-44): the large-grade curve (the eccentric circle)
- Stage 2 (Chs.45-50): the small-grade curve

6   Almagest Book III, 3, as Kepler stated in Ch.2, KGW 3, 66. See Toomer, G.J., *Ptolemy's Almagest*, translated and annotated, Duckworth, 1984.

   – Stage 3 (Chs.51-60): the medial-grade curve.

This classification implies an analogy, depending on the fact that every curve proposed by Kepler is, nowadays, technically known as an 'ovoid' – though he used various terms and also jokingly referred to them as 'eggs'; so we have assigned each ovoid to a grade measured by its width along the 'lesser' semi-axis through B perpendicular to the line of apsides CD (which, of course, is the common length of all the eggs).

The overwhelming advantage of the above classification by grades is that it enables one to differentiate between the grades by a common method of construction, originated by Kepler, based on the geometry of Euclid, with exclusive dependence on circles and straight lines alone (as we have emphasized above). Figure 2 shows Kepler's characteristic circular arcs.

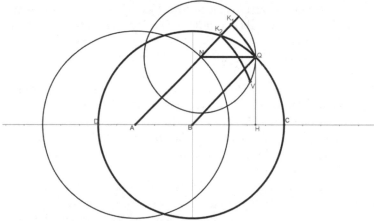

Figure 2: Kepler's Characteristic Construction.
$BC = BD = BQ = AN = a$
$AB = NQ = ae$
$\angle NAC = \angle QBC = \beta$
$AN \parallel BQ, \ NQ \parallel AB$
$QH \perp CD$
$AK_1 = AQ$
$AK_2 = AV.$

We shall define typical points of successive proposed curves according to a standard of comparison chosen by reference to the structure illustrated in figure 1, by selecting a particular value of eccentric anomaly (β) to fix the direction of

AN (the radius of the concentric shown); then arcs are drawn with centre A by taking various compass lengths along AN extended. Scholars will be aware that the conventions of Euclidean geometry have always demanded that, before one could draw an arc, the length of the radius had to be specified in advance, as a line segment, by two points, one for each end. (This segment was normally drawn elsewhere on the page and physically transferred, using compasses, to where it was wanted.) Since Kepler's arcs were to be centred at A, and measured along AN, he did not need to carry out any transfers, but simply had to specify their other ends, and therefore it was more than just convenient that there were pre-existing points on AN available to supply him with radii of appropriate lengths. At the first stage, the point K_1 (which can be identified in Kepler's own epicycle diagram of *Astronomia Nova* Ch. 39[7]), gave the arc K_1Q of radius AK_1 associated with the typical point Q of the eccentric circle (the large-grade curve). For the second stage, a suitable point, now to be named K_2, has already appeared in figure 1 as the point of intersection of the eccentric and AN extended; this gave the arc K_2V of radius AK_2 which cut the epicycle at V (that arc appeared on Kepler's own diagram in *Astronomia Nova* Ch. 46[8]). Then V became the typical point of the small-grade curve.

At the second stage the various ovoids (I have counted twelve) present a confused picture. However, I have managed to eliminate those (ten altogether) whose construction was either inadequately specified, or inconsistent. In fact Kepler ended up, as he announced in Ch. 50, with a '*via ovalis composita*' (so described in Ch. 49[9]), which consisted of the ovoid of Ch. 49, in combination with ovoid VI of Ch. 50 (fig. 3).

This 'composite oval' has been analyzed in detail very recently[10], and its geometrical construction has been rigorously established; so here it is only necessary to set out the result, as shown in figure 3. When its typical point V was identified as lying on the epicycle, the triangles AK_2B and ANV were found to be congruent, which introduced a number of other geometrical equalities – though Kepler himself had no inkling of the exactitude of these results. However, the structure of the 'composite oval' also depended on a two-pronged hypothesis:

[7] KGW 3, 257 (Kepler drew this diagram separately – but the correspondence is exact). This first-stage construction may seem slightly artificial, but it provides another instance that fits our classification.

[8] KGW 3, 291.

[9] KGW 3, 311.

[10] See Davis, A. E. L., 'Kepler's *via ovalis composita*: unity from diversity', *Journal for the History of Astronomy*, xl (2009), p. 55-69.

that the planet V moved uniformly round its epicycle while the geometrically-determined point K_2 on the eccentric moved uniformly round the centre of the eccentric with respect to time[11]. This hypothesis may be accurately described as kinematical (using the modern sense of the term), because it provided a geometrical representation of time expressed as an angle (known in astronomy as the mean anomaly). Thus the purpose of this kinematical hypothesis was determined by its effect, which was evidently to contribute to the construction of a suitable curve – since this was just what it did, in the instance of the 'composite oval'. (When Kepler was at a loss to find some new direction for his investigation, as a last resort he tried out other hypotheses, of 'distance-sum' type, but these were quickly abandoned because they were geometrically imprecise – they produced numerical answers – as well as being associated with the unsatisfactory ovoids already mentioned.)

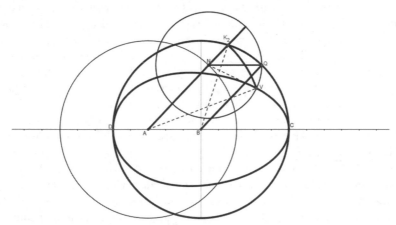

Figure 3: The Composite Oval (Second Stage).
$BC = BD = BK_2 = AN = a$
$AB = NV = ae$
$\angle NAC = \angle QBC = \beta$
$AN \| BQ, NQ \| AB$
$AK_2 = AV.$

Unfortunately there will not be space in this paper to explain in detail how Kepler developed his interpretation of time – we eventually set out just his final solution. However, we can be sure that he had already, by the second stage, sensed that the typical points Q and V could reasonably be compared because they occurred (very nearly) at a common time. (This is confirmed by the modern theory of orbital motion which determines time in orbit within the present geometrical framework with reference to the ordinate QH: that is, determined by the particular value of the angle β.) Hence, though Kepler did not yet know this, he was justified in relying on the distance-determinations that he carried out, mostly in Ch. 41-Ch. 44, confirmed in Ch. 47[12], since they were genuinely able to establish, subject to observational uncertainties, that the distances in the eccentric circle were too great, and those in the small-grade curve too small – both by around 7'-8' at the first and third octants: moreover, this defect was of a size that Kepler could not ignore because of his confidence in the accuracy of Tycho Brahe's observations[13]. (The slight inaccuracy, of less than 1', in the position of V – because it does not lie precisely on QH – may properly be neglected[14].)

Though by the end of Ch. 50 Kepler had convinced himself that the distances from the first stage were too long, and those from the second stage were too short, he was unable to move on until he had invented a way of constructing a distance that lay in the middle. This latest idea came to him as a numerical coincidence in Ch. 56[15], but it would hardly have provided the 'flash of enlightenment' he required had it not been the basis for a geometrical construction which actually did determine a point K that lay on AN more-or-less midway between K_1 and K_2. Kepler found that point by constructing the line through Q, perpendicular to AN extended, to meet it at K[16], once more satisfying the Euclidean convention, as illustrated in figure 4 (to which we have added the point C' on AN extended). Thus Kepler was able to draw his characteristic arc radius AK on which the typical point of the medial-grade curve would lie; and so to reach the third stage (fig. 4).

But even then, when the distances that satisfied observations were specified by a geometrical formula, there was an indeterminacy in the radial direction: the question of whether the typical point should be taken at J, or at P. Not only is there a choice, but also the significance of this choice has been misinterpreted, as

---

[12] These comparative results were tabulated: see KGW 3, 302.

[13] Most strongly affirmed in Ch. 19 of KGW 3, 178, 1-12.

[14] Quantified in note 27 of Davis, A. E. L., 'Kepler's *via ovalis composita* ...', cited in footnote 10 above.

[15] KGW 3, 345-346.

[16] The construction of QK is shown in the epicycle diagram of Ch. 39 (KGW 3, 257) – but not again until Ch. 58, where it is explained in the text (KGW 3, 365, 6-11).

explained in the ground-breaking paper by Whiteside, *Keplerian Planetary Eggs*[17], in which he demonstrates the correct way to handle the kinematics of orbital motion. Because I have given an account of this matter in a recent article[18], I shall not reiterate it here, but shall mention a further possible misunderstanding in relation to the distances at the third stage. When Kepler could not decide whether to choose J or P, he investigated the amount $C'K = AC - AK$, which represented the reduction in distance in the radial direction (he called this quantity the 'libration'). This is the subject of Ch. 57, in which Kepler made great efforts to establish that the libration could be produced by some physical cause – he suggested magnetism – or alternatively, that the changing distance of the planet could be associated with the variation of the angular diameter of the Sun. Fortunately, the fact that neither of these explanations was satisfactory[19] was of no consequence whatsoever – since the libration was measured along ANC', and its amount ($C'K$) was independent of whether one considered J or P as the

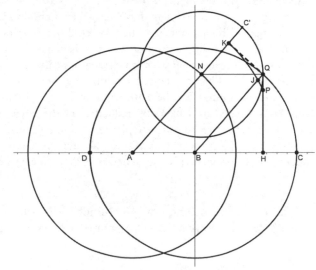

$BC = BD = BQ = AN = a$
$AB = NQ = ae$
$AC' = AC$
$\angle NAC = \angle QBC = \beta$
$AN \parallel BQ, \; NQ \parallel AB$
$QK \perp ANK$
$AK = AJ = AP = r.$

Figure 4: The satisfactory distance (Third Stage).

[17] Whiteside, D.T., 'Keplerian Planetary Eggs, laid and unlaid, 1600-1605', *Journal for the History of Astronomy*, v (1974), p. 1-21.

[18] Davis, A.E.L., '*Astronomia Nova*: classification of the planetary eggs', *Studia Copernicana* 42 (2009), p. 101-112.

[19] That tentative magnetic explanation was merely a preliminary investigation, while the latter suggestion was misguided, and fortunately disappeared without trace.

typical point of the proposed orbit – and therefore the cause of the libration was bound to be irrelevant to that question also. Indeed there is no evidence of any physical considerations suggested by Kepler (or by anyone else subsequently that I am aware of) that could be used to differentiate between the curves whose typical points were *J* and *P*: Kepler described the former as a *via buccosa* and the latter was, at the beginning of Ch. 58, still some unknown alternative.

Many commentators have failed to understand how Kepler finally reached his solution, and I cannot of course be sure that I have the right answer – but I will see if I can be persuasive. In the later part of Ch. 58[20], by a piece of geometrical reasoning (along the lines that Euclid might have used) Kepler established that the curve defined by *J* (the *via buccosa*) was unsymmetrical, whereas the curve defined by *P* was symmetrical. (Of course this refers to the second axis of symmetry: the single-axis symmetry of every proposed curve about the line of apsides had always been unquestioned.) So he felt justified in rejecting the *via buccosa*, and was left with an unknown, symmetrical curve.

Indeed the situation might have remained unresolved, and the synthesis incomplete, had Kepler not happened to recall the definition of an ellipse that underlay an Archimedean proposition that had been mentioned earlier. This definition – which relies on what is believed to be the most ancient of the plane properties of the ellipse[21] – derived an ellipse by compression of a circle in terms of its semi-axes *a* and *b* (where $BF = b$ denotes the minor semi-axis); thus the ellipse is generated in a plane by reduction of the circle down each ordinate *QH*. This was the breakthrough Kepler needed to recognize that *P* lying on *QH* produced the typical point of an ellipse. The property is now known as 'the ratio-property of the ordinates'; Kepler stated it as Protheorema I of Ch. 59:

$$\frac{PH}{QH} = \frac{b}{a}$$

The result of the Archimedean proposition itself[22] was set out in Protheorema II, but in fact Kepler went beyond Archimedes, by extending the proposition to

---

20 KGW 3, 366, 14-20.

21 Confirmed by an implied reference to writers before Archimedes, in Ch. 47, KGW 3, 300, 34-36. The simplicity of its derivation from a cone is demonstrated in Davis, A. E. L., 'Some plane geometry from a cone: the focal distance of an ellipse at a glance', *The Mathematical Gazette*, Vol. 91 No. 521 (2007), p. 235-245.

22 In *On Conoids and Spheroids*, Proposition 4, Archimedes determined the area of an ellipse in relation to its circumscribing circle (in the present context, the eccentric circle). See Heath, T. L., *The Works of Archimedes*, translated with Introduction and Notes, CUP, 1897. Available as Dover reprint.

apply to a sector of an ellipse. (Kepler also relied on Euclid's *Elements* once more, for the area of a triangle.) Using modern symbolism, in figure 5 we present the conclusion he reached in Protheorema III, Ch. 59:

$$\text{Area } PAC = \frac{b}{a} \text{ Area } QAC = \frac{b}{a}(\text{Sector } QBC + \Delta QAB).$$

Then we have the corresponding area as the measure of time (now Law II):

$$\text{Area } PAC = \frac{b}{a}(\tfrac{1}{2}a^2\,\beta + \tfrac{1}{2}a^2e\sin\beta) = \tfrac{1}{2}ab(\beta + e\sin\beta).$$

Again, reasoning from figure 5, we obtain:

$$AP = AK \text{ (by construction)} = QR = QB + BR.$$

In modern symbolism this is expressed by the formula (now Law I):

$$r = a + ae\cos\beta.$$

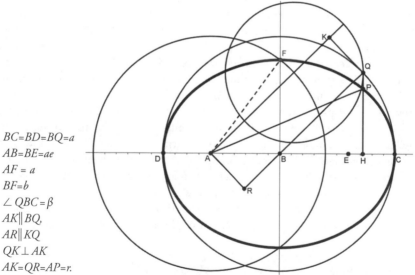

$BC=BD=BQ=a$
$AB=BE=ae$
$AF = a$
$BF=b$
$\angle QBC = \beta$
$AK\| BQ$
$AR\| KQ$
$QK \perp AK$
$AK=QR=AP=r.$

Figure 5: The distance-coordinate and the time-coordinate that Kepler discovered (Law I and Law II).

In Protheorema XI of Ch. 59[23] Kepler proved that an ellipse was actually defined by this equation, which had never previously been formulated. The property used to confirm the ellipticity was naturally the ratio-property of the ordinates. Kepler's proof was both elementary and entirely rigorous (it was expressed in geometrical terms, of course); it merely applied propositions involving similar triangles, and Pythagoras' theorem, from Euclid's *Elements*. Additionally, it is notable that Kepler nowhere employed any property of an ellipse derived from the *Conics* of Apollonius (though he cited a number of those properties in his work on stereometry and on optics). The fact is that the word 'focus' never appeared in the text of *Astronomia Nova*[24] – and besides, he rejected the system of oblique coordinates used by Apollonius: I suggest he regarded it as ungodly.

I believe that this final argument was satisfactory to Kepler because it was based on the geometry of the Ancients, for whom he had enormous respect, as we have already remarked. Moreover, it successfully united the two formulae (now known as Kepler's Law I and Law II) for distance and for time, to produce a coherent orbit, identified by a single common angular parameter $\angle QBC = \beta$. From this point of view the angle β is merely a measure of uniformity for the orbit. Nevertheless, this angle has been described up to now as the eccentric anomaly (of Q, a point on the eccentric circle), so we should highlight an extremely significant change in usage, which takes place almost by stealth, in that the term 'eccentric anomaly' will now be extended to refer to a point P on an elliptic orbit – provided that Q and P lie on a common ordinate. Kepler set out this extended definition in *Astronomia Nova* Ch. 60[25]: 'the eccentric anomaly is the path of the planet from aphelion: that is, the arc of the ellipse CP, and the arc CQ that measures it' (the lettering is taken from figure 5). Though this statement relies on an accompanying diagram to confirm that Q and P are linked by a common ordinate QPH, it is clearly compatible with the updated interpretation of eccentric anomaly used by modern astronomers (mathematicians nowadays call $\angle QBC$ the auxiliary angle of the ellipse).

Now we should round things off by affirming that throughout Kepler's astronomical work, the generic description 'physical hypotheses' cropped up in

---

[23] The Keplerian proof of Protheorema XI has been transcribed in Davis, A. E. L., 'Kepler's Road to Damascus', *Centaurus*, 35/2 (1992), p. 143-164, p. 156-157.

[24] Even with respect to the ellipse, the position of the Sun was described as *punctum eccentricum*.

[25] KGW 3, 377, 6-9.

two distinct ways, serving two quite different purposes – either to produce a quantifiable effect, or to supply an underlying cause. Yet, in Kepler's procedure as we have examined it so far, we have shown that Kepler managed to discover the correct curve by geometry alone and the kinematical hypotheses he proposed have fulfilled that purpose, producing the quantified effect by providing an entirely adequate geometrical representation of time. We recognize that Kepler was continuously motivated by a deep desire to uncover the underlying causes that God had put in place to organize the universe. However, we must emphasize that an examination of any explanatory mechanism only becomes possible in practice once we know the essential facts to be explained – at the completion of the orbit-finding process. This may account for the fact that Kepler returned in his mature work to tackle the causes to his greater satisfaction.

We return to the second property of the Sun listed at the beginning – its role as the generator and source of all planetary motion. While it is common sense nowadays, it was also obvious to Kepler that the power of the Sun could only operate in two particular directions, to produce either motion round itself or motion in a straight line, towards or away from itself. Thus, in accordance with the Principle of Orthogonal Independence (mentioned earlier), Kepler had available a pair of causes to match the two orthogonal components of planetary motion he had discovered: circumsolar, associated with time, and radial, determining the path. (It was extremely opportune that this was consistent with the directions of the pair of motions, circular and rectilinear, which had earlier been specified as the only two simple motions by Aristotle in *De Caelo*, I, 3.) The circumsolar motion was caused by the rotation of the Sun at the centre of the universe (the rotation that Kepler had been the first to propose speculatively); that precedent motion was due to the rays of the Sun, driving all the planets round (instantaneously at right angles to themselves)[26]. Meanwhile the lesser, radial, motion was explained by a passive cause – producing an ellipse through magnetic activation, by the Sun, of fibres within the individual planet. (The latter is very tricky to justify and Kepler did not manage to put it on a sounder basis until a decade later, when he wrote *Epitome*)[27]. So that is another story.

---

[26] The circumsolar component of motion and its cause is fully treated in Davis, A. E. L., 'The Mathematics of the Area Law: Kepler's successful proof in *Epitome Astronomiae Copernicanae* (1621)', *Archive for History of Exact Sciences* 57/5 (2003), p. 355-393.

[27] A preliminary account of the radial component of motion and its cause is available in Davis, A. E. L., 'Kepler's Physical Framework for Planetary Motion', *Centaurus* 35/2 (1992), p. 165-191.

Kepler, Ursus und die Coss

DIETER LAUNERT

1. Kepler

In seiner *Astronomia Nova* 1609 äußert sich Kepler nicht ausdrücklich über seine Einschätzung der Coss, der algebraischen Behandlung von Gleichungen im 16. Jahrhundert. Nur an zwei Stellen verwendet er eine arithmetische Rechnung mit cossischen Symbolen.[1] In Kapitel 60 etwa behandelt Kepler eine Aufgabe auch cossisch, nachdem er sie elementar-geometrisch bearbeitet hatte.

Er stellt in diesem Werk jedoch klar, dass sich für ihn die Realität des heliozentrischen Planetensystems aus Gottes Muster für die Schöpfung ableiten lassen müsse; der von Gott erschaffene Kosmos müsste somit notwendig geometrisch-harmonisch sein. In Kapitel 6 sagt Kepler, dass er „die vollkommene geometrische Gleichwertigkeit jener drei Formen beweisen"[2] werde und meint damit das ptolemäische, das kopernikanische und das tychonische Weltmodell für die Erklärung der Schleifenbewegung der Planeten.

---

[1] Kepler, *Astronomia Nova* 1609, I. Teil, Kap. 6, fol. 29r / KGW 3, 90 (siehe Anhang 2); und IV. Teil, Kap. 60, fol. 299r (siehe Anhang 1).

[2] Kepler, *Astronomia Nova*, Prag 1609, fol. 28, KGW 3, 89, 12-14: „Porro trium harum formarum perfectissimam aequipollentiam Geometricam… demonstrabimus." Max Caspar, *Johannes Kepler Neue Astronomie*, München 1990, S. 84.

Kepler suchte in seiner *Astronomia Nova* nach Hinweisen für die Gesetze der heliozentrischen Schöpfung, die Gott dem Universum zugrunde gelegt hatte, weil Gott ja nichts planlos gemacht habe. Dabei akzeptierte Kepler nur geometrische Konstruktionen für den göttlichen Plan der Harmonie, nicht algebraische Rechenverfahren, also nicht die Coss. Er suchte nach der göttlichen Harmonie des Universums als Ursache für Anzahl, Bahngröße und Geschwindigkeit der Planeten[3] und nach der Begründung für die Sechszahl der Planeten (mit der Erde). Er suchte nach einer theologischen Geometrisierung der Astronomie.

Bereits in seinem Brief vom 15. Nov. 1595 aus Graz an Ursus in Prag, kurz vor dem Druck des *Mysterium Cosmographicum* 1596, heißt es bei Kepler:

> Was die Welt ist, welchen Grund und Plan Gott für seine Schöpfung hatte,
> woher Gott die Zahlen hatte,
> welche Gesetzmäßigkeit einen so gewaltigen Weltenbau regiert,
> warum er 6 Planeten kreisen lässt,
> durch welche Stellung der Kreise sich die jeweiligen Abstände ergeben,
> warum Jupiter und Mars durch eine so große Kluft getrennt sind,
> obwohl sie sich nicht auf den äußersten Bahnen bewegen,
> dazu vernimm, was durch die fünf Figuren des Pythagoras erwiesen ist.[4]

Kepler suchte also nach Ursachen, nach dem Warum. Für ihn musste der reale Kosmos notwendig geometrisch erklärt werden. Die Geometrie galt ihm als apriorische von Gott vorgegebene Grundlage für die Schöpfung. Die Coss, die Algebra, hatte darin keinen Platz.

2. Die Coss

Kepler war mit Jost Bürgi durchaus freundschaftlich verbunden, und er redigierte für diesen etwa 1602-1603 den Entwurf der *Coss*,[5] die allerdings nicht veröffentlicht wurde. Kepler war also mit den Möglichkeiten der Algebra wohl

---

[3]   Kepler, *Mysterium Cosmographicum*, KGW 1, 9, 33-36.
[4]   Im *Mysterium Cosmographicum* 1596, nach dem Titelblatt, vor dem Widmungsbrief, ähnlich: „Quid mundus, quae causa Deo, ratioque creandi, Unde Deo numeri, quae tantae regula moli, Quid faciat sex circuitus, quo quaelibet orbe Intervalla cadant, cur tanto Iupiter et Mars, Orbibus haud primis, interstinguantur hiatu: Hic te Pythagoras docet omnia quinque figuris. / Scilicet exemplo docuit, nos posse renasci, Bis mille erratis, dum sit Copernicus annis, Hoc, melior Mundi speculator, nominis. At tu Glandibus inventas noli postponere fruges." Siehe Anhang 3.
[5]   Martha List / Volker Bialas, *Die Coss von Jost Bürgi in der Redaktion von Johannes Kepler,* München 1973, insbesondere S. 109.

vertraut, er trug ja auch zur Verbesserung des Inhaltes von Bürgis *Coss* bei.[6] Seine Ausführungen lassen erkennen, dass er sich damit eingehend beschäftigt hat. In seiner Redaktion der *Coss*, durchweg in der Handschrift Keplers, und auch in seinem Dialekt und mit seinen humorvollen Bemerkungen, zeigt sich hingegen deutlich seine grundsätzliche Abneigung gegen die Coss, etwa wenn er schreibt: „[Es] folgen etliche Handgriffe, den Wert einer Radix genau zu erraten… Damit aber der Cossist nicht aufs Ungewisse rate, sondern nach dem Ziel schieße, und zumindest die Mauern treffe…"[7] Die Coss bedient sich durchaus der geometrischen Anschauung, benutzt aber Verfahren der Arithmetik. Die Coss leistet die Aufgabe, Sehnen von Vielecken in Kreisen in gleich viele Teile zu teilen, weitaus besser als die alten geometrischen Verfahren, indem für die Vieleckseiten Gleichungen aufgestellt und nach der Unbekannten aufgelöst wurden.[8] Aber für Kepler waren eben Näherungslösungen aus Gleichungen inakzeptabel, wie sie sich bei Gleichungen höheren Grades ergeben. Er lehnte die Coss ab wegen seiner klassischen griechischen Auffassung der Mathematik und wegen der Schwierigkeiten, kontinuierliche geometrische Größen durch diskrete Zahlen zu erfassen.[9]

3. Paul Halcke

Die Coss des 16. Jahrhunderts war keineswegs nur eine Vorstufe der späteren Algebra. Ihre Bezeichnungsweisen und Methoden überdauerten die Form- und Inhaltsänderungen der folgenden Zeit. Noch im Jahre 1719 erschien in Hamburg ein Lehrbuch von Paul Halcke über die Coss unter dem Titel *Mathematisches Sinnenconfect,* das mehrfach übersetzt und noch 1835 neu aufgelegt wurde. Paul Halcke (†1731), Schreib- und Rechenmeister aus Buxtehude, war eines der ersten Mitglieder der 1690 gegründeten Mathematischen Gesellschaft in Hamburg, damals unter dem

Paul Halcke

---

[6]   List / Bialas, S. 112.
[7]   List / Bialas, S. 49 und 112.
[8]   List / Bialas, S. 114.
[9]   Max Caspar, *Weltharmonik*, Darmstadt 1967, Vorwort S. 39*.

Namen „Kunst-Rechnungs-Liebende Societät".[10] Die Mathematikausbildung an Hamburger Schulen war nahezu eingeschlafen; das Lehrziel war nur noch die Beherrschung der lateinischen Sprache geworden. Die Schüler in Tertia lernten in einer Stunde am Sonnabend nur die „lateinischen und indianischen [sic] Ziffern deutsch und lateinisch auszusprechen und die Grundrechenarten, in Prima gab es gar keine Mathematikstunden mehr".[11] Noch 1692 schrieb eines der Gründungsmitglieder, Heinrich Meissner, über die fehlende Anerkennung der Algebra in Hamburg, „dass einige Leute wünschen, dass diejenigen, die sich mit Algebra beschäftigen, entweder aus dem Lande verbannt oder in die Elbe versenkt werden mögen".[12]

Zu den von Paul Halcke veröffentlichten Rechenaufgaben in seinem Coss-

Gerad acht taufend/ und noch zwey und neunzig Eckt/ Und ftehet in gleichem Wehrt mit diefen Quantitæten:
1 ꝏ + 2 ß ÷ 13 ʒʒ ÷ 42 ꝏ + 402 ʓ ÷ 4004 ꞇ + 32.

Lehrbuch *Sinnenconfect* 1719 gehörte auch eine Aufgabe (Nr. 203, S. 225) seines Lehrmeisters Hinrich tho Aspern mit cossischen Symbolen: „Das bedrückte und erquickte Wien", das die Belagerung Wiens durch die Türken 1683 zum Thema hat. Es heißt darin (Zeilen 33-40):

> Wieviel vom Feinde sonst geblieben dieses mahl
> an Mannschafft, weiß man nicht die eigentliche Zahl.
> Die aber so vorhin für Wien geblieben waren,
> hat man durch eine Schrift des Groß-Veziers erfahren
> aus seiner Cantzeley, dass deren Zahl, verdeckt
> gerad achttausend und noch zweyundneunzig Eckt,
> und steht in gleichem Wehrt mit diesen Quantitäten:
> 1ꞇ + 2ß ÷ 13ʒʒ ÷ 42ꞇ + 4025ʓ ÷ 4004ꞇ + 32.

Diese Aufgabe führt auf die Gleichung

$^x/_2 \cdot [2 + (x-1)\cdot 8090] = x^6 + 2x^5 - 13x^4 - 42x^3 + 4025x^2 - 4004x + 32$, wobei die linke Seite gegeben wird durch die im Text gesuchte x-te 8092eck-Polygonal-Zahl. Die Gleichung lässt sich umformen zu $(x-4) \cdot (x^5 + 6x^4 + 11x^3 + 2x^2 - 12x - 8) = 0$, sie

---

[10] Christoph J. Scriba, *Mathematische Gesellschaft Hamburg*, Institut für Geschichte der Naturwissenschaften, Mathematik und Technik 1996: www.math.uni-hamburg.de/spag/ign/hh/1fi/mathg-hh.htm.

[11] J. F. Bubendey, 200-jährige Festschrift der Mathematischen Gesellschaft Hamburg, 1890.

[12] Heinrich Meissner, *Stern und Kern der Algebra,* Hamburg 1692, Vorbericht.

hat die Lösung x = 4. Die vierte 8092eck-Zahl ist somit gesucht, sie ist 48.544, so viele Türken seien vor Wien gefallen. Die Coss als frühe Form der Algebra war also im 18. Jahrhundert noch nicht ausgestorben, und damals gehörten Polygonalzahlen zu den Lieblingsaufgaben von Mathematikern.

4. Ursus und die Coss

Auch Nicolaus Reimers Ursus hatte 1597 eine Coss geschrieben,[13] die Kepler wahrscheinlich nicht gekannt hatte. Er beschreibt in dieser Coss die damals üblichen Bezeichnungen und Rechnungen, wie sie unter anderem auch in Bürgis Coss erscheinen, so auch Lösungen für Gleichungen zweiten und dritten Grades. Aber auch besondere Gleichungen höheren Grades werden behandelt. Als letztes Beispiel bringt Ursus eine Gleichung 28. Grades und ein Lösungsverfahren dazu. Auch bei Bürgi, und damit in der Keplerschen Redaktion, kommen Terme und Gleichungen bis zum 20. Grad vor. Die Gleichung bei Ursus lautet

$$x^{28} = 65532x^{12} + 18x^{10} - 30x^6 - 18x^3 + 12x - 8.$$

Das Lösungsverfahren, das eigentlich von Johannes Junge (1552-vor 1597)

aus Schlesien stammt, ist natürlich keine allgemeine Regel, um jede beliebige Gleichung zu lösen, sondern ein einfaches Verfahren, um eine vermutete Lösung zu bestätigen. Es beruht auf einer Polynomdivision, die bei Ursus und Johannes Junge in cossischen Symbolen durchgeführt wird. Ursus hat dieses Jungesche Verfahren dadurch verbessert, dass er als zu vermutende Lösungen nur die (ganzzahligen) Teiler des absoluten Gliedes (hier 8) zulässt, also hier 1, 2, 4, 8. In Kurzform sieht das Lösungsverfahren wie folgt aus: Vermutete Lösung x = 2.[14]

---

[13] *Tractatiuncula von der allerkhunstleichesten und sinnreichesten Regel Cossa oder Algebra*, Österreichische Nationalbibliothek Wien, Cod.Ser.n.10943. Gedruckt posthum 1601 in Frankfurt/ Oder als *Arithmetica Analytica*.

[14] Ausführlich bei Dieter Launert, *Nicolaus Reimers Ursus, Stellenwertsystem und Algebra*, München 2007, S. 126-131.

Potenz / coss.	x^0 / d	x^1 / x	x^3 / c	x^6 / zc	x^{10} / zß$_5$	x^{12} / zzc	x^{28} / zzß$_7$
Faktor	-8	+12	-18	-30	+18	+65532	1
Divisor x_0^n $x_0 = 2$	$2^1=2$	$2^2=4$	$2^3=8$	$2^4=16$	$2^2=4$	$2^{16}=65536$	Exponent ist die Differenz der Exponenten einer Spalte zur nächsten
Quotient		-4	+2	-2	-2	+4	1, also ist x=2 Lösung
	-8:2 ⌐→	+8:4 ⌐→	-16:8 ⌐→	-32:16 ⌐→	+16:4 ⌐→	+65536: 65536 ⌐→	

5. Kepler und die Coss

Wissenschafthistorisch beachtenswert ist es, dass sich die Mathematiker gegen Ende des 16. Jahrhunderts überhaupt an das Lösen von Gleichungen so hohen Grades heranwagten, genügten doch für die geometrischen Probleme in der Regel Gleichungen zweiten und dritten Grades. Trotz aller Ablehnung der Coss beschäftigte sich Kepler, zumindest in seiner Redaktion von Bürgis *Coss*, intensiv mit solchen Gleichungen, weil sie als Einleitung zu dessen Sinustafel vorgesehen war, die wohl schon vollständig vorlag.[15] Somit war Kepler auch mit Bürgis cossischem Verfahren zur Teilung eines

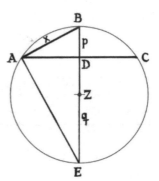

Abb . 4: Zweiteilung

Winkels vertraut. Gleich nach dem Abschnitt „von den sinibus" folgt nämlich die cossische Behandlung der Zweiteilung, der Drei-, Vier- und Fünfteilung eines beliebigen Bogens usw.[16]

Bei der schon bekannten Zweiteilung wird bei bekanntem Bogen AC die Sehne x des halben Bogens gesucht. Verwendet wird der euklidische Kathetensatz $x^2 = p \cdot c = p \cdot 2$, da der Radius ZB = 1 gesetzt wird. Folglich ist $x^2 : 2 = p = BD$; $x^4 : 4 = p^2$; und nach dem Satz des Pythagoras $x^2 - x^4 : 4 = AD^2 = AC^2 : 4$.

[15] List / Bialas, S. 109.
[16] List / Bialas, S. 28-35.

Es folgt die **Gleichung** $4x^2 - x^4 = AC^2$.

Cossisch: $4\mathfrak{z} - 1\mathfrak{z}\mathfrak{z} = a^2$.[17]

Ursus und Bürgi, und damit auch Kepler, verwenden bereits eine Vorstufe unserer heutigen Exponentenschreibweise, sie schreiben die Exponenten von x als kleine römische Zahlen über die Koeffizienten. Das sieht dann so aus:

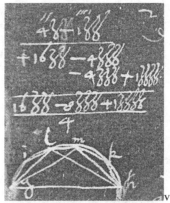

II	IV
4	-1 = Quadrat von a.

Neu ist nur die Behandlung des Problems der Zweiteilung mit Hilfe einer Gleichung. Bürgi schreibt in seiner *Coss* denn auch dazu: „Mein Vorhaben ist, aus der gewöhnlichen Geometrie so wenig zu entlehnen als möglich."

Abb. 5: Keplers Handschrift
Pulkowo 110

Bürgi hat als nächstes eine Gleichung für die Dreiteilung aufgestellt und damit das antike Problem, das allgemein „allein mit Zirkel und Lineal" nicht lösbar ist, auf eine andere Ebene gehoben und „gelöst". Hierbei benutzt er den Satz des Ptolemäus im Sehnenviereck ($e \cdot f = a \cdot c + b \cdot d$). Auch hier ist die Sehne a gegeben, die Sehne x zum Drittelbogen gesucht. Nach der Bogenhalbierung folgen die Gleichungen $AD^2 = BC^2 = 4x^2 - x^4$. Der Satz des Ptolemäus liefert dann sofort $AD \cdot BC = AD^2 = a \cdot x + x \cdot x$, also $4x^2 - x^4 = a \cdot x + x^2$, und somit die

Gleichung	$3x - x^3 = a$.
Cossisch	$3\mathfrak{t} - 1\mathfrak{t} = a$.
Bei Ursus / Bürgi	I III
in der Form	3 -1 = a.

Bürgi begegnet in seinem Text sogleich dem erwarteten Vorwurf, dass bei seiner cossischen Gleichung Längen und Volumina vermischt würden:

> Hier könnte ein Geometer dem Cossisten vorwerfen, die Länge AB sei gleich drei Längen AC minus dem Kubus von AC. Wie kann denn eine Länge um einen Kubus oder eine körperliche Größe vermindert werden? …Aber der Kubus von AC ist nicht ein gewöhnlicher geometrischer, sondern ein arithmetischer, und es sind beides, die Länge und der Kubus, jedes eine Zahl, weshalb Zahl mit Zahl sehr wohl verglichen werden kann.[18]

---

[17] Max Caspar, Keplers *Weltharmonik*, München 2006, S. 48.
[18] List / Bialas, S. 30.

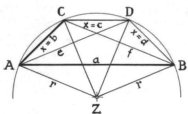

Die Vierteilung liefert durch zweimalige Zweiteilung die Gleichung 8. Grades

$$16x^2 - 20x^4 + 8x^6 - x^8 = a^2.$$

Cossisch $16\mathfrak{z} - 20\mathfrak{z}\mathfrak{z} + 8\mathfrak{z}\mathfrak{c} - 1\mathfrak{z}\mathfrak{z}\mathfrak{z} = a^2$. Bei Ursus / Bürgi wieder

II   IV   VI   VIII

16 - 20 + 8 - 1 = Quadrat von a.

Auch für die Fünfteilung geben Bürgi / Kepler eine cossische Gleichung, die sich herleiten lässt aus

1) Halbierung $GL^2 = 4x^2 - x^4 = MH^2$

2) Drittelung $GM = 3x - x^3 = LH.$

Nun ist einerseits $GM \cdot LH = (3x - x^3)^2$, andererseits liefert der Satz des Ptolemäus $GM \cdot LH = a \cdot x + GL \cdot MH$. Somit $9x^2 - 6x^4 + x^6 = ax + 4x^2 - x^4$, woraus folgt $5x - 5x^3 + x^5 = a.$

In der *Weltharmonik* 1619 äußert Kepler seine Abneigung diesem Verfahren gegenüber deutlich. Er schildert zuerst, wie „leicht" das rein geometrische Verfahren sei:

> Denn was gibt es Leichteres, als dass man den rechten Winkel GAM bildet, auf seinen Schenkeln die beliebige Strecke AM und das Doppelte davon AG abträgt, das eine Ende des Zirkels in M, das andere in G einsetzt, den Kreis GP beschreibt, MA bis P verlängert und schließlich GP in den Zirkel nimmt und in einen anderen Kreis mit Halbmesser GA einträgt?[19]

Ich gebe zu, dass ohne eine erläuternde Zeichnung mir diese Beschreibung keineswegs leicht erscheint. Kepler fährt dann fort:

> Aber nun sehe man, was uns *Bürgis Coss* über die Fünfeckseite zu sagen weiß. Nach der oben angeführten Methode ergibt sich, dass die Zahl $5x - 5x^3 + 1x^5$ gleich ist der Sehne a. ...Bürgi lehrt also nicht, wie man die stetige Proportion [x] herstellt. ...Vielmehr zeigt er nur, welche Eigenschaft auftritt. ...Aber wie soll ich denn die Eigenschaft zur Darstellung bringen, durch welche geometrische Konstruktion? ...Man begeht also eine Petitio principiis [man fordert, das zu machen, von dem

19   Max Caspar, *Weltharmonik*, Darmstadt 1967, S. 50. Nach obiger Zeichnung ist $r^2 + (^r/_2)^2 = b^2$ und $(b - ^r/_2)^2 + r^2 = a_5^2 = (^5/_2 - ^{\sqrt{5}}/_2) \cdot r^2.$

man gerade wissen will, wie es zu machen ist] und der arme Rechner, von allen Hilfsmitteln verlassen, hängt in dem Zahlengestrüpp und schaut umsonst nach seiner Coss aus.[20]

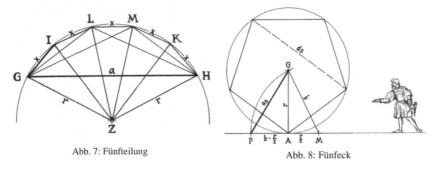

Abb. 7: Fünfteilung   Abb. 8: Fünfeck

Auch bei der Siebenteilung äußert Kepler seine Kritik am cossischen Verfahren:

> Es ergibt sich aber für Bürgi aus der Gleichung $[7 - 14x^2 + 7x^4 - 1x^6 = 0]$, die er auf mechanischem Wege befriedigt, nicht nur ein Wurzelwert, sondern im Siebeneck drei. Im Siebeneck z.B. ist der eine Wert BC [die Siebeneckseite], der zweite BD, der dritte BE [Diagonalen].[21]

Für Kepler war also die Mehrdeutigkeit der Lösung ein Grund, die Coss abzulehnen, obwohl Bürgi ausführlich erläutert, warum es bei der Lösung der cossischen Gleichung zur Mehrdeutigkeit kommt. Man müsse nämlich zum gegebenen Bogen den Ergänzungsbogen zu 360° beachten und auch die Vielfachen von 360° addieren. So ergibt etwa beim Bogen 40° eine Vierteilung die Bögen zu 10° und 350°, und auch die Bögen zu $(40° + 360°) : 4 = 100°$ und zu $(320° + 360°) : 4 = 170°$.[22]

Seine Ablehnung begründet Kepler auch damit, dass Bürgi zwei verschiedene Gleichungen für dieselbe Teilung angibt:

> Bei der algebraischen Analysis ist es nun höchst merkwürdig, der Geometer fühlt sich freilich hierdurch in erster Linie abgestoßen, dass das, was verlangt wird, nicht auf einem einzigen Weg erreicht werden kann.[23]

20   Max Caspar, *Weltharmonik*, Darmstadt 1967, S. 50.
21   Max Caspar, *Weltharmonik*, Darmstadt 1967, S. 49.
22   List / Bialas, S. 36f.
23   Max Caspar, *Weltharmonik,* S. 50. In Kepler, *Harmonices Mundi* 1619, S. 37: „In hac Algebraicâ Analysi, illud maximè mirum est, quamvis Geometram praecipuè absterreat, **quod non unâ viâ** praestari potest, quod imperatur."

6. Schluss

Deutlich urteilt Kepler in der *Weltharmonik* 1619: „Wir ziehen also den Schluss: Jene cossischen Analysen haben mit unserer gegenwärtigen Betrachtung nichts zu tun."[24] Und einige Seiten später: „Der Teilung eines Kreisbogens … kommt keine geometrische Möglichkeit von der Art zu, dass sie eine Wissbarkeit erzeugen würde."[25] Abschließend bezeichnet Kepler die Methode der Coss als „nicht kunstgerecht": „Von derartigen Postulaten machen …Mathematiker häufig Gebrauch bei der Lösung der Probleme, die ihrer Natur nach nicht lösbar sind, außer auf eine nicht kunstgerechte Weise durch Zahlen."[26]

---

[24] Max Caspar, *Weltharmonik*, Darmstadt 1967, S. 51.
[25] Max Caspar, *Weltharmonik,* Darmstadt 1967, S. 53. *Weltharmonik*, S. 20 (Def. VIII): „Wissbar (scibilis / γνώριμον) ist, was entweder selbst unmittelbar messbar ist durch den Durchmesser, … oder was wenigstens nach einem wohlbestimmten geometrischen Verfahren aus solchen Größen gebildet wird."
[26] Max Caspar, *Weltharmonik,* Darmstadt 1967, S. 57.

Anhang 1: Kepler, *Astronomia Nova* 1609, Kap. 60, fol. 299r (KGW 3, 380)
Ellipsenbahn, exzentrische Anomalie

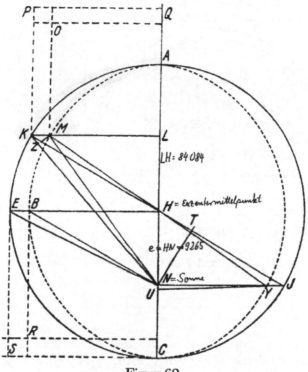

Figur 62

LN = cos 30° · (100 000 + r) = (8 660 300 000 + 86 603 r) : 100 000
HL = LN - HN = (7 733 800 000 + 86 603 r) : 100 000
r = 7710   Winkel KNM = 7′26″

Anhang 2: Kepler, *Astronomia Nova* 1609, Kap. 6, fol. 29r (KGW 3, 90 s.)
„Über die Gleichwertigkeit der Hypothesen, durch die Ptolemaios, Copernicus und
Brahe die zweite Ungleichheit der Planeten [Schleifenbewegung] erklärten."
Maximaler Fehler von Kopernikus gegenüber Kepler

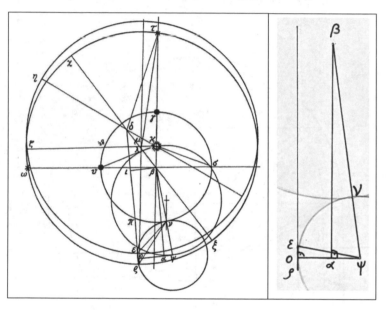

κ = Sonne   β = Ausgleichspunkt der Erdbewegung;
βδ = Apsidenlinie des Exzenters.   γυπνσγ = Exzenter der Erde
λ= Mittelpunkt des Exzenters (des Planeten) nach Kopernikus; μ nach Kepler.
Planet auf τχωρξ (Kopernikus, unterer Kreis), bzw. ηζε (Kepler, oberer Kreis).
(„Kopernikus rechnet die Exzenter der Planeten von β, nicht von der Sonne aus.
Einen wirklich großen Fehler begeht man, wenn man an Stelle der wahren [Kepler]
die mittlere [Kopernikus] Bewegung der Sonne setzt.")
Gesucht ist der größte Unterschied ερ von ν aus gesehen.
Keplers Rechnung: Ich nehme ψο als Unbekannte an.
-13 971 r + 2 052 450 269 = √(4 310 747 475 z + 978 763 835 536 363) [Quadrieren]
4 211 573 342 882 635 998 = 4 115 558 634 z + 57 349 565 416 398 r [:4115558634]
1 z + 13.934 r = 1 023 329 690 [durch quadratische Ergänzung]
→r = 25 772   →Winkel → = 1° 3′ 33″

Anhang 3: Brief Keplers aus Graz an Ursus in Prag vom 15. Nov. 1596/
Keplers *Mysterium Cosmographicum* 1596, nach dem Titelblatt.

Kepler an Ursus, 1595	*Mysterium Cosmographicum*, 1596
Quid Mundus, quae causa a Deo ratioque creandi,	Quid Mundus, quae causa a Deo ratioque creandi,
Unde Deo numeri, quae tantae regula moli,	Unde Deo numeri, quae tantae regula moli,
Quid faciat sex circuitus, quo quaelibert orbe	Quid faciat sex circuitus, quo quaelibert orbe
Intervalla cadant, cur tanto Iupiter et Mars	Intervalla cadant, cur tanto Iupiter et Mars
Orbibus haud primis interstinguantur hiatus,	Orbibus haud primis interstinguantur hiatus,
Accipe Pythagorae monstratum quinque figuris.	Hic te Pythagoras docet omnia quinque figuris.

Aſſumo ψ o unitatem figuratam. ejus quadratum erit quoque figuratum. Appone quadratum ipſius ε o 227,052. erit quadratum ψ ε vel ψ ν compoſitum ex his duobus. Eſt vero quadratum βν 4,310,747,477. quod ſi quadrato ψν addideris, & rectangula compleas, conſtituetur quadratum totius ψ β. Eſt autem quodlibet illorum rectangulorum radix de 4,310,747,475 β ⊣ 978,763,835,636,363. Atque ſic habetur hoc quadratum β ψ ſemel.

Cum autem α o ſit 13,971,erit ψ α figurata unitas, diminuta per 13,971. Ejus quadratum 1 β − 27,942 ℞ ⊣ 195,188,841. Cui adde quadratum ipſius β α 8, 220, 686, 224, ut conſtituatur quadratum β ψ ſecundo 1 β − 27,942 ℞ ⊣ 8,415,875,065. Prius erat 1 β ⊣ 4,310,974,527 & amplius radicis de 4,310,747,475 β ⊣ 97,876,383,536,363 duplum. Aufer utrinque unum cenſum , & 4, 310, 974, 529. Relinquetur illic − 27, 942 ℞ ⊣ 4, 104, 900, 538, hic radicis

de 4, 310, 747, 475 β ⊣ 978, 763, 835, 536, 363 duplum , quæ æqualia ſunt. Simplo ergo radicis illic eſt æquale − 13,971 ℞ ⊣ 2,052,450,269. Ac cum hoc ſit illius radici æquale, hujus ergo quadratum illi ipſi erit æquale. Eſt autem hujus quadratum
⊣ 195,188,841, β − 57,349,565,416,398 ℞ ⊣ 421,252,106,718,172,361.

Abjice utrinque 195,188,841 β & 978,763,835,536,363 , & adde utrinque 57,349,565,416,398 ℞. Stabunt utrinque æqualia ; illinc 4, 115, 558, 634 β ⊣ 57, 349, 565, 416, 398 ℞; hinc vero, 4,211,573,342,882,635,998, Et in minimis numeris 1 β ⊣ 13934 ℞ æquant 1,023,329,690. Peracta æquatione prodit o ψ unitatis figuratæ valor 25772.

Cognita ſemidiametro circuli jam facile habentur anguli. Nam a ψ o aufer o α 13971. reſtabit ψ α 11801. Et β α eſt 9066 & β α ψ rectus. ergo αβ ψ 7 gr. 30 min. 10 ſec. Sed αβ vel ϱ δ ſupra per 3 gr. 0 min. 6 ſec. annuebat ad ϱ λ vel β ϰ, quæ in 5 ½ gr. Cancri incidit. ergo ϱ ι vel α β in 8 ½ gr. Cancri. Ergo ψ β in 16 gr. Cancri. Sole ergo (aſſumptis his numeris) perambulante 16 gr. Cancri, Planeta vero medio & æquabili motu in 8 ½ gr. Capricorni at apparenti circa 27 gr. Scorpionis verſante, ε ϱ apparet maxima. Quod ſi Planeta ſit ultra 8 ½ gr. Capricorni, ultra ſcilicet ϱ ε, etſi tunc ϱ ε minuetur, apparentia tamen augeri poterit in puncto ultra ν ob appropinquationem orbium. Quantitas jam ſtatim habe

tur. *Cum enim o ψ ſit inventa 25772 & o ϱ 476 ½, erit o ψ ε 1 gr. 3 min. 32 ſec. Ei vero æqualis eſt ϱ ν ε (quem hactenus inveſtigavimus) per xx tertii Euclidis. nimirum quia totus ϱ ψ ε ad centrum, duplus eſt ipſius ϱ ν ε ad circumſerentiam, & vero o ψ ε dimidius eſt ipſius ϱ ψ ε. Quod ſi β δ, ϰ δ, biſecentur, & λ μ dimidium ipſius β ϰ aſſumeretur (quo de infra), tum ϱ ε & conſequenter ejus angulus ad ν quarta parte poſſet major fieri.* Ita vides tandem, quantum mea hæc traductio hypotheſeos a medio ad apparentem mo

Anhang 4: Kepler, *Astronomia Nova* 1609,
kap. 6, fol. 35-37 (KGW 3, 95, 14-96, 14)

Sit igitur BP 2. CB 1 j, quadrm 1 ÿ, quod divide per BP, prodibit BO. 1 ÿ divisum per 4, quadrm 1 iiij divisam per 4, quod aufer à q̃o CB 1 ÿ, restat 4ÿ -- 1iiÿ divisum per 2, quadratum CO. Cùm autem CH sit ipsius CO dupla, erit quadratum ipsius CH 16 ÿ -- 4 iiij divisum per 4. id est 4 ÿ -- 1 iiÿ.

Cùm ergò habeatur qdm CH vel BD, id est, rectangulum sub BD & CE, multiplica C^B in DE, vt sit rectangulum sub ÿs 1 ÿ, quod aufer à rectangulo sub BD, CE 4 ÿ -- 1 iiÿ, restat rectangulum sub CD, BE 3 ÿ -- 1 iiÿ, id in 1ÿ divide, sc. in CD, prodibit BE 3 j -- 1 iÿ.

Pergimus ulterius ad Quadrangulum DBHE. Et quia BE est 3 j -- 1 iÿ, erit rectangulum sub BE, DH, id est, quadratum à BE, 9 ÿ -- 6 iiij -- 1 vj: aufer rectangulum sub BH, DE 1 ÿ, restabit rectangulum sub BD, EH 8 ÿ -- 6 iiij -- 1 vj: quod divide per EH, 3 j -- 1 iÿ, prodibit BD 8 ÿ -- 6 iiij -- 1 vj, divisum p 3 j -- 1iiÿ: ej quadratum 64 iiij -- 96 vj -- 2 viij -- 12 x -- 1xÿ, divisum p 9ÿ -- 6 iiij -- 1vj, quod priùs erat 4 ÿ -- 1 iiij: in hoc duc illius denominatorem, & aequabuntur

36 iiij -- 3 3 vj -- 10 viij -- 1 x, cum 64 iiij -- 96 vj -- 2 viij -- 12 x -- 1xÿ

Ergo etiam   63 vj -- 11 x   cum 28 iiij -- 42 viij -- 1xÿ

Ergò etiam   8 3vj -- 11 x   cum 28 iiij -- 42 v iij -- 1 xij. *Hic aequatio prodit quantitatem lateris Heptagonici.*

Vel pergimus ulteriùs ad D^B, EG. Est n. quadrm DG, EB 9ÿ -- 6iiij -- 1vj. At qm DB, EG est 4 ÿ -- 1 iiij, aufer hoc ab illo, erit rectangulum sub DE, BG 5 ij -- 5 iiij -- 1 vj, quod divide in DE 1j, erit BG, 5 j -- 5iiij -- 1 v, cujus quadratum 25 ij -- 50 iiij -- 35 vj -- 10 viij -- 1 x, quod priùs erat 4 ÿ -- 1 iiij

Æquantur igitur   49 iiij -- 10 viij   *cum*   21 ij -- 35 vj -- 1 x

Ergò etiam   49 ij -- 10 vj   *cum*   21 -- 35 iiij -- 1 viij.

Hic iterum æquatio prodit quantitatem lateris Heptagonici: sed Byrgius oculos avertit ab integritate circuli, eumq; considerat tantummodò ut arcum dividendum in 7. Cum igr subtensa partib 2. habeatur hoc processu cossicè, quærit jam subtensam partib 4. eamq; invenit (eâdem methodo qua suprà) quòd sit Radix de 16ij -- 20iiij -- 8vj -- 1viij. Jamq; hac

e 3

Anhang 5: Kepler, *Harmonices Mundi* 1619, fol. 35.

L'astronomie nouvelle
entre physique et astrologie

Kepler's Imprecise Astrology

PATRICK J. BONER

When Johannes Kepler (1571-1630) was appointed Imperial Mathematician in 1601, he enjoyed access to an abundance of astronomical observations. At the court of the Holy Roman Emperor in Prague, Kepler took possession of the observations of his prestigious predecessor, Tycho Brahe (1546-1601).[1] Kepler was also kept up-to-date on the reports of observers from across Europe. In the autumn and early winter of 1604, for example, he was made aware of 'unusual signs of blood and fire' in the skies above Augsburg, Dresden, Graz, Prague and Vienna.[2] Such signs were seen around the same time as the new star in Serpentarius, which accelerated an already growing exchange of observational information.[3] While some of Kepler's empirical sources aided with his astronomical studies, many of these observations were made ultimately with an astrological purpose. One of

---

[1] Kepler took possession of Tycho's observations long before they were fully paid for by the Emperor. On Kepler's 'not entirely legitimate' acquisition, see J.R. Voelkel, "Publish or Perish: Legal Contingencies and the Publication of Kepler's *Astronomia nova*", *Science in Context* 12, 1999, 33-59.

[2] KGW 15, 162, n° 332, 23-26.

[3] On Kepler's exchange with David Fabricius (1564-1617) on the observation, origins and astrological significance of the new star of 1604, see Miguel Ángel Granada, "Johannes Kepler and David Fabricius: Their Discussion on the Nova of 1604", in P.J. Boner, ed., *Change and Continuity in Early Modern Cosmology*, Dordrecht: Springer, 2011 (= Archimedes; 27), 67-92.

Kepler's principle tasks in Prague was, after all, astrological counsel.[4] The security and stability of the Holy Roman Empire were considered closely tied to the stars, and Kepler was responsible for deciphering their diverse messages.[5]

Kepler was extremely wary of this task. Reflecting his own reluctance, Kepler often urged his clients and calendar readers to pursue humility rather than particular predictions.[6] He wrote that astrology left him fumbling in the dark, grasping with the clumsiness of 'uncertain conjectures'.[7] Kepler pointed to two primary reasons for his uncertainty. First, he considered any astrological prediction incomplete without fully understanding the object of influence. In the area of astrometeorology, Kepler subjected his weather forecasts to conditions that

[4]   For some of Kepler's other obligations as Imperial Mathematician, including the production of the *Astronomiae pars optica* (1604) and the *Astronomia nova* (1609), see J. R. Voelkel, *The Composition of Kepler's* Astronomia nova, Princeton, 2001, 142-153.

[5]   In a letter of 15 November 1604 to Archduke Maximilian (1558-1618), Kepler elaborated on the astrological significance of the new star, one of the subjects of his small tract on the star that he sent with his letter. KGW 15, 65-66, n° 300, l. 41-62: 'When considering the significance of this star, I did not deal with the distribution of the houses since I do not see any firm basis for it. If one accepts this on the recommendation of antiquity, however, he may judge in the following way. Since the new star originated in Sagittarius, the house of Jupiter, which is in trigon with Mars and the Sun, and Jupiter was originally conjoined with Mars when the star first appeared, religious war or a new sect is signified in the great empire of Europe, especially in those regions assigned to Sagittarius, such as Hispania, Moravia and Hungaria. And since the star is closer in latitude to Jupiter, Mars would then be in the southernmost latitude of the lot, an ominous sign for the Islamic religion, over which Mars is said to preside, along with warring and rebellious factions. This is, of course, a favourable sign for the Jovial [Christian] religion. However, since Saturn is also in the sign of Sagittarius certainly at the same latitude as the new star, and the great conjunction of this year is designated by this sign, and the fixed stars near the new star are similar in nature to Saturn and very little to that of Venus, and Saturn will be conjoined to the new star three times in the interval of a year, this star signifies the origination from that time of a third Saturnine faction that will violently overthrow the victorious Jovial and vanquished Martial factions. Mars suggests conflicts, threats and bitter disputes, while Jupiter suggests sobriety, moderation and time-old integrity. Saturn, on the other hand, suggests clever deception, contempt for all laws and religions, a coldness of devotion and a laying waste of things before it'.

[6]   Through repentance and 'with God's help', Kepler wrote in his astrological calendar for 1606, unforeseeable disasters deriving from the new star of 1604 could possibly be avoided. See KGW 11.2, 135, 16-20.

[7]   KGW 15, 162, n° 332, l. 17-18.

he could never completely grasp.[8] In the areas of electional and judicial astrology, he conceded the complexity of human character.[9] Second, Kepler thought that many astrological principles obscured rather than elucidated the influence of the heavens. He rejected the houses of the zodiac and the planetary rulerships, among other things, as entirely unfounded. Such principles revealed more about their human inventors, Kepler wrote, than about the essence of the heavens. Considering his critical view of astrology, it is little wonder that Kepler regularly provided limited predictions.

Historians often interpret Kepler's reservations as an indication of his fear or insecurity in the face of high stakes. Concerned that his claims could have a harmful impact on a wide scale, so the story goes, Kepler avoided specific predictions by pointing to the particularities of any given object. Rather than the 'fearful awe' that alchemy inspired in other scholars,[10] astrology summoned Kepler's fears of deepening political divisions on intellectually feeble footing. Though Kepler certainly had cause for concern over the adverse effects of

[8]   In the preface to his astrological calendar for 1606, Kepler reminded his readers that the conditions of the weather were not simply dictated by the heavens, but that the inner disposition of the earth also played an important role. KGW 11.2, 127, 8-18: 'I shall not trouble to remind you more than once that the heavens are not the only cause of the conditions of the weather, but that the earth is their mother; nor that the earth does not always have the same inner disposition, but that one year there may be an inner moisture while another year it may be dry; nor that this exchange is not yet known so well by anyone who could actually say what sort of order it follows nor whether it is tied to the heavens or to its own peculiar causes down below in the depths [of the earth]. Considering that we cannot see down below as we do up above in the sky (for no one has yet dug down a mile, let alone eight hundred miles to the centre or heart [of the earth]), it is difficult to imagine that we will understand these things in any other way than through analogies with a human body (by which I handle the matter). Thus, my prognostic [*prognosticum*] speaks only of the celestial impulse on certain days. What may thereby issue from the earth and its inner reserves, however, only God knows, and I simply proceed as if the earth were as it is during normal years'.

[9]   Kepler was especially cautious in the areas of medical and natal astrology. In his calendar for 1604, he completely omitted the two areas in his general overview of the astrological art. KGW 11.2, 88, 39-41: 'I wish to pass over in silence the nativities of individual people and how they may be of use, together with medical astrology, as a troublesome and at this time terribly corrupt work'.

[10]   On the 'fearful awe' that alchemy inspired in Robert Boyle and Isaac Newton, see L.M. Principe, "The Alchemies of Robert Boyle and Isaac Newton: Alternate Approaches and Divergent Deployments", in M. J. Osler, ed., *Rethinking the Scientific Revolution*, Cambridge, 2000, 201-220.

astrology,[11] I argue that this is only part of the picture. Kepler's caution was also based on his belief in the relative autonomy of living beings. In the case of the earth, Kepler compared it to 'a great animal' whose meteorological responses to the appearances of the heavens were the instinctual acts of a soul.[12] In the case of human beings, the heavens served as a source of stimulation rather than as a causal agent. Predictive imprecision was, therefore, an essential element of Kepler's astrology. Just as 'the very nature' of astrology had been conjectural for Ptolemy,[13] so Kepler saw astrology as a complex array of essential and accidental qualities that recalled the uncertainty of his Alexandrian predecessor.[14]

In the following essay, I explain how Kepler's uncertainty in astrology expressed an appreciation for the arbitrary nature of his living subject. I focus on one of Kepler's accounts of his astrological imprecision, expressed in a letter to his patron, Wolfgang Wilhelm von Neuburg (1578-1653). (A complete translation of this letter appears in the appendix to this essay.) At the end of my essay, I briefly suggest how Kepler's imprecision in astrology may shed new light on his more accurate astronomy.

[11]   In an anonymous letter to an imperial counsellor, Kepler expressed his concern over the harmful influence of astrology on Rudolf II (1552-1612) shortly before his abdication in the spring of 1611. KGW 16, 612, 9-12, 79-81: '[...] In a word, astrology can cause enormous damage to monarchs if a crafty astrologer wishes to play with the gullibility of men. I think that I should take pains to prevent this from happening to the Emperor, [for] the Emperor is gullible. [...] In short, I reckon that astrology should be removed not only from the senate, but also from the very minds of those who now wish to advise the Emperor, so that it is kept entirely away from his purview'. Cf. E. Rosen, "Kepler's Attitude toward Astrology and Mysticism", in B. Vickers, ed., *Occult and Scientific Mentalities in the Renaissance*, Cambridge, 1984, 261-264.

[12]   KGW 15, 162, n° 332, 5-6.

[13]   Ptolemy, *Tetrabiblos*, ed. and trans. by F. E. Robbins, Cambridge, MA, 1940, 12-19. Here, it is also worth noting the astrological uncertainty of medieval scholars such as Heinrich von Langenstein (ca. 1325-1397), who suggested that astrologers 'spend more time studying the elements'. See N. H. Steneck, *Science and Creation in the Middle Ages: Henry of Langenstein (d. 1397) on Genesis*, Notre Dame, 1976, 100-104.

[14]   In her account of Kepler's mathematical philosophy, J. V. Field associates Kepler's astronomy with the tradition of mathematicians 'who were the spiritual children of Claudius Ptolemy' (*Kepler's Geometrical Cosmology*, London, 1988, 190). In my forthcoming book, *Kepler's Living Cosmos*, I suggest that Kepler's astrology may also be seen as part of this mathematical tradition.

Kepler's Reserved Response to an Astrological Inquiry

In February 1605, Kepler wrote a letter in response to Wolfgang Wilhelm von Neuburg, a patron who had recently visited Prague in the autumn of 1604. Busy at work to extend his family's sovereignty to the duchy of Jülich, Wolfgang Wilhelm and his father, Philipp Ludwig (1547-1614), regularly pursued their expansion efforts before the court of the Holy Roman Emperor. Back in Neuburg in December 1604, Wolfgang Wilhelm had reported on the recent appearance of 'three suns' on the morning horizon.[15] While he accepted the reality of their 'physical causes', Wolfgang Wilhelm requested Kepler's opinion on the possibility that multiple suns, or parhelia, possessed a 'special significance'.[16] In his response, Kepler began by counselling his patron on the meteorological causes of multiple suns. He attributed their appearance to the same favourable conditions that had produced five days earlier an extraordinary rainbow seen simultaneously in Prague, Venice, Florence and Rome. Kepler claimed that rainbows and parhelia in the winter were the products of unseasonably warm temperatures that allowed watery vapours to rise to unusual heights. Perhaps disappointing his patron, Kepler simply suggested that the rainbow and the multiple suns were signs of a warm winter with heavy precipitation on the way.[17]

In the next part of his letter, Kepler explored the astrological causes of the startling onset of rain and snow with the arrival of Christmas. 'At all times', Kepler had written in the first part of his letter, parhelia were 'an indication of great moisture',[18] yet this winter's precipitation had been especially strong. The arrangement of the heavens certainly suggested several influential configurations around that time, including 'a long-lasting quadrature of Mars and Venus' just before Christmas and 'a strong sextile of Saturn and Mars' on the day following.[19] However, the earth had responded to these configurations with an outpouring of vapours that had surpassed the amount produced in previous years when the configurations had been equally powerful. In search of another cause, Kepler considered the new star that had appeared in the early autumn of 1604, in close proximity to the conjunction of Jupiter and Mars. Kepler noted, however, that previous years had witnessed warm winters 'even without a new star'.[20] To make

---

[15] KGW 15, 92, n° 311, l. 10.
[16] *Ibid.*, l. 11-13.
[17] *Ibid.*, KGW 15, 162, n° 332, l. 34-44.
[18] *Ibid.*, l. 46-47.
[19] *Ibid.*, KGW 15, 163, 56-57.
[20] *Ibid.*, 74-75.

matters more confusing, a similar series of configurations in the winter of 1524 had coincided with 'warm conditions without rain'.[21] The trick for Kepler was, then, finding how such an unprecedented amount of precipitation could follow from otherwise inconspicuous circumstances.

Kepler's explanation employed a musical metaphor. In his prediction of the weather, Kepler compared the earth to a peasant who danced impulsively to the silent succession of configurations in the heavens. This was an entirely metaphysical melody, and the earth's reaction to it varied unpredictably, depending on its responsiveness at any given moment. Consequently, the configurations alone could not tell Kepler everything about the weather:

> [...] [Influential configurations] are not enough, for the piper plays in vain when the peasant is not keen on dancing. And so I consider the following an infallible principle in philosophy and meteorology: the heavens have the same meaning for the earth as a musician does for the one who is dancing.[22]

Kepler attributed to the earth a faculty for instinctually perceiving the mathematical principles that underlay the configurations. Through his comparison, he claimed that the earth reacted to the configurations in the same way that a peasant danced to a melody without consciously knowing the mathematics behind it.[23] The parallel of the peasant's dance was a faculty that stirred up 'the earth's perspiration of vapours' in response to influential configurations.[24] In both cases, Kepler saw

---

21   *Ibid.*, KGW 15, 164, 98-99.

22   *Ibid.*, KGW 15, 163, 60-63: '[...] so ist diß nit gnueg, dan der pfeiffer macht vergeblich auf, wan der knecht nit lustig ist zu danzen. Dan diß halt ich für ein unfehlbarliches principium in philosophia et meteorologica: quod sicut se habet musicus ad saltantem, sic se habet caelum ad terram'.

23   In his *Antwort auf Röslini Discurs* (1609), Kepler elaborated on this analogy by emphasising the agency of the earth in the emission of atmospheric vapours. KGW 4, 141, 3-10: 'Thus, it follows that nature is moved to perspire by an aspect not effectively, but objectively, in the same way that music moves a farmer to dance. Only the object, that is, senses this movement and possesses within it the principle of movement [*principatum motus*]. And so it follows that nature notices an aspect and possesses its own principle of perspiring vapours from the earth. The object, understood here as the aspect, is not to be found in the planets, however, nor between the bodies of two planets in the heavens, but rather here on earth, where the light rays flow together'. One reason why Kepler stressed the subjectivity of the earth was, of course, that the light rays intersecting here do not represent the real configuration of the heavens.

24   KGW 15, 163, n° 332, l. 67.

the process as a sort of 'heating up'.[25] If the earth was especially receptive to the heavens in the winter of 1604, this would explain why so many parts of the Holy Roman Empire had experienced so much precipitation.

Kepler next employed another metaphor to explain how the heavens could provoke such a powerful response. He compared the extraordinary escalation of weather conditions to the rash act of 'a great animal'.[26] More specifically, Kepler endowed the earth with a soul, whose instinctual reaction to the appearances of the heavens recalled the impulsive responses of animals. The fact that a particular configuration could provoke a response in the first place suggested to Kepler something like a sensory impression. An influential configuration would then have the same impact on the earth as, say, a frightening image would startle an animal. In the case of eclipses, Kepler could think of 'no other way' that they 'could have any effect'.[27] Along with fright, Kepler accepted a whole range of responses, including 'relief and melancholic fancy'.[28] He suggested this sort of response as the cause of the heavy rain and snow that had recently fallen. Together with his musical metaphor, Kepler's view of the earth as 'a great animal' offered a way of understanding the arbitrary nature of astrometeorology.

Kepler attributed little more certainty to the prediction of political events, a subject perhaps more to the point of Wilhelm's request. Turning to this topic after considering the weather, Kepler supposed that the same configurations that had contributed to the warm winter had provoked a similar condition in the political sphere. The heavens had left the earth 'warm and snug', he wrote, in a state of vulnerability.[29] As a result, the earth had been more easily moved by the configurations that had occurred around Christmas. Kepler suggested that the great conjunction of 1603 and the celestial events of 1604 had similarly served as a source of 'heating up' in human affairs.[30] Stirred in the same instinctual way as the earth, men were now more prone to rebellion. Kepler cautioned, however, that this applied only to those with causes already at hand:

> Just as the earth does not give off vapours every day, but only when an aspect is at hand, so does the entire populace for that reason (even though the configuration

---

[25] *Ibid.*, 165, l. 154.
[26] *Ibid.*, l. 105-106.
[27] *Ibid.*, l. 109-110.
[28] *Ibid.*, l. 108-109.
[29] *Ibid.*, l. 148-149.
[30] *Ibid.*, l. 150.

concerns one just as much as another and inclines everyone to heating up) not become unruly everywhere, but only in those places where causes are at hand.[31]

The effect of an influential configuration, or aspect, was to urge on rather than originate any course of action. Accordingly, Wolfgang Wilhelm had little to worry about if his subjects had no reason already to rebel.

Kepler promptly apologised to his patron for providing such an imprecise prognosis. On the grounds that his subject was 'too dark and difficult', he asked that Wolfgang Wilhelm not bear any frustration towards him.[32] He had neither hidden his critical view of many conventional principles nor masked his aversion to those who neglected the arbitrary nature of astrology.

Conclusion

Kepler saw astrology as a dangerous weapon in the wrong hands, and he occasionally took pains to prevent it from factoring in the political activities of the Holy Roman Empire.[33] Shortly before the abdication of Rudolf II (1552-1612) in the spring of 1611, for example, Kepler secretly suggested to an imperial counsellor that astrology be forbidden from the political affairs of the emperor at all times. In this case, Kepler's concern was caused by a combination of factors, including the credulity of the emperor, the conjectural nature of astrology and the fact that the traditional principles, if taken seriously, actually pointed to the emperor's downfall.[34] In many other cases, however, Kepler's reservations also reflected his vitalistic views. In his letter to Wolfgang Wilhelm, Kepler confidently

---

[31]   *Ibid.*, l. 152-155: 'Und wie die erde nit alle tag schwitzet, sondern nur wan ein aspect fürhanden, also auch der gemeine pöfel (obschon dise constellation einen angehet wie den andern und alle zu erhitzung disponiert) würt doch darumb nit uberal aufrhüerig sein, sondern nur deren Orten, da ursachen fürhanden'.

[32]   *Ibid.*, 166, l. 187-189.

[33]   On Kepler's view of astrology as 'a powerful weapon in political controversies', see E. Rosen, "Kepler's Attitude toward Astrology and Mysticism", *op. cit.* n. 10, 264.

[34]   KGW 16, 375, n° 612, 69-76: 'The Emperor, on the other hand, has adverse directions. His midheaven is opposed to the rays of Venus and Mercury, where Matthias has the Moon, and his ascendant closely faces the quadrature ray of the Sun, which is opposed to Mars in the nativity of Matthias. If an astrologer saw these things and considered them carefully, and if he was then consulted by the two, he would, of course, make Matthias extremely confident and the Emperor extremely fearful. As I have said, I think that there is nothing constructive in this'. Cf. E. Rosen, "Kepler's Attitude toward Astrology and Mysticism", *op. cit.* n. 10, 261-264.

claimed that no astrological prediction could ever be complete without admitting the arbitrary nature of the souls at work in the sublunar sphere.

The operation of souls is seen as one way of distinguishing Kepler's astrology from his astronomy. According to one interpretation, Kepler attempted to bring astrology, the sphere of spiritual forces, more fully into the fold of his physical astronomy, only to drive a wedge further between the two.[35] Scholars more sympathetic to the similarity of the two areas have described Kepler's reform of astrology as complementary to, or even mirroring, his causal astronomy.[36] In by far the best comparison, Gérard Simon has shown how Kepler's astrology, alongside his other areas of interest, served as an integral part of a complete and 'global vision' of the cosmos.[37] All of these accounts note that Kepler never actually removed souls or spiritual agents from his system of celestial physics. On the contrary, as Miguel Ángel Granada suggests in his contribution to this volume, at no point did Kepler's celestial physics result in 'the ontological reduction of the universe to a system of bodies in mechanical interaction'.

In closing, I would like to suggest another way of relating Kepler's astrology and astronomy through their similar reference to spiritual agents. The superior accuracy of Kepler's astronomy, I suggest, stemmed in part from a more predictable form of spiritual agency than his astrology. Here, I have in mind Kepler's application of the 'magnetic philosophy' of William Gilbert (1544–1603).[38] By

---

35 Cf. S. J. Rabin, *Two Renaissance Views of Astrology: Pico and Kepler*, Ph.D. Dissertation, New York, 1987, 197-198, 239, 242-245.

36 According to one interpretation, Kepler's quest for physical causes in astronomy was 'mirrored' by many of his efforts to reform astrology. See S. Kusukawa, *The Transformation of Natural Philosophy: The Case of Philip Melanchthon*, Cambridge, 1995, 188.

37 G. Simon, *Kepler astronome astrologue*, Paris, 1979, 227: 'Jusque dans ses développements les plus étranges, l'astrologie n'est donc nullement dans l'œuvre de Kepler une excroissance malsaine ou une survivance parasitaire. Même si elle contribue à dater sa pensée et à révéler ce qu'elle a encore d'archaïque, elle ne peut être considérée comme un trait de superstition morbide ou une croyance anachronique conservée par tradition ou irréflexion. Le fait que pour en dégager les présupposés nous ayons été contraint de déborder très largement son domaine et de remonter jusqu'à la nature de la lumière et de tous les flux immatériels qui s'y apparentent, atteste sans risque d'erreur possible qu'elle s'intègre à un système et relève d'une vision globale du monde'.

38 In a letter of October 1605 to Christopher Heydon (1561-1623), Kepler acknowledged 'the magnetic philosophy of William Gilbert' as a principal part of his newly founded 'astronomy without hypotheses'. KGW 15, 232, n° 357, 47-51.

equating the magnetic ability of the earth to move itself with an animate nature,[39] Gilbert offered a way of explaining the diurnal rotation of the earth with an occult property proven by empirical evidence. In the first book of his *Epitome astronomiae copernicanae* (1618), Kepler would continue to claim as the cause of the diurnal rotation an animate faculty whose material nature was magnetic. The daily rotation of the earth was not the product of 'a foreign motion', Kepler wrote, but rather the result of 'a faculty or soul' whose rotation occurred while the earth revolved simultaneously around the sun.[40] The faculty responsible for the diurnal rotation was, then, part of the same sublunar soul that Kepler identified as the cause of the variable course of the weather. Examples such as this one suggest the first steps to understanding how Kepler's vitalistic views informed the most fundamental features of his cosmos over the course of his career.

[39] On Gilbert's place in the tradition of natural magic where 'animistic thinking and the experimental method were both to be found', see J. Henry, "Animism and Empiricism: Copernican Physics and the Origins of William Gilbert's Experimental Method", *Journal of the History of Ideas* 62, 2001, 99-119.

[40] For the perpetuity of the diurnal rotation, Kepler proposed an 'impetus' originally impressed on an animate faculty of the earth. See KGW 7, 89, 3-18: '*If on account of matter the earth resists circular motion, will its diurnal motion then be violent and thus unable to be perpetual?* By no means would I deny that the inert material of the earth's dense body is the site on which an impetus of rotation [*impetus rotationis*] is impressed in the same way that a spinning top is spun violently. The heavier the matter of the spinning top, the greater the effect that an external force [*vis externa*] has on it and the longer the motion impressed by that force lasts. Feathers, of course, and similar bodies that have no resistance do not take to motion easily, nor are they suitable for slings and scorpions. However, although we may rightly call that motion violent, since any body is moved by a foreign motion contrary to its own nature, we do not normally consider a motion contrary to nature that a form introduces into matter or that a faculty or soul introduces into its own body, since there is nothing more natural for matter than its own form and nothing more natural for a body than its own faculty or soul. According to the nature of matter a magnet tends downwards, yet according to the nature of a special corporeal form it ascends towards another magnet without this happening violently. In the same way, we do not consider violent the courses of animals who suspend their bodies in the air through an impetus or the leaps of cats or the lunges of snakes'. On the difference between natural and violent motion in scholastic philosophy, see D. Burton, *Nicole Oresme's De visione stellarum* (On Seeing the Stars), Leiden, 2007, 54.

Appendix

Prague, 21 February 1605

Gracious, honourable and highborn Prince and Lord, I offer my humble and obedient services.[41]

Gracious Prince and Lord, with due reverence and humble gratitude I received Your Grace's letter of 23 December (O.S.), together with the enclosed royal donation of ten ducats, from the servants of Your Grace's late agent on 8 / 18 February; and I will keep the aforementioned missive for myself and my kin with care, as a sign of a special blessing in place of a treasure, and ask Almighty God on Your Grace's behalf that He repay Your Grace this new year with an entire principality.[42]

I now wish to attend with the utmost humility and industry to what Your Grace requested of me in further communication.

And since Your Grace expressly wishes to read my judgement on the three suns that appeared, I confess at the outset my naivety in the study of such dark and difficult matters, which one cannot, as in astronomy, approach precisely through infallible demonstrations, but fumbles in the darkness, forced to manage with uncertain conjectures. To confirm Your Grace's opinion that these parhelia certainly have a meaning, however, I report that a splendid rainbow appeared here in Prague at sunrise on 10 / 20 December (five days previously), and that a similar image was also seen on the same day in Venice, Rome and Florence.

Further, unusual signs of fire and blood were seen everywhere on 25 and 28 September in Prague, Vienna and Graz, on 24 October in Prague, on 31 October in Augsburg, on 3 and 18 November in Graz, on 19 December in Prague and on 18 / 28 December in Dresden.

For all of these things, the closest meaning is that it is a mild period and a warm winter. For when flying red chasms [*chasmata*] appear,[43] it so happens that a great amount of wet weather is at hand, especially in the spring and autumn. When the chasms are white and motionless, however, the air generally tends to brighten up and become dry, heating up in the summer and cooling down in the winter. And so

---

[41] This translation is based on the edition that appears in KGW 15, 161-168, n° 332, 1-295. I would like to thank Sandra Eder (Johns Hopkins University) and Miguel Á. Granada (University of Barcelona) for their helpful comments and suggestions. I am especially grateful to Barbara Knoll (University of Vienna) for her extensive advice on the final preparation of this translation.

[42] Kepler refers here to the duchy of Jülich, to which Wolfgang Wilhelm and his father then aspired to extend their sovereignty.

[43] For an early account of 'chasms', see Seneca, *Naturales quaestiones*, 1, 14, 1. Cf. U. Dall'Olmo, "Latin Terminology Relating to Aurorae, Comets, Meteors and Novae", *Journal for the History of Astronomy* 11, 1980, 10-27.

chasms always seem to bear witness to moisture, red ones to approaching moisture, white ones to departing moisture.

Further, the rainbow is according to its name nothing other than an indication that the vapours from the earth rise up on high, higher than the coldness of the air normally allows during the winter. For when the vapours do not turn into water in the upper air, as in the summer, they are not able to fall, and in this way the rain cannot disperse into such small drops, as is necessary for the representation of a rainbow. When it is cold, however, the vapours turn into snow, or when it is already raining, the coldness makes the water thick and viscous, splitting the clouds along their width and weighing them down in such a way that the sun cannot shine down below them on one side; in the case of a rainbow, meanwhile, the required rainfall and subtle raindrops occur with warmth.

Parhelia, as I have often noted, also require a cold, viscous, wet and motionless air. They are at all times an indication of great moisture, and that the weather will soon become stormy. Thus, it had been very cold before the appearance of the parhelia on 15/25 December, but from then on it began to rain and snow heavily. He who considers these things closely will find nothing new in my discussion of the basic principles of parhelia and halos around the sun. Essentially, I have only said that these signs are all a part or an accessory of the warm winter.

Your Grace now further asks whether these signs may together be ominous. Yet no one can say without knowing the causes that they have in common.

It is worth noting that around the same time [as the parhelia] there were especially strong aspects: earlier, a long-lasting quadrature of Mars and Venus, then a strong sextile of Saturn and Mars on 16/26 December (according to improved calculation), as well as a sextile of Mercury and Mars, a conjunction of Mercury and Saturn and a conjunction of the sun and Jupiter. Yet, as I have reported in the foreword of my prognostic [*prognosticum*] for this year, this is not enough, for the piper plays in vain when the peasant is not keen on dancing. For I consider the following an infallible principle in philosophy and meteorology: the heavens have the same meaning for the earth as a musician does for the one who is dancing. The heavens produce the aspects, which are a certain form of harmony (not a vocal form, but a radiant one), and they impart no other influence. The earth, for its own part, possesses a faculty for perceiving these aspects. The function [*officium*] of this faculty is to heat up from these aspects in such a way that it stirs the sweat of vapours on various days. For of course the earth should neither sweat continuously nor be perpetually cloudy, but the sun should shine now and then as much as possible.

Since it was then certainly felt that the earth had in itself a residual moisture this entire time that, more than any other time with matching aspects, she sweated out long and hard on the days of the aspects, there must have been another cause. And I wanted to accept as a cause of this stormy weather the new star, whose appearance frightened, as it were, this faculty in the earth for perceiving the aspects, had I not admitted that there is occasionally also a warm winter without a new star. Thus, in this case I see (and generally suspect) that if I could study the intermittent stimuli of the earth's absorptive faculty, and in this way come to know on which years or seasons each type of country or terrain would be full of moisture, I would then wager to take a closer stab at the weather.

I would not wish to accept, however, just any stimuli for the expulsive faculty (of rains) and the absorptive faculty (of sea water into the mountains). If one would accept that as true, it is worth considering that Saturn and Jupiter stood extremely close together this winter and almost all of the planets mutually conjoined and passed nearby the new star. This would then be a sufficient source of stimulus, when:

> on 16/26 September, Saturn conjoined with Mars,
> on 20/30 September, the sun conjoined with Venus,
> on 29 September/ 9 October, Jupiter conjoined with Mars near the new star,
> on 5/15 November, the sun conjoined with Mercury,
> on 29 November/ 9 December, the sun conjoined with the new star,
> on 3/13 December, Saturn conjoined with the new star,
> on 13/23 December, Mercury conjoined with the new star,
> on 15/25 December, Saturn conjoined with Mercury,
> on 17/27 December, Jupiter conjoined with the sun,
> on 25 December/ 4 January, Jupiter conjoined with Mercury,
> on 3/13 January, the sun conjoined with Mercury,
> on 19/29 January, Venus conjoined with the new star,

not to mention other aspects. The same happened in February 1524, however, when there was a very warm period without rain.

Yet from all of this and when the natural causes are fully known, no meaning may be forced out of the matter other than what alone follows nature, that is, that this stormy weather is a preliminary to insalubrious air, that a late and intensifying cold spell will ensue or that, after such a long-lasting evacuation of the earth, a harmful drought may follow.

Yet since also according to the natural causes the earth appears to act like a great animal [*magnum animal*], it may perhaps be reasonably concluded that its circumstances, like those of an animal, do not all result from the outflow [of the expulsive faculty] or overflow [of the absorptive faculty], but in part also from melancholic fancy, fright, horror and the like, and it seems as though eclipses could have no effect in any other way.

Thus, I suppose that here the philosophy of Cornelius Gemma is closest to the truth. In his book, *De naturae divinis characterismis* [Antwerp, 1575], Gemma professes that the whole world is some sort of animal, and in it there is an all-powerful world spirit [*spiritus mundi*]; and just as in the human body the animal spirits everywhere go from the brain to all of the limbs faster than lightning, so this world spirit goes through the entire world and unites the heavens and earth with each other in such a way that there is a sympathy between them.

Since, then, this world spirit would encounter a new star in the heavens at this time, it would produce here on earth such disorder in the weather, striving to display its disposition through the appearance of various perceptible portents, such as unusual floods, parhelia, chasms and monsters; and it would thus not be a good sign if many of these things would serve as certain news that precisely the same world spirit would awaken something new, that is, rebellion and war, in the dispositions of men, who are also parts of the universe. Thus, according to Gemma this should tell us that such portents have nothing good to signify.

Gemma also sees this spirit as the cause of sundry auguries and images in mines, as well as an inspiration of dreams and the like. For example, on the death two years ago of Georg Friedrich [1539-1603], Margrave of Brandenburg-Ansbach and Brandenburg-Kulmbach, two-headed beasts were seen and a two-headed child was found in his mother. According to Gemma, this should suggest that the world spirit was arranged and exercised in the beasts in such a way to indicate that the land would receive two young rulers and yet only one regime, that is, without war from the Margrave's heirs, and that the Margrave (just as the mother of the two-headed child was killed) would die. This would all have been represented in a beast because the Margrave was a good hunter.

With this, Gemma, I agree so closely that I suppose there to be no need for any 'spirit of the whole world'. Rather, it is enough if, in the natural faculty of the earth as well as in the natural faculties of all human beings, there is inscribed a sense of celestial things and a function of accommodating the commotions of their bodies accordingly [*sensus rerum caelestium et munus accommodandi commotiones suorum corporum*].

And so as for the aforementioned things that were very visible or could be seen by so many, I consider them also a part of what the new star affected in the world, and they may be interpreted like dreams, signifying an unusual decision, conflict, misunderstanding or a change of regime. For all of these, only the actual sun is a signifier. The warm winter, however, of which these parhelia are a part, seems to suggest strongly for me a rough and long-running rebellion; for just as the earth, now all snug and warm, allowed itself to be easily moved by an aspect, so also the dispositions of men, now heated up (by the great conjunction and new star), allow themselves to be easily brought up in arms by what they patiently endured for ten years previously. And just as the earth does not sweat vapours every day, but only when an aspect is at hand, so does the common populace for that reason (even though the configuration concerns one just as much as another and inclines everyone to heating up) not become unruly everywhere, but only in those places where causes are already at hand.

Such signs and monsters and the like, though occurring in part, have a meaning for the whole and often the surrounding parts, just as in the human body swellings on the foot or beneath the arm signify that a poisonous pestilence is in the heart. Thus, these parhelia do not even necessarily concern Neuburg, as there is nothing to expect where causes are not at hand, something that one may know for certain not only for the present, but also for the future. Rainbows, which appear at the same time in such distant lands (since one would also assign to them a higher meaning), would also seem to suggest a universality.

The astrologers (as they are well prepared with their tools from the Arabians to forge anything that anyone desires of them and to answer any questions) normally draw up a figure of the heavens [*figura caeli*] for these parhelia. And it would cause them great contemplation that on the same day (15 / 25 December), around 9:00 in the morning, 20° Capricorn stood at the ascendant, just as it will stand in the middle of a future solar eclipse and as it stood at the birth of some great prince. They will then consider the conjunction of Saturn and Mercury near the new star in Sagittarius, ruled by Jupiter, and that the new star emerged from the sun on this day. They will interpret this in a half-hieroglyphic way that the deception of Mercury and the secret mutiny of Saturn have something new in store, and that this should become apparent on the continent, in the territories of Sagittarius, such as Spain, Hungary, Moravia and others. The same goes for the spiritual world, though among the lands of Aquarius, such as Wallachia, Moscow, Bavaria and Salzburg, where war will break out with Mars in the ascendant in Aquarius. And I recall among those things that I consider here that on those days discouraging news was spread throughout the land by the Bishop of Salzburg, as if this signification had already been fulfilled.[44]

Yet if I should pronounce a judgement on this style of astrology, however, I must conclude that, since this part of astrology is not grounded in any way by the houses of the planets or their rulerships, a rational nature [*eine verständige Natur*] would never arrange these parhelia according to the understanding and preconceived opinions of the astrologers and, as it were, speak to them by means of astrological concepts. Not everyone will grant me that.

I humbly ask that Your Grace not be disappointed if I cannot accept any one opinion fully, since these matters are too dark and difficult. And this is all I have to say about parhelia.

Second, Your Grace desired further relation of what has come to pass with the new star. Here, I humbly report that, according to certain tidings from three provinces, Alsace, Frisia and Bohemia, it had not yet shone on 28 September / 8 October.[45] Another client writes from Verona that he first saw the star on 9 October, as we first saw it here in Prague one day later. I last saw the star on the evening of 6 / 16 November. A Crestinus from Savoy claims that it was still visible in Turin on 13 / 23 November to those with a sharp sense of sight.

Thus, about eight days earlier than I had predicted the star disappeared, setting beneath the sun. By then it had also greatly diminished from its original magnitude.

From 21 November / 1 December to 9 / 19 December, we saw Mercury before sunrise here in Prague. The following days were cloudy. On 14 / 24 December, however, there was a very clear morning. That day, I saw the new star again, shortly before sunrise in the clear red sky, though still with great effort, until it was clearly visible again on 22 December / 3 January (since in between it had become cloudy again). It had

---

[44] Wolf Dietrich von Raitenau (1559-1617), Bishop of Salzburg, had called for the expulsion of all Protestants from the city in 1589. In 1605, he summoned the Augustinian Hermits to extend his efforts.

[45] Kepler refers here to observational reports from Helisaeus Röslin in Strasbourg (Alsace), David Fabricius in Osteel (East Frisia) and Jan Brunowski in Prague (Bohemia).

now decreased in magnitude to that of Saturn and the Heart of Scorpio, remaining altogether motionless among the fixed stars.

Concerning the several stars near Venus that Your Grace saw at 4:00 in the morning of 17/27 December, the new star was at that time still beneath the horizon. However, near the break of day, that is, around 7:00, two large luminaries, the new star and Saturn, stood on the left of Venus.

And so Your Grace rather easily finds the new star together with the planets. Your Grace may watch on the forthcoming Sunday of 17/27 February, or three days before or afterwards, and, provided that the sky is clear, at 1:30 in the morning, before the winter sunrise. At that time, a red star, the Heart of Scorpio, will first emerge, following three or four somewhat smaller stars white in light, each at an angle around the Heart of Scorpio and together making up the Crown of Scorpio. In thirty minutes, or at 2:00, the new star will arise on the left of the Heart of Scorpio and somewhat lower. At 2:30, Saturn will also appear on the left, though closer to the new star than the new star is to the Heart of Scorpio. Aquila will also then emerge above the horizon, though on the very far left, near the solstitial sunrise. At 4:45, Jupiter will appear almost in the same place that the new star arose. Finally, at 5:30 Venus will appear, the same star that stood before Your Grace on 17/27 December before the constellation of Scorpio, followed at dawn by the Crown of Scorpio and the Heart, a red star, and also followed to the right by two stars in Libra and, even farther to the right, by Spica, the bright star of Virgo.

Third, Your Grace desires the birth charts of several royal persons. Despite my diligent requests to those who have certain knowledge of these birth charts, however, I have still not been able to acquire them. I shall continue enquiring after them in the hope of proving my humble obedience by conveying them to you.

It may be, however, that the astrologer who wrote of a certain Bavarian prince in whose nativity the ruler was in the ninth house had in mind Your Grace's father. This astrologer may have even omitted the title of Count Palatine to keep from opening his mouth too widely. Thus, I find in His Grace's nativity that 2° Leo is in the ascendant and 11° Aries is in the midheaven, and all of this was at 11:30 P.M. on 2 October 1547. If, however, no more than 45 minutes is subtracted from this time, that is, if the birth had occurred before 11:00 rather than after 11:00, then Pisces would have been in the midheaven with the part of fortune [*pars fortunae*], Cancer in the ascendant, and Jupiter, the ruler of those three places, would be joined to the part of fortune in the ninth house and thus rule over the nativity in the aspect of quadrature with the Moon, which would be passing from Gemini to Cancer, where Jupiter would receive her in his own exaltation. All of this is according to the ancient tradition of astrology, which is by my understanding poorly founded in nature.

On this third point, Your Grace, I have nothing further to report.

And so that I do not forget my own matters, I humbly ask that Your Grace not take it amiss if I pause a moment to report on my current condition.

To be sure, I would never advise anyone to direct his occupation or any other endeavors, for that matter, to astronomy, yet here I am in my own way. Since I covet the best for myself and my kin, I could achieve fame in the field of medicine and continue such pleasant studies in such perilous times or at least aspire to an academic contract. However, I have taken up the great and quickly fleeting opportunity with the observations left behind by the most illustrious Tycho Brahe, from which the learned world anticipates a long-awaited restoration of astronomy once and for all. For this, I was appointed by His Imperial Majesty here at court, the one place where these observations are found, with an annual salary of 500 gulden, knowing how slowly payments are forthcoming during these times of open war.

Since I perceive a great deal of progress in my enterprise by the grace of God and am encouraged so much by other scholars to continue, as Your Grace will find in the contents of the book that I send to you and in Mästlin's letter, folio 86,[46] I have not allowed myself to be held back from it by poverty, loss or improper payment (where I am certainly not placed after others by the financial officials [*quaestores*], though neither am I placed before them), but rather by my wife, whom I, exiled with the others from Styria, brought here only to submit to persistent and humble poverty. Furthermore, I have evidently exhausted my bodily powers in the confident hope that I would receive the remuneration owed to me here, though this would fall through on account of more pressing matters and the uncertainty of human affairs. Either my poor wife and children, now together, or I will win over with the presentation of my works throughout the empire one princely person after another as the proper promoters of my studies, while elsewhere they will find gracious commenders and defenders. In this way, I will not be the only one to consider the opinions of the learned, but I would rather that they be regarded everywhere. I have Almighty God and Your Grace to thank humbly for not failing in the least with this fancy of mine. I am humbly confident that Your Grace will graciously grant me patronage from now on and

---

[46] Kepler enclosed with this letter a copy of his first major publication, the *Mysterium cosmographicum* (1596). In the appendix to this work, Michael Mästlin (1550-1631) included a letter to the reader preceding a new edition of the *Narratio prima*. There, Mästlin praised his former pupil for providing a sure path to the restoration of astronomy. See KGW 1, 82, 34-46: 'In the five interplanetary spaces, the spheres circumscribed in the cube or hexahedron, pyramid or tetrahedron, dodecahedron, icosahedron and octahedron are separated from those spheres that are inscribed in the same solids. That these intervals among the planetary spheres agree with the order introduced [by Kepler] is borne out brilliantly by the astronomical calculations. [...] From now on, those who wish to inquire more fully into the motions of the heavens and repair those things that remain faulty in astronomy have an open *a priori* door that they may enter, a superior standard against which, as if against a touchstone, they may examine all of their observations and every calculation. And so I rightly applaud our age for this most ingenious discovery by the most excellent mathematician Kepler. Through it, we shall certainly soon see all of astronomy restored'. On Mästlin's preparation of a new edition of the *Narratio prima* and his motives for modifying it, see K. A. Tredwell, "Michael Maestlin and the Fate of the *Narratio prima*", *Journal for the History of Astronomy* 35, 2004, 305-325, esp. 308-315.

allow me modestly to improve on expectations unfulfilled and challenges unfounded. Posterity, which must now either be taken into consideration or thereby lost, will glorify this greatly with eternal gratitude to Your Grace. Humbly commending myself to the merciful care of Your Grace, in Prague on 11 / 21 February 1605.

Your humble and obedient servant,
Johannes Kepler,
Imperial Mathematician

A quo moventur planetae? L'agent du mouvement planétaire après la disparition des orbes solides

MIGUEL Á. GRANADA

Kepler a attribué une importance prépondérante à la disparition ou l'élimination des orbes solides ou sphères célestes par le biais, selon ses dires, de Tycho Brahe et «à partir des observations des comètes»[1]. Dans le cosmos traditionnel des sphères solides, y compris chez Copernic, le problème de l'agent du mouvement des planètes ne se posait pas vraiment: les planètes étaient immobiles, car elles étaient simplement emportées ou transportées («sicut nodus in tabula») par le vrai corps mobile: les sphères solides où elles étaient emboîtées ou clouées. Les sphères, de leur côté, étaient mues par des moteurs externes (des intelligences, des anges) ou internes (leur propre nature ou âme), ou par les deux[2]. Ces moteurs causent le mouvement de leur sphère respective: une

---

[1] Voir J. Kepler, *Astronomia nova* (KGW 3, 34): «solidi orbes, ut Braheus ex trajectionibus cometarum demonstravit, nulli sunt». Cf. *ibid.*, cap. 2, p. 69, 1-5; cap. 33, p. 237, 6-7; 238, 30; 255, 2. Kepler s'inspire de Brahe, *De mundi aetherei recentioribus phaenomenis* (TBOO, 4), cap. VIII, p. 159.

[2] Ainsi le mouvement planétaire résultait d'une action volontaire. Sur l'histoire et les variantes de cette conception voir le travail encore valable de H. A. Wolfson, «The Problem of the Soul of the Spheres from the Byzantine Commentaries on Aristotle to Kepler», *Dumbarton Oaks Papers*, 16, 1962, p. 67-93. Pour une analyse plus récente de la question voir M.-P. Lerner, *Le monde des sphères*, vol. I. *Genèse et triomphe d'une représentation cosmique*, Paris, Les Belles Lettres, 2008², p. 165-194. Le tournant décisif

rotation uniforme autour du centre. Cette représentation est valable tant pour l'univers strictement aristotélicien des sphères concentriques que pour le modèle de Peurbach dans ses *Theoricae novae planetarum* (1472), où le mouvement apparent de la planète est une composition des mouvements simples des orbes solides 'partiels', inclus dans la 'sphère totale' de la planète[3].

L'élimination des sphères solides dans la décennie de 1580 et leur remplacement par un ciel fluide ou liquide où sont suspendues les planètes a transformé ces corps en corps mobiles. Ainsi est apparu le problème de la cause et de la possibilité de leur mouvement (révolution autour d'un centre, terrestre ou solaire), dans le cadre de la conception traditionnelle (notamment aristotélicienne) selon laquelle « omne quod movetur, ab alio movetur », c'est dire que le mouvement a besoin d'une cause toujours active pour sa production et sa conservation.

Si l'on observe les réactions des premiers protagonistes de cette élimination (toujours dans la décennie de 1580 : Tycho Brahe, Giordano Bruno, Christoph Rothmann, Francesco Patrizi), on observe que la question se résout de manière simple et sans difficulté apparente : l'intelligence, l'âme ou la nature de la sphère éthérée qui auparavant mouvait sa sphère avec une rotation simple, est maintenant attribuée à la planète à titre de moteur interne, à ceci près que ce moteur ne doit pas produire une rotation simple, mais un mouvement complexe de translation périodique autour du centre. Ainsi, Brahe et Rothmann attribuent l'action motrice à une « science infuse par la divinité »[4] à chaque planète. Mais cette explication semble nécessairement supposer une âme intelligente capable de recevoir une telle science et de la porter à exécution[5]. Pareillement, Giordano

---

       introduit par Kepler dans le problème a été posé très clairement par Alexandre Koyré. Voir A. Koyré, *La révolution astronomique. Copernic, Kepler, Borelli*, Paris, Hermann, 1961, p. 120 s.

3   C'est ainsi que Kepler l'établit, très clairement aussi, au deuxième chapitre de l'*Astronomia nova*. Cf. KGW 3, 67 s.

4   Brahe, *De mundi aetherei*, TBOO, 4, p. 159. 4-9 : « [...] ipsam Coeli machinam non esse durum et impervium corpus variis orbibus realibus confertum, [...] sed liquidissimum et simplicissimum, circuitibus Planetarum liberis, et absque ullarum realium Sphaerarum opera aut circumvectione, iuxta divinitus Scientiam administratis ». Cf. également la formulation plus claire dans la lettre à Rothmann de janvier 1587 (TBOO, 6, p. 88) : « Iudicavi itaque semper naturalem motus scientiam singulis Planetis congenitam, vel potius divinitus inditam esse, qua in liquidissimo et tenuissimo aethere cursus sui normam regularissime et constantissime observare coguntur, nullius fulciminis vel promotoris indigi ».

5   C'est d'ailleurs ainsi que Rothmann l'a compris. Voir Ch. Rothmann, *Handbuch der Astronomie von 1589. Kommentierte Edition der Handschrift Rothmanns "Observationum*

Bruno a attribué l'action motrice tout simplement à l'âme. Ainsi, dans *La cena de le Ceneri* (1584), il a fait de l'âme le moteur interne qui dirige la planète (conçue comme un *animale*, c'est-à-dire comme un être vivant doué d'une âme) et produit en même temps les mouvements nécessaires (rotation, translation, et autres) pour la conservation de sa vie et de celles des animaux qu'elle contient[6]. En plus, cette âme est sans doute présentée par Bruno comme une âme intelligente, dans une mesure qui dépasse l'intelligence humaine[7].

Cette conception (animiste, vitaliste, platonicienne) réalisait l'automotion des planètes, laquelle se reflétait déjà dans la formule « sicut pisces in mare et aves in aëre » que nous voyons continuellement répétée par les auteurs qui nient l'existence des sphères et qui proposent un ciel fluide[8]. Néanmoins, cette conception semble

stellarum fixarum liber primus", Kassel 1589, ed. de M.Á. Granada, J. Hamel, L. von Mackensen, *Acta Historica Astronomiae* vol. 19, Frankfurt, Harri Deutsch, 2003, chap. 18, p. 70 : « Et revera si rem diligenter consideraverimus, omnino necesse est, ut aut Deus immediate gubernet ipsorum motum, (ipso enim dicente omnia assunt, ipso volente omnia fiunt) quod Esaias cap. 40 videtur asserere ; aut ad id utatur ministerio angelorum, quos Aristoteles vocat Intelligentias [cf. *Métaphysique*, XII, 8] : aut planetis naturalis sit motus scientia, ipsis congenita et divinitus indita, quam Plato mentem et animam eorum vocat [cf. *Timée* 38 a], qua ipsi per se in liquidissima illa materia cursus sui normam regularissime et constantissime observare cogantur, nullius promotoris indigi. In hac ultima opinione est Nobiliss. Dn. Tycho Brahe, ut non tantum in literis, quibus ad meam hanc disputationem ante biennium respondit, verum etiam libro 2 de recentioribus mundi aetherei phaenomenis superiore aestate edito testatur ». Au début du XVIIe siècle le jésuite tychonien Cristoforo Borri a attribué aux planètes des moteurs angéliques. Voir L. M. Carolino, « The Making of a Tychonic Cosmology : Cristoforo Borri and the Development of Tycho Brahe's Astronomical System », *Journal for the History of Astronomy*, 39, 2008, p. 313-344 (327-330).

6   Voir G. Bruno, *La cena de le Ceneri*, BOEUC, II, 2ª ed., texte établi par G. Aquilecchia, Introduction de M.Á. Granada, Paris, Les Belles Lettres, en préparation, p. 165-171 ; 255-257 ; 271-275.

7   *Ibid.*, dialogue III, p. 169.

8   C'est le cas par exemple du cardinal Bellarmin dans ses leçons de Louvain de 1570-1572. Voir U. Baldini – G. V. Coyne, *The Louvain Lectures (Lectiones Lovanienses) of Bellarmine and the Autograph Copy of his 1616 Declaration to Galileo*, Vatican Observatory Publications, Special Series, Studi Galileiani, vol. I, numéro 2, Specola Vaticana 1984, p. 19 : « necessario iam dicere debemus, stellas non moveri ad motum Coeli, sed motu proprio sicut aves per aerem, et pisces per aquam ». Sur la présence dans la tradition de la méthaphore « sicut pisces in mare et aves in aëre » voir E. Grant, *Planets, Stars, and Orbs. The Medieval Cosmos, 1200-1687*, Cambridge, Cambridge University Press, 1994, p. 271-275 ; J. Lattis, *Between Copernicus and Galileo. Christoph Clavius and the Collapse of Ptolemaic Cosmology*, Chicago and London, The University of Chicago Press, 1994, p. 94-102.

assumer l'âme intelligente comme une espèce de 'deus ex machina', puisqu'elle lui assigne une indéniable capacité de produire le mouvement et surtout de diriger le cours de la planète. En somme, c'est une conception de l'âme intelligente qui considère comme acquise sa capacité de mouvoir la planète de manière ordonnée et régulière, de sorte qu'elle ne se demande jamais comment l'âme accomplit cette tâche, de même que demander comment se meuvent les poissons et les oiseaux dans leurs milieux respectifs s'avère, finalement, une question oiseuse. Ainsi Patrizi a-t-il fait du mouvement des planètes l'effet du libre cours dans le ciel de ces animaux divins qui sont les astres « mus par leur âme et régis en ordre par leur intellect »[9]. De son côté, Bruno a nié la parfaite régularité et l'uniformité circulaire du mouvement planétaire, tout en laissant la détermination du cours réel des planètes – tâche qu'il tenait pour secondaire et propre aux intelligences oisives – aux géomètres[10]. Pour sa part, Brahe, *mathematicus* parfaitement en accord avec la tradition astronomique, mais qui prétendait aussi découvrir la véritable figure à la fois géométrique et physique du mouvement planétaire, n'a pas pu développer son programme tant de fois énoncé dans ce sens au-delà de la formulation schématique du système géo-héliocentrique. Lors de son décès en 1601 il a laissé un immense héritage d'observations systématiques de grande précision, mais qui manquaient de construction théorique[11].

---

[9]   Voir F. Patrizi, *Nova de universis philosophia*, Ferrariae, Apud Benedictum Mammarellum, 1591, "Pancosmia", XII, f. 91 [bis] v, col. a. Kepler critique déjà la conception de Patrizi dans le *Contra Ursum* (1600-1601). Voir maintenant N. Jardine – A.-Ph. Segonds, *La guerre des astronomes. La querelle au sujet de l'origine du Système géo-héliocentrique à la fin du XVIe siècle*, vol. II/2, *Le Contra Ursum de Jean Kepler. Édition critique, traduction et notes*, Paris, Les Belles Lettres, 2008, p. 272 s. (pour le texte de Kepler, accusant pour finir Patrizi d'identifier le mouvement réel des planètes avec leur mouvement apparent) et 432 ss. pour un commentaire exhaustif.

[10]   Voir G. Bruno, *La cena de le Ceneri, op. cit.*, p. 158, 277-281 ; *De immenso et innumerabilibus*, Francofurti, Apud I. Wechelum & P. Fischerum, 1591, livre III, chap. 6-7 et 10 (dans G. Bruno, *Opera latine conscripta*, ed. F. Fiorentino et al., Neapoli-Florentia, Morano-Le Monnier, 1879-1891, vol. I, 1, p. 361-372, 398). Sur les conceptions astronomiques de Bruno voir maintenant D. Tessicini, *I dintorni dell' infinito. Giordano Bruno e l'astronomia del Cinquecento*, Pise-Rome, Fabrizio Serra, 2007 et *id.* "[G. Bruno] Astronomia", dans *Enciclopedia bruniana e campanelliana*, dir. par E. Canone et G. Ernst, vol. II, Fabrizio Serra, 2010, col. 16-26. À la différence de ce qui arrive avec Patrizi, Kepler ne connaît pas encore les conceptions de Bruno lors de la rédaction du *Contra Ursum*.

[11]   Cf. le jugement de Kepler par M. Caspar, *Kepler*, translated and edited by C. Doris Hellman, nouvelle édition complétée par O. Gingerich et A.-Ph. Segonds, New York, Dover, 1993, p. 102 s.

1. Le premier exposé physique du mouvement planétaire : de la dissertation scolaire (1593) au *Mysterium cosmographicum* (1596)

Le Kepler du *Mysterium cosmographicum* a déjà quitté les orbes solides. Il l'avait déclaré dans la lettre du 3 octobre 1595 adressée à son maître Maestlin, où il lui comuniquait des aspects capitaux du livre qu'il était en train d'écrire et qui devait paraître par les soins de Maestlin vers la fin de 1596 :

> il est absurde et monstrueux – disait Kepler – de placer dans le ciel ces corps [les polyèdres, mais il se peut aussi que Kepler pense aux orbes] revêtus d'une certaine matière qui ne permet pas le passage à un corps étranger. Mais il ne faut pas non plus penser à l'épaisseur de l'orbe terrestre, comme si la grandeur de celui-ci devait inclure toute la sphère de la lune [...]. Mais, qui sait s'il y a là vraiment des orbes ?[12]

Il est certain que Brahe a soupçonné dans la lecture du *Mysterium* que Kepler continuait à accepter les orbes solides dans le ciel, ce qu'il a indiqué à Kepler dans sa lettre du 1er avril 1598[13]. Néanmoins Kepler a protesté contre ce jugement de Brahe, dans une note en marge du passage en question de la lettre de Brahe[14] et plus tard dans une note à la deuxième édition du *Mysterium* (1621)[15]. L'impression erronée de Brahe tenait assurément au généreux usage verbal par Kepler des termes 'orbes' et 'sphères'. Ainsi, le chapitre XIV s'intitulait : « Primarius scopus libelli, et quod haec quinque corpora sint inter orbes, astronomica probatio » [« But essentiel de notre petit ouvrage et preuve astronomique que ces cinq corps [les solides réguliers] sont situés entre les orbes »][16]. Mais il était évident que tant les orbes sphériques compris par les distances maximale et minimale de chaque planète, que les espaces entre les orbes déterminés par les solides réguliers, ceux qui remplissaient les 'vides' introduits dans le monde plein de la tradition par la recomposition copernicienne des orbes et de leurs dimensions, manquaient

---

[12] KGW 13, 43, lettre n° 23, l. 390-397. Kepler reprendra ce passage au chap. XVI du *Mysterium* (KGW 1, 56 ; trad. française [cit. *infra*, note 15], p. 138), avec une explication décisive sur l'élimination des orbes. Voir *infra*.

[13] *Ibid.*, lettre n° 92, p. 198-199, l. 61-65.

[14] *Ibid.*, p. 201, note à la l. 63 : « Idem etiam per me licet, et per libellum meum » [« la même chose [les orbes n'existent pas] est valable pour moi et mon petit ouvrage [*M. C.*] »].

[15] « Sur ce point j' ai été mal compris par Tycho Brahe » (note 3 de l'auteur au chap. II). Voir J. Kepler, *Le secret du monde*, traduction et notes d'A. Segonds, Paris, Gallimard, 1984, p. 73.

[16] *Le secret du monde*, p. 123.

d'existence physique ou matérielle, puisqu'ils n'étaient que des concepts, ou des artefacts géométriques[17].

En effet, le même chapitre XIV affirmait clairement que la contraction ou la réduction copernicienne des orbes planétaires (due à l'interprétation de la deuxième anomalie du mouvement planétaire comme une projection du mouvement annuel de la Terre) n'obligait pas à un élargissement démesuré des orbes, mais « nous n'avons besoin, pour rendre compte des mouvements, d'aucun orbe qui s'écarte au-dessus de la voie de la planète [planetae viam] »[18]. La 'via' ou 'cours' de la planète, c'est-à-dire son cours linéaire par le ciel en longitude et latitude, suffit donc ; au-dessus et au-dessous (entre les voies des planètes supérieure et inférieure) il y a tout simplement de l'espace plein de 'l'air céleste' dont l'étendue s'explique par les divers polyèdres réguliers interposés[19]. Si l'on tient compte du fait que *via* est le terme qui finira par devenir *orbita* dans l'*Astronomia nova*, lorsque la course linéaire de la planète s'associera aux causes physiques qui la produisent en accord avec les lois – ce que Goldstein et Hon ont brillamment démontré – le cadre conceptuel du *Mysterium* est celui des planètes qui se meuvent dans un milieu fluide 'd'air céleste'[20].

Néanmoins, le *Mysterium cosmographicum* n'a pas comme objet primaire l'étude de la production du mouvement planétaire dans le milieu fluide de l'*aura* ou air céleste. Comme l'affirme la Préface au lecteur de 1596, l'objet de la considération de Kepler se trouvait dans un domaine plus fondamental : « il y avait alors trois choses, particulièrement dont je cherchais avec obstination pourquoi elles étaient ainsi et non pas autrément, à savoir : le nombre, la grandeur, et le mouvement des orbes »[21]. On le sait, Kepler cherchait une explication *a priori* du monde copernicien : pourquoi les planètes étaient-elles six, quelle était la raison

---

[17]   Voir B. R. Goldstein – G. Hon, « Kepler's Move from *Orbs* to *Orbits* : Documenting a Revolutionary Scientific Concept », *Perspectives on Science*, 13, 2005, p. 74-111 (80) ; M.-P. Lerner, *Le monde des sphères*, vol. II. *La fin du cosmos classique, op. cit.*, p. 71-73.

[18]   *Le secret du monde*, p. 126 (KGW 1, 47).

[19]   *Ibidem* : « Chez Copernic, aucun orbe n'est en contact avec un autre, mais il reste entre les divers systèmes [les modèles des diverses planètes] d'immenses espaces assurément remplis d'un air céleste et qui ne se rattachent pas à aucun des deux systèmes voisins » (KGW 1, 48).

[20]   Cf. chap. XVI (« Avertissement particulier concernant la lune ; sur la matière des corps et des orbes »), p. 138 : « cet air c'est le ciel dans lequel nous vivons, nous existons et nous nous deplaçons, nous aussi bien que tous les corps de ce monde » (Kepler semble renvoyer à *Actes* 17, 28). Les corps [solides réguliers] et les orbes n'ont pas donc d'existence matérielle.

[21]   *Ibid*, p. 32 (KGW 1, 9).

de leurs distances par rapport au centre (le Soleil), ainsi que la raison de leurs mouvements, c'est-à-dire le rapport entre les distances au Soleil et la durée des périodes dans les diverses planètes.

Toutefois le problème de la production du mouvement planétaire dans le milieu céleste fluide émerge en des lieux textuels différents, dont deux s'avèrent particulièrement significatifs et importants, lesquels apparaissent précisément comme la conséquence de l'inexistence des orbes solides. Dans le chapitre XVI Kepler reprend la remarque précédente de sa lettre à Maestlin du 3 octobre 1595[22], en l'élargissant dans les termes suivants:

> Car il est absurde et monstrueux de placer dans le ciel des corps[23] qui, parce qu'ils sont revêtus d'une certaine matière, ne permettent pas le passage d'un autre corps. Assurément bien de gens ne craignent pas de se demander s'il y a vraiment des orbes adamantins de cette sorte dans le ciel *ou bien si c'est sous l'action de quelque puissance divine, réglant leur course par l'intellection de rapports geometriques, que les astres, libérés des entraves de ces orbes, se déplacent à travers les champs de l'éther*[24].

La libération des orbes lance les planètes en quête d'un nouveau principe par lequel elles se *voient transportées* (Kepler utilise un verbe à la voix passive: *transportentur*). Il s'agit ici d'une *virtus divina* qui dirige le cours ordonné et régulier des planètes à travers sa propre *intellection* des proportions géométriques. Tout se passe comme si Kepler s'orientait dans le sens des auteurs déjà examinés, à ceci près que face à la conception active et individualisée de Patrizi, Bruno et Brahe, on ne peut point exclure que Kepler parle d'un agent général, qui serait commun à toutes les planètes et auquel elles seraient soumises. Dans son édition de 1621 Kepler a jugé pertinent d'ajouter à ce passage une note explicative établissant que le passage de 1596 ne se bornait pas à décrire la conception étrangère de la production du mouvement planétaire dans un ciel sans sphères, mais qu'il s'agissait de sa propre conception: «C'était, alors du moins, mon opinion»[25].

---

[22] Cf. *supra*, note 12.

[23] Latin 'corpora'. J. V. Field («Kepler's Rejection of Solid Celestial Spheres», *Vistas in Astronomy*, 23, 1979, p. 207-211 (207)) traduit 'spheres', en excluant la possibilité que Kepler pense aussi ou seulement aux solides réguliers.

[24] *Le secret du monde*, p. 138; nous soulignons. Le texte latin correspondant à l'italique déclare: «an divina quadam virtute, moderante cursus intellectu proportionum Geometricarum, stellae per campos et auram aetheream liberae istis orbium compedibus transportentur» (KGW 1, p. 56).

[25] *Le secret du monde*, p. 140.

Kepler ne précisait ni l'emplacement, ni l'origine, ni le mode opératoire de cette « puissance divine intelligente », instance qui non seulement avait la force nécessaire pour produire le mouvement, mais qui était de surcroît supposée capable de mouvoir de façon ordonnée, régulière et proportionnelle chacune des planètes. On peut bien penser qu'il s'agissait d'une âme intelligente, ce que Kepler n'a point explicité.

Néanmoins, le chapitre XX est plus explicite. On le sait, dans ce chapitre très important Kepler présentait – en développant des considérations de Rheticus dans sa *Narratio prima* – une nouvelle preuve de la vérité du système copernicien à partir de la correspondance entre les périodes planétaires et les distances au centre. Kepler indiquait que ce rapport – déjà affirmé par Aristote en *De caelo* II, 10, mais en prenant comme centre le premier mobile ou sphère des fixes – [26] ne s'accomplissait parfaitement que dans l'univers copernicien en rapport avec le seul centre, le Soleil : « Chez Copernic un tel rapport se présente au premier coup d'oeil. En effet, dans ses six orbes mobiles, plus un orbe est petit, plus vite il accomplit sa révolution »[27]. Or, Kepler ajoutait que la comparaison des périodes planétaires manifestait qu'« une relation simple de ce type [c'est-à-dire la simple proportion de la période à la distance par rapport au Soleil] n'existe pas »[28], puisque la planète supérieure emploie dans sa révolution un temps additionel par rapport à la planète inférieure, ce qui était interprété immédiatement par Kepler comme un effet de l'affaiblissement de la *virtus* ou puissance motrice directement proportionnel à l'accroissement de la distance. Ensuite Kepler établissait une conjecture concernant la nature et la localisation de cette *virtus*, sous la forme d'une double possibilité :

> Ou bien que plus les âmes motrices sont éloignées du Soleil, plus elles sont faibles ; ou bien qu'il n'y a qu'une seule âme motrice placée au centre de tous les orbes (c'est-à-dire dans le Soleil) qui meut d'autant plus vigoureusement un corps quelconque qu'il est plus proche et qui, dans les corps plus éloignés, en raison de l'éloignement et de la diminution de sa force, s'affaiblit[29].

La première possibilité atttribue (cette fois positivement) aux planètes une âme propre, dont la force motrice est inversement proportionnelle à la distance au Soleil central. Il s'agit de la conception propre à Patrizi, Bruno et Brahe, mais ces auteurs ne concevaient pas une faiblesse des âmes planétaires croissant avec l'éloignement

---

[26] Sur cette question, voir notre étude mentionné *infra*, note 32.
[27] *Le secret du monde*, p. 167 (KGW 1, 69).
[28] *Ibid.*, p. 168.
[29] *Ibid.*, p. 169 (KGW 1, 70).

par rapport au Soleil. L'ajout képlérien (en accord avec la constatation de la réduction de la vitesse de la planète) introduit une subordination de ces âmes présumées par rapport au Soleil, et par conséquent il diminue la plausibilité de cette première conception à l'égard de la deuxième. Celle-ci fournit une meilleure explicitation de la conjecture exposée dans le chapitre XVI : un seul principe moteur, que maintenant l'on nomme âme motrice («animam motricem»), localisée dans le Soleil[30], laquelle exerce à partir de lui sa force inversement proportionnelle à la distance. Koyré a déjà signalé que Kepler penche visiblement pour cette deuxième possibilité[31]. Ceci est évident aussi à partir des épithètes dont Kepler loue le Soleil («source de la lumière», principe du cercle et donc de la vie et du mouvement, «cœur du monde, Roi et Empereur des étoiles, Dieu visible») avec une référence explicite au discours similaire de Rheticus[32].

De plus, Kepler déployait ici l'exposé qu'il avait déjà développé dans sa dissertation de jeunesse de 1593 à Tübingen, où il avait défendu la doctrine copernicienne. Dans ce texte inédit, Kepler, en plus d'honorer le Soleil avec ces mêmes épithètes (parmi d'autres), nommait le Soleil (en opposition à Aristote et par son rapport avec la divinité) «premier moteur», c'est-à-dire source et principe immobile du mouvement, car – d'après lui – «il ne convient pas que le premier moteur soit diffusé sphériquement» («cum igitur primum motorem non deceat orbiculariter esse diffusum»), ainsi que chez Aristote le premier moteur dans son rapport avec la sphère du *primum mobile* ou sphère des fixes, principe du mouvement mondain), «mais qu'il rayonne depuis un principe unique et presque depuis un point»[33], c'est-à-dire depuis le Soleil central. En tant que premier moteur et principe du mouvement, le Soleil donne le mouvement aux planètes,

---

[30] Un peu plus loin Kepler dit que «le mouvement et *l'âme du monde* reviennent à ce même Soleil», p. 169 (KGW 1, 70 : «Motus et *anima mundi* in eundem Solem recidit», [nos italiques]. Kepler avait déjà formulé cette conjecture dans la lettre à Maestlin du 14 septembre 1595, en comparant l'affaiblissement de la force motrice à celle de la lumière : «in Sole est anima movens et motus infinitus, in mobilibus decrementum Motus duplex, primo inaequalitas reditus, quam causatur amplitudo orbium inaequalis, etsi vigor motus esset idem in omnibus orbibus, 2. Sed jam ille vigor Motus (ut in opticis lux) quo longius a fonte est, hoc debilior est» (KGW 13, 32).

[31] Voir A. Koyré, *La révolution astronomique, op. cit.*, p. 152.

[32] *Le secret du monde*, p. 169. Sur ce rapport, voir M. Á. Granada, «Aristotle, Copernicus, Rheticus and Kepler on Centrality and the Principle of Movement», in M. Folkerts and A. Kühne, eds, *Astronomy as a Model for the Sciences in Early Modern Times*, Augsburg, Dr. Erwin Rauner Verlag, 2006, p. 175-194 (spt. 189 ss.).

[33] Cf. *Fragmentum orationis de motu terrae*, KGW, 20/1, 147. Pour une première indication sur l'importance de ce texte programmatique et une analyse de son contenu,

auxquelles il imprime le mouvement avec un effort uniforme, produisant leur mouvement circulaire autour du centre avec des périodes proportionnées à la distance[34]. Nous le voyons, dans ce texte de néophyte Kepler n'avait pas encore reconnu l'affaiblissement de la force avec la distance.

Dans le chapitre XXII du *Mysterium* Kepler élargit et développe encore cette deuxième conjecture de l'agent du mouvement planétaire, ce qu'il fait en plus dans une nouvelle connexion avec la thématique de la disparition des orbes solides[35]. Si la *via* (Kepler n'utilise pas encore le terme *orbite*) des planètes est toujours excentrique par rapport au Soleil, alors leur distance changera au cours de la période, et donc leur vitesse sera aussi différente : l'action motrice de l'âme solaire (*anima movens* [p. 76. 30]) étant plus forte lorsque la planète en est plus proche, sa vitesse sera par conséquent plus grande que lorsqu'elle sera plus loin (dans l'aphélie) où la *virtus* motrice sera plus faible :

> si la lenteur et la vélocité de chaque orbe ont la même cause que celle que j'ai indiquée plus haut au chapitre XX pour l'univers entier, alors le cheminement de la planète sur sa voie excentrique est lent en haut [dans l'aphélie] et rapide en bas [dans le périhélie][36].

Deux innovations importantes de Kepler dans le *Mysterium cosmographicum* sont en rapport avec cet exposé : d'abord, le retour à Ptolémée et à l'équant, ce qui est une reconnaissance de la non uniformité du mouvement planétaire, face à la critique de Copernic[37] ; deuxièmement, dans le chapitre XV Kepler exprime la nécessité de changer le centre des mouvements planétaires de Copernic, qui n'est pas le vrai Soleil, mais le centre de l'excentrique terrrestre, le Soleil moyen (un point excentrique vide)[38]. Ce changement était motivé par la nécessité d'adapter

---

voir J. R. Voelkel, *The Composition of Kepler's* Astronomia nova, Princeton and Oxford, Princeton University Press, 2001, p. 26-32.

34   KGW 20/1, 149 : «Ab eo puncto centro nempe Solis et mundi communi, proferens sese Motus aequalissime in vicinos quosque orbes, aequale conatu in eos impressionem facit et quorundam conversiones pro ratione ambitus maturat».

35   KGW 1, 76, l. 14-15 : «sine orbibus» ; p. 77, l. 24 : «orbibus remotis».

36   *Le secret du monde*, p. 184 (KGW 1, p. 76. 18-20).

37   *Ibid.*, p. 185 s. Kepler revient à Ptolémée contre son bien-aimé Copernic parce que sa propre conception de la production du mouvement planétaire l'amène à concevoir une âme motrice dans le Soleil par laquelle toute planète se meut avec une vigueur plus ou moins grande selon la distance, le Soleil imprimant ainsi à la planète une vitesse variable au long de la voie excentrique.

38   *Le secret du monde*, p. 129 ss. (KGW 1, 50-54). Kepler qualifie cet élément ptolémaïque chez Copernic comme un abandon de la *cosmographie* (de la cosmologie ou la

les calculs des distances planétaires à l'hypothèse des polyèdres, mais il avait aussi un indéniable sens physique, en accord avec la conception fondamentale de Kepler : les planètes doivent se mouvoir logiquement autour d'un centre, dont la *virtus* ou *anima movens* leur imprime une vitesse proportionnelle à leur éloignement par rapport à lui. Il serait donc absurde d'imaginer un mouvement autour d'un point vide où ne se trouve aucun agent[39].

Or, si le Soleil est vraiment au centre de la voie de la planète et la meut, alors on doit conclure qu'une telle voie doit nécessairement être concentrique, et que la planète, placée toujours à la même distance, doit se mouvoir avec une vitesse constante. Toutefois, les observations démontrent que la planète se déplace avec une vitesse variable proportionnellement à sa distance par rapport au Soleil, et, partant, que son cours est excentrique. Ceci oblige Kepler, dès le *Mysterium*, à attribuer à la planète une autonomie, c'est-à-dire une âme propre responsable de l'anomalie de l'excentricité (la première anomalie du mouvement planétaire). Ainsi, dans le chapitre XXII, dans une note rapide il dit : « Ensuite, il faut admettre dans chaque planète une âme particulière qui, par son mouvement, fait monter la planète dans sa course »[40].

Pour conclure : Kepler a développé dès le *Mysterium cosmographicum* l'héliocentrisme dans le sens d'une dynamique ou d'une physique céleste, basée sur des forces (*virtutes*) agissant sur les planètes depuis ou à partir d'*âmes*, notamment l'âme solaire, mais aussi l'âme propre de la planète qui produit la variation de la distance par rapport au Soleil, en rendant ainsi la planète attachée à une force motrice plus ou moins grande, et par conséquent à une vitesse variable dans sa *via* ou *chemin*.

2. L' explication physique du mouvement planétaire dans l'*Astronomia nova*

L'*Astronomia nova* a apporté la confirmation de cette conception képlérienne de la dynamique du système planétaire héliocentrique, avec un raffinement et une définition de la production du mouvement planétaire plus corporelle et matérielle, plus proprement physique. Sur la base des observations précises

physique) pour développer un discours purement calculateur et mathématique « pour ne pas troubler son lecteur consciencieux en s'éloignant trop de Ptolémée » (p. 132).

[39] Conscient de la dimension de ce changement, Kepler affirme « je vais édifier un monde nouveau » (p. 129).

[40] *Le secret du monde*, p. 186. Cf. KGW 1, 77 : « Deinde esto in quolibet Planeta peculiaris anima, cuius remigio stella ascendat in suo ambitu : Et orbibus remotis eadem sequentur ».

tychoniennes des mouvements de Mars et du Soleil, Kepler a réussi finalement
à élaborer la 'théorie' géométrique de la course de Mars, en même temps qu'il
travaillait à une théorie physique d'icelle, susceptible d'être généralisée aux autres
planètes. Dans cette théorie physique l'action motrice des âmes (qui était encore
acceptée dans l'ouvrage de 1596) était remplacée par des agents plus physiques,
à savoir des vertus ou des puissances corporelles (foncièrement magnétiques) à
l'exception de la 'facultas vitalis', présente dans le Soleil et associée à son âme[41].

Toutefois il convient de rappeler que ce raisonnement mathématique ou
physique, d'un style résolument moderne, était imposé à Kepler par les contraintes
'rhétoriques' auxquelles l'obligeait la réception de sa «nouvelle astronomie» dans
la communauté astronomique et philosophique de son temps[42]. C'est pourquoi
la démonstration *a priori* (métaphysique) du *Mysterium cosmographicum* a donné
lieu à une exposition *a posteriori*, à partir des observations telles qu'elles étaient
enregistrées dans l'héritage de Brahe. Comme Voelkel[43] l'a très justement indiqué,
cette contrainte a obligé Kepler à réduire au minimun la présence d'éléments
étrangers à la construction mathématique et à sa réalisation physique, laquelle
était toujours introduite comme la confirmation des résultats mathématiques
héliocentriques atteints auparavant, tel qu'il est prouvé manifestement dans la
troisième partie de l'ouvrage après la démonstration de l'existence d'un équant
dans l'orbite de la Terre.

Cette retenue de Kepler permet de comprendre le silence sur des éléments
physiques externes au problème justement circonscrit de la production du

---

[41] *Astronomia nova,* KGW 3, Introduction, p. 35. 12-17: «Itaque Motores hi planetarum
      proprii, probabilissime ostensi sunt, nihil aliud esse, quam affectiones ipsorum
      Planetariorum Corporum tales, qualis est in Magnete poli appetens, ferrumque
      rapiens: ut ita tota ratio motuum coelestium facultatibus mere corporeis, hoc est,
      magneticis administretur, excepta sola turbinatione corporis Solaris in suo spacio
      permanentis: cui vitali facultate opus esse videtur». Cf. *ibid.,* p. 23. Quant à l'étendue
      de la théorie physico-géométrique de Mars à toutes les planètes, voir *Astronomia nova,*
      KGW 3, 272. 1-2: «Quae tertia parte demonstrata sunt, ad omnes Planetas pertinent:
      unde non injuria *clavis astronomiae penitioris* dici possunt».

[42] Comme le note judicieusement William Donahue, «Kepler's *Astronomia Nova* is
      a single concerted argument [...] striving to convince readers that everything they
      knew about astronomy is wrong. The geometrical perfection of circular orbs must be
      abandoned, and planetary theories must be based on a new science of physical forces.
      It was a hard sell». Vide *Selections from Kepler's* Astronomia Nova. *A Science Classics
      Module for Humanities Studies,* selected, translated and annotated by W. H. Donahue,
      Santa Fe, New Mexico, Green Lion Press, 2004, p. vii.

[43] *The Composition of Kepler's* Astronomia nova, *op. cit.,* p. 2 et *passim.*

mouvement planétaire. Or, si l'on tient compte du fait que l'*Astronomia nova* a été complétée dans sa structure théorique au début de 1606 et qu'en 1607 elle était sur le point d'être imprimée, l'on reconnaîtra que sa gestation à partir de la fin 1602[44] coïncide avec la rédaction et la publication de deux ouvrages très importants (l'*Optica* de 1604 et spécialement le *De stella nova* de 1606), où l'étendue de la conception physique et cosmologique de Kepler était pleinement en évidence, notamment en ce qui concerne la présence d'âmes internes aux corps célestes, avec leur efficace manifeste dans la production de toute une série de phénomènes naturels[45].

Pour aborder notre question, savoir comment l'*Astronomia nova* explique la production du mouvement planétaire après l'élimination des orbes solides – au-delà de l'ouvrage de 1596 – nous croyons que l'Introduction à l'ouvrage apporte des principes fondamentaux de grand intérêt. Tout en annonçant que l'ouvrage examinera les hypothèses géométriques (ptolémaïques, tychoniennes et copernico-képlériennes) et leur capacité de sauver les phénomènes planétaires, l'Introduction, adressée particulièrement aux « physiciens » dont l'hostilité envers le copernicianisme est manifeste[46], expose que seule la transformation képlérienne du copernicianisme est capable d'en rendre compte parfaitement, non seulement en tant qu'hypothèse géométrique, mais comme hypothèse astronomique ou

---

[44] *Ibid.*, p. 212.

[45] En ce sens il est intéressant d'observer que dans la note importante à la deuxième édition du *Mysterium* que nous avons déjà mentionnée (voir *supra*, note 25 ; cf. *Le secret du monde*, p. 140 s.) Kepler, après fait appel à l'élimination des âmes dans la production du mouvement planétaire dans l'*Astronomia nova*, ajoutait la remarque suivante : « Néanmoins, il y a d'autres arguments qui établissent qu'il y a dans les corps des planètes, au moins dans ceux de la terre et du Soleil, un certain intellect, non pas ratiocinant comme celui de l'homme, mais instinctif, comme dans le cas de la plante, qui lui fait conserver la forme de sa fleur et le nombre de ses feuilles », p. 141. Sur cette *facultas naturalis* dans la Terre, voir *De stella nova*, chap. xxiv (KGW 1, p. 267-270), et P. J. Boner, « Kepler's Living Cosmology : Bridging the Celestial and Terrestrial Realms », *Centaurus*, 48, 2006, p. 32-39, *Idem* « Life in the Liquid Fields : Kepler, Tycho and Gilbert on the Nature of Heavens and Earth », *History of Science*, xlvi, 2008, p. 275-297. Nous renvoyons aussi à P. J. Boner, *The New Star of 1604 and Kepler's Copernican Campaign* et M. Á. Granada, *Johannes Kepler and David Fabricius : Their Discussion on the Nova of 1604*, dans P. J. Boner (ed.), *Change and Continuity in Early Modern Cosmology*, Archimedes 27, Dordrecht, 2010, p. 93-114 et 67-92. Voir aussi *infra*, note 67.

[46] KGW 3, 19. 5-8 : « Detegam autem in gratiam potissimum eorum, qui Physicam profitentur, quique mihi, imo vero Copernico, adeoque vetustati ultimae irascuntur, ob fundamenta scientiarum concussa Motu Telluris… ».

physique véritable. Afin d'obtenir l'accord des physiciens ou du moins leur écoute, Kepler avance, outre une réfutation de la contradiction présuposée entre le mouvement de la Terre et l'Écriture[47], quelques « remèdes » (*remedia*) contre les objections physiques au mouvement de la Terre. Ces remèdes constituent une authentique déclaration de principe qui, d'un côté, bouleverse totalement les principes de la physique aristotélicienne sous-jacente au géocentrisme, et d'autre côté apporte – avec des nouveaux éléments par rapport au *Mysterium cosmographicum* – les prémisses d'une physique céleste képlérienne que l'on exposera dans la troisième partie.

En effet, les principes établis par Kepler constituent une réfutation de l'implication réciproque chez Aristote entre les concepts d'espace, de composition matérielle des corps et de leur comportement en termes de mouvement ou repos. Face à la conception aristotélicienne de l'espace comme emplacement approprié à la nature des corps, et, *a fortiori*, à l'attribution à l'espace d'un rôle causal dans la production du mouvement naturel (les corps graves se meuvent par nature vers le centre géométrique du monde où ils restent immobiles; les corps légers se meuvent vers la périphérie du monde sublunaire; et les corps célestes appartenant à la quintessence se meuvent par un mouvement naturel circulaire et uniforme autour du centre du monde), Kepler suppose un espace uniforme et homogène, causalement inactif par rapport au mouvement des corps. Ceux-ci sont 'à leur place' où qu'ils se trouvent et se puissent rencontrer[48]; leurs mouvements possibles ne s'expliquent pas par une tendance naturelle et intérieure vers leur lieu propre, mais *par l'action d'une force extérieure qui les meut et les emporte*. Ainsi, la gravité n'est pas la tendance naturelle des corps lourds vers le centre du monde, car un simple point mathématique (l'espace en tant que tel) est incapable par lui-même d'exercer une action physique sur les corps. La gravité n'est autre chose que l'attraction que la Terre (là où elle se trouve) exerce sur les corps qui lui

---

[47] Introduction, p. 28-34. On sait que ces pages recueillaient, sauf des développements ultérieurs dont on n'est pas à même de déterminer la portée, la déclaration rédigée pour le *Mysterium cosmographicum*, et dont le retrait avait été exigé par les théologiens de Tübingen. Voir E. Rosen, « Kepler and the Lutheran Attitude towards Copernicus », in Rosen, *Copernicus and his Successors*, London and Rio Grande, The Hambledon Press, p. 217-237; Kenneth J. Howell, *God's Two Books: Copernican Cosmology and Biblical Interpretation in Early Modern Science*, Notre Dame, Indiana, Notre Dame University Press, 2002, p. 109-135.

[48] Voir Koyré, *La révolution astronomique, op. cit.*, p. 194 s.; *Études galiléennes*, Paris, Hermann, 1966, p. 187 s.

sont voisins dans un *orbis virtutis* ou domaine d'efficience déterminé[49]. Cette conception libère la Terre du corset du mouvement rectiligne en tant que seul mouvement possible pour elle[50] et de son assignation au centre de l'Univers ; de surcroît, elle a des effets immédiats sur le mouvement planétaire, puisqu'elle déclare impossible qu'un corps puisse se mouvoir circulairement autour d'un simple point géométrique (qu'il soit vide, comme c'est le cas d'un mouvement dans une excentrique ou dans un épicycle ; ou qu'il soit un point occupé par un autre corps, mais en vertu du point spatial lui-même).

Plus encore, l'indépendance de la nature des corps à l'égard de leur mouvement (naturel) exclut qu'il y ait un mouvement naturel des corps (par exemple le mouvement circulaire autour du centre) en vertu d'un principe interne. Si les corps sont à leur place là où ils se trouvent, ils sont donc immobiles en vertu de leur «inertie» , conçue par Kepler comme de la résistance au mouvement : «Omnis substantia corporea, quatenus corporea, apta nata est quiescere omni loco, in quo solitaria ponitur»[51]. Le mouvement n'est point une donnée primaire, mais un fait secondaire, le résultat de l'action d'une cause motrice. On a fréquemment signalé le caractère aristotélicien de cette conception képlérienne de l'inertie[52] et l'hypothèque aristotélicienne de la dynamique résultante, où la force qui agit sur un corps produit et conserve le mouvement (sans causer l'accélération). Mais Kepler reste profondément anti-aristotélicien lorsqu'il conçoit que le corps inerte n'a qu'une tendance à rester à l'endroit où il se trouve ; Kepler n'accepte pas comme immédiatement acquise l'existence d'un principe interne du mouvement qui produit une translation du corps, comme par exemple une planète. Cette translation par un principe interne doit être expliquée et Kepler, dans la formulation de ses principes, semble pencher pour l'intervention

---

[49] Voir Introduction, p. 24 s. Cette doctrine sur la gravité et en général cette formulation des principes physiques avait été déjà avancée par Kepler à Herwart von Hohenburg dans une lettre du 28 mars 1605 (KGW 15, n° 340, p. 180-190 (spt. 183 ss.)). Sur la notion d'*orbis virtutis* et son origine dans les théories du magnétisme de Giambattista della Porta et William Gilbert, voir F. Krafft, «The new celestial physics of Johannes Kepler», dans S. Unguru, ed., *Physics, Cosmology and Astronomy, 1300-1700 : Tension and Accomodation*, Dordrecht, Kluwer, 1991, p. 185-227 (196-198).

[50] Cf. la lettre à Herwart mentionnée dans la note antérieure (ligne 104) : «opponitur, unius corporis motum esse unum» (citation littérale d'Aristote, *De caelo*, I, 3, 270b 28). Kepler réfute ensuite ce principe.

[51] *Astronomia nova*, Introduction, KGW 3, 25, p. 19-20.

[52] Cf. Koyré, *La révolution astronomique, op. cit.*, p. 196 ; *Études galiléennes, op. cit.*, p. 186 s., 191 s., 201 s. ; G. Simon, *Kepler astronome astrologue*, Paris, Gallimard, 1979, p. 343-348.

d'un agent extérieur dont la force vaincra l'inertie de la planète en initiant et en maintenant constamment le mouvement. Quoique l'Introduction à l'*Astronomia nova* ne le signale pas de manière explicite, la lettre de 1605 adressée à Herwart l'affirme clairement :

> *Nam eadem ratione, qua philosophi dicunt illam [Terram] in medio pendere quietam, dico ego,* Terram et quamlibet stellam mobilem quieturam ibi quorsumcunque transferatur. Materiae proprium est quies. *Cum hac quiete perpetuo pugnat virtus illa quae Terram movet*[53].

On doit conclure donc, qu'en absence de forces qui agissent sur les corps vainquant leur inertie, ceux-ci – et l'univers en général – seront en repos. S'il y a du mouvement, notamment du mouvement des planètes autour du corps central (l''actus secundus' selon les termes de la précoce *disputatio* de Tübingen), cela est dû à l'action de forces exercées par des moteurs. De plus, dans la mesure où Kepler pense surtout à des moteurs externes qui produisent une translation (nous faisons pour l'instant abstraction de la rotation *in loco*, qui semble en être l'effet et postuler l'action d'une âme interne), cette conception du mouvement a déjà aboli la distinction aristotélicienne du mouvement naturel et violent[54]. Tous les mouvements sont naturels, quoique d'après la conceptualisation aristotélicienne ils soient violents. En ce sens, il faut signaler que la terminologie képlérienne fait allusion à cette « violence » exercée par un agent extérieur sur le corps en repos inertiel : la *vis* ou *virtus* qui meut la Terre (ou une autre planète) « lutte » (*pugnat*) contre la tendance de la planète au repos. De même, les exemples par lesquels Kepler illustre le mouvement planétaire sont des exemples qui dans la physique d'Aristote font partie des mouvements violents, comme le cas du levier ou du fleuve circulaire qui emporte la barque, et qui représente la planète.

---

53   KGW 15, 183-184, lettre n° 340, l. 134-138 : « En effet, pour la même raison que les philosophes disent qu'elle [la Terre] est suspendue immobile au milieu [du monde], moi, je dis, que *la Terre et toute étoile mobile se tient au repos en quelque direction qu'elle soit transportée. Le repos est le propre de la matière.* La force qui meut la terre est constamment en lutte avec ce repos » (nous soulignons).

54   C'est ce que Koyré a vu très clairement. Cf. *La révolution astronomique, op. cit.*, p. 194 : « La conception aristotélicienne, qui distingue entre mouvements "naturels" et "violents", étant corrélative à sa conception générale du Cosmos et de l'être matériel, est donc aussi fausse que celle-ci » et la note à ce passage : « La disparition des mouvements "naturels" implique, assez paradoxalement, l'extension à tous les mouvements – terrestres et célestes – de l'axiome d'Aristote : *quodquod movetur, ab alio movetur* », p. 405, note 30. Voir aussi Krafft, « The new celestial physics of Johannes Kepler », *op. cit.*, p. 223, note 47.

En fait, à la fin de 1604 l'*Astronomia nova* était déjà assez avancée, comme le prouve le fait que Kepler a envoyé une copie du manuscrit à l'université de Tübingen, en lui demandant de procéder à sa publication au cas où il décéderait avant que l'ouvrage ne voie le jour[55], et aussi le fait qu'il en a présenté une deuxième copie à l'Empereur. Chacune des lettres adressées à Longomontanus (début 1605) et à Herwart von Hohenburg (février 1605) affirme que l'ouvrage contient déjà 51 chapitres. Si l'on considère que la première partie de l'ouvrage définitif (chapitres 1-6) a été rédigée vers la fin[56], nous pourrons voir qu'au début de 1605 c'est déjà la troisième partie de l'ouvrage définitif («Recherche de la deuxième anomalie, à savoir des mouvements du Soleil ou de la Terre ou Clé d'une astronomie plus profonde où l'on traite beaucoup de choses relatives aux causes physiques des mouvements»)[57] avec la «physique céleste» qui est définitivement établie, dans l'attente de la démonstration de la structure elliptique de l'orbite de Mars avant l'été de cette année-là. La lettre à Herwart de mars 1605, avec son exposé tant de la défense de l'héliocentrisme sur les fronts de la théologie et de la physique, que des principes de la théorie physique qui fondent le mouvement de la Terre, préfigure l'Introduction à l'*Astronomia nova* de 1609 et confirme en même temps déjà l'existence de la «physique céleste».

Un moment décisif de ce processus avait été – après la confirmation, en accord avec le *Mysterium cosmographicum*, du vrai Soleil comme centre des mouvements planétaires contre le Soleil moyen de Ptolémée, Copernic et Tycho – la démonstration, en accord cette fois avec les observations de Tycho, que le mouvement du Soleil ou de la Terre se reflète «comme un miroir» dans la deuxième anomalie de Mars[58], et que le mouvement du Soleil ou de la Terre (comme l'avait conjecturé le chapitre XXII du *Mysterium*) présente aussi un équant, c'est-à-dire qu'il faut bissecter son excentricité de la même façon que

[55] KGW 15, lettre numéro 304, lignes 24 ss.
[56] Cf. Simon, *Kepler astronome astrologue*, op. cit., p. 355; Goldstein – Hon, «Kepler's Move from *Orbs* to *Orbits*: Documenting a Revolutionary Scientific Concept», op. cit., p. 102, note.
[57] KGW 3, p. 189. L'expression «clavis astronomiae» apparaît dans la lettre à David Fabricius du 1. 10. 1602 à propos de la bissection de l'excentricité dans l'orbite terrestre (cf. KGW 14, 272, lettre n° 226, l. 371); «clavis ad universam astronomiam» désigne dans la lettre à Herwart du 12. 11. 1602 (KGW 14, 299, n° 232, l. 111) les *Commentaria in Theoriam Martis*, à savoir, l'*Astronomia nova* même en tant que construite à ce moment-là sur la bissection de l'excentricité de la Terre et sa signification physique. Voir Voelkel, *The Composition of Kepler's* Astronomia nova, op. cit., p. 176 s.
[58] Cf. lettre à Herwart du 7. 10. 1602, KGW 14, 284, lettre n° 228, lignes 79-83.

celle des autres planètes[59]. Ainsi se manifestait l'homogénéité ou l'uniformité de toutes les courses planétaires, sans aucune exception pour le Soleil ou la Terre (ce qui pour Kepler signifiait le caractère céleste de la Terre en parfaite égalité avec les autres planètes). En parfaite cohérence avec le chapitre XXII du *Mysterium* Kepler pouvait avancer à Longomontanus (dans la lettre du début de 1605) que

> j'ai compris en 51 chapitres tout ce que j'ai exploré jusqu'à présent : si je meurs, je sais que toutes ces choses seront d'une très grande utilité pour celui qui voudra aller au-delà. La somme en est ce qui suit : Mars [...] est emporté par une force répandue par le monde à partir du Soleil [...] Ceci est absolument vrai : du Soleil se répand la force qui emporte les planètes[60].

Ce qui est intéressant est que Kepler met en parallèle cette excentricité bissectée (ou la récupération de l'équant et son étendue à la Terre) et l'explication au moyen de sa nouvelle physique céleste associée à la *vis motrix* solaire avec l'élimination des orbes par Tycho et son propre refus des intelligences-âmes motrices. Un passage important de la lettre mentionnée à Longomontanus défend le programme physique de Kepler face à la désapprobation du collaborateur de Tycho[61] :

> Vous, astronomes tychoniens, après avoir dépouillé à juste titre la physique des orbes solides, vous la laissez injustement dépourvue en faisant qu'elle traite les vols des planètes dans une invraisemblance et confusion maximales. Pourquoi ne viendrais-je une fois de plus à son aide en cherchant les formes physiques des mouvements à travers le fluide vide ? Je t'avoue, Christian, qu'en ces cinq dernières années j'ai consacré au moins la moitié du temps que m'ont laissé les affaires de la Cour à l'étude physique des mouvements de Mars. En vérité, je crois que les sciences sont si intimement liées que l'une ne peut pas se compléter sans l'aide de l'autre[62].

---

[59] Voir Voelkel, *The Composition of Kepler's* Astronomia nova, *op. cit.*, p. 146 s.

[60] KGW 15, 141, lettre n° 323, l. 255-269 : « Comprehendi tamen 51 Capitibus Omnia quae explorata habeo : si moriar, scio haec omnia utilissima futura ulterius progressuro. Summa haec, Mars [...] rapitur a virtute ex Sole in mundum sparsa. [...] Hoc simpliciter certum, ex Sole propagari vim quae planetas rapit ». Cf. Simon, *Kepler astronome astrologue, op. cit.*, p. 330 : « l'homogénéité structurelle du monde est pour lui [Kepler] pleine d'enseignements. Toutes les planètes, y compris la Terre, sont plus lentes ou plus rapides selon qu'elles s'éloignent ou se rapprochent du Soleil. Et pour toutes, semble-t-il, il convient comme le faisait Ptolémée de bissecter l'excentricité. [...] Les idées avancées dans le *Mystère cosmographique* se vérifient une à une ».

[61] Voir la lettre de Longomontanus du 6 mai 1604 (KGW 15, 45, n° 287, l. 139 s.) : « ita tandem revoces velim, ut phaenomena ipsa Coeli, nullam tuam vim, nullam violentiam sentiant ». Cf. aussi Voelkel, *The Composition of Kepler's* Astronomia nova, *op. cit.*, p. 153 ss.

[62] Lettre à Longomontanus, KGW 15, 137, n° 323, l. 101-109.

L' élimination par Tycho des orbes oblige à élaborer une physique céleste basée dans les forces devant l'invraisemblance d'une pseudophysique qui prétend vainement rendre compte des mouvements célestes au moyen d'âmes et d'intelligences. La lettre pratiquement contemporaine à Herwart von Hohenburg de février 1605 est encore plus explicite, si la chose se pouvait : « Tycho a nié les orbes ; j'enseigne déjà de quelle manière se meuvent les planètes sans orbes, comment se produit l'excentricité, etc. »[63]. Et Kepler se rapporte à son explication dynamique en alléguant la fameuse analogie avec la « machine » :

> Je présente [aux 51 chapitres] tous mes efforts pour que soit d'autant plus claire la raison fondamentale d'être entré dans cette voie. Je m'occupe surtout de la recherche des causes physiques. Mon objectif est le suivant : d'expliquer que la machine céleste n'est pas comme un animal divin, mais comme une montre (qui croit qu'une montre est animée attribue à l'œuvre la gloire de l'artisan), de sorte qu'en elle presque toute la variété des mouvements [dépend] d'une force magnétique corporelle très simple, de même que dans la montre tous les mouvements [dépendent] d'un poids très simple[64].

L'accent mis sur le caractère mécanique des mouvements célestes (utilisé d'une manière exagérée par une partie de l'historiographie) en excluant les âmes est en rapport étroit avec les résistances à son projet de fondation du copernicianisme de la part des héritiers de Tycho, son gendre Tengnagel en tête, avec la complicité de Longomontanus. Kepler décrit son angoisse dans une phrase laconique de la lettre à Herwart : « Néanmoins, je ne peux pas publier sans le consentement de Tengnagel »[65]. C'est cet obstacle qui impose à Kepler un processus discursif, une ligne 'rhétorique' caractérisée par l'union étroite des démonstrations géométriques et dynamiques, faisant abstraction de tout ce qui est relatif à l'animation des cieux et des corps célestes, c'est-à-dire d'une composante aussi centrale de sa cosmologie. Nous voyons la retenue de Kepler, non seulement dans le fait déjà souligné que le traité *De stella nova*, élaboré tout au long de 1605[66], donne une large part à l'expression de son animisme, mais aussi dans la confidence à son correspondant David Fabricius dans la lettre du 11 octobre 1605, où il affirme, à propos de leur discussion autour de la *nova,* que « néanmoins je ne suis pas loin

---

[63]   Lettre à Herwart, KGW 15, 146, n° 325, l. 65-67.

[64]   *Ibid.*, l. 55-61.

[65]   *Ibid.*, l. 67. En général, sur le harcèlement des héritiers de Tycho, voir Voelkel, *The Composition of Kepler's* Astronomia nova, chap. 7.

[66]   Voir F. Seck, « Johannes Kepler und der Buchdruck », *Archiv für Geschichte des Buchwesens*, 11, 1970, p. 609-726 (630-638).

de la philosophie de Cornelius Gemma, qui juge qu'il y a un seul et identique esprit dans tout l'univers»[67].

La conception mécanique du mouvement planétaire à partir de l'action «d'une force magnétique corporelle très simple» (qui n'est autre que la *vis motrix* solaire), laquelle n'implique pas toutefois la réduction ontologique de l'Univers à un système de corps en interaction mécanique, est, à notre avis, étroitement liée à la négation des âmes et des intelligences en tant qu'agents du mouvement planétaire qui est aussi formulée dans cette lettre, comme l'on a déjà vu. La remarque même, selon laquelle l'attribution du mouvement planétaire à l'action d'un principe animé interne implique un crime de lèse-majesté divine («quiconque croit qu'une montre est animée, attribue à l'œuvre la gloire de l'artisan») doit être entendue comme un argument théologique polémique contre l'explication tychonienne de l'origine du mouvement planétaire. C'est ce que nous voyons confirmé dans l'*Astronomia nova* même, où l'explication physique par la force motrice solaire dans la troisième partie de l'ouvrage se développe en même temps que Kepler argumente précisément l'impossibilité d'un moteur interne à la planète (âme ou intelligence) ou bien, dans la première partie, là où la critique de ce moteur interne est renforcée par l'idée du caractère païen et polythéiste des intelligences motrices, afin de montrer la plus grande conformité avec la religion chrétienne de l'explication physique élaborée par Kepler, en accord avec la géométrie céleste.

3. La physique céleste contre l'auto-motion des planètes dans l'*Astronomia nova*

Telle qu'elle fut présentée au public, l'*Astronomia nova* commence par une première partie (chapitres 1-6) où Kepler, outre qu'il remplace le Soleil moyen

---

[67] Lettre à David Fabricius, KGW 15, 258, n° 358, l. 738 s. Voir la déclaration plus explicite dans la lettre précédente de 21. 2. 1605 à Wolfgang Wilhelm von Neuburg, *ibid.*, KGW 15, 164, lettre n° 332, l. 111-117: «Derowegen ich hie *Cornelii Gemmae philosophiam* der warheit am ähnlichisten sein vermeine, wölicher *in libris cosmocriticis* fürgibet, das die ganze weite welt *unum aliquod animal* und drinnen ein ybermächtiger *spiritus mundi* seye, und wie im menschlichen leibe die *spiritus animales quovis fulmine citius* aus dem hirn in alle glider gehen, also gehe diser *spiritus mundi* durch die ganze welt und vereinige himmel und erden mit einander, das ein mitleiden zwischen ihnen seye». Cf. Miguel Á. Granada, «Novelties in the Heavens between 1572 and 1604 and Kepler's Unified View of Nature», *Journal for the History of Astronomy* 40, 2009, 393-402; sur Cornelius Gemma voir maintenant H. Hirai, ed., *Cornelius Gemma: Cosmology, Medicine and Natural Philosophy in Renaissance Louvain*, Pisa-Roma, Fabrizio Serra, 2008.

pour le vrai Soleil comme centre des mouvements planétaires[68] – conformément
à ce qu'on a déjà exposé au chapitre XV du *Mysterium* –, annonce toute une série
d'arguments réfutant la possibilité d'une auto-motion des planètes par une âme et
une intelligence propres. Au chapitre 2, en vertu de la discussion sur l'équivalence
des deux hypothèses géométriques essentielles qui expliquent la première
anomalie du mouvement planétaire, à savoir l'hypothèse d'un concentrique
et d'un épicycle et celle de l'excentrique, la discussion s'étend à la conception
d'Aristote et Peurbach, à savoir à des modèles qui présupposent la traction des
planètes par des orbes solides. Cela s'explique parce que Kepler se pose aussi la
question des «causes physiques» de ces deux hypothèses géométriques, c'est-
à-dire leur dimension d'hypothèses astronomiques ou physiques. Mais nous
croyons qu'après la considération d'une conception d'ores et déjà manifestement
obsolète, comme celle des sphères concentriques d'Aristote, se cache l'intention
képlérienne de discréditer l'hypothèse physique de l'auto-motion des planètes
par quelques objections, même théologiques, à la conception aristotélicienne du
mouvement planétaire.

En effet, Aristote, qui était convaincu de l'éternité du monde et du mouvement,
a attribué à chaque sphère ou orbe une intelligence gouvernant sa période et sa
course, en faisant finalement de ces intelligences des «intellects séparés, c'est-à-
dire *des dieux*, comme des administrateurs du mouvement éternel des cieux»[69].
Cette fonction attribuée aux intelligences était une conséquence, dit Kepler, de
l'erreur aristotélicienne qui consiste à ne pas croire à la création du monde par
Dieu, et par conséquent à son attribution aux moteurs de l'ordre même établi par
Dieu lors de la création. Les défenseurs d'Aristote, dont Kepler ne mentionne que
Jules César Scaliger, ont assumé cet exposé, qui au fond est païen, et qui – pour
utiliser les termes de la lettre adressée à Herwart von Hohenburg en février
1605 – «attribue à l'œuvre la gloire de l'artisan»:

> laquelle fonction a été nécessairement transférée par Aristote, parce qu'il ne savait
> rien d'un commencement du monde ou ne voulait pas y croire, aux auteurs mêmes
> [les intelligences séparées] des mouvements. Et les sectateurs d'Aristote et Scaliger
> (qui n'est Chrétien que de nom) disputent ouvertement si ce mouvement des

---

[68] KGW 3, 65, 25-36 et la présentation du chap. 1, p. 36 s. Ainsi les mouvements
     planétaires ont pour centre non pas un point vide, purement géométrique, mais le
     centre même de l'univers, mais non pas en tant que tel, mais parce qu'en lui se trouve
     le Soleil, «cœur du monde» («in quo Sol, cor mundi», *ibid.* KGW 3, 91, 12). Cf.
     KGW 3, 97, 25: «in Sole corde mundi».
[69] KGW 3, 67, 32-33 (trad. fr. de A. Segonds, *Le secret du monde, op. cit.*, p. 275); nous
     soulignons.

orbes est volontaire et ils attribuent aux orbes comme origine de cette volonté, une intellection et un désir[70].

Kepler le répète dans l'*Epitome*[71], en insistant sur la connexion de la doctrine des sphères et leurs intelligences avec une théologie païenne erronée qui méconnait la création du monde et attribue à la créature l'œuvre du créateur, avec les absurdités qui en résultent:

> À nouveau j'objecte à cette philosophie-là non pas tant l'autorité de la religion chrétienne que l'absurdité de sa doctrine, laquelle s'imagine des dieux dont le métier provient de l'ordre naturel même et qui en plus leur assigne de toute éternité des choses telles qui proviennent d'un premier principe unique de toutes choses au commencement du temps [...]. Cette philosophie s'appuie sur les orbes solides, et une fois que ceux-ci sont démolis, elle tombe avec eux[72].

L'élimination des orbes solides par Brahe, affirme Kepler, a privé les âmes motrices du «bâton» dont elles se servaient (comme «facultas movens» sur laquelle l'intelligence imprimait à son tour sa direction) et a obligé à chercher une nouvelle explication[73]. Toutefois, le recours à la «vis insita» dans le corps même de la planète, ce qui est commun à Brahe et à d'autres contemporains, n'est pas satisfaisant. En réalité, pense Kepler, il s'agit de la même explication avec la circonstance aggravante que l'élimination des orbes met en évidence la pénurie de raisons physiques, car – comme il l'avait dit en 1605 dans la lettre mentionnée à Longomontanus – «vous, astronomes tychoniens, après avoir dépouillé justement la Physique des orbes solides, vous la laissez injustement dépourvue en faisant qu'elle traite les vols des planètes dans la plus grande invraisemblance et confusion»[74]. Kepler avance alors l'impossibilité d'une production du mouvement circulaire (dans n'importe quelle des deux hypothèses, concentrique plus épicycle, ou excentrique) de la part de la planète même. Pour cela il faudrait à la fois une «puissance motrice» («facultas transvectandi corporis», «facultas motrix», c'est-à-dire, une âme) et une science ou connaissance de la course circulaire à

---

[70] KGW 3, 68, 21-25 (trad. de Segonds, *loc. cit.*, p. 276).

[71] KGW 7, 293 ss.

[72] *Ibid.*, p. 294, 30-34: «rursum illi obijcio non tam autoritatem Christianae disciplinae, quam ipsam absurditatem dogmatis, Deos fingentis, quorum munia sint ex naturae operibus, eisque interim asscribentis ab aeterno talia, quae necesse est ab uno primo principio rerum omnium in temporis exordio esse profecta». Ensuite (p. 295) Kepler rejette la possibilité que les moteurs soient des «anges ou une autre créature rationnelle».

[73] KGW 3, 69, p. 1-8.

[74] Cf. *supra*, note 62.

accomplir, qui ne peut être l'œuvre que d'un « esprit » ou intelligence[75]. Kepler se complaît à montrer l'insurmontable difficulté de la tâche à laquelle serait soumise cette intelligence : dans le premier cas elle devrait maintenir la planète avec une vitesse constante dans une course circulaire parfaite (l'épicycle) autour d'un point vide qui n'ait aucune différence par rapport à l'espace environnant et qui décrive à son tour un mouvement circulaire ; comment concevoir une capacité motrice dans un simple point géométrique de l'espace où il n'y a aucun corps ? Dans le deuxième cas (l'excentrique) l'intelligence de la planète devrait s'orienter par rapport à un point vide en s'efforçant de maintenir constantes ses distances par rapport à ce point, en même temps qu'elle subvient aux distances changeantes par rapport au corps excentrique (le Soleil ou la Terre) autour duquel elle tourne. L'intelligence (simple) sera occupée à plusieurs choses simultanément, ce qui rend les deux explications « absurdes »[76].

Justement cette absurdité oblige à conclure « qu'il ne se peut pas que la cause des mouvements rapides réside dans le corps de la planète ou bien dans son orbe ; je dois construire une voie pour persuader [qu'il y a] d'autres formes des mouvements, et plus simples »[77]. Cette autre voie est, naturellement, la nouvelle « physique céleste » édifiée dans l'*Astronomia nova*. Toutefois, avant de l'exposer de façon systématique dans la troisième partie, Kepler revient sur l'impossibilité des moteurs internes dans le chapitre 6 de la première partie. Il argumente ici à partir de la deuxième anomalie du mouvement planétaire qui est responsable des rétrogradations et des stations. À propos de l'hypothèse de Ptolémée, qui attribue aux planètes supérieures un épicycle, l'on pourrait penser à une force motrice présente au centre dudit épicycle (bien qu'il s'agisse d'un simple point mathématique en mouvement autour d'un autre point mathématique), qui en même temps « attire » la planète en mouvement sur la circonférence de l'épicycle.

---

[75] KGW 3, 69, 9-14 : « Comme la planète par une force immanente doit accomplir dans le pur éther un cercle parfait, [...] il est manifeste que ce moteur aura deux choses en partage : d'abord la puissance de transporter le corps ; ensuite, la science qui lui fait trouver la limite du cercle à travers ces purs espaces éthérés, où aucune des régions ne se distingue des autres : ce qui est l'office d'une intelligence », traduit par G. Simon, *Kepler astronome astrologue, op. cit.*, p. 353 (trad. légèrement modifiée).

[76] KGW 3, 69, 38-70, 35. Voir l'exposition dans Koyré, *La révolution astronomique, op. cit.*, p. 190 s. et dans Simon, *Kepler astronome astrologue, op. cit.*, p. 353-355.

[77] KGW 3, 70, 35-38 : « Atque ego eorum absurdorum assumptione hoc ago, ut tandem obtineam, non posse fieri, ut omnis motuum caussa vel in corpore Planetae vel alias in orbe ejus inhabitet, viamque struam ad formas motuum alias faciliores persuadendas ».

« Toute cette variété – signale Kepler – ne peut pas tomber dans une intelligence motrice, à moins qu'elle ne soit un DIEU, comme le défend Aristote dans sa *Méthaphysique* XII, 8 […]. De plus, comment une vertu pourrait-elle résider dans un non-corps ? comment fluera-t-elle depuis un non-corps vers la planète ? »[78]. Même si l'on distribue les fonctions entre deux intelligences, le problème subsiste[79].

Dans le cas du système tychonien – où la deuxième anomalie est un effet du transport de la planète par le Soleil autour duquel elle tourne, lorsque le Soleil se meut autour de la Terre – Kepler énonce la difficulté

> que puisse être en accord avec les principes physiques l'hypothèse selon laquelle le Soleil entoure la Terre avec son intelligence motrice, en la visant et se mouvant irrégulièrement en vertu de son rapprochement ou son éloignement par rapport à elle (à moins que tu veuilles faire la Terre plus noble que le Soleil et lui attribuer la force motrice du Soleil), alors que le Soleil même (comme chez Copernic) émet la force motrice de toutes les planètes […] ; entre-temps les planètes s'efforcent de réaliser dans le petit épicycle leurs rapprochements et leurs éloignements par rapport au Soleil, et en même temps de suivre les pas de ce dernier lorsqu'il se déplace autour de la Terre. Et ainsi chaque planète (dans une très grande mesure le Soleil) s'occupe à la fois de plusieurs choses[80].

Conformément à son programme et sa stratégie rhétorique, Kepler affirme reporter à un autre moment la question de la possibilité physique de cette conception[81]. Il est clair que, comme dans les cas précédents, il est convaincu que le modèle tychonien du mouvement planétaire est physiquement impossible.

Arrive le moment, dans la troisième partie, où après avoir donné et démontré le deuxième pas dans sa stratégie (le mouvement annuel de la Terre ou du Soleil présente aussi un équant ; partant, on doit bissecter son excentricité, ce qui fait que toutes les planètes présentent une course uniforme)[82] Kepler aborde aux

---

78   KGW 3, 97, 35-40.
79   *Ibid.*, p. 97, 40-98, 26. Dans les dernières lignes de ce passage Kepler précise que « ne sont pas ici pertinentes les sublimités que quelques uns pourraient vouloir m'opposer sur l'essence, le mouvement, l'endroit, les opérations des anges bienheureux et les intelligences séparées. Car nous sommes en train de discuter de choses naturelles d'une dignité très inférieure, de puissances (*virtutibus*) qui ne font usage d'aucune liberté pour modifier leur action, d'intelligences qui ne sont pas du tout séparées, puisqu'elles sont conjointes et unies aux corps célestes qui doivent être transportés ».
80   *Ibid.*, p. 103, 37-104, 6.
81   *Ibid.*, p. 103, 37-38.
82   Kepler développe ce sujet dans les premiers chapitres de la troisième partie (chap. 22-28). L'importance de ce point est telle que Kepler le désigne comme la "clé" qui ouvre tout

chapitres 32-39 la dynamique céleste qui produit le mouvement planétaire. Ainsi donc, en même temps qu'il présente cette dynamique dans ses divers aspects, il accumule des nouveaux arguments à l'encontre des intelligences motrices propres des planètes. Lorsque dans le chapitre 33 il expose que «la puissance (*virtus*) qui meut les planètes réside dans le corps du Soleil», Kepler ajoute au détriment de l'agent interne:

> Il sera peut-être absurde de dire que la force animale (*animalem vim*) qui réside dans le corps mobile de la planète et qui imprime le mouvement à l'astre augmente et diminue son intensité tant de fois sans éprouver ni fatigue ni vieillissement. Ajoute que l'on ne peut pas comprendre comment cette force animale peut transporter son corps par les espaces du monde si, comme Tycho Brahe a démontré, il n'existe les orbes solides. En plus, un corps rond ne dispose non plus d'ailes ou de pieds dont le mouvement permette à l'âme de transporter, moyennant un certain effort, ce corps à travers le champ de l'éther, comme s'il s'agissait d'oiseaux en l'air, et avec une résistance de ce champ[83].

C'est ce que l'on voit au chapitre 39, lors de la présentation de la «puissance propre à la planète» qui doit coopérer dans la production du changement de sa propre distance par rapport au Soleil. Ici l'on rappelle que «la force simple et solitaire qui réside dans le corps même ne suffit à transporter d'un endroit à un autre son corps, qui manque de pieds, d'ailes et de plumes où s'appuyer pour sillonner l'aura éthérée»[84].

Je n'entrerai pas ici dans une exposition détaillée de la physique céleste qui, à partir de la *vis motrix* émise par le Soleil, et conformément aux concepts

le reste et rend possible le déploiement des raisons physiques: «hac veluti clave inventa, reliqua patebunt», KGW 3, 191, 16-17. Kepler mène une démonstration rigoureuse *a posteriori*, c'est-à-dire à partir des observations face à l'exposé *a priori* déjà présent dans le *Mysterium* (chap. XXII). Kepler rappelle le précédent et le nouveau développement (qui n'admet point d'objection puisqu'il procède suivant la méthodologie acceptée universellement par la tradition astronomique, face aux réserves qu'avait suscité la méthode *a priori* du *Mysterium*) en KGW 3, 191 et 238, quoique dans ce dernier lieu il défend la possibilité d'une démonstration *a priori*: en arguant «à partir de la dignité et la prééminence du Soleil [...], que c'est la source de la vie du monde (laquelle se reflète dans le mouvement des astres) celui qui est aussi la source de la lumière, par laquelle il se manifeste la beauté de toute la machine, tout également qu'il est la source de la chaleur qui anime toutes choses, je crois que j'aurais mérité d'être écouté avec des oreilles bienveillantes». Sur l'importance et la nécessité de cette démonstration rigoureuse, à partir des observations, de la bissection de l'excentricité dans l'orbite de la Terre, voir Voelkel, *The Composition of Kepler's* Astronomia nova, *op. cit.*, p. 235 s.

83 KGW 3, 237, 3-10.
84 *Ibid.*, 256, 17-20.

physiques fondamentaux présentés dans l'Introduction, constitue l'alternative à l'action motrice des principes internes aux planètes. Je me bornerai à parcourir les principes fondamentaux tels qu'ils apparaissent au cours des chapitres très importants 32-39[85]. Le chapitre 32 établit, tout en confirmant ce qui a déjà été exposé en 1596, que « la puissance qui meut la planète en cercle s'affaiblit avec l'éloignement de la source », ce qui n'explique pas seulement la durée majeure des périodes des planètes les plus éloignées du centre, mais aussi et surtout que la vitesse d'une planète soit plus ou moins grande selon qu'elle est plus proche ou plus éloignée du Soleil dans son excentricité. Le chapitre 33 (« Que la puissance qui meut les planètes réside dans le corps du Soleil ») établit que, devant l'inertie ou la résistance du corps de la planète au mouvement par sa tendance naturelle au repos à l'endroit où elle se trouve actuellement, et par l'impossibilité d'un principe interne de sa translation (âme et intelligence), l'on doit reconnaître que la source de la « puissance motrice » est au centre depuis lequel l'excentricité se calcule, à savoir le Soleil situé immobile au centre du monde. L'*Astronomia nova* ajoute dans les chapitres 33 et 34 que cette puissance ou force motrice se répand depuis le Soleil sous la forme d'une « species immateriata » (image ou émanation immatérielle)[86] que le corps du Soleil, grand *magnete* qui tourne sur soi-même au centre du monde, émet radialement en toutes directions emportant la planète vers une course circulaire (l'orbite en tant que course dans l'espace causée par des forces physiques)[87].

---

[85] Pour une exposition plus complète nous renvoyons aux études fondamentales de Koyré, *La révolution astronomique, op. cit.*, IIe partie, ch. 4-6; Simon, *Kepler astronome astrologue, op. cit.*, p. 332-348; Voelkel, *The Composition of Kepler's* Astronomia nova, *op. cit.*, p. 236-246, et bien sûr à l'ouvrage capital de B. Stephenson, *Kepler's Physical Astronomy*, Princeton N. J., Princeton University Press, 1987.

[86] KGW 3, 240-242. Sur ce concept voir Stephenson, *Kepler's Physical Astronomy, op. cit.*, p. 68-75. On ne peut pas rentrer dans la question de savoir si la *species immateriata* émise par le Soleil comme véhicule de la *vis motrix* est une image/émanation matérielle (lisant *immateriata* comme 'made into matter', comme le fait S. Rabin dans « Was Kepler's *species immateriata* substantial? », *Journal for the History of Astronomy*, 36, 2005, p. 49-56) ou bien une espèce/émanation immatérielle, quoique corporelle, comme le défendent la quasi totalité des spécialistes. Concernant le sens d' *immateriata* dans cette deuxième ligne, voir Segonds dans *Le secret du monde*, p. 264, note 22: « L'adjectif *immateriatus* n'est pas attesté en latin classique; c'est, apparemment, une création de Kepler, qui emploie *materiatus* au sens de "matériel" dès les *Paralipomena* […]; donc *immateriatus* = immatériel ».

[87] Cf. Stephenson, *Kepler's Physical Astronomy, op. cit.*, p. 35 n. et l'étude plus récente de Goldstein-Hon, « Kepler's Move from *Orbs* to *Orbits*: Documenting a Revolutionary Scientific Concept », *op. cit.*

On doit signaler ici que le principe interne qui, en tant qu'agent du mouvement planétaire est exclu par cette physique céleste de la force motrice solaire, est introduit exceptionnellement comme cause – qui n'est autre que l'âme du Soleil – productrice de la rotation solaire et de l'émission dans l'espace du flux constant de la *vis motrix* associée à la *species immateriata*.

Cela confirme une fois de plus que l'*Astronomia nova* et sa physique céleste n'éliminent pas les âmes et n'introduisent pas un schéma théorique exclusivement mécaniste. Dans le domaine limité de la production du mouvement planétaire, ce qui constitue l'objet de l'ouvrage, elles excluent les principes du mouvement internes aux planètes, qui sont remplacés par la dynamique, plus efficiente et suffisante, de la force motrice solaire. Mais l'existence des âmes des planètes n'est point niée; plus encore, ainsi que le Soleil tourne en vertu de la puissance de son âme (ce qui ne requiert aucune intelligence), les planètes peuvent tourner en vertu de leur âme propre (la Terre avec sa rotation quotidienne émet la *vis motrix* qui fait tourner la Lune autour d'elle en 28 jours)[88], en même temps qu'elles manifestent l'existence de cette âme dans la perception des aspects planétaires et en général dans leur connaissance des archétypes divins qui président à la configuration de l'univers. Comme nous l'avons déjà dit, le *De stella nova*, dont la rédaction est contemporaine de la conclusion de l'*Astronomia nova*, est la preuve la plus irréfutable que la portée des conceptions cosmologiques de Kepler et leurs principes était beaucoup plus grande que ce que le programme restreint de l'*Astronomia nova* manifestait.

Or, si la planète est mue par la force motrice qui émane du Soleil, alors (comme le *Mysterium cosmographicum* l'avait déjà établi) elle devrait se trouver toujours à la même distance du Soleil, dans une course concentrique, et se mouvoir avec la même vitesse puisque la *vis motrix* déplace latéralement, sans attirer. Kepler doit expliquer physiquement comment se produit ce rapprochement et cet éloignement du Soleil (et donc l'excentricité) pour lesquels l'ouvrage de 1596 postulait encore un principe interne à la planète, son âme individuelle[89]. On le

---

[88] *Astronomia nova,* chap. 37, KGW 3, 252-254.

[89] Cf. *supra*, note 40. Encore à la fin de 1602, après avoir déjà réduit la *vis motrix* solaire à une faculté naturelle (*facultas naturalis*) ou corporelle, Kepler continuait à penser à une intelligence ou faculté animale comme l'agent de l'éloignement de la planète par rapport au Soleil. Voir la lettre à Fabricius du 1er décembre 1602 : « Nam videtur durum, planetam eniti e virtute Solis, quod est naturalis facultatis, et interim nitendo remittere, intendere, pro ratione exigentiae circuli aequalibus temporibus per aequalia spacia describendi, quod est animalis facultatis. Concinnius esset, ut omnem facultatem naturalem, Soli transcriberemus, cui maximam partem transcribimus,

sait, les chapitres 38 et 39, et plus loin le chapitre 57 expliquent cette action propre de la planète dans des termes physiques (la relation magnétique d'attraction et répulsion de la planète, corps magnétique doué de deux pôles positif et négatif par rapport au corps magnétique du Soleil), en excluant à nouveau l'action de l'âme-intelligence[90]. Kepler pouvait ainsi conclure fièrement dans l'Introduction :

et qui cor mundi est : planetae vero tantum intellectualem quampiam facultatem tribueremus, cui non viribus sed solo nisu opus esset. [...] Conficiat [planeta] gradus aequales aequalibus temporibus, metiatur descensum et ascensum suum specie Solis occurrente. Nam infra sub maiori angulo occurrit. Diametrum vero ad latera metiatur respectu fixarum. Haec omnia sine viribus facere potest, solo intellectu et nutu, quia globi caelestes versus Solem graves non sunt», KGW 14, 279, lettre n° 226, l. 618-643 [«Il paraît en effet difficile qu'une planète cherche à échapper à la puissance du Soleil, ce qui relève d'une faculté naturelle, et que, en faisant ces efforts, tour à tour elle décélère ou accélère, suivant ce qu'exige le fait de parcourir sur un cercle en des temps égaux des arcs de cercle égaux, ce qui relève de la faculté animale. Il serait plus approprié d'attribuer toute la faculté naturelle au Soleil, à qui nous en attribuons déjà la plus grande partie et qui est le cœur du monde, tandis que nous n'attribuerions à la planète qu'une faculté intellectuelle quelconque, laquelle aurait besoin non pas de forces mais d'un simple effort [*nisus*, à rapprocher évidemment du *enitor* du début]. [...] Que la planète parcoure des arcs égaux en des temps égaux, qu'elle mesure sa descente et sa remontée, parce que la *species* du Soleil la rejoint – en effet, en bas [la species] la rejoint sous un angle plus grand –, en revanche, qu'elle mesure le diamètre sur les côtés d'après les fixes. [La planète] peut faire tout cela sans avoir besoin de forces, simplement par l'intellect et l'effort, parce que les globes célestes vers le Soleil ne sont pas lourds»; nous traduisons]. L'intelligence et la volonté de la planète peuvent réaliser ce déplacement-là, pour lequel on ne précise pas la force (*vires*), s'orientant à travers la plus ou moindre magnitude de l'image perçue du Soleil et par la relation par rapport aux étoiles fixes.

[90]   La lettre à Maestlin du 5 mars 1605 constate déjà la nouvelle position : «Solis corpus est circulariter magneticum et convertitur in suo spacio, transferens orbem virtutis suae, quae non est attractoria, sed promotoria : Planetarum corpora contra, seipsis apta sunt ad quiescendum in quocunque mundi loco collocantur. Itaque ut a Sole moveantur contentione opus est, inde fit ut remoti a Sole lentius incitentur propinqui velocius [...]. Jam quilibet globus planetarum rursum statuendus est magneticus vel quasi (similitudinem enim volo, non pertinaciter rem ipsam) et quidem linea virtutis est recta, duos habens polos alterum fugientem a Sole alterum sequentem. Hic axis vi animali tenditur in partes Mundi easdem fere. Raptus igitur planeta a Sole iam fugiente polo obvertitur Soli, iam sequente : ita fit accessus et recessus ille libratorius : nec alium huius rei modum confingere potui», KGW 15, 172, n° 335, l. 93-106 [«Le corps du Soleil est circulairement magnétique et il se meut dans son espace propre, en transférant l'orbe de sa puissance qui est non pas attractive, mais promotrice, tandis que les corps des planètes sont, par eux-mêmes, disposés à demeurer en repos en quelque lieu du monde qu'ils se trouvent. C'est pourquoi, pour qu'ils soient mus par

Finalement donc, on a posé la base de l'édifice et on a démontré géométriquement qu'une libration de ce type est normalement l'effet d'une propriété corporelle magnétique. Ainsi, il a été démontré qu'avec la probabilité maximale ces moteurs propres des planètes ne sont que des affections des corps planétaires mêmes, similaires à celle qui désire le pôle dans l'aimant, et qui attire le fer, de sorte que toute l'explication des mouvements célestes s'effectue avec des propriétés simplement corporelles, à savoir magnétiques, à la seule exception de la rotation du corps solaire qui réside immobile à sa place, qui semble ne pouvoir être l'œuvre que d'une faculté vitale[91].

Conclusion

Alors que l'*Astronomia nova* était déjà sous presse, Kepler a clairement formulé, en quelques lettres adressées à Johann Georg Brengger, l'opposition frontale de sa nouvelle astronomie, dans laquelle le mouvement des planètes recevait une explication physique, à l'exposé plus traditionnel qui, plaçant le principe du mouvement dans les planètes mêmes, revenait finalement, par son recours aux âmes et aux intelligences planétaires, à une théologie païenne. En évoquant les déclarations présentes en ce sens dans l'*Astronomia nova*, Kepler disait dans sa lettre du 4 octobre 1607 : « j'enseigne à la fois une philosophie ou physique céleste contre une théologie céleste ou métaphysique d'Aristote »[92] ; dans une lettre adressée au même Brengger du 30 novembre de cette même année, il

le Soleil, ils ont besoin d'une contrainte, ce qui fait que, loin du Soleil, ils se meuvent plus lentement, tandis que plus proches, ils se meuvent plus vite. [...] Maintenant il faut poser que tout globe d'une planète est magnétique ou quasiment (ce que je veux, en effet, c'est une certaine ressemblance et non pas la chose elle-même), et assurément la ligne de la puissance est droite, puisqu'elle a deux pôles, l'un qui s'écarte du Soleil, l'autre qui le suit. Cet axe est tourné pratiquement vers les mêmes régions du monde par une puissance animale. La planète donc, entraînée par le Soleil, se tourne vers le Soleil tantôt par le pôle qui fuit, tantôt par celui qui suit [le Soleil] ; c'est ainsi que se produit ce mouvement oscillatoire d'accès et de recès ; et je n'ai pu imaginer un autre modèle pour expliquer cette chose », nous traduisons]. Notons, outre l'abolition de la distinction entre mouvement naturel et violent, la conservation d'un principe animé (*vi animali*) dans la planète, lequel néanmoins est responsable de l'orientation constante de l'axe, mais non pas de la libration qui produit le changement en la distance par rapport au Soleil, laquelle se produit par l'interaction magnétique (naturelle ou corporelle) entre la planète et le Soleil. On le voit donc, l'explication *physique* du mouvement planétaire n'implique pas l'abolition de tout principe interne ou âme dans les corps célestes.

[91]   KGW 3, 35, 10-17, cité partiellement *supra*, note 41.
[92]   KGW 16, lettre n° 448, p. 54, 4-6.

ajoutait: «J'expulse [les cercles] non pas du calcul, mais du ciel. C'est-à-dire, je nie les orbes solides; je nie également que les planètes aient des intelligences qui poursuivent les cercles. Au contraire, j'affirme que les planètes sont mues par des puissances (*virtutibus*) magnétiques»[93]. On pourrait trouver peu d'expressions si catégoriques, non seulement sur l'opposition de sa conception de la cause productrice du mouvement planétaire à l'ancienne doctrine des intelligences motrices, mais aussi sur la conviction solide de l'astronome impérial sur le caractère en dernier ressort religieux et païen (par la divinisation du ciel et des corps célestes qu'elle impliquait) de la doctrine des agents volontaires internes. Aussi, dans ce cas, était-il évident qu'avec sa physique céleste ou astronomie nouvelle Kepler exerçait son métier de «prêtre de Dieu quant au livre de la Nature»[94], en construisant une astronomie chrétienne rendant au créateur du monde et du système planétaire la gloire exclusive qui lui est due, et qu'on avait frauduleusement transférée à la créature.

S'il est donc hors de doute que le rejet des intelligences motrices a cette dimension théologique, on pourrait se demander laquelle de ces dimensions précède chronologiquement l'autre et agit comme stimulant dans son élaboration théorique. Est-ce le rejet de la doctrine païenne des intelligences motrices qui a poussé Kepler à son élaboration d'une physique céleste basée dans des forces motrices de caractère naturel ou magnétique? Ou au contraire, est-ce la physique céleste fondée dans le principe de la *vis motrix* solaire qui a cherché un appui et un soutien théologique plus ou moins rhétorique, dans l'impossibilité d'un moteur interne intelligent?

[93] KGW 16, lettre n° 463, p. 84, 9-11.
[94] L'expression apparaît déjà dans la lettre à Herwart von Hohenburg du 25 mars 1598 (KGW 13, 193, n° 91, l. 182 s.) et elle réapparaîtra dans l'*Epitome*, KGW 7, 9, l. 11. Mais voyez la lettre à Maestlin du 3 octobre 1595, dans KGW 13, 40, lettre n° 23, 253 ss. et la conclusion du *Mysterium cosmographicum*: «Et toi maintenant, ami Lecteur, ne va pas oublier la fin de tous ces [efforts], à savoir la connaissance, l'admiration et la vénération du Très Sage Artisan», trad. Segonds, p. 193. Voir aussi *Astronomia nova*, KGW 3, 33: «Dieu a concédé [à l'astronome] la vision la plus pénétrante de l'oeil de l'intelligence et une capacité et un désir de célébrer son Dieu par-dessus les choses qu'il a découvertes». Sur cette question, voir J. Kozhamthadam, S. J., *The Discovery of Kepler's Laws: The Interaction of Science, Philosophy, and Religion*, Notre Dame-London, University of Notre Dame Press, 1994, notamment p. 39-43; P. Barker, B. R. Goldstein, «Theological Foundations of Kepler's Astronomy», *Osiris*, 16, 2001, p. 88-113; R. S. Westman, «Was Kepler a Secular Theologian?», dans R. S. Westman and D. Biale, eds, *Thinking Impossibilities. The Intellectual Legacy of Amos Funkenstein*, Toronto-Buffalo-London, University of Toronto Press, 2008, p. 34-62.

Bien que l'*Astronomia nova*, avec son récit apparent du cours *historique* de la gestation de la physique céleste, commence par une première partie concluant à l'extrême invraisemblance et même l'impossibilité des intelligences motrices, il faut exclure l'antériorité de ce résultat, et cela non seulement parce que la première partie de l'*Astronomia nova* a été rédigée à un moment tardif, mais aussi parce que dès que Kepler entre dans la scène du débat astronomique et cosmologique, avec sa dissertation scolaire de 1593, il défend le principe de la *vis motrix* solaire comme moteur du mouvement planétaire. Le *Mysterium cosmographicum* de 1596 a été aussi construit sur ce principe comme le fondement qui permet de comprendre «la raison des mouvements» planétaires. Et le Kepler de 1596 n'avait pas abandonné la notion des âmes comme l'origine des forces motrices, car il était très influencé par la doctrine des intelligences motrices de Scaliger. En somme, il semble que le jeune Kepler ne juge pas qu'il y ait une incompatibilité entre la 'physique céleste' (au moins la production du mouvement planétaire par des forces motrices) et l'existence de principes internes volontaires et intelligents dans les planètes. Encore au début du XVIIe siècle, vers la fin de 1602, comme le montre la lettre adressée à Fabricius datée du mois de décembre, la production physique du mouvement de la planète par la *species immateriata* solaire coïncidait avec la production par l'intelligence et la volonté internes à la planète de la variation de sa distance par rapport au Soleil. Nous pensons que la séparation d'intelligences motrices et de forces physiques en tant que deux représentations antinomiques de la production du mouvement planétaire a eu lieu pendant les années de gestation de l'*Astronomia nova*, entre 1602 et 1605, et que la ligne directrice dans le processus a été l'élaboration de la physique céleste dans des termes de *virtutes* ou forces naturelles magnétiques, c'est-à-dire dans des termes de relations entre corps, indépendamment des principes internes.

La lettre à Maestlin de mars 1605 le montre en toute clarté. Cela a abouti à récuser l'existence de principes internes (les intelligences) comme une théorie qui devait être combattue et discréditée. La critique de son caractère religieux, et plus précisément païen, constituait un allié précieux dans le développement des composantes 'rhétoriques' du programme képlérien de présentation et de consolidation de la physique céleste, un programme qui devait lutter contre l'opposition presque unanime de ses contemporains, lesquels restaient fermement fidèles à la conception traditionnelle de l'astronomie comme une géométrie céleste qui acceptait la pseudo-explication physique de la production des mouvements au moyen de principes internes, d'âmes ou d'intelligences.

«Pour dire les choses en un mot», avec Gérard Simon, «ce n'est qu'avec Kepler que l'astronomie atteint le concept moderne d'*orbite*, comme trajectoire résultante du jeu des forces qui s'exerce [depuis l'extérieur] sur un astre. Toute utilisation de ce terme pour parler des techniques en usage dans l'Antiquité, ou léguées par elle, risque de conduire à un anachronisme [...] et l'homonymie ne peut que masquer le changement qui se produit à partir de l'*Astronomie nouvelle*. Le recours à l'étude des causes du mouvement, c'est-à-dire des forces n'y est nullement marginal; tout au contraire, il est essentiel à la démarche qui mène Kepler à un nouveau champ d'objectivité [...]. Ainsi, quelques trente ans après que les orbes eurent été détruits par Tycho Brahe, le concept moderne d'orbite se reconstruisait sur leurs ruines, et éliminait du ciel les techniques circularistes qui en étaient les ultimes vestiges»[95],

des techniques circularistes qui, au contraire, trouvaient aussi dans les moteurs intelligents et volontaires internes leurs derniers protecteurs.

---

[95] Simon, *Kepler astronome astrologue, op. cit.*, p. 389 s. Nous voulons conclure ce travail avec ces mots de Gérard Simon, en hommage à la grande clairvoyance de son livre, qui anticipe en maints aspects sur des recherches plus récentes dans le domaine anglo-saxon, comme celles de Bruce Stephenson et dernièrement l'article très important de Bernard Goldstein et Giora Hon «Kepler's Move from *Orbs* to *Orbits*: Documenting a Revolutionary Scientific Concept».

Le *Tertius interveniens* (1610), réponse de l'astrologue Kepler au médecin Feselius

in memoriam
Gérard Simon (1931-2009) &
Alain-Philippe Segonds (1942-2011)

Prague, 3 janvier 1610. L'encre de l'*Astronomia nova* était pour ainsi dire encore fraîche et Kepler s´apprêtait à expédier à l´imprimerie un opuscule intitulé *Tertius interveniens*. Le texte, fort négligé par l'historiographie, a récemment fêté son quatrième centenaire dans une belle indifférence. Comment expliquer le fait? Par la langue du texte, peut-être: l'*incipit* latin dit peu du rugueux *Frühneuhochdeutsch* dans lequel il est rédigé. En outre, le fait que le libelle soit ordinairement catalogué dans la production astrologique du *mathematicus* a très certainement joué un rôle dans ce jugement tacite. L'ouvrage fut certainement moins discuté que *l'Astronomia nova*, mais il reste hasardeux de spéculer sur son tirage et sa diffusion.[1] Les éditeurs des *Gesammelte Werke*, quant à eux, ne l'ont

* Je tiens à remercier, pour les documents transmis et/ou les remarques adressées à ce travail, MM. Prof. Dr. Thomas Gloning (Universität Giessen), Prof. Dr. Miguel Á. Granada (Universitat de Barcelona), Dr. Jürgen Hamel (Archenhold-Sternwarte Berlin), Edouard Mehl (Université de Strasbourg). Alain-Philippe Segonds avait également relu ce travail. Son décès brutal, le 2 mai 2011, nous empêche de témoigner

guère mis en valeur en le publiant dans un volume intitulé *Kleinere Schriften.*
Pourtant, le propos du *Tertius interveniens* dépasse de loin la seule astrologie : à
bien le lire, on y découvre ramassée en une centaine de pages à peu près toute la
philosophie du *mathematicus.* On y trouve en effet des considérations d'astrologie,
d'astronomie, d'harmonique, de psychologie, d'optique, de médecine, de
botanique, de métaphysique et de théologie qui en font un véritable miroir de la
pensée keplérienne.

De quoi traite le *Tertius interveniens?* A question simple, réponse malaisée.
C'est qu'il s'agit, en partie, d'un ouvrage de controverse concernant la valeur de
l'astrologie, comme la Renaissance en a connu.[2] Kepler ferraille avec des auteurs

notre reconnaissance autrement que de manière posthume. Que Concetta Luna et
Michel Pierre Lerner, qui nous ont aimablement communiqué les feuillets annotés par
A.-Ph. Segonds trouvent ici l'expression de notre gratitude.

[1]   La *Bibliographia Kepleriana* de Jürgen Hamel (München 1998) fournit, p. xi-xii,
les chiffres des exemplaires connus à ce jour : « Zahl der nachgewiesenen Exemplare
einzelner Kepler-Werke : *Astronomia nova* 175 ; *Tertius interveniens* 49. » (En fait, 50,
compte tenu d'un exemplaire non recensé conservé à la bibliothèque de l'Observatoire
de Paris). Dans le présent volume, Isabelle Pantin donne une fourchette de 200 à
600 exemplaires pour le tirage de l'*Astronomia nova.* Dans un livre fondamental,
Le livre et ses secrets (Genève 2003), J.-F. Gilmont invite à considérer les chiffres des
survivants avec beaucoup de prudence. Étudiant le cas des éditions de Calvin du XVIe
siècle, l'historien infère tout de même (*op. cit.,* p. 327-329) que « les grands formats
résistent mieux que les petits », que le latin se conserve mieux, et que la polémique « se
conserve moins bien ». On peut supposer que l'*Astronomia nova,* imposant volume
rapidement convoité par les bibliophiles, fut davantage objet de soin que le petit
Tertius interveniens, grossièrement imprimé sur du méchant papier. L'existence d'une
seconde émission du *Tertius interveniens,* comportant par erreur un poème destiné à la
Strena de 1611 (signalée par F. Seck, Johannes Kepler und der Buchdruck, *Archiv für
Geschichte des Buchwesens* 11, 1970, p. 649-651 et 659-660), n'est pas nécessairement
l'indice d'un succès de librairie. Il y a peut-être là, au contraire, la preuve d'une
mévente. Concernant les ouvrages polémiques, on notera l'invitation de J.-F. Gilmont
à distinguer la polémique savante, « genre éphémère destiné à un public restreint », de
la polémique populaire, « généralement en langue vernaculaire et de petit format [qui]
a donc peu de chances d'être conservé avec beaucoup de soin » (J.-F. Gilmont, *op. cit.,*
p. 328-329, voir aussi p. 290-291, 304-307). Le *Tertius interveniens* pourrait bien
ressortir à cette catégorie.

[2]   On lira avec profit l'ouvrage d'Eugenio Garin, *Lo zodiaco della vita* (Roma ; Bari
1976), tr. fr. par Jeannie Carlier, *Le zodiaque de la vie. Polémiques antiastrologiques à la
Renaissance* (Paris 1991). Querelles, controverses et polémiques savantes commencent à
retenir l'attention des historiens des sciences. Signalons trois contributions importantes
à ce sujet : M. Dascal, « Controverses et polémiques », in : M. Blay & R. Halleux, éd.,
La science classique. XVIe-XVIIIe siècle (Paris 1997), p. 26-35 ; I. Pantin, La querelle

bien oubliés, et dont la connaissance conditionne pour partie la compréhension du *Tertius*. Certes, Helisaeus Roeslin (1545-1616) commence à intéresser les historiens de l'astronomie. Certes, Abraham Scultetus (1566-1624) n'est pas inconnu aux historiens de la théologie : il a participé au Synode de Dordrecht et nous a laissé une autobiographie. Mais Melchior Schaerer ou Philipp Feselius sont encore très largement inconnus.

Comment lire le *Tertius interveniens*? Notre instituteur sera ici Gérard Simon qui, dans son dernier ouvrage, écrivait :

> Dès lors qu'on lit un auteur du passé, il faut le lire à la lettre et tout entier, sans distinguer entre ce qui nous paraît aujourd'hui rationnel et ne pas l'être, avoir un avenir ou n'en pas avoir, être «moderne» ou «archaïque».[3]

L'objectif de ce travail est triple. Nous essayons *(a)* de préciser le contexte polémique qui a présidé à la naissance du *Tertius interveniens*. De là, nous montrons *(b)* que le *Tertius interveniens* doit être lu comme une réponse aux attaques de Feselius. Nous proposons enfin *(c)* une lecture du *Tertius interveniens* basée sur l'hypothèse suivante : et si le *Tertius interveniens* s'avérait être, plus fondamentalement qu'un ouvrage d'astrologie, un texte de «physique» ou, selon la terminologie de l'époque, de «philosophie naturelle»? Soit donc, incidemment, à préciser le sens du mot «physique», et à questionner le rôle d'une «physique» dans la stratégie argumentative du texte.

1. *Tertius interveniens* : titre énigmatique, texte polémique

Le *Tertius interveniens* n'a eu droit, à ce jour, qu'à quelques publications spécifiques et quelques mentions noyées dans des ensembles plus vastes.[4] La

---

savante dans l'Europe de la Renaissance. Éthique et étiquette, *Enquête. Anthropologie, Histoire, Sociologie* 5, 1997, p. 71-82 et 226-229 ; et N. Jardine & A.-Ph. Segonds, «Le conflit et l'historien», in : *La guerre des astronomes*, vol. 1 (Paris 2008), p. 1-26.

3   G. Simon, *Sciences et histoire* (Paris 2008), p. 121.

4   Les notices de Frisch (Frisch **1**, 545-546) et Caspar (KGW **4**, 436-440), de même que l'annotation à leurs éditions, constituent un point de départ indispensable. Sur le projet de réforme de l'astrologie du *Tertius*, voir F. Krafft, «*Tertius interveniens* : Johannes Keplers Bemühungen um ein Reform der Astrologie», in : A. Buck, Hrsg., *Die okkulten Wissenschaften in der Renaissance* (Wiesbaden 1992), p. 197-225. Sur les aspects linguistiques de la controverse, voir Th. Gloning, «Zur sprachlichen Form der Kepler / Röslin / Feselius-Kontroverse über Astrologie um 1600», in : M. Dascal, G. Fritz, ed., *Controversies in the République des Lettres. 3, Scientific controversies and theories of controversies* (Gießen ; Tel-Aviv 2002), p. 35-85 ; quelques remarques sur

première traduction du texte n'a paru que très récemment.[5] Il nous a semblé utile d'en proposer une rapide présentation.

Le texte, nous l'avons dit, fut publié peu après l'*Astronomia nova* et l'*Antwort auff Roeslini Discurs* (1609).[6] Le titre exact du *Tertius* dit assez bien l'objectif poursuivi par Kepler : « *Tertius interveniens*, c'est-à-dire Avertissement à certains théologiens, médecins et philosophes, et en particulier le Dr. Philipp Feselius, afin que, dans leur légitime rejet des superstitions astrologiques, ils ne jettent pas le bébé avec l'eau du bain et ne causent par là-même inconsidérément du tort à leur profession… ».[7] Il s'agirait donc à première vue d'une défense raisonnée de

la langue du *Tertius* figurent chez G. Fritz, *Einführung in die historische Semantik* (Tübingen 2005), pp. 91, 114, 126, 190-191, 224-225. Sh. Rabin a consacré aux conceptions astrologiques de Pic de la Mirandole et Kepler un Ph.D. (New York 1987). Voir également Id., Kepler's Attitude toward Pico and the Anti-astrology Polemic, *Renaissance Quarterly* **50**-3, 1997, 750-770 ; Id., Was Kepler's *species immateriata* substantial?, *Journal for the History of Astronomy*, **36**-1, 2005, 49-56. Curieusement, le *Tertius interveniens* semble avoir davantage attiré l'attention du psychanalyste Carl Gustav Jung et du physicien Wolfgang Pauli, comme en témoigne leur volume *Naturerklärung und Psyche* (Zürich : Rascher, 1952). Traduction du texte de Jung par C. Maillard et Ch. Pflieger-Maillard, « La synchronicité, principe de relations acausales » in : C.G. Jung, *Synchronicité et Paracelsica* (Paris 1988), p. 19-119 ; et de W. Pauli dans : *Le cas Kepler*, trad. M. Carlier (Paris 2002).

5   Kepler, *Kepler's Astrology. The Baby, the Bathwater, and the Third Man in the Middle* ; tr. Ken Negus ; introduction and notes by Valerie Vaughan. [s.l.] : Earth Hearth Publications, 2008. (Nous a été inaccessible).

6   Dans la *Bibliographia Kepleriana,* les trois ouvrages portent respectivement les numéros BK 31, 32 et 33.

7   TERTIVS INTERVENIENS *Das ist / Warnung an etliche* Theologos / Medicos *vnd* Philosophos, *sonderlich* D. Philippum Feselium / *daß sie bey billicher Verwerffung der Sternguckerischen Aberglauben / nicht das Kindt mit dem Badt außschütten / vnd hiermit jhrer Profession vnwissendt zuwider handlen. Mit vielen hochwichtigen zuvor nie erregten oder erörterten* Philosophischen *Fragen gezieret / Allen waren Liebhabern der natürlichen Geheymnussen zu nohtwendigem Vnterricht / gestellet durch Johann Kepplern / der Röm. Keys. Majest.* Mathematicum […] *Gedruckt zu Franckfurt am Mäyn / Jn Verlegung Godtfriedt Tampachs. Jm Jahr 1610.* – Remarques sur les caractéristiques des trois principales éditions avec relevé des principales variantes dans N. Roudet, « Tampach, Frisch, Caspar : note sur trois éditions du *Tertius interveniens* de Kepler », *Archives internationales d'histoire des sciences*, à paraître (2011). Vieillie et inutilisable, l'édition Frisch donne néanmoins des extraits de Feselius et Roeslin nécessaires à l'intelligence du *Tertius*. Nous donnons ici les références au *Tertius interveniens* d'après le volume 4 des KGW : on indique le paragraphe, la page et la ligne [par ex. : § 9, p. 162, 22-23 = KGW **4**, 162, 22-23].

l'astrologie, ou, plus précisément, d'une *certaine* astrologie, contre les attaques de Philipp Feselius.

Le titre du libelle, *Tertius interveniens*, mérite à lui seul un commentaire détaillé. Il s'agit d'une formule juridique, encore assez peu usitée par les juristes à cette époque, semble-t-il, dont nous avons trouvé trace chez un contemporain de Kepler, le juriste Christoph Besold (1577-1638).[8] Toutefois, sa signification a embarrassé les commentateurs. Montucla, par exemple, estime que *tertius interveniens* exprime l'idée de médiation entre deux adversaires.[9] Ce n'est pas tout-à-fait exact. La formule exprime certes l'idée d'une intervention de Kepler dans une querelle entre deux protagonistes. Les deux parties sont ici représentées par Roeslin et Feselius: « Illustrissime, noble et gracieux Prince et Seigneur, l'été dernier ont paru deux opuscules en allemand, de deux médecins réputés, le *Dr. Helisaeus Roeslinus*, et le *Dr. Philippus Feselius*, humblement dédicacés et adressés à Votre Gracieuse Majesté, le premier défendant l'astrologie, le second la rejetant. »[10] Mais le titre précise que l'avertissement s'adresse à

---

[8] Besold, *Disputatio de processu judiciario*, § IV, p. 19, in: *Thesaurus practicus... editio secunda et posthuma* (Norinbergae: VVolffgangi Endteri, 1643): « Quod si vero post denunciationem non veniat, (quod quidem ipsi liberum est) tunc me condemnato, statim evictionis nomine conveniri potest. Itaque quando venit, vt me defendit, is tunc *Tertius interueniens* seu *Assistens* vocatur. » Texte numérisé consulté en ligne: www.uni-mannheim.de/mateo/camaref/besold.html. Autre occurrence de l'expression chez Kepler, *Eclogae chronicae* (KGW **5**, 287, 18-20): « Itaque non vt iudex, sed vt tertius interueniens breuissime Calvisii Epistolam percurram. » (*Epist. XVI. Iohan. Keplerus, Ioh. G. S., August. 1610*).

[9] Montucla, *Histoire des mathématiques*, vol. 2 (Paris 1802; réimp. Paris 1960), p. 274: « Je me contente d'indiquer encore un des écrits de Kepler, qui a rapport à l'astrologie, dont il n'étoit pas parfaitement désabusé. Il est en allemand, et est intitulé *Tertius interueniens, das ist Warnung, &c.* Il y joue le rôle de médiateur entre deux personnes dont l'une donne trop à cette vaine science, et l'autre lui paroît la mépriser trop. »

[10] *Tertius interveniens*, [lettre dédicace], p. 149, 6-10: « Durchleuchtiger / Hochgeborner Gnädiger Fürst vnd Herr / Es seynd diesen verschienen Sommer E.F.G. zwey teutsche Büchlein von zweyen berühmten *Medicis*, *D. Helisaeo Röslino*, vnd D. *Philippo Feselio* vnterthänig dediciret vnd zugeschrieben / vnd die *Astrologia* von dem einen vertheydiget / vnd dem andern aber verworffen worden. » Thorndike, dans son *History of Magic and experimental Science*, vol. 7 (New York 1958), p. 18, prétend que la controverse se joue entre Feselius et Melchior Schaerer: « ... in his *Tertius interveniens* of 1610, so called because he intervened in the controversy between Schärer, a pastor who had issued prognostications and defended astrology, and Feselius, physician of the Markgraf of Baden, who had attacked it. » L'ouvrage de Feselius était en grande partie dirigé contre Melchior Schaerer, mais le nom de Schaerer n'apparaît pas dans le *Tertius*. M. Graubard, dans son article « Astrology's Demise and its Bearing on the Decline and

ceux qui «[rejettent les] superstitions astrologiques». Or Roeslin ne rejette
pas franchement l'astrologie, ni des éléments que Kepler considère comme
superstitieux. La formule nous semble exprimer plus fondamentalement l'idée
que le tiers intervenant (Kepler), tout en étant extérieur à la controverse Feselius-
Roeslin, possède un intérêt dans l'affaire.[11] Il s'agit tout d'abord pour Kepler
de défendre la légitimité (tant théorique que juridique) de l'astrologie afin
de faire valoir son droit à la pratiquer : c'est là une sorte de droit d'ingérence
philosophique.[12] Mais aussi, *in fine*, de défendre son droit à commercialiser
des almanachs, qui constituaient pour lui une source importante de revenus.

La dédicace du *Tertius interveniens,* adressée au margrave Georg Friedrich von
Baden-Durlach, est datée du 3 janvier 1610.[13] Ce geste ne doit rien au hasard :
le *Gründtlicher Discurs von der Astrologia Judiciaria* de Feselius[14] et le *Historischer*

Death of Beliefs», *Osiris,* **13**, 1958, 242-245, fournit un meilleur compte rendu de la
controverse.

11   Voir A. Furetière, *Dictionnaire universel* (La Haye ; Rotterdam 1690), *s.v.* intervenant :
     «Terme de Palais. Celui qui se rend partie en un procés pour y conserver ses interests.
     Les parties *intervenantes* doivent faire apparoir de leurs interets, avant que d'estre
     receües en cause. »

12   Il existe au moins un autre cas d'intervention en tiers de Kepler, vers 1600. Dans
     un texte composé à la demande de Tycho Brahe, et resté à l'état de manuscrit, la
     Refutatio libelli, cui titulus Capnuraniae restinctio (éditée en KGW 20-1, 85-87),
     Kepler justifie son droit d'intervenir dans la polémique qui opposait Tycho Brahe et
     John Craig : «Puisqu'il s'agit d'un procés qui ne concerne pas des personnes, mais
     se déroule devant le tribunal de la philosophie, c'est le droit de quiconque aime la
     science des réalités divines de s'en mêler, car la philosophie est le bien commun de
     l'espèce humaine.» (KGW **20**-1, 85, 17-20 ; trad. Segonds/Jardine, in : *La guerre des
     astronomes,* t. 2/2, p. 365 ; dossier de l'affaire en KGW **20**-1, 477-479).

13   *Tertius interveniens,* [lettre dédicace], p. 149, 1-4 : «Dem Durchleuchtigen
     Hochgebornen Fürsten vnd Herrn Herrn Georg Friederichen Marggraffen zu Baden
     vnnd Hochberg / Landtgraffen zu Sausenberg / Herrn zu Rötelen vnd Badenweiler / &c. »
     La lettre dédicace est éditée dans : *Johannes Kepler in seinen Briefen,* hrsg. M. Caspar &
     W. von Dyck (München ; Berlin 1930), Bd. 1, p. 336-340, mais pas dans les KGW.

14   Feselius, *Gruendlicher Discurs von der Astrologia Judiciaria / auß den fürnemsten
     Authoribus zusammen gezogen / und den Vorrede zweyer* Prognosticorum *Herren M.
     Melchior Schärers Pfarrherren zu Mentzingen / von Anno 1608. und 1609. entgegen
     gesetzt.* […]. Gedruckt zu Straßburg/In Verlegung Lazari Zetzneri, MDCVIIII,
     [lettre dédicace] : «Dem Durchleuchtigen Hochgebornen Fuersten und Herren /
     Herren Georg Friderichen / Marggraven zu Baden unnd Hochberg / Landgraven zu
     Sausenberg/Herren zu Roetelen unnd Badenweyler/Meinem gnedigen Fuersten und
     Herren». – Exemplaires repérés : BM Montbéliard [cote = Q 30 (XVII)] ; SLUB
     Dresden (=Astron. 584, 28) ; UB Salzburg (= Rarum 986) ; ÖNB Wien (=74.J.190) ;

politischer und astronomischer naturlicher Discurs von heutiger Zeit Beschaffenheit de Roeslin[15], tous deux publiés en 1609, étaient dédicacés à Georg Friedrich von Baden-Durlach.[16] Les Baden-Durlach et leur entourage mériteraient d'ailleurs davantage d'attention, eu égard aux personnages qui gravitèrent dans leur orbite. Outre Feselius, on pourrait citer Samuel Eisenmenger (1534-1585)[17], professeur de médecine à Tübingen, médecin personnel du margrave Karl II de Baden-Durlach (1529-1577), et qui fera le déplacement à Durlach en compagnie

HAB Wolfenbüttel (numérisé à l'adresse http://www.hab.de/bibliothek/wdb/) ; British Library (= 1608/649). L'exemplaire d'Uppsala signalé par Petrus F. Aurivillius, *Catalogus librorum impressorum bibliothecae Regiae Academiae Upsaliensis* (Upsaliae 1814), vol. 1, p. 293, s'y trouve toujours.

15 Roeslin, *Historischer politischer und astronomischer naturlicher Discurs von heutiger Zeit Beschaffenheit.* Gedruckt zu Straßburg bey Konrad Scher in Verlegung Paulus Ledertz, 1609. Version numérisée par la Bibliothèque de l'Université de Strasbourg. Wilhelm Kühlmann a procuré une édition annotée de la préface de Roeslin à Georg Friedrich dans : «Eschatologische Naturphilosophie am Oberrhein. Helisaeus Röslin (1554-1616) erzählt sein Leben», in : G. Frank *et alii*, Hrsg., *Erzählende Vernunft* (Berlin 2006), p. 167-174 (importante bibliographie).

16 Sur Georg Friedrich Rötteln-Sausenberg, margrave de Baden-Durlach (*1573 +24.9.1638), voir Frisch **1**, 666, n. 37 ; A. Duch, in : NDB 6 (1964), 197-199. Sur sa politique confessionnelle, voir H. Bartmann, *Die Kirchenpolitik der Markgrafen von Baden-Baden im Zeitalter der Glaubenskämpfe* (Freiburg 1961), p. 234-288 ; H. Schwarzmeier, «Die feindliche Brüder. Das Jahrhundert der Konfrontation», in : M. Klein, Hrsg., *Handbuch der Baden-Württembergische Geschichte* (Stuttgart 1995), Bd. 2, p. 222-226.

17 Notice sur Eisenmenger, dit *Siderocrates*, dans Melchior Adam, *Vitae germanorum medicorum* (Francofurti 1620), p. 257-258 (consulté en ligne sur le site de l'Université de Mannheim). Une lettre d'Eisenmenger à Maestlin figure dans le *Corpus Paracelsisticum*, édité par W. Kühlmann et J. Telle (Tübingen 2004), Bd. 2, p. 883-885.

d'Helisaeus Roeslin (1545-1616)[18]. Mais aussi Johannes Pistorius (1546-1608)[19], médecin et théologien de Karl II à Durlach, puis confesseur de Rodolphe II à Prague, et qui apparaît plusieurs fois dans la correspondance de Kepler. Une lettre de Kepler à Georg Friedrich, datée de 1607, fut également écrite à l'occasion de l'envoi du *De stella nova*.[20]

2. Les circonstances extérieures : Roeslin, Schaerer, Feselius

De Roeslin, il est peu question dans le *Tertius*. Kepler lui ayant déjà répondu dans son *Antwort auff Roeslini Discurs* paru quelques mois auparavant, le *Tertius* va s'attacher à répondre à Philipp Feselius. Trouvé à Graz, un catalogue autographe des écrits de Kepler résume précisément le but et la cible de l'ouvrage : «*Tertius interveniens*, contre le *Dr. Feselius*, pour sauver ce qu'il y a de naturel dans

---

[18]   Sur Helisaeus Roeslin (Plieningen 1545-1616), à ne pas confondre avec Eucharius Röslin, père (†1526) et fils (†1533), voir P. Diesner, *Leben und Streben des Elsässischen Arztes Helisaeus Röslin* (1544-1616), *Jahrbuch der Elsass-Lothringischen Wissenschaftlichen Gesellschaft zu Strassburg*, **11**, 1938, 192-215 ; M. List, «Helisäus Röslin, Arzt und Astrologe», in : *Schwäbische Lebensbilder,* hrsg. von H. Haering u. O. Hohenstatt, Bd. 3 (Stuttgart 1942), p. 468-480 ; W. Kühlmann [2006] et les récents travaux de M.A. Granada, par exemple, «La théorie des comètes de Helisaeus Roeslin», in : M.A. Granada, E. Mehl, éd., *Nouveau ciel, nouvelle terre* (Paris 2009), p. 207-244. Le nom de Roeslin apparaît fréquemment dans les KGW : on trouve même un horoscope de Kepler dressé par Roeslin le 17 octobre 1592 (KGW **19**, 320-321 ; et le doc. n° 1042, KGW **21**-2-2, 375). Roeslin se considérait comme l'ami de Kepler (*cf. Antwort auff Roeslini Discurs.* KGW **4**, 115, 2 : «an den Herrn Kepplerum selber / als meinen guten Freund» ; *ibid.* KGW **4**, 125, 24-25 : «in betrachtung vnserer alten kundtschafft»). Kepler était un peu plus distant. Amitié asymétrique, en quelque sorte.

[19]   J. Hübner, *Die Theologie Johannes Keplers zwischen Orthodoxie und Naturwissenchaft* (Tübingen 1975), p. 19n. 31, résume le *curriculum* de Pistorius : d'abord signataire de la Formule de Concorde, il se convertit au calvinisme en 1575, puis au catholicisme en 1586. Notice biographique par H.-J. Günther, in : *Lebensbilder aus Baden-Württemberg,* Bd. 19 (Stuttgart 1998), p. 109-145. Dans son journal du 6 janvier 1596, Martin Crusius mentionne un *Apostatam Pistorium* (voir *Diarium Martini Crusii*, Bd. 1, *1596-1597* [Tübingen : H. Laupp, 1927], p. 4). Il y eut une correspondance entre Kepler et Pistorius en 1607 : deux lettres de Pistorius à Kepler (lettre n° 413. KGW **15**, 412-413 ; n° 433. KGW **15**, 493-494), une de Kepler à Pistorius (lettre n° 431. KGW **15**, 488-492), ainsi qu'un horoscope dressé par Kepler (n° 1076. KGW **21**-2-2, 382).

[20]   Lettre n° 451 (*Kepler an Georg Friedrich von Baden*, 10.10.1607). KGW **16**, 59-60.

l'astrologie».[21] Une variante de cette idée se trouve exprimée dans la lettre à Odon Malcotte du 18 juillet 1613, qui vante les «saines pierres philosophiques» qui s'y trouvent défendues contre Feselius.[22] C'est donc bien Feselius qui principalement se trouve visé dans le *Tertius interveniens*, Kepler allant jusqu'à régler le plan de son ouvrage sur celui du médecin, selon la pratique de l'époque en matière de controverse.[23] Un passage de l'*Harmonice Mundi* (1619) le confirme:

> Il y a neuf ans, Helisaeus Roeslin, médecin et philosophe non dépourvu de réputation, a publié en allemand un opuscule dans lequel il critique, en tenant de l'ancienne astrologie qu'il est, ma nouvelle théorie, tandis que Philipp Feselius foulait au pied toutes les doctrines de l'astrologie, y compris ma théorie des aspects. J'ai opposé à ces deux hommes deux écrits en allemand, le premier intitulé *Responsio ad objecta Röslini*, le second *Tertius interveniens*.[24]

Néanmoins, la compréhension du *Tertius interveniens,* ouvrage de controverse, requiert une bonne connaissance du réseau discursif dans lequel il s'insère: l'*Antwort auff Roeslini Discurs* en fait partie. Les deux textes doivent être lus solidairement, ils s'éclairent mutuellement. Le *Tertius* est en quelque sorte le deuxième acte d'une pièce commencée avec l'*Antwort*. Ou le quatrième, si l'on prend en compte les textes de Feselius et Roeslin. A quoi s'ajoute un cinquième acte, si l'on ajoute la *Verantwortung und Rettung* publiée en 1611 par Schaerer.[25]

---

21 Document 7.107. KGW **19**, 372: «Tertius interveniens, *wider* D. Feselium, *zu rettung dessen, was in der* Astrologia *natürlich.* Francofurtj 1610. 4°». Fac-similé du manuscrit dans la *Bibliographia Kepleriana* (München: C.H. Beck, 1968), p. 25-28.

22 Lettre n° 658 (*An Odo Malcotius in Brüssel,* 18.7.1613). KGW **17**, 65, 67-68: «15. Tertius interveniens, seu de sanis Astrologiae gemmis Philosophicis contra Feselium.»

23 *Tertius interveniens,* § 9, p. 162, 22-23: «Als wil ich mich fürnemlich nach solcher *D. Feselii* Schrifft richten / vnd dieselbige / so viel mir zu meinem Jntent vonnöhten seyn wirdt / beantworten.» Si l'on retrouve *grosso modo* la structure du discours de Feselius dans le *Tertius interveniens,* Kepler en développe considérablement la matière.

24 *Harmonice Mundi* IV, 6. KGW **6**, 257, 11-18: «Cùmque ante novem annos Helisaevs Röslinvs M.D. et Philosophus non incelebris, libro Teutonicâ linguâ edito, novam hanc philosophiam, ipse veteri Astrologiae deditus, impugnandam sumpsisset; itemque alius Medicus, Philippvs Feselivs, in contrarium, Astrologiae capita promiscuè omnia, interque ea et doctrinam de configurationibus, oppugnasset; ego utrique restiti, editis duobus libellis Teutonicis: quorum alteri Titulus, *Responsio ad objecta Röslini*; alteri, *Tertius interveniens*.». Voir aussi la lettre n° 619 (*An Nikolaus Vicke in Wolfenbüttel,* [Juli 1611]). KGW **16**, 389, 226-227: «Sed aliqua hujus et in germanicis libellis meis, contra Röslinum et Feselium.» Caspar précise (KGW **16**, 468): «Kepler bezieht sich auf die beiden Werke, *Antwort auf Röslini Discurs* und *Tertius interveniens.*»

25 Schaerer, *Verantwortung und Rettung der Argumenten und Ursachen / welche M. Melchior Scherer / in den Vorreden seiner zweyen Prognosticorum verschiener 1608. und 1609.*

Melchior Schaerer (1563-1624) était un pasteur luthérien engagé avec Feselius dans une conversation roulant sur ce thème.[26] Kepler répond sans cesse à des passages de la controverse qui sont parfois cités *in extenso,* parfois simplement mentionnés par une brève allusion. D'autres textes contemporains, comme celui d'Abraham Scultetus (Schultz), *Warnung fuer der Warsagerey der Zaeuberer vnd Sternguecker* (Neustadt 1608), sont également mentionnés par Kepler.[27] Au sens large, la controverse déploie ses questions parmi une douzaine de textes, lesquels se font plus ou moins écho. La bibliographie, dressée par Thomas Gloning, comprend[28] :

> *1597. Roeslin, *Tractatus meteorastrologiphysicus.* [Zinner 3742]
> *1605. Roeslin, *Iudicium oder Bedencken vom Newen Stern.* [Zinner 4063]
> *1606. Kepler, *De stella nova in pede Serpentarii.* [Zinner 4097]
> *1608. Schaerer, *Prognosticon oder Practica... auf das Jahr... MDCIX.* [Zinner 4255a]
> *1609. Roeslin, *Historischer politischer und astronomischer naturlicher Discurs von heutiger Zeit Beschaffenheit.* [Zinner 4254]
> *1609. Kepler, *Antwort auff Roeslini Discurs.* [Zinner 4238]

Jahren/zur Behauptung/daß die himmlische Liechter und Sternen/so wol als alle andere Creaturen/ihre besondere von Gott eingepflantzte Eygenschafften/Kräfften und Wirckungen haben/[etc.]/wider den Hochgelherten Herrn Philippum Feselium... [Nürnberg]: Fuhrmann; [Ansbach]: Böhem, 1611. – Sur ce réseau discursif, voir Gloning [2002]. Exemplaires repérés: UB Erlangen-Nürnberg (= H 61/4 TREW.O 480); ULB Halle/Saale [= 01 A 6522 (18)]; UB München [2 exemplaires, cotes = 0001/4 Phys. 514 et 0001/4 Phys. 49]; HAB Wolfenbüttel [2 ex., cotes = A:43 Astronom. (4) et A:190.22 Theol. (1)]. L'exemplaire de la SB Berlin (= 4" Ok 2956) semble égaré (mention «Kriegsverlust möglich»); British Library (= 1608/649).

26   Sur Melchior Schaerer (1563-1624), on trouvera quelques détails en KGW **4**, 437 et KGW **13**, 375 (Nachbericht à la lettre n° 5, *Melchior Schärer an Kepler,* Widdern, 27.01.1593). Notice biographique dans M.-A. Cramer, *Baden-Württembergisches Pfarrerbuch.* Bd. I, Teil 2, *Die Pfarrer* (Karlsruhe 1988), p. 736. Sur ce pasteur, musicien et astrologue, voir N. Lenke et N. Roudet, «Die drei Leben des Melchior Schaerer» (article soumis).

27   Scultetus, *Warnung fuer der Warsagerey der Zaeuberer vnd Sternguecker/verfast in zwoen Predigten/so vber die letzte vier Versickel deß 47. Capitels deß Propheten Jesaiae.* Newstadt an der Hardt: Niclas Schrammen, 1608. [= Zinner 4206]. L'exemplaire du Collegium Wilhelmitianum de Strasbourg (= V.R. 291) fera l'objet d'une prochaine publication par nos soins. Le sermon de Scultetus est mentionné dans la dédicace du *Tertius* (p. 151, 2-3), ainsi qu'aux § 9 (p. 162, 20) et § 135 (p. 256, 22).

28   Gloning [2002], 38. Pour le texte de Schaerer publié en 1608, nous rectifions d'après la bibliographie fournie par Gloning en fin d'article, *ibid.,* p. 90.

*1609. Schaerer, *Alter und Newer Schreib-Calender.* [Zinner 4255]

*1609. Feselius, *Gruendtlicher Discurs von der Astrologia Judiciaria.*
      [Zinner 4225]

*1610. Kepler, *Tertius interveniens.* [Zinner 4276]

*1610. Roeslin, *Mitternächtige Schiffarth.*

*1611. Schaerer, *Verantwortung und Rettung der Argumenten und
      Ursachen… wider… Philippum Feselium…* [Zinner 4331]

La naissance du *Tertius interveniens* dans un tel contexte a fortement contribué à structurer la stratégie argumentative de Kepler. Le libelle de 1610 est un écrit de circonstance, de combat. Il constitue une réponse aux attaques de Feselius et ne peut se comprendre que comme tel. Au nombre des priorités à venir s'impose à nos yeux l'édition des textes, parfois difficilement trouvables, de Philipp Feselius, mais aussi de Helisaeus Roeslin, Melchior Schaerer et Abraham Scultetus. En outre, la connaissance des protagonistes de l'affaire, loin d'être anecdotique, retrouve également une certaine pertinence théorique : le parcours universitaire, la bibliographie, les convictions religieuses d'un Feselius ou d'un Schaerer devront faire l'objet de recherches dans les années à venir.[29]

3. Feselius, contempteur radical de l'astrologie

Si Philipp Feselius n'a pas intéressé les historiens de la médecine, il a su en revanche se faire un nom au sein de la *Keplerforschung* par son rejet radical de l'astrologie, et la vigoureuse réponse qu'il s'est attirée de Kepler. Rares néanmoins sont les spécialistes qui semblent avoir lu cet auteur resté très confidentiel. Il vaut la peine de restituer quelques «arguments» du médecin contre l'astrologie, tirés de l'opuscule de 1609 et de sa réfutation par Kepler en 1610.

Le *Gruendtlicher Discurs von der Astrologia Judiciaria* se présente, dès la page de titre, comme un dossier doxographique, un recueil d'opinions issues des plus éminentes autorités ayant réfuté l'astrologie judiciaire. Le sous-titre précise que ce dossier est complété par un examen des pronostics de Melchior Schaerer pour

---

[29] Voir déjà N. Lenke et N. Roudet, «Philippus Feselius. Biographische Notizen zum unbekannten *Medicus* aus Keplers *Tertius Interveniens*», in: *Kepler, Galilei, das Fernrohr und die Folgen*, hrsg. von Karsten Gaulke u. Jürgen Hamel [= Acta historica Astronomiae; 40], Frankfurt/Main, 2010, p. 131-159; N. Roudet & N. Lenke, Weitere Straßburger Quellen zu Philipp Feselius (1565–1610), *Acta historica Astronomiae* 43, 2011, p. 173-180.

1608 et 1609.[30] Deux citations, extraites de Tacite (*Hist.* I, 22) et Valère Maxime (I, 4), donnent le ton de l'ouvrage: offensif et sans concession.[31]

Les attentes du lecteur ne sont pas déçues. Dès le seuil de l'ouvrage se trouve égrenée une longue liste d'excellentes autorités – «théologiens, philosophes, médecins et astronomes» – qui, depuis fort longtemps, ont opposé aux praticiens des arts divinatoires des arguments irréfutables *(unwiderstreiblichen Argumenten)*: «*Augustino, Eusebio, Basilio, Lactancio, Chrysostomo, Luthero, Savonarola, Hunnio, Pflachero, Aulo Gellio, Favorino, Cicerone, Columella, Marsilio Ficino, Pico Mirandulano, Caelio Rhodigino, Fracastorio, Manardo, Fuchsio, Valleriola, Langio, Erasto, Huchero, Bertino,* unnd anderen…».[32] Beaucoup d'Anciens, donc, mais aussi des modernes (Luther, Ficin, Pic de la Mirandole, Jean Hucher, Leonhard Fuchs, Moses Pflacher…). Une galerie bigarrée d'ennemis de l'astrologie stationne au seuil de l'ouvrage, prête au combat. Un examen plus poussé du texte révèle que certains auteurs annoncés ne sont plus mentionnés dans les pages qui suivent: saint Augustin, Lactance, Savonarole, Fracastor sont dans ce cas. D'autres, non mentionnés au seuil de l'ouvrage, bénéficient d'une attention particulière: Aristote, Hippocrate et Galien font partie des auteurs régulièrement allégués, ce qui n'est guère étonnant de la part d'un médecin.

---

30   …*Auß den fuernemsten Authoribus zusammen gezogen/und den Vorreden zweyer Prognosticorum Herren M. Melchior Schaerers Pfarherren zu Mentzingen/von Anno 1608. unnd 1609. entgegengesetz…* Nous n'avons pu examiner ces deux textes.

31   Feselius, *Gruendtlicher Discurs von der Astrologia Judiciaria,* [titre]: «*TACITUS I. Histor. Mathematici, genus, hominum potentibus infidum, sperantibus fallax. VALERIUS Mathematici levibus & ineptis ingeniis, fallaci syderum interpretatione, quaestuosam mendaciis suis caliginem injiciunt.*» Le passage de Tacite correspond aux *Historia* I, 22. Celui de Valère Maxime ne figure plus systématiquement dans les éditions modernes des *Factorum et dictorum memorabilium libri IX.* R. Combès, dans son édition (Paris 1995), vol. 1, p. 26, écrit: «Le contenu des chapitres 2 à 4 de ce livre 1 (à l'exception de 1, 4, *ext.* 4) ainsi que des *externa exempla* 5-8 du chapitre 1, n'est connu que par les abrégés qu'en ont fait [Iulius] Paris et [Ianuarius] Nepotianus» (sur cette question, voir *ibid.,* p. 66). Les éditions du XVIe siècle comportaient ce passage. Dans celle donnée par Schurer en 1516 (Argentorati, Ex aedibus Schurerianis, Mense Iulio. anno m. d. xvi. [VD16 = V134]), on trouve à la rubrique de capita primi libri: «[…] De prodigijs. Cap. IIII». Par suite, le titre du chapitre devient: «De Auspicijs. CAPVT IIII.» Le passage édité (fol. VI v°) est le suivant: «De C. Cornelio Hispalo. Caius Cornelius Hispalus praetor peregrinus M. Pompilio Lenate. L. Calp. consulib. Edicto Caldæos circa decimū diem abire ex vrbe, atq; Italia iussit, leuibus & ineptis ingenijs, fallaci syderū interpretatione, quaestuosam mendacijs suis caliginem iniicientes.» Feselius cite sans doute une autre édition.

32   Feselius, fol. ij r.

On note également avec intérêt la présence d'un groupe de théologiens qu'il convient de qualifier de *luthériens*: Luther, Melanchthon, Johann Brentz[33], Heinrich Bünting[34], Moses Pflacher[35], Osiander[36], Jakob Andreae[37], Aegidius Hunnius[38] – ces deux derniers étant des professeurs au *Stift* de Tübingen. Luther

33 Feselius, fol. iij r°: «Herren *Brentium* belangent/schreibt derselbige *Tom. I. in Genes. Cap. 1 & Levit. Cap. 19 also/Et sint signa non quidem humanarum [geneseos]* ...». – Sur Johann Brentz (*24.6.1499 +11.9.1570), dont Kepler avait tiré l'horoscope (n° 647. KGW **21**-2-2, 275), voir F. W. Bautz, *Biographisch-Bibliographisches Kirchenlexikon*, Bd. 1 (Nordheusen 1990), 743-744. Feselius fait probablement référence à: *Operum reverendi et clarissimi theologi, D. Ioannis Brentii, praepositi Stutgardiani tomus I, Commentarij in Genesin Stutgardiae, Exodum Tubingae, Exodum Stutgardiae, Leuiticum Halae Sueuorum...* (Tubingae: Gruppenbach, 1576).

34 Sur Heinrich Bünting (*1545 + 30.12.1606), voir *NDB* 2 (1955), 741.

35 Sur Moses Pflacher (*ca. 1549 +1.8.1589), voir S. Holz, *Biographisch-Bibliographisches Kirchenlexikon*, Bd. 7 (Nordheusen 1994), 421-423: maître en théologie à Tübingen le 10.8.1569, promu docteur en théologie à Tübingen le 26.2.1585 sous la direction de Jakob Andreae. Feselius mentionne (fol. E v) une «Außlegung des Evangeliums am Newen Jarstag»: il ne nous a pas été possible de préciser de quel texte il s'agit. Peut-être un simple sermon.

36 Feselius, fol. A iij r°-v°: «An welchem Ort [= Job. 37, 14] *D. Osiander*/dieße Gloß am randt in seiner Lateinischen Bibel hinzusetzt/ *Etsi enim Astrologicae praedictiones aliquid hac in parte praestare conantur: tamen cùm eae nitantur valdè infirmo fundamento, nempè observationibus, saepè sunt vanissimae, [A iij r°] sicut experientia testatur. Et tametsi interdum eventus respondere videatur: tamen cui regioni tempestats immineat & quid ea mali bonive allatura sit, ignoratur* [...].» Dans la famille Osiander, Feselius cite Andreas (1562-1617) et Lucas (1571-1638), et leur *Biblia sacra Qvae Praeter Antiqvae Latinae Versionis Necessariam Emendationem, & amp; difficiliorum locorum succintam explicationem (ex Commentarijs Biblicis Reuerendi Viti D. D. Lvcae Osiandri, &c. Andreae parentis, depromptam) multis insuper vtilissimas obseruationes, ex praestantissimorum quorundam nostri seculi Theologorum... lucubrationibus, nec non ex Formula Concordiae excerptas... fideliter accomodatas contient* [...]. Tubingae: G. Georgij Gruppenbachij, 1600, fol. 238r. [VD16 = B2672]. Version numérisée consultée sur www.europeana.eu le 25.6.2011.

37 Sur Jakob Andreae (* 25.3.1528 +7.1.1590), dont Kepler tira l'horoscope (n° 137. KGW **21**-2-2, 68), voir F.W. Bautz, *Biographisch-Bibliographisches Kirchenlexikon*, Bd. 1 (Nordheusen 1990), 165-166.

38 Sur Aegidius Hunnius (*21.12.1550 +4.4.1603), voir l'article de F.W. Bautz dans le *Biographisch-Bibliographisches Kirchenlexikon*, Bd. 2 (Nordheusen 1990), p. 1182-1183. Feselius renvoie à un sermon sur Daniel (fol. Eij r°: «in der ersten Predig über das 5. Capitel Danielis...»), peut-être inclus dans le recueil *Sechs Propheten H. Schrift, nemlich Daniel Obadias, Jonas, Micha, Haggai vnd Malachias grüdtlich außgelegt/vnd zu Marpurg in Hessen in vnderschiedlichen Predigten erklärtet/Jetzt aber*

se voit consacrer un des plus longs passages (fol. D iij r°- E i r°). Sauf erreur, il n'y a pas mention de théologiens réformés et Calvin brille par son absence. Ce détail pourrait nous renseigner sur les opinions luthériennes de Feselius, à moins qu'elle ne confirme simplement l'orientation orthodoxe du dédicataire, Georg-Friedrich von Baden-Durlach, et son aversion pour tout ce qui s'écartait du luthéranisme. Toutefois, notre hypothèse d'un Feselius luthérien peut se prévaloir d'un argument assez fort: l'acception littérale de la Bible dont fait montre Feselius concorde parfaitement avec les pratiques de l'orthodoxie luthérienne.

Enfin, le mode de citation des textes bibliques par Feselius pourrait être un autre indice de son rattachement au camp évangélique (au sens large du terme).[39] Pour être tout-à-fait honnête, un petit détail typographique jouerait en sens contraire: en règle générale, les disciples de Luther imprimaient le mot *Herr* (Seigneur) en caractères majuscules, totalement ou partiellement: *HERR* pour désigner le Père, *HErr* pour le Fils.[40] Feselius n'adopte pas cette pratique. Ce pourrait être un indice à opposer à l'allégation de Claudia Brosseder selon laquelle Feselius était médecin *et* théologien.[41] L'assertion n'a en soi rien d'absurde:

---

  in Druck verfertiget... durch Egidium Hunnen. (Frankfurt am Mayn: Spies, 1587). [VD16 = B3830]. Nous a été inaccessible.

[39] A la manière des protestants, Feselius renvoie «au premier livre de Moïse, chapitre 1er» (fol. [A iv v°] «... im ersten Buch Mose im ersten Capitel»). Un catholique aurait plutôt cité le «livre de la Genèse». Feselius, au fol. D ij r, mentionne une fois le «Livre de la Création» («Buch der Schöpffung»).

[40] Abraham Scultetus, qui était calviniste, adopte la graphie dans ses deux sermons de 1608, *Warnung fuer der Warsagerey der Zaeuberer vnd Sternguecker* (Neustadt 1608). HERR est une sorte de transcription du tétragramme YHWH, *cf. Die Bibel nach der Übersetzung Martin Luthers* (Stuttgart 1987), p. 5*: «Das Wort «Herr» hat immer dann die Forme HERRn, wenn im hebräischen Grundtext der Gottesname «Jahwe» gebraucht wird.» Pour le Fils, on trouve également la forme «HErr», mais la pratique ne semble pas systématique. Comparer, chez Kepler, la *Glaubensbekandtnus* (KGW **12**, 38, 6-7: «unsers HErren JEsu Christi.») et l'*Vnterricht vom H. Sacrament...* (KGW **12**, 14, 3: «Warumb begehet vnd haltet man das Abentmahl vnsers Herren Christi?»). Le rôle des typographes dans l'état final du texte imprimé est évidemment décisif. Si le typographe Jérôme Hornschuch (1573-1616), par exemple, se permet de préciser dans son *Orthotypographia* de 1608 que «Le nom HErr, utilisé pour parler de Dieu, s'écrit avec un *E* majuscule; mais quand il désigne un homme, avec un *e* minuscule: *Herr*» (tr. S. Baddeley, Paris, 1997, p. 82), c'est que la pratique ne devait pas être toujours respectée.

[41] C. Brosseder, *Im Bann der Sterne* (Berlin 2004), p. 301: «[...] einen zeittypischen Streit, wie den zwischen den Mentzinger Pfarrer Melchior Schaerer und dem Artz und Theologen Philipp Feselius, die beide aus Keplers Heimatregion stammten [...].»

Willem Frijhoff rappelle que la figure du médecin-pasteur était fréquente dans les Provinces-unies vers 1600.[42] Médecin, Feselius l'était, comme en témoignent les *Theses de Hæmoptysi* soutenues à Bâle en 1592. Pour ce qui est du théologien, les preuves manquent, même si l'argumentaire fesélien est très largement puisé dans la librairie de la Faculté de Théologie.[43]

Feselius remarque, pour le regretter, que malgré le feu nourri de tous ces brillants esprits, l'astrologie judiciaire se porte fort bien. Il ne saurait être question ici de feuilleter en détail le catalogue : il ne s'agit guère que d'un travail de marqueterie, d'une compilation d'extraits éventuellement destinée à nourrir l'argumentaire d'un rhéteur ou d'un prédicateur. L'intervention de Feselius réside premièrement dans le choix des extraits, fréquemment cités en latin et traduits dans la foulée en allemand. Un seul cas, celui de Luther, suffira à montrer le *modus operandi* de Feselius. Luther, on le sait, était un ennemi de l'astrologie judiciaire. Feselius le rallie à sa cause en un paragraphe composé de trois extraits du théologien de Wittenberg, clairement identifiables et simplement juxtaposés :

(1) D'abord un extrait, très long puisqu'il court sur plus d'une page, des prédications sur la Genèse :

> Eben über diese wort *Genes. I.* schreibt *Lutherus*, weiter *Tom 4. German. Jenensi fol. 11* vnder anderem also : Zum ersten spricht Gott/sie sollen zeichen sein/da seind die Sterngucker vnnd natürliche meister hinauff in den Himmel gefahren/vnd haben das/daß er hie von zeichen sagt/auff jhre lugen gezogen/das/sie sagen/wer in dem/oder in diesem zeichen der gestirn geboren werde/der soll so oder so geschickt werden/welcher vnder der Sonnen geboren werde/der müste ein büler oder weisser man werden. […] Sintemahl in diesem Capitel alle Creaturen fast mit allen jhrer wercken vnd vermögen begriffen seind.[44]

(2) Suit, sans aucune transition, un extrait des *Fastenpostille* :

---

[42]   W. Frijhoff, *La société néerlandaise et ses gradués, 1575-1814* (Amsterdam 1981), p. 242-243.

[43]   La doctrine luthérienne du *sacerdoce universel* autorise peut-être à qualifier Feselius de « théologien », mais l'expression « médecin luthérien » serait tout de même moins ambiguë. Sur le baptême luthérien de Feselius en novembre 1565 à Strasbourg, voir N. Roudet & N. Lenke, « Weitere Straßburger Quellen… » [2011].

[44]   Feselius, fol. D iij r-[D iv] r. Texte quasi identique à : Luther, *Uber das erst buch Mose, predigete Mart. Luth. Sampt einer unterricht wie Moses zu leren ist* (Wittenberg 1527) = WA **24**, 43, 22-45, 13. Feselius renvoie au quatrième tome des écrits allemands dans l'édition chronologique de Iena : Luther, *Alle Bücher und Schrifften. Tomus IV, Vom XXVIII. Jar* [= 1528] *bis auffs XXX.* [= 1530] *Ausgenommen etlich wenig stück.* Jhena : Christian Rhödinger, 1556. [VD 16 = L3326].

Jn den Außlegung der fest Evangelien / auch eben auff obberührtes fest der heyligen drey König / fetzt er diese Wort / Also könt jhr auch niderlegen / was die Sterngucker sagen / das jeglicher mensch vnder eim eygen Stern geboren werde / vnd ein solch mensch werde / wie desselbigen Sterns einfluß ist / vnd soll jhm also / oder also geben / das ist eytel erricht vnnd närricht ding.[45]

(3) Un retour à la ligne et une très courte transition précisant que Luther a également développé cette opinion avec ses commensaux («Jn den *colloquiis* würd seine meinung von der *Astrologia* ferner endeckt in folgenden worten») amènent un extrait des *Tischreden* :

Die *Astrologia* ist kein kunst / dann sie hat seine *principia* vnd *Demonstrationes*. darauff man gewiß vnd vnfehlbar fassen vnd gründen köndte. Sondern die Sterngucker richten sich / vnnd urtheilen nach den fellen / wie sichs zuträgt sagen vnd geben für / das ist einmahl oder zwey geschehen / vnd hat sich also zugetragen / darumb muß allezeit geschehen / vnd ergeben was sich zuträgt / vnd geschicht. Die fäll so da zutreffen sagen sie wol / die aber fehlen von den schweigen sie still. Biß hieher *Lutherus*.[46]

Cet extrait est semble-t-il la traduction d'un propos latin des *Tischreden*.[47]

Tout le discours est ainsi composé. Seuls quelques traits dirigés contre Melchior Schaerer échappent à la routine. Les amateurs d'astrologie sont plus rapidement traités : ainsi Melanchthon au *folio* C iij r.

Feselius s'illustre surtout dans les brèves transitions scandant le passage d'un extrait à un autre : c'est là, dans les interstices des grands auteurs cités, que doivent être cherchées les thèses soutenues par Feselius. Du point de vue du fond, on peut dire que l'offensive de Feselius contre l'astrologie judiciaire présente deux caractéristiques notables.

Elle vise tout d'abord à discréditer des pratiques qu'il réprouve : l'accumulation de ce qu'il faut bien appeler des *autorités* soigneusement choisies, issues du monde philosophique, médical, théologique, tant païen que chrétien, tant antique que moderne, permet d'instruire le dossier à charge.[48] Le philosophe Zabarella prête

---

[45] Feselius, fol. [D ij] r. Texte identique à celui des *Stephan Roths Fastenpostille* (1527) édités en WA **17**-2, 362, 32-36.

[46] Feselius, fol. [D iv] r.

[47] Luther, *Tischreden*. WATR. **3**, 12, 27-30 : «Praeterea astrologia non est ars, quia nulla habet principia et demonstrationes, sed omnia ex eventu et casibus iudicant et dicunt : Hoc est semel et bis contingit, ergo semper ita continget. Eventus quidem iudicant, die da zutreffen ; die aber felen, schweigen sie wol stille.»

[48] Le palmarès des auteurs cités par Feselius est le suivant : 1. Schaerer (18 mentions) ; 2. Aristote (15) ; 3. Galien, Hippocrate (12 chacun) ; 5. Luther, Platon (6 chacun) ; 7. Favorinus (5) ; 8. Cicéron, Mainardi, Zabarella (4 chacun) ; 10. Aulu-Gelle, Basile,

ses arguments dans le cadre de la physique des influences célestes. Qu'il s'agisse de «météorologie, de maladie, de disette, de guerre, de bonheur ou de malheur», la réalité de telles influences est tout simplement niée: «Que ce ne soit pas le cas, et qu'il ne se trouve, ni en dehors ni au-delà de leur cours naturel et vrai, aucunes *influentias*, cela se comprend suffisamment et en détail à partir du livre du très savant et très illustre philosophe Jacob Zabarella, *de calore caelesti, & de Qualitatibus Elementar.* sans qu'il soit nécessaire de s'étendre plus longuement sur le sujet…».[49] Le médecin Valleriola vient ensuite en renfort, qui avait déjà établi que les astrologues ne peuvent se prévaloir d'aucune démonstration solide, ni même d'aucuns principes: pourquoi faudrait-il les croire?[50]

Ptolémée (3 chacun). En outre, quatre théologiens de Tübingen sont mentionnés chacun deux fois ([Aegidius] Hunnius; [Jakob] Andreae; [Andreas] Osiander; [Moses] Pflacher).

[49] Feselius, fol. A ij v: «[…] ob die *Influentiae* vnd Jnfluß dardurch sie an vnd für sich selbsten allerhandt widerwertige würckungen verrichten/so wol böse/als gute/es seye von witterung/kranckheit/Teürung/Krieg/glücklichem oder vnglücklichem fortgang menschlicher händel/in allen ständen/wie jhnen solche die *Astrologi* anrichten/für jhre eygentliche anerschaffene/vnd eingepflantze würckungen zu halten seyen/oder nicht? Das aber solche nicht seye/vnd das sie neben vnd vber jhren natürlichen laüff vnd hecht dergleichen *influentias* nicht haben/ist auß des hochgelerten weitberümbten *Philosophi, Jacobi Zabarellae* büchern *de calore caelesti, & de Qualitatibus Elementar* außführlich zuvernemmen/ohne not alhieweitleufftig einzuführen […].» – Référence à Zabarella, *De rebus naturalibus libri XXX* (Venise 1590), qui connut de nombreuses rééditions. Nous avons consulté l'*editio postrema* (Francofurti: Sumptibus Lazari Zetzneri Bibliop., 1607; réimp. Frankfurt: Minerva, 1966): le *Liber de Calore Coelesti* y figure aux col. 555-582 et le *De Qualitatibus elementaribus libri duo* aux col. 481-540.

[50] Feselius, fol. A ij v: «[…] zum anderen bestätiget solche vnmöglichkeit auch der fürtreffliche *Medicus Franciscus Valeriola lib. 6. Enarr. 2,* mit diesem worten *Abditissima profecto sunt, & in naturae arcanis recessibus penitus intrusa, quae de syderum viribus nobis Astrologi, nullis firmis demonstrationibus, nullis principiis innixa prodiderunt: atq; ejusmodi, quae nec credi à nobis debent, nec sciri possint,* das ist/es seind in wahrheit gantz verborgene sachen/vnd in den heimlichsten winckeln der natur gantzlich versteckt/was die *Astrologi* vns von der krafft des gestirns/ohne einiges fundament fürbringen: vnd seind also beschaffen/das sie weder von vns sollen geglaubt/noch in einige wissenschaft können gebracht werden.» – Référence aux *Enarrationum medicinalium libri sex* de Francesco Valleriola (1e éd. Lugdunum: apud Sebastianum Gryphium, 1554). Nous avons consulté une édition plus tardive (Lugdunum: apud Franciscum Fabrum, 1589): voir Lib. VI, Enarr. 2, p. 776-799, *Medico necessariam esse astrorum scientiam. Enarratio secunda.* Le passage cité par Feselius figure à la p. 794, avec la variante *à nobis debeant* en fin de texte.

A cela, il faut ajouter un grief, qui est peut-être le principal dans l'esprit de Feselius : l'astrologie est une pratique impie. Cardan se trouve, dès la préface, vivement critiqué pour avoir eu l'impudence «de dresser la nativité du Christ lui-même. *O execrandam impietatem!*»[51] Les citations bibliques, fort nombreuses (Syrach 43, Deut. 4, Job 37-38, Ps. 19 et 148, *etc.),* soulignent les intentions de Feselius. L'astrologie est peut-être un art, mais alors un «Abgöttischen kunst». La pratique de l'astrologie est une prostitution spirituelle, elle éloigne de la Parole de Dieu : «Es ist geistliche Hurerey / sagt hie Moses»; «diese zeichendeuter führen die leut endlich von Gottes wort ab».[52] L'astrologie est une pratique démoniaque, les astrologues sont des prophètes du Diable : «Ja solche zeichendeuter vnnd teuffels propheten».[53] D'où des exhortations à la piété qui, très probablement, auront touché au plus profond de ses convictions le pieux Kepler : «un chrétien écoute le Seigneur lui-même, Sa Parole. Il répète les paroles du prophète Jérémie : *N'imitez pas la voie des nations.*»[54] Plutôt lire la Bible que les almanachs![55] Il nous semble que cette accusation frontale d'impiété, formulée par Feselius, a seule pu justifier la rédaction du *Tertius interveniens* en réponse à un opuscule qui, somme toute, n'en méritait pas tant. Et la réponse de Kepler fut prompte si l'on songe que l'éloge de Feselius par Antonius Mylius, inséré dans le *Gründtlicher Discurs von der Astrologia Judiciaria,* est daté du 23 juin 1609.[56] Le *Tertius interveniens* fut rédigé en moins de six mois.

51   Feselius, fol. iij r° : «... sonderlich des *Cardani,* welcher auch so vermessen gewesen / Christo selbsten seine *Nativitet* zu stellen. *O execrandam impietatem !*». – Référence à Cardan, *De iudiciis astrorum* ; voir *Opera omnia* (Lyon : Huguetan & Ravaus, 1663), vol. **5,** 221. Sur l'horoscope du Christ par Cardan, voir Anthony Grafton, *Cardano's Cosmos* (Cambridge 1999), p. 151-155.
52   Feselius, fol. [D iv] v°.
53   Feselius, fol. E r°. Un peu plus loin : «... des teuffels arts vnd brauch nach».
54   Feselius, fol. E r° : «Den Christen aber prediget der Herr selbst / durch sein heiliges wort vnd sagt / durch den propheten Jeremiam / Jhr solt nicht der heyden weise lernen... Wir seind Christen nicht Heyden». Citation de Jérémie 10, 2 (tr. Louis Segond).
55   Feselius, fol. E v° : «er soll in sein alte buch in die H. Bibel / alß in seinen vnfhelbaren Allmanach / oder Calender lauffen / ...». Suit une citation de Deut. 18.
56   Feselius, fol. (2) r° : «Durlaci, festinanter. 23. Junii. Anno 1609. [...]. Antonius Mylius, Superattendens generalis.» On trouve deux Antonius Mylius [= Anton Müller] au moins à cette époque, dont l'un (*3.03.1593 +10.2.1655) n'a pu préfacer le libelle de Feselius. Le nôtre est né à Augsbourg en 1562 et décédé à Durlach le 5.9.1622 (voir : K.F. Ledderhose, *Aus dem Leben des Markgrafen Georg Friedrich von Baden.* Heidelberg 1890, p. 29-30 ; et A. Ludwig, *Die evangelische Pfarrer des badischen Oberlands im 16. und 17. Jahrhundert,* Lahr in Baden 1934, p. 68).

4. La cause de l'astrologie défendue par la physique

Le contexte polémique étant maintenant précisé, l'arrière-plan du débat esquissé à grands traits, il est possible de déterminer le *scopus* du *Tertius interveniens*: il s'agit fondamentalement de naturaliser l'astrologie, en séparant nettement ce qu'il y a en elle de naturel et de sur-naturel. Nous retrouvons là le *credo* du catalogue de Graz: éliminer les superstitions du domaine de l'astrologie et, d'autre part, intégrer l'astrologie dans la science naturelle. Soit, dans les propres termes de Kepler, « ne pas jeter le bébé avec l'eau du bain ». Il s'agit là d'un travail de réformateur, non de destructeur. Le *Tertius interveniens* se propose plusieurs buts, qui nous semblent être les suivants.

4.1. Le premier but du *Tertius interveniens*, négatif si l'on veut, est de rejeter les superstitions *(Aberglauben)*. Certaines sont des « fables », comme les douze signes du zodiaque.[57] Certaines sont des « monstruosités chaldéennes », ainsi de la croyance en l'efficace de telle configuration astrale, par exemple la conjonction de Saturne avec la Lune, censée provoquer des comportements bien précis, comme le fait qu'un chrétien scra grugé par un Juif au cours d'une transaction. « Quand cette conjonction survient le jour du sabbath à Prague, personne ne se trouve grugé par un Juif », précise Kepler, qui poursuit en remarquant que, conjonction ou pas, « des centaines de chrétiens se trouvent quotidiennement grugés par des Juifs, *et vice-versa*, quoique la lune ne se dirigeât qu'une fois par mois vers Saturne. »[58] La démarche est déjà, en soi, riche d'enseignement : dénonçant les superstitions qui discréditent l'astrologie, Kepler admet que tout n'est pas superstition dans l'astrologie. Les objections formulées par Feselius contre l'astrologie sont partiellement infondées et injustes, estime Kepler. Elles ne suffisent pas à rejeter purement et simplement l'astrologie hors du champ du

---

[57] *Tertius interveniens*, [Register], p. 154, 4 : « 41. Die außtheilung der zwölff Zeichen vnter die sieben Planeten ist ein Fabel. »

[58] *Tertius interveniens*, § 11, p. 163, 13-21 : « Vnd laß ich das Exempel einer solchen vngegründten *demonstration* auch passieren/daß die *coniunctio Saturni et Lunae* Vrsach gewest seyn solle / daß einer von einem Juden betrogen worden ist. Dann wann diese *coniunctio* geschicht am Sabbath / so wirdt zu Prag niemandt von keinem Juden betrogen / vnnd hingegen werden täglich etlich hundert Christen von Juden *et contra* betrogen / so doch der Mondt im Monat nur einmal zum *Saturno* läufft. Derohalben ich auch diesem Theil von der *Astrologia*, welches auff lauterm erdichteten Grundt beruhet / den *titulum* gern gönne auß *Cicerone*, daß sie sey ein vngläubliche Aberwitz vnnd Chaldaisches Vngeheuwer. » – Feselius, fol. A v° : « Oder warumb einer auff diesen oder jenen tag seye von einem Juden betrogen ? Antwort / dieweil er mit jhme gehandelt / da eine zusammenfügung des Mons mit dem *Saturno* gewesen [...]. »

savoir. Toutefois, pour assurer à l'astrologie sa place dans le champ des sciences de la nature, il faut d'abord délimiter fermement ce qui relève de la « physique » de ce qui relève des « superstitions chaldéennes ».[59]

4.2. Le second but est d'écarter d'éventuelles objections préjudicielles. Feselius rejette l'astrologie en partie parce qu'elle s'appuie sur une astronomie incertaine.[60] Les astronomes ne sont même pas d'accord entre eux sur le nombre des sphères : « certains [astronomes en admettent] onze, certains dix, certains neuf, d'autres, comme Copernic au livre I, chapitre 10 [du *de revolutionibus*] seulement huit ».[61] Certains vont jusqu'à nier l'existence des sphères pour admettre des cieux fluides : Tycho Brahe pourrait ici être visé.[62] Kepler rétorque que la médecine de Feselius ne peut davantage se prévaloir de certitudes.[63]

4.3. Le troisième but, fondamental, de Kepler, est selon nous d'intégrer pleinement l'astrologie à la physique ou philosophie naturelle. Avec Kepler, l'astrologie devient pleinement étiologique, elle devient partie intégrante d'une physique céleste cherchant à connaître les causes des phénomènes.

4.3.1. Que Kepler écrive son *Tertius interveniens* en physicien, il le répète à plusieurs reprises. Lorsque Feselius s'autorise à parler en tant que *medicus*, Kepler se tait parce qu'il n'est pas médecin. En revanche, écrit Kepler, « lorsque Feselius parle en tant que *physicus*, ce que je suis également, mon *non* vaut

---

59 *Tertius interveniens*, [lettre dédicace], p. 151, 9-12 : « Erscheinet also auß beyden angezogenen Vrsachen / daß es die hohe Nohtturfft vnd beste Gelegenheit seyn wölle mit dieser Schrifft zwischen der *Physica* vnnd *superstitionibus Chaldaicis*, nemlich zwischen dem *Liripipio* vnd dem Feuwer ein sichere Abtheilung zu machen. »

60 *Tertius interveniens*, § 38, p. 182, 18-20 : « Es setzt nun D. *Feselius* seinen Fuß fürbaß / vnd vntersteht sich die *Astrologiam* zu verwerffen / weil sie vnvollkommen / Die Vnvollkommenheit aber deroselben wil er erweisen auß Vnvollkommenheit der *Astronomia*. »

61 Feselius, fol. [A iii v°] : « Wie dann nicht die wenigsten fehler dise seind Erstlich / von der zahl der Himlischen Spheren / in den etliche derselben Elff / etliche Zehen / etliche Neune / etliche als sonderlich *Copernicus lib. I. cap. 10* nur achte setzen. »

62 Feselius, fol. [A iii v°] : « Ja es finden sich heutiges tages *Astrologi* welche die sonderbaren *Sphaeras* vnd *orbes* allerdings verneinen / vnnd darfür halten / daß der gantze Himmel / von vnden an biß oben auß ein einiges *continuum spacium* seye / einerley natur vnd bewegung… ». Et plus loin, fol. [A iv r°] : « daß der Himmel flüssig / vnd also flüchtig /… Welches abermahlen wider die Physic vnd die Heilige schrifft streitet. »

63 *Tertius interveniens*, § 38, p. 182, 26-17 : « die *Medicina* sey noch in vielen Stücken sehr mangelhafft. »

autant que son *oui* – et ce jusqu'à ce que l'un [des deux] fournisse sa preuve».[64] Feselius serait donc un *medicus* qui parfois parle en tant que *physicus* alors que Kepler s'en tiendrait à sa fonction de *physicus*. La passe d'armes permet d'attirer l'attention sur les rapports entre *physica* et *medicina* au cours des siècles. Cette dernière était tantôt incluse dans la première, tantôt située dans un territoire contigu.[65] Médecine et physique, dès Hippocrate et Galien, furent intimement liées. Le médecin inscrivait volontiers ses recherches dans le cadre plus large de la physique, l'homme étant considéré comme une partie de la nature.[66] La vision holistique qui présidait aux recherches d'un Hippocrate, par exemple, lui permet d'élargir ses recherches au cosmos tout entier. Ainsi le traité *Air, eaux, lieux* offre-t-il un traité de climatologie médicale dont la connaissance est importante pour l'astrologie et la médecine de la Renaissance. Chez certains auteurs du XIIIe siècle comme Roland de Crémone, rappelle Brian Lawn, *physica* et *medicina* furent tenus pour synonymes.[67] En ancien français, *physique* a signifié «médecine» jusqu'au XVIIe siècle, de même que l'anglais *physic*. A côté de celui de *medicus*, le titre de *physicus* était couramment donné aux médecins en Allemagne, usage qui perdure dans l'anglais *physician*.[68] En se proclamant *physicus*, Kepler entendait

---

64 *Tertius interveniens*, § 48, p. 189, 15-17 : «Wann *Feselius* etwas sagt als ein *Medicus*, so muß ich schweigen / wann ers gleich nit probiert / wann er aber redet als ein *Physicus*, so bin ich auch einer mit / vnd gilt mein nein so viel als sein ja / biß ein jeder das seinige probiert.»

65 B. Lawn, *The rise and decline of the scholastic* quaestio disputata*, with special emphasis on its use in the teaching of medicine and science* (Leiden 1993), p. 18-19.

66 P. Pellegrin, art. «Médecine», in : J. Brunschwig, dir., *Le savoir grec* (Paris 1996), p. 440 : «[…] si les médecins sont bien allés chercher des modèles théoriques auprès des physiciens, ceux-ci n'ont que très peu rectifié leurs systèmes au vu des découvertes médicales.»

67 Lawn [1993], 31.

68 Pour le latin, voir Du Cange, *Glossarium mediae et infimae latinitatis* (Niort 1883-1887), vol. 6, p. 308a, article «Physica». Pour le français, A. Rey, éd., *Dictionnaire historique de la langue française* (Paris : Le Robert, 2006), vol. 2, p. 2717. Du Cange, *loc. cit.*, § 7, donne un extrait tiré du manuscrit du *Roman de la Malemarastre* : «Jadis Ypocras si fu li tres plus sages clercs de Physique, qui onc fut à son tans.» Pour l'histoire du concept de *physique*, voir H. Schipperges, Zur Bedeutung von «physica» und zur Rolle des «physicus» in der abendländischen Wissenschaftsgeschichte, *Sudhoffs Archiv* **60**, 1976, 354-374 ; et l'article «Physik» du *Historisches Wörterbuch der Philosophie*, Bd. 7 (Basel : Schwabe, 1989), p. 937 : «Begriffsgeschichtlich lebt die aristotelische Verwendung von [Physik] insbesondere in der römischen Bedeutung des Wortes *physica* fort, die als Naturheilkunde auch den alten deutschen Titel *Physicus* für den Amtsarzt und die englischen Wörter *Physic (Medizin)* und *Physician (Arzt)* prägte.»

sans doute signifier qu'il pouvait légitimement prétendre s'occuper d'un territoire
plus vaste que le *medicus* Feselius. L'étymologie autorise cette interprétation : le
mot dérive de φύσις, qui exprime l'idée d'origine, de naissance, de croissance,
de forme naturelle, en un mot : de nature, y compris dans son acception d'ordre
naturel.[69] La situation offrait d'évidents avantages, permettant à Kepler de
plusieurs fois rabattre le caquet de son adversaire, en le réduisant à sa « simple »
fonction de médecin et en lui déconseillant de s'occuper d'astronomie. Mais de
quelle « physique » est-il ici question ? Le mot *physique*, à la modernité trompeuse,
est un véritable obstacle épistémologique à l'étude des textes anciens.[70]

4.3.2. A plusieurs reprises, Kepler oppose la « gemeine *physica* » enseignée et
pratiquée dans les universités à la science qu'il pratique, nommée *Naturkündigung*.[71]
Et au paragraphe 50 derechef, lorsque la vieille « physique des graves » que
pratique Feselius est appelée au tribunal, Kepler la fait citer drapée dans son
latin scolastique.[72] Tout semble indiquer que Kepler avait conscience d'écrire
son *Tertius interveniens* en physicien – en physicien contemporain de Galilée,
pourrions-nous écrire. Il faut néanmoins d'emblée préciser que la « physique »
de Kepler reste contemporaine de celle d'Aristote, avec laquelle elle dialogue
et à laquelle elle emprunte nombre de concepts et de schèmes. Dans les cursus
universitaires, tant catholiques que protestants, l'intitulé *lectiones physicae* était

---

[69]   P. Chantraine, *Dictionnaire étymologique de la langue grecque*, nouvelle éd. (Paris 1999),
       s.v. φύομαι, p. 1234ab § C.6. Voir également le *Dictionnarium Latinogermanicum* de
       Petrus Dasypodius (Argentorati : Rihel, 1535) : « [Physis], latinè natura, Die natur.
       Physicus, a, um, Natürlich. »

[70]   Mise en garde de D. Garber dans l'article « Physics and Foundation », in : K. Park &
       L. Daston, ed., *Cambridge History of Science*. Vol. 3, *Early modern Science* (Cambridge
       2006), p. 21-69.

[71]   *Tertius interveniens*, § 26, p. 169, 23-25 : « Es wil in der gemeinen *Physica* / wie die auff
       Vniversiteten gelehret vnd getrieben wirdt / das Ansehen haben / als wisse man sehr
       wenig von den *speciebus immateriatis*, welche von den *corporibus Physicis orbiculariter*
       außfliessen. » On compte quatre occurrences de *Naturkündigung* aux § 4 (p. 160, 1),
       § 5 (p. 160, 29), § 7 (p. 161, 26) et § 8 (p. 162, 8). Feselius lui-même traduisait par
       Naturkündigung les occurrences de *physica*, ainsi au fol. B iij r° : « An welchen beyden
       orten er [= Aristote] fast mit gleichen worten aussagt / und spricht / *Physicam scientiam in
       iis versari, quae motus principium in seipsis habent*, das ist / die naturkündigung bestehet
       in denen dingen / welche an den anfang der bewegung bey sich selbsten / [...]. »

[72]   *Tertius interveniens*, § 50, p. 192, 25-28 : « Darvmb gebrauchen sich andere dieser
       Obiection viel weißlicher / vnd fragen nicht / warvmb die Planeten nicht in die Höhe
       fliegen / sondern warvmb sie nicht gar hervnter fallen : Die haben zu jhrem behelff die
       alte *Physicam de motu grauium*, vnnd sehen den Mondt an für ein *corpus*, das der Erden
       verwandt. »

synonyme d'étude de la physique d'Aristote. Également dénommée *philosophie naturelle*[73], elle était souvent du ressort du professeur de philosophie. En 1586, et en 1599 encore, la *Ratio studiorum* des collèges jésuites précise que «la seconde année est consacrée entièrement aux questions de physique».[74] Le programme contenu sous cette rubrique était ainsi spécifié: «Pendant la seconde année, le professeur expliquera les huit livres de la *Physique*, les livres du *Traité du ciel*, et le premier du *Traité de la génération [et de la corruption]*.»[75] Le paragraphe suivant précisait ce qui, dans l'étude des choses célestes, était laissé à la compétence du professeur de mathématiques: «[…] pour ce qui est du ciel, on ne parlera que de sa substance et des influences, les autres questions seront laissées au professeur de mathématiques; ou bien on en donnera un abrégé.»[76] En clair, ce qui relevait de l'astronomie était du ressort du professeur de mathématiques, écho d'une conception classique de l'astronomie se proposant de «sauver les phénomènes». Dans les établissements passés à la Réforme, la situation était similaire. Le *Gymnasium* fondé par Jean Sturm (1507-1586) à Strasbourg accordait une grande importance à l'étude des textes d'Aristote, non seulement en logique, mais également en philosophie naturelle: Andreas Planer (1546-1607) donna des leçons de physique et de médecine à Strasbourg avant d'enseigner à Tübingen; Johann Ludwig Hawenreutter (1548-1618) publia en 1578 un *compendium*

---

[73] Robert Estienne, *Dictionarium latinogallicum,* 3e éd. (Lutetiae: apud Carolum Stephanum, 1552), p. 1003: «Physica, physicae, pen. corr. Cic. *La science des choses naturelles, Phisique, Philosophie naturelle.*» Version en ligne consultée à l'adresse suivante: http://portail.atilf.fr/dictionnaires/

[74] *Ratio studiorum* (1599), tr. Léone Albrieux *et alii* (Paris 1997), p. 126, au chapitre *Regulae professoris Philosophiae* [§ 219]: «Atque ut secundus annus integer rebus physicis tribuatur…». Descartes avait suivi l'enseignement des jésuites au Collège de la Flèche de 1606 à 1614, et fut instruit dans la même conception de la physique, comme le rappelle Gilson dans son édition du *Discours de la méthode* (6e éd., Paris 1987), p. 117-119.

[75] *Ratio studiorum* (1599), [§ 221], p. 127 Albrieux: «Secundo anno explicet libros octo Physicorum, libros de Coelo et primum de Generatione.»

[76] *Ratio studiorum* (1599), [§ 222], p. 127 Albrieux: «[…] de Coelo autem dumtaxat de eius substantia, et de influentiis; ceterae mathematicae professori relinquantur, vel conferantur in compendium.»

des écrits physiques d'Aristote.[77] Le constat s'impose également pour Tübingen, établissement voué à la défense du luthéranisme le plus orthodoxe.[78]

4.3.3.0. Ces précisions apportées, il faut avouer que la «physique» de Kepler se caractérise – pour nous – par un curieux mélange d'aristotélisme et de modernité.[79] Selon Kepler, deux raisons naturelles légitiment la prédiction d'événements terrestres à partir de configurations célestes: la première est matérielle et met en jeu la lumière des astres ainsi qu'une certaine forme de magnétisme; la seconde est psychique et fait intervenir en particulier l'âme de la terre. Ces deux types de raisons ne s'opposent pas, en vertu de principes hérités d'Aristote. Pour le Stagirite, en effet, l'étude de l'âme, principe de mouvement n'existant pas indépendamment de la matière, relevait du physicien.[80] Le *De anima* se situait ainsi à la charnière de la physique et de la métaphysique (dont

---

[77]   Voir A. Schindling, «L'école latine et l'Académie de 1538 à 1621», in: P. Schang et G. Livet, *Histoire du Gymnase Jean Sturm* (Strasbourg 1988), p. 90-92 concernant la philosophie naturelle. Hawenreutter fut en son temps surnommé «l'Aristote strasbourgeois».

[78]   Ch. Methuen, «The teaching of Aristotle in the late sixteenth-century Tübingen», in: C. Blackwell and S. Kusukawa, ed., *Philosophy in the Sixteenth and Seventeenth Centuries. Conversations with Aristotle* (Ashgate 1999), p. 191: «The first, and most obvious, point to be noted is that Aristotle's works were central to the curriculum of Tübingen's Art Faculty.» Sur les rapports de Kepler à Aristote, on lira, dans le même volume, l'article d'A.-Ph. Segonds et N. Jardine, «Kepler as reader and translator of Aristotle», p. 206-233.

[79]   Les discussions sur les *causes* et les *contraires*, ou sur le nombre des *éléments*, ne prennent sens que dans un contexte aristotélicien. Voir par exemple le sommaire du *Tertius interveniens*, p. 153, 24-25: «33. Ob die vier Elementen solche Eygenschafften haben / wie *Aristoteles* dieselbige vnter sie außgetheilt / vnd wo das Fewer daheym ist. Besihe 77.» Ou le tableau des propriétés *(fünff Eygenschafften)* au § 32, p. 174, 37-43.

[80]   Aristote, *De part. animal.* I, 1, 641a 17-25 (tr. Pierre Louis. Paris 1956): «On voit que si cette caractéristique [du vivant] est l'âme, ou une partie de l'âme, ou quelque chose qui ne peut exister sans l'âme, (car c'est un fait que l'âme disparue, l'être vivant n'existe plus et qu'aucune de ses parties ne demeure plus la même [..]), si donc il en est ainsi, il appartiendra au naturaliste de parler de l'âme et d'en avoir la connaissance, sinon de l'âme tout entière du moins de cette partie de l'âme qui fait que l'être vivant est ce qu'il est [...].»; *De anima* I, 403a 27-28 (tr. E. Barbotin. Paris 1966): «Voilà pourquoi il appartient donc au physicien de traiter de l'âme [...].» Richard Bodéüs (Aristote, *De l'âme.* Paris 1993), p. 85, traduit: «un naturaliste est en droit d'avoir ses vues sur l'âme». – L'astrologue Kepler, dans la préface du *Tertius interveniens*, se fait l'avocat d'une physique ou psychologie (p. 151, 16: «... *Physicae seu Psychologiae.* »).

l'objet est l'intellect).[81] En outre, ce qui importe au physicien, nous dit Kepler, ce sont les *causes (Ursachen)* des phénomènes, faute de quoi l'astrologie ne fait guère que jouer avec des éléments probables et s'expose à ne valoir que « un tout petit peu plus que rien ».[82] D'une manière générale, on peut soutenir que Kepler fait un usage tout personnel, libre et éclectique, des travaux d'Aristote.[83] Kepler ne s'oppose pas à Feselius en ce que l'un accepterait béatement la physique d'Aristote tandis que l'autre la rejetterait totalement. Kepler s'oppose à Feselius dans sa capacité à faire un usage critique des thèses d'Aristote, qu'il n'hésite pas à mettre à jour en fonction des développements les plus récents des savoirs de son époque. Kepler a lu Copernic et William Gilbert, et son « aristotélisme » s'en ressent.

4.3.3.1. Mentionnons d'abord les raisons matérielles qui rendent possibles aux yeux de Kepler une astrologie conçue comme partie de la physique. La première est le Soleil. La seconde est la Lune. La troisième est la nature des autres corps célestes.[84]

Le Soleil est d'abord l'origine, la source de toute lumière dans l'univers. Ce caractère originaire et unitaire permet d'assigner à la lumière solaire une

---

81   Concernant l'extension du terme *physique*, nous pouvons adopter la présentation faite par P. Pellegrin et M. Crubellier, *Aristote* (Paris 2002), p. 216 : « Bien qu'Aristote la désigne généralement au singulier, la physique comprend toutes les connaissances dont l'objet est sensible et possède en soi-même le principe de ses changements : cela représente des domaines aussi différents que la science des astres, celle des « météores », celle des corps simples et celles des animaux ».

82   *Tertius interveniens,* § 74, p. 215, 5-8 : « Also folgt recht / daß ein *Astrologus,* der nur den Himmel sihet / vnnd von solchen zwischen Vrsachen nicht weiß / nur allein *probabiliter,* nit Messungsweiß (allermassen wie *Feselius* wil) das ist / ein klein wenig mehr dann nichts / von dem letzten Erfolg vorsagen könne.» Cette recherche des *causes* des phénomènes est une constante chez Kepler. Le 10 février 1605, déjà, Kepler écrivait à Herwart von Hohenburg qu'il était «fort engagé dans la recherche des causes physiques » (lettre n° 325. KGW **15**, 146, 56-57 : *Multus sum in causis physicis indagandis.*)

83   Comme l'a montré Ch. B. Schmitt, nombre d'auteurs de la « Renaissance » partagent cette manière de lire le *corpus aristotelicum* et il serait possible de les situer sur un *continuum* allant d'une orthodoxie assez stricte à un éclectisme très libre. Sur l'aristotélisme éclectique dans les sciences de la nature, voir son *Aristote et la Renaissance* (1983 ; tr. L. Giard. Paris 1992), p. 112 et 127-129. Sur l'usage par Kepler des quatre qualités d'Aristote (chaud, froid, sec, humide), voir Gérard Simon, *Kepler astronome astrologue* (Paris 1979), p. 38-39.

84   Simon [1979], 37-39 (exposé à partir des thèses du *De fundamentis astrologiae certioribus* de 1601). Voir également du même auteur, «L'astrologie dans la pensée du XVIe siècle», in : *Sciences et savoirs aux XVIe et XVIIe siècles* (Villeneuve d'Ascq 1996), p. 63-75 (ici : 64-65).

qualité substantielle remarquable: elle est immuable, toujours identique à elle-même, elle ne souffre aucune différence qualitative.[85] En outre, elle se meut instantanément.[86] La principale propriété physique de la lumière du Soleil selon Kepler est la calorification.

La Lune possède d'autres propriétés: elle tire sa lumière du Soleil, qu'elle réfléchit. La lumière lunaire non seulement recèle moins de chaleur que celle du Soleil, mais surtout humidifie.[87] Cette *vis humectandi* de la Lune provient du caractère réfléchi de sa lumière, que Kepler oppose à la *vis calfaciendi* du Soleil, producteur de sa propre lumière.[88] L'expérience prouve que la Lune exerce des effets physiques observables sur les êtres vivants: le cycle menstruel, certaines maladies, ou encore le sommeil des nourrissons se trouvent affectés par la lumière de la Lune.[89] On ne saurait trop insister sur l'importance de l'expérience, qui constitue la base même de l'activité scientifique pour Kepler: « toutes les sciences dérivent de l'expérience » écrit-il à Herwart von Hohenburg en 1599.[90] Pour ce

[85]   *Tertius interveniens*, § 25, p. 169, 9-11: « Lasset vns nun kommen zu den Qualitäten deß Liechts. Die Sonne zwar / als der Vrsprung deß Hauptliechts ist einig / vnd leydet derohalben in jhr selber keinen Vnterscheidt. »

[86]   *Tertius interveniens*, § 20, p. 167, 40-168, 2: « Belangend *Quantitatem*, ist ein Stern grösser als der ander / derhalben auch ein Liecht grösser / vnd in Erwärmung der jrrdischen Cörper kräfftiger als das andere. Vnnd weil dem wunderbarlichen von der Sonnen zu vns herabfliesenden Liecht gebüret *quantitas* doch *sine materia*, vnd *motus* doch *sine tempore*, wie ich in *Opticis* erwiesen / so folgt / daß auch das Liecht von der Sonnen bey vns jetzt dünner [168] vnd blöder / bald gedüchter vnd densior werde: nach dem die Sonne höher vnd nidriger steiget. »

[87]   *Tertius interveniens*, [Register], p. 153, 3-4: « 24. Daß der Widerschein vnd deß Monds Liecht wenig Hitz habe. »; p. 153, 18: « 30. Woher der Mondt sein Eygenschafft habe / zu befeuchtigen. »

[88]   *Tertius interveniens*, § 30, p. 172, 31-33: « Diese *vim humectandi* hab ich in meinen *fundamentis Astrologiae, hypothesis loco* dem Widerschein zugelegt / wie hingegen die *vim calfaciendi*, dem eygnen jnnerlichen Liecht […]. »

[89]   *Tertius interveniens*, [Register], p. 155, 32-34: « 70. Von den *crisibus Medicis,* daß solche nach deß Monds Lauff / vnd die *paroxysmi febrium* nach dem vmbgang deß Himmels regulirt werden. Besihe 86. 71. Daß die weibliche Kranckheit *menstrua* sich nach deß Monds Liechte richte. »; et § 70, p. 212, 4-5: « Jch zwar hab etwa gesehen / wie junge Kindtbetter Kinder *secundum appulsus Lunae ad planetas* sich einen Tag für dem andern rühiger oder vnrühiger befunden. »

[90]   Lettre n° 123 (*A Herwart von Hohenburg*, 30.05.1599). KGW **13**, 350, 421: « Scientiae omnes ab experientia oriuntur ».

qui est des étoiles, elles ne possèdent pas de lumière propre : elles ne font que la recevoir du Soleil.[91]

4.3.3.2. Ce complexe de propriétés trouve une certaine unité dans le concept de *species immateriata*. Qu'est-ce que la *species immateriata ?* Il y a, nous dit Kepler, une *species immateriata* de la lumière, du son, de l'odeur, du mercure, de la chaleur qui se dégage du four, de l'aimant, du soleil, etc.[92] Nombre de commentateurs ont pointé la difficulté de la notion et de ses implications dans la physique de Kepler[93] ; nous ne ferons pas exception. La *species immateriata* a souvent été interprétée dans le cadre de l'optique : « Le terme de *species*, traduction de l'εἶδος grec et héritier de sa complexité sémantique, est l'un des plus difficiles à « expliquer », c'est-à-dire à dérouler dans tous ses plis : il est la forme, l'image, ou encore l'espèce opposée au genre, et, dans son acception optique, il n'est rien de tout cela. »[94] Il est vrai que l'étymologie de *species* ramène au problème des apparences.[95] Dans le *Tertius interveniens*, le syntagme renvoie effectivement

---

[91] *SchreibCalender für 1597.* KGW **11**-2, 9, 25-29 : « Erstlich / daß kein Stern / groß oder klein / ainige andere krafft auff erden zu wircken inn sich habe / dann allein das allgemaine / auß der Sonnen inn alle Sternen herfliessende / doch vnderschiedlich in den kugeln temperirte Liecht […]. »

[92] *Tertius interveniens*, [Register], p. 153, 6-10 : « 26. Was *species immateriata* sey : Erkläret mit *exemplis,* deß Liechts / Klangs / Geruchs / Purgation / angehenckten Quecksilbers / Ofenhitz / nächtlicher hellen Himmels / Schnees oder Eyßzapffens / Wandt / Obdaches / Mauren oder Bodens im Schiessen / Magnets / Compasses / Sonnen in deß Himmels Lauff / Farben &c. »

[93] Par exemple Koyré [1961], 205 : « La conception keplérienne des rapports entre la *species* et le corps dont elle émane, n'est pas facile à comprendre. » Sur cette question en particulier, voir Rabin [2005], *passim*.

[94] C. de Buzon, « La propagation de la lumière dans l'optique de Kepler », in : *Roemer et la vitesse de la lumière. [Actes du Colloque de] Paris, 16 et 17 juin 1976* (Paris 1978), p. 73-82 (p. 75).

[95] Ernout et Meillet, *Dictionnaire étymologique de la langue latine*, 4e éd. (Paris 2001), p. 640 : « species, -ei, f. : 1° vue (synonyme de *uisus* ou de *aspectus*, rare dans ce sens) ; 2° aspect, apparence […]. » Pour une approche historique, voir l'article *species* de Rudolf Goclenius, *Lexicon philosophicum, quo tanquam clave philosophiae fores aperiuntur* (Francofurti : Typis viduae Matthiae Beckeri, impensis Petri Musculi & Ruperti Pistorij, 1613), p. 1068-1072 : « 1. Species sumitur pro forma externa rei. Sic Christus cum transfiguratus est in monte, speciem permutauit splendore, id est externam formam seu speciem. 2. Pro pulchritudine, vnde res speciosa dicitur id est formosa. 3. Pro imagine vel mente concepta, vt [Aristoteles,] I. de anima cap. 12, vel picta sculptaue ab artifice, siue sit inanis, siue veram. […]. 4. pro forma interna rei. 5. Pro rei essentia, vt in Physicis. 6. Pro Toto essentia constante singulari & indiuiduo […]. 7. Pro Idea pseudoplatonica, vt, valeant, Ideae […]. 8. Pro notione Logica, per

parfois à l'optique : « Une *species immateriata* d'un corps lumineux est l'apparence qui parvient jusqu'à nous, et nous éclaire ».[96] L'adjectif *immateriata* est également problématique. Presque toujours traduit par *immatériel*, il pourrait, selon la suggestion de Sheila Rabin, exprimer l'idée d'être engagé dans la matière. Sa rareté dans la latinité est remarquable : avant Kepler, il ne semble guère attesté que chez Raymond Lulle ; après Kepler, chez Francis Bacon et Thomas Hobbes.[97]

La *species immateriata* semble posséder plusieurs caractéristiques notables. (1) D'abord, à un niveau général, il est à remarquer qu'elle s'écoule, se déploie, de manière sphérique à partir des corps physiques.[98] La lumière se déploie de manière sphérique *(orbiculariter)* à partir d'un point. L'aimant semble opérer de même. (2) Ensuite, l'action de la *species immateriata* est perceptible. (3) Enfin, et ce point est assez curieux pour être noté, Kepler évoque presque toujours « une » *species* immateriata des objets (et non « *la* » *species immateriata*), qui serait ainsi

quam à nobis concipitur res vniversalis alteri magis vniuersali subiecta. […].» Noter le sens 1 et son acception théologique, ainsi que les sens 4 et 5.

[96] *Tertius interveniens*, § 26, p. 169, 30-31 : «Ein *species immateriata* von einem leuchtenden *corpore*, ist der Schein / welcher zu vns herzukömpt / vnd vns erleuchtet.»

[97] Rabin [2005], 50, remarque que Kepler disposait du mot *immaterialis*, mais qu'il préféra employer *immateriata*. Une recherche dans les cédéroms dédiés à la littérature latine n'indique aucune occurrence de *immateriatus* dans la *Patrologia latina*. En revanche, la *Library of Latin Texts. Series A & B* (Brepols, consultée le 30.8.2011) comporte une occurrence datable de 1311. On lit en effet chez Raymond Lulle, *Sermones contra errores Auerrois (op. 174)*, Turnhout 1975 (= CCCM 32), pars 9, p. 259-260, ligne 528 Harada : «Et propter hoc considerauit, quod esset unus intellectus in omnibus hominibus immateriatus.» Et trois occurrences postérieures à 1610 : *a)* une chez Francis Bacon, *de dignitate et augmentis scientarum* (1623), lib. III, cap. 4, p. 560: «Certe reliquias Sanctorum, earum que virtutes, recepit Ecclesia Romana; (neque enim in divinis et immateriatis fluxus temporis obest;) verum ut condantur reliquiae coeli, quo hora quae recessit et tanquam mortua est reviviscat et continuetur, mera est superstitio.»; *b)* deux chez Thomas Hobbes, *De corpore (Elementorum philosophiae sectio prima)*, pars 4, cap. 26, art. 7, p. 351.11 Molesworth : «Illi vero, qui fieri hoc supponunt per vim magneticam, vel per species incorporeas, seu immateriatas, causam physicam non supponunt, immo vero nil supponunt, quia movens incorporeum nullum est; et vis magnetica quae sit ignoratur, et quando erit cognita, invenietur esse motus corporis.»; *c) ibid.*, pars 4, cap. 26, art. 8, p. 354.8 Molesworth : «Virtutem autem magneticam illam sive attractionem et abactionem terrae fieri arbitretur per species immateriatas.» Il n'est pas question ici de poursuivre l'enquête, ce n'est qu'une simple remarque.

[98] *Tertius interveniens*, § 26, p. 169, 24-25 : «[…] von den *speciebus immateriatis*, welche von den *corporibus Physicis orbiculariter* außfliessen […].»

une propriété constitutive, essentielle, mais non unique, des corps.[99] Ainsi, « une »
(sic) *species immateriata* de l'aimant consiste à attirer le fer; « une » (sic) *species
immateriata* de la Terre consiste à diriger l'aimant vers le Nord.[100] En outre, il faut
soigneusement distinguer *species immateriata* de la lumière, et *species immateriata*
du Soleil : « une » *species immateriata* du Soleil se caractérise par le fait de mouvoir
les planètes autour de son corps.[101] Sans se confondre, toutefois, il faut noter
que la lumière et la vertu motrice du Soleil possèdent « un même type générique
de réalité » (Gérard Simon).[102] Reste, il faut bien l'avouer, quelques exemples de
species immateriatae plutôt problématiques : la *species immateriata* de la senteur de
rose en fait partie.[103] Nous en resterons pour l'instant à cette première approche

---

[99]   *Tertius interveniens*, § 26, p. 170, 12-13 : à propos de médecine, l'expression « die *species
     immateriata* von diesem Dampff » (nous soulignons) fait plutôt figure d'exception.
     Voir également, au § 58, p. 201, 24-25, le cas particulier du concours de deux espèces
     immatérielles : « die *species immateriatas Lunae et Terrae, mutuo commeantes* ».

[100] *Tertius interveniens*, § 26, p. 171, 3-5 : « Ein *species immateriata* von dem Magnet
     ist / die da Eysen zeucht. Ein *species immateriata* von dem Erdtboden / *et quidem
     figurata, figura sui corporis*, ist / die den Magnet nach Norden richtet. »

[101] *Tertius interveniens*, § 26, p. 171, 6-9 : « Ein *species immateriata* von der Sonnen
     ist / die alle Planeten in einem *circulo* vmb die Sonnen hervmb führet : die jhre
     quantitates raritatem vnd *densitatem* hat : auch wie ein Wirbel bewegt wird / weil sich
     jhr Brunnquell / die Sonnenkugel auch vmbträhet / wie ich in meinem Buch *de motu
     Martis* ans Liecht gebracht. » Voir également le § 51, p. 192, 41-193, 1 : « Sie werden
     aber getrieben *per speciem immateriatam Solis, in gyrum rapidissime circumactam.* Jtem
     werden sie getrieben von jhrer selbst eygnen Magnetischen Krafft / durch welche sie
     einhalb der Sonnen zu schiffen / [193] andertheils von der Sonnen hinweg ziehlen. »

[102] Simon [1979], 335. Suite de la citation : « […] il s'agit d'une *species* immatérielle,
     puisque impondérable, et corporelle, puisque obéissant dans son cheminement à
     des lois géométriques. On retrouve dès lors pour lumière et vertu motrice les mêmes
     propriétés : propagation rectiligne, indéfiniment poursuivie, instantanée […] et action
     sensible seulement là où existent des corps aptes à l'actualiser par réception passive. » Et
     Koyré [1961], 200 : « la vertu motrice du Soleil et la lumière s'accordent entièrement
     dans tous leurs attributs. » Voir déjà dans l'*Astronomia nova*, [Argumenta]. KGW **3**, 44,
     3-5 : « Sexto hinc demonstratur, id quod movet Planetas de loco in locum, esse speciem
     immateriatam ejus virtutis, quae in corpore Solis est, similem speciei immateriatae
     Lucis. »

[103] *Tertius interveniens*, § 26, p. 170, 1-6 : « In den Gerüchen geschicht zwar auch ein
     wesentlicher materialischer Außfluß / auß einer wolriechenden Rosen / welcher endtlich
     erstirbet / wann sein Brunn erschöpffet vnd versiegen ist. Aber doch ist auch diß ein
     species immateriata, wann der Rauch von einem Liechtbutzen dort hinaußgehet / aber
     doch der Gestanck nicht nur denselbigen Weg hinauß / sondern vmb vnd vmb
     gerochen wirdt. Allhie sihestu deß *effluxus materialis speciem immateriatam.* »

phénoménologique, avant de proposer, à la fin de ce travail, une interprétation de la *species immateriata* en termes théologiques.

4.3.3.3. On ne saurait toutefois en rester à ce niveau d'analyse. Car le lien étroit qu'elle entretient avec la science de l'âme est sans doute le trait le plus marquant de cette «astrologie physique», laquelle ne constitue qu'un chapitre particulier d'une physique céleste plus vaste à laquelle Kepler travaille au moins depuis son *Mysterium cosmographicum*.[104] Pour Kepler, de si nombreuses entités sont dotées d'une âme, que Gérard Simon a pu parler de *panpsychisme* pour caractériser son système de pensée.[105] Les plantes, les animaux et les hommes, conformément à l'enseignement d'Aristote, font partie des êtres animés.[106] Mais le règne de la vie s'étend également à des réalités qui relèvent pour nous du règne minéral ou de la simple matière : le Soleil possède une âme, la Terre possède une âme. A l'époque du *Mysterium cosmographicum*, Kepler a même cru que les planètes étaient dotées d'âmes rectrices, une hypothèse abandonnée depuis au profit de la *species immateriata*.[107] Cette vision du monde comme tout entier peuplé d'âmes peut évidemment se prévaloir d'antécédents néoplatoniciens, et elle était extrêmement répandue à la Renaissance. Toutefois, comme l'a montré Gérard Simon, l'architectonique néoplatonicienne vient en second lieu chez

---

[104] Voir sur cette question l'article toujours stimulant de G. Holton, «L'univers de Kepler : physique et métaphysique» [1956], tr. J.-F. Roberts, in : *L'imagination scientifique* (Paris 1981), p. 48-73.

[105] Simon [1979], ch. 4, «Les raisons du panpsychisme», p. 175-229.

[106] Aristote, *De anima* II, 2, 413b 1-12.

[107] M. Jammer, *Concept of force* (Cambridge 1956), 86 : «In fact, the *anima motrix* of the *Mysterium cosmographicum* is now, in his *Astronomia* nova, a *species immateriata.*» – En 1596, au chapitre 20 de son *Mysterium cosmographicum* (KGW **1**, 70, 19-24 = KGW **8**, 111, 6-11 ; trad. A. Segonds, *Le Secret du monde*, Paris 1984, p. 138-139), Kepler écrivait : «il nous faut poser, ou bien (2) que plus les âmes motrices sont éloignées du Soleil, plus elles sont faibles ; ou bien (3) qu'il n'y a qu'une seule âme motrice placée au centre de tous les orbes (c'est-à-dire dans le Soleil) qui meut d'autant plus vigoureusement un corps quelconque qu'il est plus proche d'elle et qui, dans les corps plus éloignés, en, raison de l'éloignement et de la diminution de la force, s'affaiblit.» La note (2), insérée dans la seconde édition de 1621 dit : «(2). Les âmes motrices] Dont j'ai prouvé qu'elles n'existaient pas dans mes *Commentaires sur Mars.*» La note (3) dit : «(3) Il n'y a qu'une seule âme motrice] Si tu remplaces le mot *âme* par le mot *force*, tu as le principe même sur lequel est fondé la physique céleste dans mes *Commentaires sur Mars.* […]» (KGW **8**, 113, 17-20). Suit un passage sur la nature de la lumière, «quelque chose de corporel, c'est-à-dire une *species* qui provient d'un corps, mais qui est immatériel.» (KGW **8**, 113, 25-26). Voir également la note d'Alain Segonds, *op. cit.*, p. 327n. 15.

Kepler, qui a d'abord cru trouver dans l'expérience et ses données de solides raisons de l'adopter. Le contraste avec les neurosciences contemporaines est frappant : un Jean-Pierre Changeux, aujourd'hui, conçoit au contraire le domaine psychique comme plus ou moins réductible à du physico-chimique.

Répondant à une critique de Feselius qui estimait que les astrologues ne pouvaient pas débrouiller l'écheveau des influx stellaires pour établir leurs prédictions[108], Kepler répond d'abord en contre-attaquant. La maladie aussi a plusieurs causes, comment le médecin peut-il prétendre identifier celle qui est décisive, comment Hippocrate aurait-il pu le faire ?[109] Puis Kepler de préciser que ce qui compte n'est pas tant l'émission des rayons que leur perception ici-bas, *Wir reden aber nicht von* actione stellarum, *sondern von* receptione, *das ist* passione, *in den Naturen der jrrdischen Cörpern.*[110] Ce passage, extrêmement important, synthétise plusieurs thèses de Kepler sur le sujet. Première thèse : l'astrologie physique ne s'occupe pas de l'action des corps célestes, mais uniquement de leur réception ici-bas. Corollaire : une astrologie copernicienne est parfaitement possible. La Terre certes n'est plus au centre du monde, mais les influx sont rapportés à l'âme de la Terre en tant qu'elle les perçoit. Deuxième thèse, implicitement contenue dans les mots *receptio* et *passio*, la Terre est dotée d'une âme – et non d'un intellect. Kepler la compare au paysan qui se réjouit

---

[108] *Tertius interveniens*, § 45, p. 187, 39-40 : « Dann *Feselius* gibt für / die Sterne leuchten alle zusammen / darvmb köndte der *Astrologus* nit einem jeden Planeten besonder probieren / was er für eine Krafft habe / vnd fragt hiervmb / wie jhme hie die *Astrologi* thuen ? ». – Feselius prenait l'exemple d'un mélange de plantes : comment déduire avec certitude que l'efficace provient d'une plante plutôt que d'une autre, ou du mélange ? *cf.* Feselius, fol. B ij r° : « Dann wann ich die krafft vnnd würckung eines krauts / einer wurzel / oder sonsten einer sonderbaren artzney erlernen will / so muß ich dero jedwederes insonderheit warnehmen / vnnd seine würckung vermercken : sonsten wann ichs zugleich mit einander vermischen wolte / würde ich zu meinem *Intent* nicht gelangen. Also auch wann ich zum Exempel / des *Saturni* eygenschafft gewiß wissen solte / so müste ich seine krafft / würckung / vnd *Influentias* allein vnnd absönderlich erforschen. »

[109] *Tertius interveniens*, § 43, p. 186, 43-187, 2 : « dann es seyen vnzahlbare [187] Vrsachen der Kranckheiten / auch vnzahlbare Kräutter vnd *Simplicia*, darvon *Feselius* den wenigern theil wisse vnd *Hippocrates* vor zeiten noch weniger gewust. »

[110] *Tertius interveniens*, § 74, p. 217, 10-13 : « Wahr ist es zwar / *actio stellarum* ist *vniformis,* vnd jederzeit einig : Wir reden aber nicht von *actione stellarum,* sondern von *receptione, das ist passione,* in den Naturen der jrrdischen Cörpern / vnd was solche jhnen auß der Sternen Liechtstralen mehrers vnd vber das / so ein jeder Stern an jhm selber hat / abnemmen. »

de la musique qu'il entend tout en restant sourd aux raisons harmoniques qui la structurent.[111]

Tout cela reste encore insuffisant : il faut encore détailler le profil psychologique de la Terre. Son âme est émue par les rapports célestes, qu'elle perçoit par un instinct inné, sans être capable de calculs.[112] En outre, ces rapports harmoniques qui émeuvent l'âme sublunaire, Kepler les identifie aux *aspects* des astrologues, l'aspect étant constitué par les rayons provenant de deux planètes qui se coupent sur terre.[113] Seule parmi les doctrines astrologiques, la théorie des aspects résiste à la critique radicale : « Ce genre de choses, les aspects de deux astres dont l'un au moins est mobile, est presque le seul que je pense digne d'être retenu en astrologie », écrivait-il déjà en 1606.[114] Là encore, le but est de « transférer les aspects dans le domaine de la nature ».[115] Leur fonction dans le système de pensée de Kepler est fondamentale, puisqu'ils fournissent un puissant moyen d'unifier tous les éléments de son *cosmos* : éléments physiques (terre, planètes, Soleil, lune, avec leurs propriétés respectives), harmoniques (configuration des mouvements et des rayons célestes exprimés en termes de rapports géométriques), psychologiques (perception par l'âme sublunaire de ces configurations), tout en rendant raison de

---

[111] Idée plusieurs fois affirmée, par exemple dans le *Tertius interveniens*, § 73, p. 215, 31-43. Citons pour sa brièveté le passage de l'*Antwort auff Roeslini Discurs* (KGW **4**, 141, 3-4) : « die Natur hierzu bewegt werde von einem *aspect* nit *effectivè*, sondern *objectivè*, wie ein *Musica* den Bauren zum Tantz bewegt. »

[112] *Tertius interveniens*, § 64, p. 209, 10-14 : « Nemlich daß in dieser niedern Welt oder Erdenkugel stecket ein Geistische Natur / der *Geometria* fähig / welche sich ab den Geometrischen vnd Harmonischen Verbindungen der himmlischen Liechtstraalen *ex instinctu creatoris, sine ratiocinatione* erquicket / vnnd zum Gebrauch jhrer Kräfften selbst auffmundert vnd antreibt. »

[113] *Tertius interveniens*, § 74, p. 217, 13-16 : « Dann die *Geometria* oder *Harmonia aspectuum*, ist nicht zwischen den Sternen im Himmel / sondern hienieden auff Erden in dem Puncten / der die Liechtstraalen samptlich auffahet. »

[114] *De Stella nova*, ch. 2. KGW **1**, 166, 40-167, 1 : « Atque hoc genus rerum, aspectus nempe duarum stellarum, quarum vel utraque, vel altera sit mobilis, illud est, quod ego penè solum in [167] Astrologia retinendum esse censeo. » Voir également la lettre à Harriot (2 octobre 1606). KGW **15**, 349, 74-350, 76 : « Ego iam à decennio divisionem in 12 aequalia, domus, dominationes, triplicitates, etc. omnia rejicio, retentis solis aspectibus et traducta astrologia ad doctrinam [350] harmonicam. »

[115] Lettre n° 424 (*An Herwart von Hohenburg*, April 1607). KGW **15**, 454, 174 : « [...] solis Aspectibus in naturae partes traductis ». Cité in Simon [1979], 44.

leurs rapports mutuels. «Ainsi se rejoignent, grâce à l'affirmation d'une âme de la terre, la théorie des aspects et celle de la musique», résume Gérard Simon.[116]

Enfin, c'est toute la météorologie de Kepler qui est simultanément rendue possible et fondée en raison par cette âme sublunaire dotée d'un instinct harmonique. La météorologie joue un rôle très important en tant que pourvoyeuse de données expérimentales. Elle permet simultanément de déduire de nouveaux aspects et de les tester. C'est en étudiant de concert l'apparition des aspects avec les phénomènes météorologiques se produisant ici-bas que Kepler, au fil des années, s'est convaincu de leur efficace.[117] Il s'est également convaincu que la justification rationnelle des aspects restait à établir, ou du moins à affermir. Il affirme ainsi l'inanité d'une croyance en certaines efficaces particulières des astres, par exemple d'un Saturne responsable de la neige, ou d'un Mars qui serait préposé au tonnerre.[118] D'où sa réforme des principaux aspects reçus en astrologie, qu'il présente dans le *Tertius interveniens* comme établie sur la base de vingt années d'observations, et rigoureusement fondée sur une théorie qu'il ne cessa ni ne cessera d'améliorer.[119] Le paragraphe 46 établit les effets de la conjonction Mars-

---

[116] Simon [1979], 48. Sur la réforme des aspects par Kepler, on renverra à Simon [1979], 44-48 et 169-174; ainsi qu'à Krafft [1992]. Plus récemment, H. Grössing, «Gedanken zu Keplers Astrologie», in: *Miscellanea Kepleriana*, hrsg. F. Boockmann, D.A. Di Liscia (Augsburg 2005), p. 175-182.

[117] Bel exemple dans le *Tertius interveniens,* § 138, ainsi résumé dans le Register, p. 156, 41-42: «138. Wie sich das Wetter im Winter deß 1609. Jahrs von Tag zu Tag mit den *aspectibus* vergliechen.» Et dix ans plus tôt, déjà, dans la lettre n° 134 (*An Herwart von Hohenburg*, 14.9.1599). KGW **14**, 74, 491-493: «Aspectuum doctrinam non esse rejiciendam. Aspectuum efficaciae fidem prima conciliat experientia, quae adeo clara est, ut eam non possit negare [...].». Commentaire de Gérard Simon [1979], p. 32: «pour lui, l'influence physique des astres sur les phénomènes météorologiques est une donnée d'expérience qui fait partie du cours normal de la nature.»

[118] Lettre n° 493 (*An Joachim Tanckius,* [Prague], 12.05.1608). KGW **16**, 158, 154-164: «[...] ut in meteoris, est aliqua causa agens, rationis et Geometriae capax, quae ad nascentes in coelo aspectus (rem geometricam) accommodat modos et paroxysmos sui operis, quod est concitare humores subterraneos, ut euaporent. Hic frustra alius Symbolisationibus innixus, ex Saturno niuem et Marte tonitrum expectabit, ex Ioue pluuiam, è Venere rorem, ex Mercurio uentum etc. Sed geometria aspectuum fit causa obiectiua, mouens Archeum subterraneum ad impetum aliquem ex quo omnia dicta promiscuè, pro re nata, iam hoc, jam illud resultat.». Cité in Kepler, *L'étrenne ou neige sexangulaire,* trad. R. Halleux (Paris 1975), p. 28-29. L'*Archée souterrain*, concept emprunté à Paracelse, est synonyme d'âme sublunaire.

[119] Sur la théorie des aspects dans l'*Harmonice Mundi*, voir H. Schwaetzer, *Si nulla esset in terra anima* (Hildesheim 1997), p. 198-210.

Saturne sur le temps *(Wetter)*, à partir d'observations faites depuis 1590.[120] Les aspects font sentir leurs effets partout, affectant même la qualité de la bière et du vin.[121]

4.3.3.4. Notons enfin que d'autres développements du *Tertius interveniens* trahissent les mutations épistémologiques en cours, et le fait que Kepler appartenait aux révolutionnaires de son époque : l'optique est ainsi pleinement incluse dans la physique, elle fait l'objet d'expériences.[122] Feselius, largement étranger à ce mouvement, fait l'objet d'un procès en incompétence absolument systématique : il ne comprend pas que l'on ne peut plus se passer d'optique en physique.[123] Il ne comprend pas quelle est la nature de la lumière.[124] Il met en doute les valeurs numériques issues des observations de Tycho Brahe.[125] Il n'a pas compris Copernic.[126] Tout cela n'est pas trop grave, note ironiquement Kepler : n'étant pas astronome, la réputation de Feselius n'est pas trop entachée.[127]

---

[120] *Tertius interveniens*, [Register], p. 154, 15-16 : « 46. Was es jnner 20. Jahren bey den *coniunctionibus Solis et Martis* für Wetter gewest. » Voir aussi le § 46, p. 188, 20-37.

[121] *Tertius interveniens*, § 84, p. 222, 12-25 ; en particulier lignes 20-25 : « Dann ein Regenwetter zeuget von einem starcken Aspect / der vnruhiget die Natur oder *facultatem animalem,* die den Erdtboden / vnd die Lufft durchgehet. Ob diese Turbation an die *liquores* gelange *per contagium,* oder aber weil der Hopffen vnd der Maltz noch etlicher massen *vitam plantae* behalte auch im Bier / das laß ich andere disputiren. »

[122] *Tertius interveniens*, § 49, p. 190, 31-34 : expérience de la *camera obscura.* Sur l'air du *Ne sutor…*, Kepler en appelle même à l'expérience du peintre pour convaincre Feselius que l'air n'est pas invisible, p. 191, 29 : « Endtlich so frage D. *Feselius* nur einen Mahler / ob die Lufft vnsichtbar / […]. »

[123] *Tertius interveniens*, § 53, p. 195, 25-27 : « So wil es heutiges Tags von einem *Philosopho* kein gutes Zeichen mehr seyn / wann er wie *Feselius,* noch ein *sphaeram ignis* hält : Hiervmb die *Optici* zu begrüssen / ohn welche *scientiam* nit müglich ist / daß ein guter *Physicus* seyn köndte. »

[124] *Tertius interveniens*, § 127, p. 248, 44-249, 1 : « Das Liecht aber sey himmlisch / vnd nicht elementarisch […]. »

[125] *Tertius interveniens*, § 53, p. 193, 34-35 : « meldet *Feselius,* daß *Tycho Brahe* den Compaß auch verrückt habe / vnd wil seine *obseruationes* in zweiffel zihen […]. » Référence à Feselius, fol. B r : « *Tycho Brahe* hatt heutiges tages den Compaß auch wiederumb vmb etwas verruckt […]. »

[126] *Tertius interveniens*, § 53, p. 194, 2-3 : « Aber *Feselius* wirdt *Copernicum* vnd andere *authores* nicht verstehen […]. »

[127] *Tertius interveniens*, § 54, p. 197, 32 : « Es ist aber gut / daß *Feselius* kein *Astronomus* nicht ist / darvmb sein Authoritet desto weniger zu bedeuten hat. »

5. La cause de Dieu défendue par l'astrologie physique

Le quatrième but du *Tertius interveniens,* tout aussi essentiel, est théologique : il rejoint, en un sens, le premier, et permet une fois encore à Kepler d'éreinter Feselius. Ce dernier croit en effet que la Bible enseigne la physique.[128] Mais Feselius ne maîtrise pas l'hébreu et l'ancien pensionnaire du *Stift* de Tübingen est obligé de lui administrer publiquement un cours d'exégèse sur le mot *haschamajim.*[129] Ce faisant, Kepler *a)* affirme l'autonomie de la philosophie naturelle vis-à-vis de la théologie dogmatique : l'Ecriture n'est pas un manuel de physique, *a fortiori* si l'on ne sait la lire que de manière littérale ; et *b)* l'inclut tout aussi fermement dans la théologie naturelle, car astronomes, astrologues, physiciens, et médecins ne font que travailler sur la nature, c'est-à-dire la Création de Dieu.

D'une manière générale, on peut soutenir que le projet le plus fondamental de Kepler est de rendre manifeste le lien qui unit le domaine de la Création à son divin Créateur. Dans cette optique, la Création, du *cosmos* dans sa totalité jusqu'au plus petit brin d'herbe, possède une valeur théophanique.[130] La profession de foi se double en outre d'une affirmation du principe de raison qui confine à la théodicée : Dieu et la nature ne font rien en vain. Mieux : tout advient en vue d'un bien.[131] C'est dans ce contexte que doit être replacée la défense par Kepler de la doctrine des signatures, raillée par Feselius comme un « *lusus luxuriantum ingeniorum,* des spéculations dénuées de fondement ».[132]

---

[128] *Tertius interveniens,* § 54, p. 197, 9-10 : « Besehet nur / wie er die Sprüche anziehe / auß dem 93. Psalmen / *Firmauit orbem terrae, qui non commouebitur.* Redet dieser Psalm von einem *dogmate* [...].» Pour la foi de Kepler en une physique d'opticien et d'astronome plutôt que de théologien, voir § 100, p. 230, 4-7 : « Daß aber keine Erfahrung vom Himmel gehabt werden möge / darvmb muß man nicht die *Theologos,* sondern die *Opticos* vnd *Astronomos,* auch zum theil *die Physicos* hören / dann es ist ein *materia Physica,* darvmb man in *Theologia* so wenig weiß als von der Zahl *coniugationis neruorum in corpore humano.* »

[129] *Tertius interveniens,* § 48, p. 189, 19-23 : « Antwort / Was das Wort Himmel *in plurali* anlanget / das beweiset nichts / dann die Dolmetscher / wie hie *Feselius* bekennet / setzen im Lateinischen im ersten Buch Mosis am 1. Cap. das *singulare coelum,* da doch im Hebraischen (das *Feselius* nicht betrachtet) das *plurale haschamajim* eben so wol am selbigen Ort stehet / als im 19. Psalmen. »

[130] Sur cette question, et pour nous limiter à son aspect astrologique, nous renvoyons au chapitre de Hübner [1975], p. 229-261 : « Astrologische Auslegung der Natur ».

[131] *Tertius interveniens,* [Register], p. 152, 3 : « *Numero* 1. Daß Gott deß Schöpffers allerweiseste Fürsehung auch auß dem Bösen etwas guts bringe. »

[132] Feselius, fol. E iij v° : « Das aber diese *opinion de signaturis rerum* anders nichts seye / als ein *lusus luxuriantium ingeniorum,* vnd vngegründte *speculationes* [...].» Écho dans le

5.1. La doctrine des signatures: théophanie et anagogie

Il ne saurait être question ici de développer tous les exemples fournis par Kepler: ils abondent dans le *Tertius interveniens,* comme dans le reste de l'œuvre. Il suffira de restituer la logique qui préside au raisonnement. Le paragraphe 126 est spécifiquement consacré à la doctrine des signatures.[133] Aux railleries de Feselius, Kepler répond que «Dieu lui-même a joué aux signatures des choses et a imprimé son image dans le monde».[134] Le monde exprime son divin Créateur, il est «l'image corporelle de Dieu».[135] On retrouve ici la figure de la sphère, considérée comme un symbole géométrique, auquel Kepler attribue une valeur archétypale. La sphère symbolise la divine Trinité, le centre symbolise le Père, la surface sphérique symbolise le Fils, et l'espace intermédiaire symbolise le saint-Esprit. Le monde également, par sa forme sphérique, et par la disposition des trois principaux éléments: Soleil, espace intermédiaire et sphère des fixes.[136]

En outre, la Nature, en tant qu'image du Créateur, a joué à son tour à ce jeu des signatures.[137] Ne reste désormais plus qu'à l'homme, créé par Dieu à Son image, à jouer à son tour au même jeu: déchiffrer le symbole du monde

---

Tertius interveniens, § 126, p. 245, 29-31: «Hierauff antwortet *Feselius* erstlich / diese *Imagination de signaturis rerum,*sey nichts anders dann ein lustige Fantasey müssiger Köpffe / die nit feyren können / vnd gern etwas zu dichten haben.»

[133] *Tertius interveniens,* [Register], p. 156, 28: «126. Ein Philosophischer Discurs *de signaturis rerum* sonderlich der Kräutter.»

[134] *Tertius interveniens,* § 126, p. 245, 38-40: «[...] Gott selber / da er wegen seiner allerhöchsten Güte nicht feyren können / mit den *signaturis rerum* also gespielet / vnnd sich selbst in der Welt abgebildet habe [...].»

[135] Lettre n° 117 (*An Herwart von Hohenburg,* 9/10.4.1599). KGW **13**, 312, 295-296: «Nam mundus est imago dej corporea, animus est imago dej incorporea et tamen creata.»

[136] *Tertius interveniens,* § 126, p. 246, 13-16: «Ja es ist die hochheylige Dreyfaltigkeit in einem *sphaerico concauo,* vnd dasselbige in der Welt vnd *prima persona, fons Deitatis, in centro,* das *centrum* aber in der Sonnen / *qui est in centro mundi,* abgebildet / dann die auch ein Brunquell alles Liechts / bewegung vnd Lebens in der Welt ist.» – Sur cette question, présente dès le *Mysterium cosmographicum* de 1596, voir Hübner [1975], p. 186-192 et Simon [1979], p. 133-146.

[137] *Tertius interveniens,* § 126, p. 246, 23-24: «Wie nun Gott der Schöpffer gespielet / also hat er auch die Natur / als sein Ebenbildt lehren spielen / vnd zwar eben das Spiel / das er jhr vorgespielet.» – C'est pourquoi l'on trouve partout de la géométrie dans la nature, la géométrie constituant l'archétype de la beauté du monde, *cf.* § 59, p. 204, 33-35: «Vnd also hierauß ein wunderbarliches *arcanum* folget / daß die Natur Gottes Ebenbildt / vnd die *Geometria archetypus pulchritudinis mvndi* seye / [...].»

pour y retrouver les traces du Créateur et y trouver sa place.[138] Ces remarques nous semblent de nature à légitimer une interprétation du concept de *species immateriata* dans le cadre de la doctrine des signatures, et, plus largement, dans un cadre théologique.

5.2. La species immateriata : *interprétation théologique*

Notre thèse sera la suivante : la *species immateriata* est une expression dans la nature du mode d'agir trinitaire. Elle s'y déploie d'une manière similaire. La théorie des signatures permettait de découvrir des formes géométriques dans la figure même du monde ou dans celle des cristaux de neige. Elle permet, cette fois-ci dans une perspective dynamique, de rendre compte du mode de déploiement de toute une classe de phénomènes naturels.

Plusieurs indices suggèrent que Kepler pouvait avoir en tête la dimension théologique du mot *species*. On sait que le concept de *species* désigne chez les théologiens catholiques le pain et le vin changés en corps et sang du Christ lors de la cérémonie eucharistique. Chez saint Augustin, *species* est parfois synonyme de *forma*, d'*idea*.[139] Dans l'opuscule *De natura boni*, Augustin précise que le bien prend trois aspects : *modus, species, ordo*. « Le bien a son « espèce » [*species*], sa forme qui le rend intelligible (et beau) en le faisant participer à l'Idée exemplaire du Verbe », résume F.-J. Thonnard.[140] Robert Grosseteste pourrait également s'avérer pertinent dans le cadre d'une interprétation théologique de la *species immateriata*. Voici comment Koyré résume l'idée centrale de Grosseteste : « Le néoplatonicien Grosseteste, pour qui la lumière *(lux)* était la « forme » du monde créé qui a « informé » la matière informe et par son expansion a donné naissance à l'étendue même de l'espace, pensait que l'optique était la clef permettant de penser le monde physique, parce que […] Grosseteste croyait « que toute action causale suivait le modèle de la lumière ». Ainsi la métaphysique de la lumière fait de l'optique la base de la physique qui devient ainsi – ou du moins *peut* devenir

---

[138] *Tertius interveniens*, § 126, p. 246, 32-34 : « So nun Gott vnd die Natur also vorspielen / so muß dieses der menschlichen Vernunfft nachspielen / kein närrisches Kinderspiel sondern eine von Gott eyngepflantzte natürliche anmuthung seyn / […]. »

[139] Voir J.-M. Fontanier, *La beauté selon Saint Augustin* (Rennes 1998), p. 29-35, qui précise cependant les différences entre *forma* et *species*.

[140] F.-J. Thonnard, « Caractère platonicien de l'ontologie augustinienne », in : *Augustinus Magister* (Paris 1954), vol. 1, p. 317-327 (p. 324, avec renvoi au *De natura boni*, § 23).

– une physique *mathématique*.»[141] Or, chez Kepler, la métaphysique de la lumière constitue précisément un modèle de la *species immateriata*. Le rapprochement entre Kepler et Grosseteste, toutefois, a ses limites.[142]

Ce rappel effectué, il est désormais possible de tester la pertinence de notre hypothèse. On peut montrer que les modes de déploiement des éléments constitutifs du monde chez Kepler respectent un même modèle. La série suivante s'interprète selon deux axes. Verticalement, elle exprime la hiérarchie des entités. Horizontalement, elle exprime le processus génétique, dont le modèle reste celui de l'*émanation* néoplatonicienne, à partir d'un point originaire:

1. Dieu, c'est-à-dire la Trinité: Père – Saint-Esprit – Fils
2. La sphère, symbole géométrique de la Trinité: point – ligne – surface sphérique
3. La lumière: point – ligne – surface sphérique.
4. Le Soleil, image du Père, dont la vertu motrice, image du Saint-Esprit, se répand dans l'espace intermédiaire jusqu'à la sphère des fixes, image du Fils.
5. L'aimant, qui exerce son attraction *orbiculariter*.
6. Le son, qui procède de même mais tend à s'évanouir.[143]
7. L'odeur, qui tend également à s'évanouir.[144]

On remarquera que les deux premières entités ne possèdent pas de *species immateriata* (elles constituent plutôt des modèles de celle-ci) et que les deux dernières possèdent davantage de matérialité. Une interprétation correcte du tableau requiert d'avoir à l'esprit plusieurs idées fondamentales de Kepler. L'ontologie de Kepler, considérée *a)* d'un point de vue statique, assimile matière et géométrie: *ubi materia, ibi geometria*.[145] La sphère est la plus parfaite des figures

---

[141] Koyré, «Les origines de la science moderne. Une interprétation nouvelle», in: *Etudes d'histoire et de philosophie des sciences* (Paris 1966; 1973²), p. 66-67. Voir le texte de Grosseteste, *De luce (seu de inchoatione formarum)*, in: *Die Philosophischen Werke des Robert Grosseteste, Bischof von Lincoln*, hrsg. L. Baur (Münster in W. 1912), p. 75* et p. 51-59. Voir également J. McEvoy, *Robert Grosseteste* (Oxford 2000), p. 89-91.

[142] Soulignées par C. de Buzon [1978], p. 75-76: la *species* de la lumière, chez Grosseteste, est matérielle. Chez Kepler, cette dernière correspondrait à l'odeur, qui finit par s'évanouir.

[143] *Tertius interveniens*, § 26, p. 169, 36: «Ein Klang aber ist *species corporis*, so ferrn es geklopfft wirdt […].»

[144] *Tertius interveniens*, § 26, p. 170, 1-3 (cité *supra*, note 104). Voir également Koyré [1961], 201.

[145] Kepler, *De fundamentis astrologiae certioribus* (1601), thesis. 20. KGW **4**, 15, 6.

géométriques: symbole de la Trinité, archétype de la Création et de la beauté du monde, elle était de toute éternité présente dans l'esprit de Dieu *(mens divina)*. Elle lui était coéternelle: c'est Dieu qui a servi de modèle à la Création, car « qu'y a -t-il en Dieu qui ne soit Dieu Lui-même? »[146] Le modèle vaut également *b)* d'un point de vue dynamique, toute *species immateriata* se déployant de manière sphérique *(orbiculariter)*.[147] Nous retrouvons ici la plus solide des convictions de Kepler: toute réalité, dans la mesure du possible, doit représenter le Créateur. Les dimensions ontologique, hénologique, anagogique et théophanique de la Création demeurent intriquées: la Création doit manifester l'essence du Créateur (aspect théophanique) et exprimer son caractère unique (aspect hénologique) afin de permettre aux yeux qui contemplent le Livre de la Nature de remonter à la source de toutes choses (aspect anagogique) et de chanter la louange du Créateur.

Ainsi en va-t-il de la lumière, de la vertu motrice du Soleil, du magnétisme. La lumière partage avec le Créateur plusieurs attributs: ainsi de l'ubiquité, du déploiement instantané[148] ou du caractère inépuisable, malgré une intensité qui varie en proportion inverse du carré de la distance.[149] Pour reprendre un mot de Catherine de Buzon, « la *species* [serait] le mode de propagation de la *lux* ».[150] Cela ne vaut pas seulement pour la lumière: en paraphrasant Kepler, on pourrait dire que là où il y a *species immateriata*, il y a déploiement orbiculaire – et *vice versa*. Quant au Soleil, il « répand la vertu du mouvement par le milieu dans lequel se trouvent les corps en mouvement, de même que *(sicut)* le Père crée par l'Esprit ou grâce à la vertu de son Esprit ».[151] *Sicut*: sans nullement se confondre avec le Saint-Esprit, la *species immateriata* émanant du Soleil pourrait bien être une

---

[146] Kepler, *Harmonice Mundi* (1619). KGW **6**, 223, 32-34: «Geometria ante rerum ortum Menti divinae coaeterna, Deus ipse (quid enim in Deo, quod non sit Ipse Deus) exempla Deo creandi mundi suppeditavit […].» Sur l'idée de coéternité, voir J.-L. Marion, *Sur la théologie blanche de Descartes* (Paris 1981), p. 182.

[147] *Tertius interveniens*, § 26, p. 169, 24-25: «den *speciebus immateriatis*, welche von den *corporibus Physicis orbiculariter* außfliessen […].»

[148] Voir *supra*, notes 85 et 86. En outre Kepler, *Ad Vitellionem Paralipomena,* chap. I, prop. V (KGW **2**, 21, 9): «Lucis motus non est in tempore, sed in momento».

[149] Kepler, *op. cit.,* chap. I, prop. IX (KGW **2**, 22, 2-4): «Sicut se habent sphaericae superficies, quibus origo lucis pro centro est, amplior ad angustiorem: ita se habet fortitudo seu densitas lucis radiorum in angustiori, ad illam in laxiori sphaerica superficies, hoc est, conuersim.» (sur ce passage, voir de Buzon [1978], p. 80).

[150] de Buzon [1978], 75.

[151] Lettre n° 23 (*An Maestlin*, 3.10.1595). KGW **13**, 35, 83-84: «Dispertitur autem Sol virtutem motus per medium, in quo sunt mobilia: sicut pater per spiritum, vel virtute spiritus sui creat.» Autre traduction chez M.-P. Lerner, *Le monde des sphères*, vol. 2

expression du Saint-Esprit agissant dans la Nature, la manifestation visible d'un
Esprit omniprésent imprimant mouvement et cohésion partout où il règne.[152]

Comme dans le *Mysterium cosmographicum*, les mystères qu'au seuil de
l'ouvrage Kepler se proposait de dé-voiler sont des énigmes, des secrets.[153] Ils
ne sont pas assimilables à ceux des alchimistes.[154] Ils s'inscrivent dans l'ordre de
la Nature, relèvent du physicien, lequel toutefois n'oublie jamais la dimension
théologique du problème, la Nature étant toujours comprise comme la Création
de Dieu. Les *geheymnüsse* de Kepler coïncident avec les lois de la nature : une
fois dévoilés, ils remplissent une triple fonction théophanique, anagogique et
laudative.

6. Le *Tertius interveniens* : une *astrologia nova* ΑΙΤΙΟΛΟΓΗΤΟΣ *sev physica coelestis* ?

Que le lecteur moderne, à la lecture du *Tertius interveniens*, éprouve quelque
difficulté à entrevoir l'unité du texte n'est guère étonnant. Une partie de la
difficulté réside dans le contexte polémique qui l'a vu naître : le texte constitue
d'abord une réponse coup pour coup à des accusations précises de Feselius, dont
l'ouvrage, fort mal connu, gagnera à être édité, annoté, traduit.

Surtout, le *Tertius interveniens* est bien plus qu'un simple ouvrage d'astrologue. Il
s'agit d'un véritable ouvrage de philosophie naturelle, certes non systématique, mais
qui embrasse les principaux objets de la physique d'Aristote (météores, hommes,
animaux, plantes) et ses problèmes (mouvement, génération, corruption), tout

---

(Paris 2008), p. 121 : « Et le soleil diffuse sa vertu motrice à travers le milieu où sont les
corps mobiles comme le Père crée par l'esprit ou par la vertu de son esprit. »

[152] La remarque de Koyré [1961], p. 408n. 23, conviendrait à notre interprétation
théologique de la *species* : « La *species* étant, pour ainsi dire, chargée de la vertu
de sa source […]. » Tout cela rappelle certaines doctrines patristiques influencées
par le stoïcisme : voir M. Spanneut, *Le stoïcisme des Pères de l'Eglise* (Paris 1957),
p. 331-345.

[153] Rappelons que le *Tertius* interveniens, et ce dès la page de titre (p. 147, 13-14), est
dédié à tous ceux qui aiment les secrets de la Nature : « Allen wahren Liebhabern der
natürlichen Geheymnussen zu nohtwendigem Vnterricht/ ». Pour un commentaire du
mot *mystère* chez Kepler, voir : *Le secret du monde*, trad. Alain Segonds (Paris 1984),
p. 232. Plus généralement, voir P. Hadot, *Le voile d'Isis* (Paris 2005).

[154] *Antwort auff Rösslini Discurs*. KGW **4**, 142, 32 : « alweil ich kein *Chymicus* bin/ ».
Kepler s'oppose ainsi à Roeslin, qui l'accusait d'avoir manqué sa physique faute d'avoir
pratiqué la chimie (*ibid.* KGW **4**, 114, 5-6 : « D. Rößlin. Keppler/ weil er der *Alchimia*
vnerfahren / hat in *physicis* nichts vollkommen *praestirn* vnd leisten könden. »).

en faisant subir au paradigme aristotélicien des retouches parfois très importantes reflétant les innovations des temps modernes et les convictions religieuses de son auteur. La problématique physique s'y lit à chaque ligne : Kepler cherche à percer les secrets de la nature, il cherche à comprendre la nature des éléments et des objets, leur mode d'agir, les causes de leurs transformations. Si l'on voulait le caractériser en un mot, l'on pourrait peut-être dire que le *Tertius interveniens* est une composition relevant de la *varietas*, traitant des passions du monde sublunaire et brodant autour du «*modus connexionis naturarum cum coelo*».[155] Cette *varietas*, qui menace d'engloutir l'ouvrage, trouve sa cohésion dans une puissante conviction théologique, laquelle contribue à imprimer au propos une direction très sûre. Le *Tertius interveniens* peut ainsi être lu comme une sorte de défense et illustration de la philosophie naturelle nécessaire aux médecins, philosophes et théologiens de son temps. Dans cette optique, l'astrologie, pour reprendre une idée de Lynn Thorndike, jouerait bien le rôle d'une théorie générale de l'univers, nécessaire – ou tout du moins utile – aux Newton d'avant 1687.[156]

---

[155] *Tertius interveniens*, § 75, p. 217, 23.
[156] L. Thorndike, The true Place of Astrology in the History of Science, *Isis*, 46-3, 1955, p. 273-278.

La réception d'une œuvre

The circulation of Kepler's cosmological ideas in Italy during Kepler's lifetime

Paolo Bussotti

Which works by Kepler were known in the scientific, ecclesiastic, and more general cultural milieu of Italy during Kepler's lifetime? What was the circulation of his works? Apart from what we know on the relations between Kepler and Galileo, this subject is not easy to deal with and the literature is not abundant. Without any pretence of completeness, I wish to show that there were some readers of Kepler in Italy, even if their number does not appear to have been conspicuous. In this paper, I will focus my attention mainly on Kepler's astronomical and cosmological works, with some references to his optical works. The circulation in Italy of Kepler's mathematical and astrological ideas[1] was indeed rather scarce,

---

[1] "Scarce" does not mean absent: for example, Paul Guldin, the famous Swiss mathematician who became a Jesuit and lived a long period in Rome, knew for sure Kepler's mathematical works. Guldin claimed (KGW 9, 485) that Cavalieri, in his *Geometria indivisibilibus continuorum nova quadam ratione promota* (1635), was inspired by the infinitesimal methods of Archimedes and Kepler. Guldin, in his work *Centrobaryca* (4 volumes, 1635-1641), criticized the method of Cavalieri, who answered Guldin in *Contro Guldino* (1647), a work that can be consulted in B. Cavalieri, *Opere scientifiche*, 1, p. 779-860, Torino, UTET, 1966. Cavalieri showed the differences between his method and Kepler's and defended both his procedure and Kepler's from the critics of Guldin. Obviously, these facts date to a period following Kepler's death and hence following the story we will narrate in this paper. In any case,

according to the present state of our knowledge, which explains why the reception of Kepler's conceptions in the Italian milieu was essentially due to the diffusion of his astronomical and cosmological ideas.

Galileo and the *Mysterium cosmographicum*

The period in which the works of Kepler exerted a certain influence in Italy was around 1610. But the story of the relations between Kepler and the Italian scientists began 13 years before this date. In 1596 the *Mysterium cosmographycum* was published.[2] There, Kepler invited scientists to discuss his ideas. In the German milieu Helisäus Röslin, Nicolaus Reimarus Ursus and Johannes Prätorius accepted his invitation. But the opinion of these scientists on the *Mysterium* was certainly not favourable. The opinion of Tycho Brahe himself was not so positive, despite the fact that Tycho recognized the talent of the young author of the *Mysterium*.[3] In contrast to this, on 4th August 1597[4] Galileo wrote an enthusiastic letter to Kepler in which he reported he had received the *Mysterium* a few hours earlier and had appreciated the introduction so much that he had decided to write to the author immediately, before reading the whole book, as he was sure to find in Kepler's work the solutions to many problems about which he himself had thought for many years and had solved thanks to Copernicus' doctrine. Galileo defined Kepler as a "companion in the research of the truth" ("in indaganda veritatem socium") and admitted explicitly that he himself was a Copernican. Kepler answered Galileo with a letter written on 13th October 1597,[5] claiming he was profoundly interested in Galileo's opinion, even if critical, because the meditated critique of an expert was far more important

in the last part of this article we will see that Cavalieri knew and appreciated Kepler's astronomical ideas and mathematical works.

2   The year 1596 appears as the date of publication of the *Mysterium*, which actually was published at the beginning of 1597.

3   As to the reception of the *Mysterium* in Germany, one may consult M. Bucciantini, *Galileo e Keplero. Filosofia, cosmologia e teologia nell'Età della Controriforma*, Torino, Einaudi, 2000, 2007[2], p. 18-22. The author also provides a good bibliography on this subject. The book by Bucciantini will represent a fundamental source for the present article.

4   The letter by Galileo to Kepler can be consulted in KGW 13, 130-131 and in EN 10, 67-68. Bucciantini, Quoted work, chapter 3, provides a detailed analysis of this letter. Bucciantini deals in particular with the different kind of Copernicansim characterizing Galileo and Kepler and tries to find in this difference the answer to the fact that the two scientists did not collaborate.

5   In KGW 13, 145 and in EN 10, 69-71.

than the favourable opinion of many ignorant people. Kepler underlined that the situation in Germany was not much better than in Italy because most of the astronomers neither agreed with Copernicus nor tried to understand the reasoning that he himself had adduced in the *Mysterium* to prove the correctness of the Copernican doctrine. Kepler proposed that Galileo work together with the aim of proving that, also from a physical point of view, the theory of Copernicus could provide a coherent model of the solar system, whereas other theories (Ptolemy's and Tycho's) could not. This contact between the two scientists could have presaged a collaboration between Galileo and Kepler or, at least, a discussion on the theories expressed in the *Mysterium*. But Galileo wrote no further letter to Kepler concerning his first book nor expressed any opinion in other contexts. Probably the only aspect of the *Mysterium* on which Galileo agreed with Kepler was Copernicanism. The other theories and ideas exhibited in the book were extraneous to Galileo's mentality and he likely deemed such ideas metaphysical. It is probable the he wrote his letter to Kepler brimming with enthusiasm after just reading the initial pages of the book and understanding that Kepler was a Copernican. But once he had read the whole book, he may have been partially disappointed and decided to write no further letter to Kepler on this subject.

1597-1603. The figure of Edmund Bruce and Pinelli's circle in Padua

Although the exchange of letters between Kepler and Galilei ceased for many years, the name and the ideas of Kepler were relatively well known at least in one of the most important cultural centres of Italy: Giovanni Vincenzo Pinelli's house in Padua. Pinelli was a prominent patron and had one of the most important private libraries of that time. In Pinelli's library it was possible to find some books prohibited by the ecclesiastical censorship, such as the works of Giordano Bruno. Furthermore, Pinelli was a very good organizer of cultural life: the humanists Henry and Thomas Savile, August de Thou, Justus Lipsius and Erycius Puteanus frequented Pinelli's house together with other important personalities like Paolo Sarpi, Paolo Gualdo and Gassendi. Galileo[6] himself was an assiduous frequenter

---

[6] A fundamental book concerning the cultural life in Padua between the end of the sixteenth and the beginning of the seventeenth century and the Paduan period of Galileo is *Galileo a Padova*, Trieste, Edizioni Lint, 1995. Inside this book, one may consult: M. Zorzi, "Le biblioteche a Venezia nell'età di Galileo", p. 165-168; A. Stella, "Galileo, il circolo culturale di Gian Vincenzo Pinelli e la 'patavina libertas'", p. 325-344. An important book on Galileo in Padua is the classic A. Favaro, *Galileo e lo studio di Padova*, Firenze, Le Monnier, 1883, 1966 (2). Recently, a very good and

of this important cultural centre, along with another frequenter, a young Englishman who played an important role in spreading Kepler's ideas in Padua: Edmund Bruce. On Bruce, we learn of various news concerning the period in which he lived in Padua, but the rest of his life is not well known. Neither his years of birth or death are known. Paolo Gualdo claimed Bruce was very good in mathematics, military arts and botany. Bruce had lived in Padua since the decade 1580-1590 in order to become a doctor in law. In the period 1588-1594 he was a Counsellor of the English Nation. Bruce was an enthusiastic Copernican and Brunian. He read the *Mysterium cosmographicum*, was impressed by this book and became an admirer of Kepler. We have five letters between Kepler and Bruce: two by Kepler to Bruce and three by Bruce to Kepler. These letters were written between 1599 and 1603.[7] Some of them are very interesting and profound from a conceptual point of view. The most interesting is perhaps the letter that Kepler sent Bruce in Padua on 18th July 1599 in which Kepler expressed some ideas concerning the relations between the harmonic intervals, the lengths of the orbits of the planets and their speed in the orbits. These ideas bore fruit when they were fully articulated many years later in the *Harmonices mundi*. In the same letter, Kepler invited Bruce to promote a debate in Italy on the questions he had dealt with in the *Mysterium* claiming he was surprised that Galileo had carried out no further discussion on that book. Furthermore, in this letter Kepler invited

complete bibliographical list of the works concerning Galileo has been published by Flavia Marcacci at the conclusion of an Italian translation of *Sidereus Nuncius*; see, G. Galilei, *Sidereus Nuncius*, Città del Vaticano, Pontificia Università Lateranense, 2009. Translation by Pietro A. Giustini. Inside this text, see F. Marcacci, "Bibliografia tematica Galileiana", p. 221-333. With regard to the figure of Pinelli and his library, one may also consult: A. Rivolta, *Catalogo dei codici pinelliani dell'Ambrosiana*, Milano, 1993; M. Grendler, "A Greek Collection in Padua: The Library of Gian Vincenzo Pinelli (1535-1601)", in *Renaissance Quarterly*, 33, 1980, n. 3, p. 386-416; A.M. Raugei, "Echi della cultura lionese nella biblioteca di Gian Vincenzo Pinelli", in A. Possenti, G. Mastrangelo (edited by), *Il Rinascimento a Lione*, Roma, Edizioni dell'Ateneo, 1988, p. 839-880; U. Motta, "La biblioteca di Antonio Querenghi. L'eredità umanistica nella cultura del primo Seicento", in *Studi secenteschi*, 41, 2000, p. 177-283. Bucciantini, *Galileo e Keplero*, quoted work, dedicates the second chapter, titled "Padova: Pinelli, Tycho, Galileo" to the Paduan cultural milieu in this period.

7   The first letter by Kepler to Bruce (in Padua) was sent on 18th July 1599 (n° 128), KGW 14, 7-16; The first letter by Bruce was sent to Kepler from Florence on 15th August 1602 (n° 222), KGW 14, 256 ; another letter by Bruce from Padua on 21st August 1603 (n° 265) followed, KGW 14, 441; Kepler wrote to Bruce in Padua on 4th September 1603 (n° 268), KGW 14, 444-445; finally, Bruce wrote on 5th November 1603 from Venice, KGW 14, 450.

Bruce to ask Galileo for the solution to a problem concerning the precise angular distance between the magnetic pole and the geographic one. Indubitably, one of the purposes of this letter to Bruce was an attempt to renew scientific relations with Galileo. Besides, Galileo's interest in the properly astronomic parts of the *Mysterium* still existed: as Stillman Drake discovered, there are a series of notes and calculations in the Galileian manuscripts of the BNCF (Biblioteca Nazionale Centrale Firenze), which were not published by Favaro, where Galilei wrote some data used by Kepler in the Chapters 20 and 21 of the *Mysterium*.[8] These data are particularly significant because they were used by Kepler to prove that the speed of planets decreases when the distance from the Sun increases. On the possible dates of these manuscripts by Galileo there is a certain amount of literature.[9] It is impossible to discover if Galileo's interest in the *Mysterium* was, at least partially, favoured by the letter by Kepler that Bruce delivered to him. In any case, Bruce wrote to Kepler twice (the first time from Florence on 15th August 1602 and the second from Padua on 21st August 1603), asserting that Galileo was claiming Kepler's results as his own. The letter on 21st August shows importantly how active Bruce was in promoting the knowledge of Kepler's ideas and works in Italy. As a matter of fact, Bruce wrote:

> […] if you knew how long and how many times I have spoken of you with all the learned men of Italy, you would not only say I am an admiror of yours, but a real friend; I showed to them your marvellous discoveries in the art of music, your observations of Mars, and I showed your *Prodromus* to many of them. All of them praise your book and they are looking forward to the publication of other books of yours. Magini stayed here over a week and very recently received your *Prodromus* from a Venetian nobleman. Galileo has got your book and presents your discoveries to his listeners as if they were his own […].[10]

Kepler was grateful to Bruce for his attempt to spread his ideas and works through Italy, but he did not take into account the words by Bruce against Galileo.

---

[8] S. Drake, "Galileo's Platonic Cosmogony and Kepler's *Prodromus*", in *Journal for the History of Astronomy*, 4, 1973, p. 174-191.

[9] See Bucciantini, Quoted work, p. 105, note 49 and p. 110-111.

[10] KGW 14, 441. Original Latin text: "[…] nam si ipse scires quantum et quoties inter omnes litteratos totius Italiae, de te loquutus sim; diceres me non solum tui amatorem sed Amicum fore: dixi illis de tua mirabili inventione in arte musica; de observationibus Martis; tuumque Prodromus multis monstravi quem omnes laudant; reliquosque tuos libros avideque expectant: Maginus ultra septimanam hic fuit tuumque Prodromum a quodam nobili Veneto pro dono nuperrime accipit: Galileus tuum librum habet tuaque inventa tanquam sua suis auditoribus proponit […]"

Instead, he wrote on 4th September 1603: "I do not care that Galileo claims my discoveries as his own; the light itself and time are my witnesses".[11]

In sum, in the years following the publication of the *Mysterium* Kepler became relatively well known in the cultural milieu in Padua, basically thanks to Bruce's intermediation. There is furthermore good evidence which shows that Galileo read the *Mysterium* (and not just the initial pages). Galileo probably appreciated the mathematical parts and the ones directly concerning the Copernican system, but – as underlined above – he did not appreciate the full proposal by Kepler, considering it metaphysical and unjustified. The years 1597-8/1603 were those in which the name and the ideas of Kepler became known in Italy. Padua was the "epicentre" of this phenomenon. The second period in which the figure of Kepler had a relevant importance in the Italian scientific world occurred between 1609 and 1612. In this case, the situation is far more complicated than in the preceding period: Padua, Florence and Rome were the scenes of the complex system of scientific and political relations which had their origin in the publication of the *Sidereus Nuncius*. In this context, the *Dissertatio cum nuncio sidereus*, the *Narratio* and the *Astronomia Nova* played an important role. But before dealing with these problems, it is necessary to tackle two other questions; 1) the figure of Antonio Magini and 2) Galileo as a reader of Kepler in the period 1605-1609.

The role of Antonio Magini

Giovanni Antonio Magini (1555-1617) was rather an important astrologer, astronomer, mathematician and cartographer. After the death of Ignazio Danti in 1588, Magini was preferred to Galileo as professor of mathematics at the University of Bologna, where he taught until his death. Magini is basically known as an adversary of the Copernican system and of Galileo. This is only part of the truth, since Magini also wrote some original works: in 1582 he published *Ephemerides coelestium motuum* and in 1589 he proposed, in *Novae coelestium orbium theoricae congruentes cum observationibus N. Copernici*, an astronomical system similar, but non identical, to the one by Tycho. In 1592 Magini wrote *De planis Triangulis* where he described the use of the quadrants in topography and astronomy. He also composed precise trigonometric tables and published in 1596 a significant commentary on Ptolemy's *Geographia*. Another important work by Magini was the *Atlante geografico d'Italia*, published posthumously in 1620. In

---

[11] KGW 14, 445. Original Latin text: "Galilaeum nihil moror, mea sjbi vindicare: Mihi testes sunt lux ipsa et tempus."

this text, many maps of Italian regions are included and there is a certain care for the nomenclature and the history, too. Magini had epistolary contacts with such important scientists as Tycho Brahe, Clavius and Kepler.[12] In this article, I will basically deal with the relations between Kepler and Magini.

Magini had the following position towards Copernicus: he appreciated the fact that, following Copernicus's calculations, Reinhold was able to write the *Tabulae Prutenicae* (1551) which were far more precise than the *Tabulae Alfonsinae*, based on the Ptolemaic system. Since Magini believed that the main task of an astronomer was to provide precise tables to the astrologers, he judged Copernicus to be a great astronomer. However, Magini thought that heliocentrism was a completely false doctrine, even as a mathematical hypothesis. As just mentioned, he embraced the system by Tycho Brahe with few modifications. On this very point he had an exchange of letters with Kepler. In the course of their correspondence, Magini and Kepler wrote each other many letters,[13] but

---

[12] For more information on Magini, the reader may consult: 1) the entry for Giovanni Antonio Magini in *Enciclopedia Italiana*, XXI, p. 897-898, Roma, Istituto della Enciclopedia Italiana, 1934; 2) the entry for Giovanni Antonio Magini in *Dictionary of Scientific Biography*, 9, p. 12-13, New York, Charles Scriber's Sons, 1981; 3) the entry for Giovanni Antonio Magini in *Dizionario biografico degli italiani*, 67, p. 413-418, Roma, Istituto della Enciclopedia Italiana, 2006. With regard to the scientific correspondence of Magini, see A. Favaro, *Carteggio inedito di Ticone Brahe, Giovanni Keplero e di altri celebri astronomi e matematici dei secoli XVI e XVII con Giovanni Antonio Magini*, Bologna, 1886. As to the relations between Kepler and Magini, one may also consult O. Gingerich/J.R. Voelkel, "Tycho Brahe's Copernican Campaign", in *Journal for the History of Astronomy*, Vol. 29, 1, February 1998, n. 94, p. 1-34. The works by Magini were known in Poland and Germany. For example, the mathematician and astronomer Jan Brożek, who studied the works by Copernicus and Kepler and corresponded with Galileo, reported on parts of Magini's works. On this subject, see D.A. Di Liscia, "Copernicanische Notizen und Exzerpte in einer Handschrift des Zeitgenossen von Kepler, Johannes Broscius", in F. Boockmann/ D.A. Di Liscia/ H. Kothmann (ed.), *Miscellanea Kepleriana. Festschrift für Volker Bialas zum 65. Geburtstag*, München, Rauner, 2005, p. 107-127.

[13] We have four letters by Kepler to Magini and four by Magini to Kepler. Apart from the first letter by Kepler, written in 1601, all the others were written in 1610 on the occasion of the discussions concerning *Sidereus Nuncius*. These are the references: *Kepler to Magini*, 1st January 1601 (n° 190), KGW 14, 172-184; *Magini to Kepler*, 15th January 1610, KGW 16, 270-274; *Kepler to Magini*, 1st February 1610, KGW 16, 279-280; *Magini to Kepler*, 23th February 1610, KGW 16, 285-287; *Kepler to Magini*, 22th March 1610, KGW 16, 294-295; *Magini to Kepler*, 20th April 1610, KGW 16, 304-305; *Kepler to Magini*, 10th May 1610, KGW 16, 309-310; *Magini to Kepler*, 26th May 1610, KGW 16, p. 313.

the most interesting is surely the first letter Kepler wrote to Magini on 1st June 1601. In his letter on 1st June 1601, which is very long and detailed (13 pages), Kepler introduced himself and spoke about the characteristics of the different astronomical systems: he described all the contradictions and incompleteness of the Tychonic system which were not present in Copernicus's and also provided a comparison between theory and observations in the Ptolemaic, Tychonic and Copernican systems, concluding that the last one was the most consistent with the observations. He did not deny that there were still many problems and that epicycles and other mathematical means were still necessary to make the observations coherent with theory. Kepler never accepted the astronomical ideas of Magini and in the *Apologia Tychonis contra Ursum* criticized Magini strongly: first, for constructing a system which did not work, and secondly because Magini was not interested in the physical foundation of an astronomic hypothesis, that is, an authentic system of the world, which was the most important issue for Kepler. Despite this profound divergence of opinions, the relations between Kepler and Magini were not bad and we will see that in 1610 Magini played an active role in discussion surrounding the *Sidereus Nuncius*, where he tried to place Kepler among the detractors of this work. The correspondence with Magini, a defender of the Tychonic system, is an important element which shows that Kepler was known in Bologna at that time. In this context, Bruce played an important role once again, because in a letter to Kepler on 15th August 1602[14] he wrote he had met Magini and had shown him the *Mysterium*. Magini claimed he had never seen the book directly although he had long been waiting for it. Magini claimed to admire Kepler and promised he would write to him in a short time. Therefore, even if it is uncertain whether Magini read and understood the *Mysterium*, it is clear that the name and the works of Kepler were well known by him and presumably by the scientific milieu in Bologna.

1604-1609, Galileo as reader of Kepler: *The nova of 1604*

In the period preceding the publication of *Astronomia Nova* (1609), Kepler wrote two fundamental books: *Paralipomena ad Vitellionem* (1604) and *De stella nova in pede Serpentarii* (1606). With regard to the picture I am trying to trace, the set of discussions which emerged from the appearance of the nova in the constellation of Ophiucus are significant because they show that Galileo certainly read *De stella nova*: as a matter of fact, we have a handwritten note by Galileo

---

[14] KGW 14, 256.

regarding Chapter 13 of this book.[15] Bucciantini underlines that it is difficult to state when Galileo read this work because in a letter on 1st October 1610 to Giuliani de' Medici – a letter which for other reasons is one of the most important documents on the relations between Kepler and Galileo – Galileo asked Giuliano to send him the *Optics* and *De stella nova* by Kepler. We read: "I pray that Your Lordship send me the *Optics* and the treatise on the Stella Nova by Kepler because I could not find them either in Venice or here [Florence]".[16] However, this does not mean that Galileo had not yet read *De stella nova* when he was in Padua; on the contrary, it is likely – even if not certain – that the above mentioned handwritten note belongs to the period around 1606-1607 because it appears in a series of notes, mostly written in 1604, concerning the nova, and it is probable that all these notes concern the Paduan period of Galileo's life.[17]

The debate on the nova offers a vivid description of the different approaches to the physical and astronomical problems of Kepler and Galileo: the nova was observed for about 18 months starting from October 1604. In December 1604 Galileo gave three public lectures on the nova in Padua. These lectures were well attended and became an important cultural event. We have only some fragments of them, but Galileo's position on the nature of the nova is known, for example, through the *Dialogo de la stella nuova*, written under the pseudonym of Cecco de Ronchitti:[18] according to Galileo, the nova was a phenomenon caused by terrestrial evaporation. The sunlight had made these vapours visible. The position of Galileo was not superficial: he had reasoned on the nova and had read and annotated the *Progymnasmata* by Tycho. In this work, Tycho treated the question of the nova which had appeared in Cassiopea in 1572: according to the observations by Camerarius the nova had a rectilinear motion *sursum et deorsum*. First of all, Tycho claimed that the possible motion of the nova could not only consist in

---

[15] EN 2, 280.

[16] EN 10, 441. Original Italian text: "Io prego V.S. Illustrissima a favorirmi di mandarmi l'Optica del S. Keplero, e il trattato sopra la Stella Nuova, perché né in Venezia né qua gli ho potuti trovare"

[17] See Bucciantini, Quoted work, p. 140, note 77.

[18] As to the fragments written by Galileo on the nova, they can be consulted in EN, II, p. 275-284 under the title "Frammenti di lezioni e studi sulla nuova stella dell'ottobre 1604". For the *Dialogo de Cecco di Ronchitti da Bruzene in perpuosito de la stella nuova*, see EN 2, 307-334. Cecco di Ronchitti is a pseudonym for Girolamo Spinelli. Spinelli was a student of Galileo in Padua and it is certain that the ideas expressed in the *Dialogo* are those of Galileo, who likely participated directly in the composition of this text. Recently, the *Dialogo* was reprinted as an appendix to the book by Enrico Bellone, *Galileo e l'abisso. Un racconto*, Torino, Codice edizioni, 2009.

approaching and moving away from the Earth because this was contradicted by
Camerarius's observations themselves which showed that the nova moved about
4' to the zenith. But if we have to admit a motion *sursum*, it follows the nova
had travelled in the space for a distance which was 20 times bigger than the
distance from the nova to the Earth when the nova originally appeared. This is
absurd, Tycho claimed.[19] Galileo asserted that Tycho was right in his criticism of
Camerarius and other astronomers who sustained the motion *sursum et deorsum*
of the nova, but the calculations and observations by Camerarius could be true
if we admit the rotation of the Earth around the Sun. In this way, the motion
of the nova is apparent and the true motion is that of the Earth. Therefore:
terrestrial vapours go beyond the atmosphere, the Sun illuminates them, the
Earth turns around the Sun on the ecliptic and not on the celestial equator,
and hence the vapours which constitute the nova appear to be moving *sursum et
deorsum* in a rectilinear motion: *sursum* if the Earth moves to the South, *deorsum*
in the opposite case. Thus, Copernicanism is connected to the explanation of
the nova given by Galileo. Tycho had given a completely different interpretation
of the nova, starting from the little book *De stella nova* (1573): since the nova
had neither a daily nor an annual parallax, that meant it was located among the
fixed stars, that is to say, it was a celestial body beyond the solar system. In *De
stella nova in pede serpentarii* Kepler effectively embraced Tycho's opinion, but
he supplied a series of explanations which were absent from Tycho's work and
structured these explanations according to the Copernican system. Kepler's ideas
are basically correct and near enough to catch the real nature of the phenomenon:
Kepler thought the novae were stars and, as to their dimensions and brightness,
they were similar to the fixed stars; they were not perennial, but generated by
processes of alteration and modification (here, Kepler is on the right track to the
actual nature of a nova). He also added that novae were produced by spontaneous
generation, as in the case of many little animals on the Earth.[20] This may sound
strange to us, but the theory of spontaneous generation was the "official one" to
explain the birth of many little organisms. According to Kepler the brightness
of the nova was so conspicuous because: 1) its intrinsic light was intense; 2) the
stars – the novae, the fixed and the Sun – move around their axes and, because
of that the light of the other fixed stars and of the Sun provokes the sparkling of

---

[19]   See Bucciantini, Quoted work, chapter "*Supernova*: Galileo lettore di Tycho e di
      Keplero", p. 117-143, in particolar p. 129-131.
[20]   With regard to Kepler's position on the nova, one may consult Bucciantini, Quoted
      work, p. 138-143.

the nova, as happens with the different faces of a diamond. Galileo quoted and criticized Kepler's opinion since the power that a body A has to illuminate a body B becomes weaker, in respect to the distance, in comparison with the visibility of the body A from a body C or from the body B itself. Hence the theory of Kepler would imply that the nova is relatively near the fixed stars and to the Sun, which is against the opinion of Kepler himself.[21]

I have analyzed the question of the nova in some detail because it shows that Galileo knew Kepler's *De stella nova* and because it represents an interesting episode in the history of science in a period in which many theories on this phenomenon existed and in which two great Copernican scientists elaborated quite different ideas on the novae. Some years later, a similar problem was posed by Kepler's and Galileo's theories concerning comets. This is another proof that the two scientists were Copernican in two different ways and with generally different conceptions of science and of the nature of the universe.

1609-1612: the "golden age"

Let us now analyze the period 1609-1612. In these years, two of the most important books ever written in the history of astronomy were published: in 1609, Kepler's *Astronomia Nova*, and in 1610, Galileo's *Sidereus Nuncius*. The two books were completely different in approach and in style. The one by Kepler was very profound from a theoretical point of view and difficult to understand. Kepler introduced here his first two famous laws; moreover, he presented the way in which his results were reached and the different hypotheses concerning the motions of Mars. The main problem was to make the theory coherent with the observations. To reach this result, Kepler reported that he had invented the *hypothesis vicaria*, of which an important basis is an old device by Ptolemy: the *punctum equans*. In this way, it was possible to supply a good coherence between theory and observation as to the longitudes of twelve oppositions of Mars. But with regard to the other positions of the planet, the *hypothesis vicaria* did not solve the problem. The conclusion was that the theory with the *punctum equans* could be saved only if one admitted that such a point oscillates back and forth in the line of the apses. But no natural cause may produce that phenomenon and no astronomer was inclined to admit it. Hence, Kepler was induced to think that no

[21]   EN 2, 280.

mean could save the idea that the motion of the planet was uniform and circular, and the idea of the elliptical orbit was born.[22]

In contrast to this, the *Sidereus Nuncius* is extremely easy to read. After a brief and unconvincing explanation of the telescope,[23] Galileo presented the observations of Jupiter he made between 7th January 1610 and 2nd March 1610, by which he discovered the satellites of this planet. With the telescope he also discovered the irregularities on the lunar surface and the real structure of our galaxy. In sum, the *Sidereus Nuncius* was a very successful book and gave rise to many discussions. Even if the most important reason for those polemics was perhaps the Copernican system, which was implicitly accepted and defended in the *Sidereus* (implicitly, because the *Sidereus* is not a book on the system of the world), there were many discussions on many aspects of the book. Kepler was one of the protagonists in the complex network of scientific and cultural relations connected with the *Sidereus Nuncius*. To begin with, Galileo presented himself as the inventor of the telescope.[24]

---

[22] A very good explanation of the difficulties faced by Kepler and of the progress of his reasoning is provided by the classic book by J. L. E. Dreyer, *History of the Planetary Systems from Thales to Kepler*, chapter XV, Cambridge University Press, 1906.

[23] With regard to the history of the telescope and the use made by Galileo of this instrument, the bibliography is vast. I recall the reader only to the classical works by Vasco Ronchi: 1) *Storia della luce*, Bologna, Zanichelli, 1939; 2) *Occhi e occhiali*, Bologna, Zanichelli, 1951 (2); 3) *Il cannocchiale di Galileo e la scienza del Seicento*, Torino, Einaudi, 1958; the fine works by Albert van Helden: 1) "The Telescope in the Seventeenth Century", in *Isis*, 65, 1974, p. 38-58; 2) "The 'Astronomical Telescope', 1611-1650", in *Annali dell'Istituto e Museo di Storia della Scienza di Firenze*, 1(2), p. 13-36, 1976; 3) "The Invention of the Telescope", in *Transactions of the American Philosophical Society*, 67/4, 1977, p. 3-67; 4) "Galileo's Telescope" on the Internet page http://cnx.org>content. I would like to quote two other significant works: Edward Rosen, "The Invention of Eyeglasses", in *Journal for the History of Medicine and Allied Sciences*, 11, 13-46 and 183-218, 1956 and Henry King, *The History of the Telescope*, London, Griffin, 1955.

[24] To be precise: at the beginning of the *Sidereus Nuncius* Galileo wrote he had heard that a Dutchman had produced a glass which made it possible to see more distinctly objects which were far from the observer, as if they were near. (Latin: "[…] rumor ad aures nostras increpuit, fuisse a quodam Belga [at that time "Belga" meant Flamish] Perspicillum elaboratum, cuis beneficio obiecta visibilia, licet ab oculo inspicientis longe dissita, veluti propinqua distinte cernebantur."). Galileo claimed that he had heard the same news from a French nobleman who was a friend of him. Because of this, he attempted to invent such a glass and achieved his invention based on the doctrine of refraction. (Latin: "[…] quod tandem in causa fuit, ut ad rationes inquirendas, necnonmedia excogitanda, per quae ad consimilis Organi inventionem devenirem, me totum converterem; quam paulo post, doctrinae de refractionibus

This assertion was contradicted, for example, by Paolo Sarpi,[25] who wrote in a letter in 1610 that the telescope was invented in Holland and that there was no theory which made one sure that that instrument could work. Because of this, some scholars (probably Agostino da Mula) were attempting to develop a theory which explained how a telescope worked. Magini tried to discredit Galileo, starting with the fact that the telescope was not a good instrument for the observation of the sky: in a letter to Kepler on 26th May 1610,[26] Magini wrote that at the end of April (25th and 26th) Galileo was his guest in Bologna and accepted an invitation to demonstrate his observations publicly. The result was terrible, however, because the telescope duplicated the fixed stars. Magini wrote that more than 20 people were present. Certainly Magini did not write to Kepler only: in a letter to the Duke of Bavaria,[27] he wrote he had observed a solar eclipse with the telescope and had seen three suns, adding that probably the same phenomenon had happened to Galileo. Immediately after the publication of the *Sidereus*, Martin Horky, who was living in Bologna at that time, wrote the *Peregrinatio*[28] against the *Sidereus Nuncius*. This brief book was possibly inspired by Magini, but his tone was so crude and violent that Magini himself criticized Horky. It is not difficult to understand that in this context the *Dissertatio cum Nuncio Sidereo* by Kepler was very important. Kepler's judgement was extremely positive: he explicitly interpreted the observations by Galileo as fundamental steps to proving the validity of the Copernican system. Kepler approved the courage of Galileo in using the telescope for the observation of the sky. Kepler had not been so courageous because he thought that the theoretical knowledge of optics was not sufficient to guarantee that the telescope could be correctly used to observe the sky. But Galileo's cleverness and courage had shown that these theoretical problems – which in any case existed – were not a decisive obstacle to the empirical creation of a telescope which worked. In the extremely positive judgement of Kepler, there was also some little criticism, in particular from the fact that Galileo did not quote the "predecessors" of his ideas, such as Bruno or Bruce, on the possibility that other planets had satellites or Mästlin, who had

---

innixus, assequutus sum."). As a matter of fact, Galileo did not claim he was the first inventor of the telescope, rather that he invented the telescope he used without having any precise information on how to construct it. In this sense, he asserted that he invented his instrument.

[25] See Bucciantini, Quoted work, p. 171.

[26] KGW 16, 313 and EN 10, 359.

[27] EN 10, 345.

[28] EN 3, 127-145.

expressed an opinion similar to Galileo's concerning the earth-shine. Although the *Dissertatio* was clear and although Kepler himself wrote a letter to Magini on 10th May 1610 in which, on the subject of Galileo and the *Sidereus Nuncius*, he wrote that "both of us are Copernican: the same enjoys the same",[29] Magini insisted and wrote Kepler the above mentioned letter. In this period, there is also a series of letters between Horky and Kepler,[30] in which Horky tried to modify Kepler's opinion on the *Sidereus*, but the reponses of Kepler were always favourable to Galileo, who received the *Dissertatio* in May and immediately interpreted it as extremely favourable to the *Sidereus*. Galileo wrote two letters, one to Belisario Vinta (7th May)[31] and one to Matteo Carosio (24th May),[32] where we read sentences like these: "but after all, up to now only a text by Kepler, the Imperial Mathematician, has appeared which confirms everything I wrote in any detail".[33] Despite everything, there were still some doubts on Kepler's position regarding the *Sidereus Nuncius*: for example, in Italy Francesco Stelluti, who was a *linceo* and a Galileian, wrote to his brother Giovan Battista in September 1610,[34] claiming that Kepler had written against the *Sidereus*. Moreover, Mästlin invited Kepler to write against Galileo and in favour of Horky. On the other hand, in 1610 some scientists tried to organize opposition to the *Sidereus Nuncius*. Magini was one of the protagonists; another was the German astronomer Johan Eutel Zuckmesser and Mästlin himself. Even if the reasons for their opposition were different, the basic problem were the doctrines diffused by Galileo in the *Sidereus*: namely, that the heavens and the celestial bodies were as corruptible as the terrestrial ones; Jupiter had satellites and hence the Earth was not unique; and there was no difference between the world above and below the Moon. This was more than enough for the Aristotelians, even without considering the "Copernican philosophy" implied in the *Sidereus*. The line of attack chosen by Galileo's adversaries concerned: 1) the reliability of the telescope as an instrument for astronomical observations; and 2) the fact that Galileo presented the telescope

---

[29] KGW 16, 309-310. Quotation p. 310. EN 10, 353. Original Latin text: "Copernicani sumus uterque: similes simili gaudet".

[30] We have two letters by Kepler to Horky and ten letters by Horky to Kepler. All letters date back to 1610 and can be consulted in KGW 16.

[31] EN 10, 348-353.

[32] EN 10, 357-358.

[33] Letter to Carosio, in EN 10, 358. Original Italian text: "ma finalmente sin hora non si è veduto altro che una scrittura del Cheplero, Mattematico Cesareo, in confirmazione di tutto quello che ho scritto io, senza pur ripugnare a uno iota".

[34] The part of this letter concerning Galileo and Kepler is reported in EN 10, 430.

as his own invention, which was false. Since Kepler was the mathematician of the Emperor, his opinion was important and the interpretations of such opinion were quite different. Kepler dispelled any doubt writing the *Narratio*, where he exhibited a series of his observations in the month of September which confirmed those by Galileo. In this context, Kepler wrote a letter to Galileo on 9th August 1610 asking for some information on the telescope.[35] Galileo answered ten days later, on 19th August,[36] claiming that Kepler was the only one who appreciated the *Sidereus Nuncius*, but gave no reply about the telescope. Galileo expressed his satisfaction on the fact that Kepler and other observers had seen Jupiter's satellites. This period was the one in which relations between Kepler and Galileo were at their best: Kepler expressed his desire to be Galileo's successor at Padua[37] to Galileo and to Giuliano de Medici. There was an epistolary exchange between Giuliano and Galileo, who dealt with that question directly in the sense that he tried to favour the transfer of Kepler from Prague to Padua. We read in a letter by Galileo to Giuliano on 1st October:

> In the meantime, I did not forget to write to Venice claiming it would not be impossible to get such an eminent scientist for that University [Padua], if there was the will to get him. This was enough because his value is so well known that no confirmation is necessary. Therefore, I take for granted he will be considered and treated with every honour. This will make me very happy because I would be delighted by his presence.[38]

There were many reasons for which Kepler was not called to Padua, the most important of which perhaps being the fact that Kepler was not a Catholic and had never embraced this religion, though it is also certain Galileo's attitude towards Kepler grew cold in the course of 1611. It is not easy to understand why this happened: in 1611, Kepler wrote the *Dioptrice*. At the beginning of the book, he wrote that Galileo had made a splendid triumph due to the telescope. Kepler wished to provide the optical-mathematical reasons for why the telescope

---

35 KGW 16, 319-323. EN 10, 413-417.
36 KGW 16, 327-329. EN 10, 421-423.
37 See Bucciantini, Quoted work, p. 155.
38 EN, 439-441. Quotation p. 440. Original Italian text: "Non ho intanto mancato di scrivere a Venezia, dove mi è parso oportuno, come non saria impossibile l'havere un soggetto così eminente in quello Studio, quando loro procurassero di averlo; e tanto è bastato, non avendo il suo valore bisogno di attestazione di altri là dove è benissimo conosciuto; però io tengo per fermo che ei sarà ricercato, e condotto honoratissimamente, il che saria a me di contento infinito, per la comodità di poterlo godere da presso, et anco presenzialmente".

worked. In this book, Kepler inserted two letters by Galileo concerning the phases of Venus and the tri-corporal Saturn. In favour of Galileo's discoveries, Kepler referred to the observations made by Mayr, who was not a Copernican, regarding the phases of Venus and the satellites of Jupiter. In Kepler's opinion, the mistake made by Galileo consisted in the idea that his observations were sufficient to confirm the Copernican system and to invalidate the others. In the meantime, Galileo favoured the publication of an Italian edition of the *Dissertatio*. Galileo was probably not happy to see his two letters published near the name of Mayr and surely Kepler was not happy with the Italian edition of the *Dissertatio* since in the appendix only the initial pages of the *Phenomenon singulare seu Mercurius in Solis* were printed. These reasons do not appear so important as to justify the interruption of the epistolary exchange between the two, but that is precisely what happened in the spring of 1611. It is difficult to explain why. One can say that Kepler and Galileo gave different interpretations of the Copernican system, that Kepler, in a sense, had a more modern vision because he was interested in finding the dynamic – not only cinematic – laws of the system; in another sense, he was a metaphysician. But this answer does not appear to be enough. My impression is that Galileo had difficulties in fully understanding the works of Kepler, which, without a doubt, are difficult from a linguistic, conceptual and mathematical point of view; furthermore, they express a conception of science – and this is well known – that is quite different from Galileo's own. To confirm this, one can recall that in 1614 Jean Tarde asked Galileo some questions on the construction of telescopes with a given magnification and wrote in his diary that Galileo considered this subject extremely difficult and had found the *Dioptrice* by Kepler so complicated that perhaps the author himself did not understand the book.[39] As a matter of fact, many open-minded personalities accused Kepler of being extremely obscure. For example, in a letter to Galileo on 22nd September 1612, Sagredo wrote of Kepler: "I glanced over the *Paralipomenon ad Vitellionem* by Kepler, an extremely learned man. Nevertheless, it seems to me that, among the mathematicians, he could be called Peripatetic and enigmatic."[40] Yet in Italy not all scholars agreed with this opinion and in the period 1610-1612 many of

---

[39] See Bucciantini, Quoted work, p. 285, note 99. Some interesting observations concerning Galileo and his knowledge of theoretical optics are present in Paul Feyerabend, *Against Method: Outline of an Anarchistic Theory of Knowledge*, New Left Books, 1975, in particular see chapter 9.

[40] EN 11, 398. Original Italian text: "Ho scorso il *Paralipomenon ad Vitellionem* del Keplero, huomo veramente dotto; ma tra' matematici a me pare che si possi chiamare peripatetico et enigmatico".

them read and appreciated Kepler's works. This was particularly true in Rome, in two quite different environments: the Collegio Romano (Jesuits)[41] and the Accademia dei Lincei: on 17th December 1611 the German mathematician and astronomer Johannes Remus Quietanus, who had been living in Rome for six years, wrote a letter to Kepler in which he explained he had found the *Astronomia Nova* in the library of the Sforza family and had read the book and found it "very clever" ("ingeniosissimum").[42] Remus posed some questions and expressed some doubts to Kepler, who answered on 18th March 1612.[43] The questions dealt with in these letters were profound: Remus asked Kepler why, if the Copernican hypothesis was true, the fixed stars showed no parallax; he further asked for some explanations for the motions of Mars and the Moon. Kepler answered Remus's questions by speaking about the physical force which determined the movements and the structure of the solar system, too. He was thinking of the magnetic force. Remus was certainly not isolated in Italy: he was on very good terms with the mathematicians of the Collegio Romano and probably with Federico Cesi. An important person, Cesi belonged to one of the most wealthy and learned families of Rome. He founded the Accademia dei Lincei and wrote a series of letters to Galileo in which he substantially affirmed his acceptance of the ellipticity of the orbits proposed by Kepler in the *Astronomia Nova*. In a letter to Galileo on 20th June 1612,[44] Cesi wrote he preferred the Copernican system if it were possible to eliminate the plurality of eccentrics and epicycles which existed in *De Revolutionibus*. In a very important letter to Galileo on 21st July 1612, Cesi wrote that Kepler was probably right in thinking that the orbits were ellipses and, in any case, his results were based on an astounding number of observations and on a very good knowledge of mathematics, so it was difficult to contradict him. In that letter, Cesi quoted almost literally passages from the Introduction to the *Astronomia Nova*. However, Cesi did not know only the *Astronomia Nova*, but the *Dioptrice* as well. In a letter to Galileo on 30th November 1612, we read: "I could consult the *Dioptrics* by Kepler eight months ago and I was delighted by it [...]".[45] Yet the works by Kepler were not only read by Cesi. The mathematicians of the

---

[41] With regard to the relation between Kepler and the Jesuits, see M. W. Burke-Gaffney, *Kepler and the Jesuits*, Milwaukee, The Bruce Publishing Co., 1944.

[42] KGW 16, 396-398. Quotation, p. 396.

[43] KGW 17, 16-20.

[44] EN 11, 332-333.

[45] EN 11, 439. Original Italian text: "La Dioptrica di Keplero mi venne sono otto mesi, et io n'ebbi particular gusto [...]".

Collegio Romano were interested in them, too. In particular, Odo Maelcote, a Belgian mathematician in the Collegio, wrote to Kepler a letter on 11th December 1612,[46] claiming he knew very well his works *Dioptrice*, *De nive sexangula*, *Dissertatio cum Nuncio Sidereo* and, above all, *De stella Martis* (*Astronomia Nova*), and appreciated them. Maelcote asked Kepler for his opinion on sunspots. Kepler replied in a letter on 18th July 1613.[47] Galileo himself continued to be interested in Kepler's works and opinions, since in a letter on 23th June 1612[48] to Giuliano de' Medici he claimed he had received no news from or about Kepler for a long time and he hoped that Kepler could read the *Discorso intorno alle cose che stanno in su l'acqua*, despite the problem presented by the Italian language.

We can conclude that in the period 1609-1612 a certain number of scholars in Italy knew the works of Kepler well. This is true particularly in Rome, and there is no doubt that discussions there on astronomical questions were profoundly influenced by Kepler, even if, of course, the influence of Kepler was not so conspicuous as that of Galileo.

The period following the censure of Copernicanism

In a sense, the period 1609-1612 was a "golden age" in which discussions on astronomical systems appeared to be relatively free. It is well known that in 1616 Copernicansim was condemned. Kepler thought that Galileo's continuous attempt to spread the Copernican system beyond the circles of scholars and involve the ecclesiastical authorities in this discussion was a serious mistake. In this sense, Kepler was probably right, but Galileo had understood that without the conspicuous financial and political support of the institutions there, the research, especially in physics and in observational astronomy, was virtually impossible due to the increasing costs of the experiments and of the instruments for the observation of the heavens. For this reason, Galileo tried to obtain the public support of the Church. He lost his battle.

After the censure of Copernicanism, Kepler continued to maintain a series of relations with Italy. In particular, he was in correspondence with the

---

46   KGW 17, 37-38
47   KGW 17, 63-65.
48   EN 11, 334-336.

mathematician Lodovico Barbavara[49] in Milan and with Vincentio Bianchi[50] in Venice. They informed Kepler about Italian events and these events were certainly not favourable. In November 1618, Kepler sent Bianchi the first folio the fifth book of the *Harmonices Mundi*, inviting him to spread the news concerning the publication of his book to the libraries and bookshops in Venice. On 17th February 1619, Kepler sent a very long and interesting letter to Bianchi concerning: 1) lunar eclipses; 2) motions of the Moon; 3) the possibility that the astrologers accepted the Copernican system; and 4) the motion of the planets. On 14th March 1619, Bianchi answered Kepler that his arguments in favour of Copernicanism were absolutely correct and they could not be contradicted, but in Italy the moment was quite unfavourable for Copernican books. On 10th May 1619, the Congregazione dell'Indice prohibited Kepler's *Epitome* and there arose the threat that all books by Kepler were prohibited. On 11th October 1619, Barbavara wrote to Kepler that it was very difficult to obtain permission to read the *Epitome*. In this letter by Barbavara there are also some considerations on the motions of Mars and Venus. These contacts testify that, despite many difficulties, Kepler maintained relations with Italy and his works were known by some scholars and scientists there.

To conclude, it is appropriate to point out that in the years following 1620 Kepler continued to win admirers in the Italian scientific milieu. The most intelligent and profound was surely Bonaventura Cavalieri. Cavalieri understood perfectly that the *Tabulae Rudolphinae* were connected to Kepler's complete production and in an important paper dealing with optics and geometry, *Specchio Ustorio* (1632), Cavalieri demonstrated that he knew the astronomical and optical works by Kepler very well.[51] I wish to conclude with the beautiful words written

---

[49] We have two letters by *Barbavara to Kepler*: the first is on 13th March 1619, in KGW 17, 335-336 and the second on 11th October 1619, in KGW 17, 389-393.

[50] The correspondence with Bianchi is far more conspicuous than the one with Barbavara. There are five letters by Kepler to Bianchi and seven letters by Bianchi to Kepler. All of them are in KGW 17: *Bianchi to Kepler*, 14th December 1615, p. 152-153; *Bianchi to Kepler*, 11th April 1616, p. 160; *Kepler to Bianchi*, 13th April 1616, p. 160-168; *Bianchi to Kepler*, 16th August 1618, p. 271-272; *Kepler to Bianchi*, 30th November 1618, p. 288-291; *Bianchi to Kepler*, 20th January 1619, p. 316-320; *Bianchi to Kepler*, 1st February 1619, p. 320-321; *Kepler to Bianchi*, 17th February 1619, p. 323-327; *Bianchi to Kepler*, 14th March 1619, p. 339-342; *Kepler to Bianchi* 14th April 1619, p. 351-355; *Bianchi to Kepler*, 1st January, 1620, p. 412-413; *Kepler to Bianchi*, 13th January, 1620, p. 413-414.

[51] See G. Baroncelli, "Lo 'Specchio Ustorio' di Bonaventura Cavalieri", in *Giornale critico della filosofia italiana*, 62, 1983, p. 153-172.

by Cavalieri on the discoveries of the *Astronomia Nova*: "Therefore we will be satisfied with this, even if little, in order to understand the different conditions and the nobility of the conic sections since Kepler ennobled them to the highest level, having shown with manifest reasoning in the *Commentaries on Mars* and in the *Copernican Epitome* that the paths of the planets around the Sun are not circular, but elliptical".[52]

Conclusions

The picture I have traced shows that some works by Kepler were known in Italy during Kepler's lifetime, especially his astronomical and cosmological works. I can articulate four periods in which the spread of Kepler's works took place: 1) the period immediately following the publication of the *Mysterium*; 2) the "Paduan" period 1599-1603, locating Pinelli's house at the epicentre; 3) the "golden age" of discussions surrounding the *Astronomia nova* and the *Sidereus Nuncius*. Finally, there was a fourth period following the censure of Copernicanism. To conclude this paper, I would like to pose a question that can serve as a starting point for new research. What was the role of Galileo in the diffusion of Kepler's works in Italy? I suspect that this role was not always positive: certainly, more than once Galileo testified to his regard and respect for Kepler as a scientist. We have seen that, for a period, Galileo also tried to favour Kepler in obtaining a professorship in Padua. On the other hand, we have seen (and it is known) that Galileo did not express favourable opinions about the optical works by Kepler, probably because he did not understand them completely. He never accepted ellipses as the orbital forms of the planets. He had opinions different from Kepler's on novae, comets and the theory of tides. Despite the fact that Galileo was a physicist, he was less interested than Kepler in understanding the force which allows the planets to revolve around the Sun. In his letters and works, Galileo never hid the differences between his thought and Kepler's, even if he always underlined the importance and ingeniousness of Kepler's work. To give an example: in the "quarta giornata" of *Dialogo sopra i due massimi sistemi del mondo*, Galileo often reminds the reader of the importance of Kepler on the spread and

---

[52] Original Italian text: "Perciò ci contenteremo di questo poco, per intender le varie conditioni, e nobiltà delle settioni coniche, havendole anche il Keplero in supreme grado nobilitate, mentre ci ha fatto vedere con manifeste ragioni ne' *Commentarij di Marte*, e nell'*Epitome Copernicano*, che le circolationi de' Pianeti intorno al Sole non sono altrimenti circolari, ma ellittiche".

refinement of the Copernican system. But with regard to the tides we read: "But among all the great men who have studied this admirable effect of nature [the tides], I am surprised by Kepler more than by the others. He had a free and acute mind, he knew the movements of the Earth and, despite this, he agreed with the idea that the Moon had predominant influences on the water and with occult properties and similar ingenuousnesses."[53] Accordingly, the role of Galileo in the diffusion of Kepler's works and thought through Italy is not completely clear and perhaps research on this subject – which goes beyond the limits and the scope of the present article – would be interesting. A basis for such a project might be the book by Bucciantini, which I have often quoted.[54] The primary sources would be the letters of all the scholars who had contact, even indirectly, with Galileo and Kepler. Many of these scholars are the ones I have quoted, but research in archives could bring about the discovery of new letters which might throw light on this interesting subject concerning the history of science and of political-scientific relations among scientists.

---

[53] Original Italian text: "Ma tra tutti gli uomini grandi che sopra tal mirabile effetto di natura [the tides] hanno filosofato, più mi meraviglio del Keplero che di altri, il quale, d'ingegno libero e acuto, e che aveva in mano i moti attribuiti alla Terra, abbia poi dato orecchio ed assenso a predominii della Luna sopra l'acqua, ed a proprietà occulte, e simili fanciullezze", in EN 7, 486.

[54] Among other books, I would like to quote the well founded text by M. Camerota, *Galileo Galilei e la cultura scientifica nell'età della controriforma*, Roma, Salerno Editrice, 2004.

Descartes a-t-il critiqué les lois de Kepler?

Édouard Mehl

On se propose ici de situer la physique de Descartes dans la lignée de la
«physique céleste». Par là, on n'entend pas seulement un moment spécial de
l'histoire de l'astronomie, spécifiquement lié à l'œuvre éponyme de Kepler
(*Astronomia nova* ΑΙΤΙΟΛΟΓΗΤΟΣ, *seu Physica coelestis*, 1609); nous entendons,
plus largement, un procès intégrant progressivement la recherche astronomique à
l'horizon élargi de la constitution d'une seule et unique «science de la nature»[1].

---

[1]   C'est aussi bien cette voie royale qui, ramenée à ses figures emblématiques, mène
de Copernic à Newton, en passant par Kepler, Galilée et Descartes. Mais s'il est vrai
que l'histoire des sciences, à l'âge classique, s'accorde à cette téléologie interne de la
physica coelestis, il faut alors dire que cette voie est aussi bien celle qui mène des *Initia
Doctrinae Physicae* (1549) de Melanchthon aux *Metaphysische Anfangsgründe der
Naturwissenschaft* de Kant (1786). De fait, en marge du traitement royal réservé par
Kant au système newtonien, on a, à juste titre, souligné l'importance des lois de Kepler
pour les fondements de la réflexion kantienne sur la nécessité des lois de la nature:
Michael Friedman: «Causal laws and the foundations of natural science», in *The
Cambridge Companion to Kant*, Paul Guyer (éd.), Cambridge, 1992, p. 161-199, puis
Scott Tanona, «The anticipation of necessity: Kant on Kepler's Laws and universal
gravitation», *Philosophy of science*, 67 (2000), p. 421-443. Même si Kant considère
que les lois de Kepler ne sont que des «règles empiriques» jusqu'à ce que Newton
leur donne la forme de l'*a priori* et de la systématicité, il faut replacer ce jugement
dans une optique plus large: Kant ne considère pas autrement le rapport des lois de
Kepler à la loi de l'attraction qu'il ne le fait des catégories d'Aristote par rapport à son

Le rôle de Kepler y est certes décisif, autant par le progrès considérable qu'il fait accomplir à la science astronomique, que par l'explicitation de son but et de la téléologie qui la gouverne : quittant le champ des disciplines mathématiques où le XVIᵉ siècle l'avait confinée, l'astronomie, devenue «physique céleste», devient simultanément l'instrument pour accéder à la connaissance d'une nature réunifiée –sans distinction entre nature sublunaire et céleste–, et son objet même. Mais ce rôle n'est pas exclusif : *a parte ante*, le modèle et l'impulsion de Maestlin auront certainement été décisifs[2] ; *a parte post*, la physique cartésienne, qui trouve dans la matière et les mouvements célestes son objet adéquat, constitue l'achèvement de ce que la «physique céleste» gardait encore de programmatique. Si le syntagme de «physique céleste»[3], n'apparaît même pas chez Descartes, c'est parce qu'il est devenu parfaitement évident que le ciel de ce monde visible est une réalité physique, matérielle, dans laquelle des corps solides évoluent en milieu fluide, conformément aux lois du mouvement (*leges motus*) qui sont aussi bien les lois de la nature (*leges naturae*). C'est au fil conducteur de cette problématique, très

propre système des catégories : comme une anticipation nécessairement tâtonnante et inchoative, mais sans laquelle l'idée n'aurait jamais pu se développer.

[2]   Comme l'avait noté E. Cassirer, *Le problème de la connaissance dans la philosophie et la science des Temps Modernes*, I, *Œuvres*, XIX, Cerf, 2004, p. 281, l'expression même de «lois de la nature» est peu fréquente chez Kepler, mais s'applique de plein droit à ses lois. Cassirer s'appuie sur une lettre à Christoph Heydon d'octobre 1605, n° 357 = KGW 15, 232, l. 47-50 : «Il m'a fallu longuement travailler… cette seconde inégalité des planètes… jusqu'à ce qu'elle se plie enfin aux lois de la nature, en sorte que je pourrais me glorifier d'avoir constitué une astronomie sans hypothèses», par où il apparaît très clairement que l'émergence d'une physique étudiant les «lois de la nature» est structurellement liée à la transformation keplérienne de l'astronomie en physique céleste. Que l'astronomie, en tant que discipline mathématique, soit déjà en elle-même la recherche de lois générales de la nature, c'est ce que l'on pouvait déjà comprendre avec Maestlin, comme l'atteste son écrit sur la comète de 1577 : *Observatio et demonstratio cometae aetherei, qui anno 1577 et 1578 constitutus in sphaera Veneris, apparuit*, Tübingen, Gruppenbach, 1578, ch. III, p. 7 : «Magna industria divinitus illustratae veterum mathematicorum mentes, varios et multiplices, tam fixarum quam errantium omnium et singularum stellarum, motus, indagarunt, & nos, quam certis naturae legibus astrictae sint, docuerunt… ». Sur les antécédents cartésiens aux «lois de la nature» : S. Roux, «Les lois de la nature à l'âge classique : la question terminologique», *Revue de Synthèse*, 2001/2-4, p. 531-576.

[3]   Qui réapparaît dans le sous-titre de l'*Epitome astronomiae copernicanae*, IV, 1620.

générale, que nous souhaiterions aborder la question, qui n'est pas neuve, du rapport entre Descartes (1596-1650) et Kepler (1571-1630)[4].

Autant dire d'emblée que la tâche nous est rendue compliquée par l'absence presque totale de support textuel : l'astronome impérial n'est pas une seule fois cité dans le *Monde* [1629-1633], ni dans la *Dioptrique* [1637] ni dans les *Principia Philosophiae* [1644, 1647]. Descartes semble tout ignorer des *Planetengesetze*, et n'a jamais concédé le moindre commentaire sur Kepler, comme il a pu le faire pour Galilée[5]. Par ailleurs, le trait le plus obvie de la cosmologie cartésienne – l'abolition de la sphère des fixes – suffit, semble-t-il, à suggérer que l'horizon cosmologique de la physique cartésienne est incommensurable avec les spéculations géométriques de Kepler, avec la mystique des corps platoniciens qui leur sert de justification, et avec le présupposé constant chez Kepler que le monde doit être fini pour pouvoir être connu[6]. Par ailleurs, Descartes n'a jamais reconnu avoir de rapport ou de dette envers Kepler que dans une correspondance privée, et dans le seul domaine de l'optique[7], assurément indépendant des thèses

---

[4]   Cette confrontation est de tradition ancienne dans les études cartésiennes, depuis Paul Natorp (*Descartes' Erkenntnistheorie*, Marburg, 1882), jusqu'à notre récent travail (*Descartes et la visibilité du Monde. Les Principes de la Philosophie*, Paris, PUF, 2009), où figurent plusieurs développements empruntés à une première version du présent essai (p. 101 ; 120-121). Toutefois, sur les aspects les plus décisifs de cette confrontation, il faut surtout mentionner l'essai de comparaison systématique de Lüder Gäbe (*Descartes' Selbstkritik. Untersuchungen zur Philosophie des jungen Descartes*, Hamburg, Felix Meiner, 1972), et celui, fondamental pour la physique, de E. J. Aiton (*The vortex theory of planetary Motions*, Londres-New York, Macdonald & American Elsevier, 1972). La *Bibliographia Kepleriana* (II [*Ergänzungsband*, par J. Hamel]) ne mentionne pas un seul titre d'ouvrage ou d'étude consacrée à l'étude du rapport Kepler-Descartes.

[5]   Sur Descartes et Galilée, voir les études rassemblées par Fabien Chareix dans la revue *XVIIe siècle* (2009-1).

[6]   L'opposition n'est d'ailleurs pas si tranchée, et devrait être nuancée par la lecture de *l'Epitome astronomiae copernicanae* I (KGW 7, 45) qui commence par démontrer (après une brève allusion à Bruno et quelques anciens) qu'un univers réellement infini n'est pas contraire à la possibilité. Ce qui l'est, c'est en revanche la perception que nous en avons : tout ce qui est perçu (*cernuntur*) est nécessairement fini, et c'est tout ce que l'astronomie peut scientifiquement établir. Sur l'infini dans l'*Epitome*, voir A.-Ph. Segonds, « Kepler et l'infini », dans *Infini des philosophes, infini des astronomes*, Françoise Monnoyer (dir.), Paris, Belin, 1995, p. 21-38.

[7]   *à Mersenne*, AT II, 85-86 : « Celui qui m'accuse d'avoir emprunté de Kepler les ellipses et les hyperboles de ma *Dioptrique*, doit être ignorant ou malicieux ; car pour l'ellipse, je n'ai pas de mémoire que Kepler en parle, ou s'il en parle, c'est assurément pour dire qu'elle n'est pas l'anaclastique qu'il cherche [...] Cela n'empêche pas que je n'avoue que Kepler a été mon premier maître en optique, et que je crois qu'il a été celui de tous

physiques et cosmologiques sur le système du monde. Enfin il faut souligner que la question de l'unité systématique des trois « lois de Kepler » ne semble pas avoir été sérieusement prise en compte avant Newton[8]. Le même Newton pourra donc d'autant mieux et plus facilement confondre les tourbillons des cartésiens au motif de leur incompatibilité avec les lois de Kepler que, selon toute apparence, Descartes n'a jamais, quant à lui, perçu l'unité de ces lois, ni qu'elles constituaient le fondement et toute l'architectonique du système du monde, ou pour le dire en ses propres termes, toute « l'architecture des choses sensibles » et du « monde visible »[9].

Cependant, la question de savoir si, à défaut d'en parler et de s'exprimer publiquement sur leur validité, Descartes a connu, compris et plus ou moins tacitement critiqué les lois de Kepler, nous semble rester aujourd'hui encore entièrement ouverte. L'étude que nous proposons ici se fonde notamment sur le témoignage et la médiation d'Isaac Beeckman (1588-1637), dont les lectures et la discussion critique avec Kepler apportent un éclairage à la fois décisif et indispensable[10].

---

qui en a le plus su par ci-devant ». Ce texte est ainsi commenté par M. Fichant dans « La géométrisation du regard. Réflexions sur la *Dioptrique* de Descartes » (*Science et Métaphysique dans Descartes et Leibniz*, PUF, 1998, p. 33) : « Semblable formule chez lui [sc. Descartes] équivaut à l'aveu d'une filiation et d'une dépendance ».

[8] C'est-à-dire la question de leur cohérence et d'une solidarité qui les rendrait indissociables. On sait que Kepler introduit la loi des ellipses (première loi) et la loi des aires (deuxième loi), dans l'*Astronomia Nova*. La loi des temps périodiques, découverte seulement en 1618, n'est introduite que dans les œuvres plus tardives (*Epitome, Harmonice Mundi*, et dans les notes à la seconde édition du *Mysterium Cosmographicum* [1621]). Si ces lois faisaient système, il serait impensable qu'on pût admettre l'une sans les autres, comme l'a fait par exemple et entre autres Ismaël Boulliau dans son *Astronomia Philolaica* (1645) [voir, pour sa discussion de Kepler, l'extrait traduit par A. Koyré dans *La révolution astronomique. Copernic, Kepler, Borelli*. Paris, Hermann, 1961, p. 371-375].

[9] Pour quelques aspects méconnus de la bataille des newtoniens contre les cartésiens, voir l'étude de C. Borghero : « Il crepusculo del cartesianismo. I Gesuiti dei *Mémoires de Trévoux* e la dottrina dei 'petits troubillons' », *Nouvelles de la République des Lettres*, 2004, n° 1-2, p. 65-98.

[10] Le seul travail systématique est à notre connaissance la thèse Klaas van Berkel : *Isaac Beeckman (1588-1637) en de Mechanisering van het wereldbeeld*, Amsterdam, Rodopi, 1983 (sur Kepler et les passages que nous évoquons plus bas, voir p. 183-185).

La lumière et le fondement de la physique

Commençons par le premier principe (physique), improprement appelé «principe d'inertie», et qu'il vaudrait mieux appeler principe du mouvement inertiel, ou principe du *statu quo*: une chose mue, «autant qu'il est en elle» ne cesse jamais de se mouvoir par elle-même. Ce principe cartésien du mouvement inertiel, entrevu par Beeckman dès 1613 (*coelum semel motum semper movetur*), et que celui-ci développera bientôt au titre de sa *sententia de motu*[11], fait avec Kepler table rase des intelligences motrices[12] (principe même d'une *physica coelestis* remplaçant les âmes par des forces)[13]. Mais elle fait aussi bien table rase, contre lui, de la tendance au repos, et de la résistance au mouvement que Kepler

[11] Il faudrait ici reprendre le dossier ouvert par I. Bernard Cohen dans «'*Quantum in se est*': Newton's concept of inertia in relation to Descartes and Lucretius», *Notes and records of the Royal Society of London*, 1964, 19, p. 131-155. Cohen a démontré que la première loi de Newton est directement forgée dans le vocabulaire de Descartes, qui, lui-même, pourrait avoir trouvé dans Lucrèce l'original de la formule «quantum in se est», présente dans la définition de la première loi (AT VIII-1, 62_{11}). Or c'est un fait que Beeckman a donné sa première formulation complète de l'inertie (IBJ [voir note suivante], vol. I, p. 24: «Omnis res, semel mota, nunquam quiescit, nisi propter externum impedimentum») au moment même où il est en train de lire et commenter Lucrèce... Cependant nous n'avons pas relevé cette formule dans le *Journal*.

[12] Isaac Beeckman, (1588-1637), *Journal tenu par Isaac Beeckman de 1604 à 1634*; 4 vol., éd. Cornelis de Waard. La Haye: M. Nijhoff, 1939-1953, vol. I, p. 10. Beeckman prouve que le mouvement du ciel n'est pas volontaire mais naturel, et qu'il n'y a aucune raison de dire qu'il peut s'arrêter par soi («nulla ratio est cur per se quiescere posse diceretur»). Beeckman incrimine ici les raisonnements de Scaliger (*Julii Caesaris Scaligeri Exotericarum Exercitationum Liber Quintus Decimus, de Subtilitate, ad Hyeronymum Cardanum*, Lutetiae, 1557), particulièrement l'*Exercitatio* LXVIII (*Caelis motus purus naturalis ne sit, an voluntarius*), p. 105-107. C'est en fait ce même texte que visait Kepler dans l'*Astronomia Nova* (ch. 2, KGW 3, $68_{22\text{-}25}$), auquel il faut renvoyer aussi bien qu'à l'*Exercitatio* CCCLIX à laquelle renvoie M. Caspar (KGW 3, 460).

[13] Selon la définition qu'en donnent les annotations au *Mysterium Cosmographicum*, ch. XX (1621), tr. fr. A. Segonds, Les Belles Lettres, 1984, p. 140 (n. 3) et p. 329 (n. 19 et 20). Sur ce texte, voir le commentaire de E. Cassirer dans *Le problème de la connaissance dans la philosophie et la science des Temps Modernes*, I, *Œuvres*, XIX, Cerf, 2004, p. 266. La «physique céleste» est donc, littéralement, la doctrine scientifique qui remplace la théorie des substances motrices séparées, i. e. la métaphysique, comme le suggère le raccourci lapidaire de l'*Astronomia Nova*, «in Metaphysicam Aristotelis, seu potius physicam coelestem» (KGW 3, 20, 13-15). Voir encore, sur cette éviction de la métaphysique, le commentaire vigoureux de Cassirer, *ibid..*, p. 269: «Kepler...remplace la *théologie* et la *métaphysique* célestes d'Aristote par la philosophie et la physique célestes, qui contiennent en même temps une nouvelle *arithmétique* des forces».

suppose dans les planètes, comme dans tout corps *en tant que tel*, et non en tant qu'il est supposé être dans son lieu naturel[14]. Dans la nouvelle mécanique céleste, beeckmano-cartésienne, la force mouvante n'a plus d'effort à faire pour vaincre une résistance supposée du mobile au mouvement, et dans la nouvelle physique cette puissance motrice n'a plus son siège dans le corps du soleil. De divin vicaire, centre du monde, et substitut monarchique des *rectores mundi* aristotéliciens, le soleil devient un simple point de passage à partir duquel une certaine quantité de mouvement, universellement constante, est redistribuée dans un des *n* tourbillons qui composent le monde. Avec Descartes, toute la puissance qui est retirée au soleil est pour ainsi dire transférée et comme diluée dans le milieu liquide – le «ciel» – qui transporte les corps planétaires, lui-même soumis à l'action mécanique de tous les cieux – les «tourbillons» – voisins. Le soleil, déchu du rang de cause première, n'est plus constitutif des mouvements célestes, mais constitué par les lois du mouvement. C'est refuser notamment, de Kepler, toutes les apories liées à la question de la force motrice, dont Koyré a parfaitement montré qu'elle était, en un sens, ce qu'il y avait chez Kepler de plus «inutile»[15].

Bref, la cosmologie héliodynamique de Kepler et la théorie des tourbillons ont à l'évidence quelque chose d'incommensurable[16]. Mais cette évidence, d'ailleurs contestée depuis fort longtemps[17], pourrait s'avérer préjudiciable à l'intelligence

---

[14] Cf. par ex. la formule de la lettre *à David Fabricius*, 11 octobre 1605, KGW 15, n° 358, 241, 49-51 : «Quodcunque materiatum corpus, se ipso natum est quiescens, *quocunque loco reponitur*» (nous soulignons). Sur la critique de la tendance naturelle au repos, voir Descartes, *Principia Philosophiae*, II, art. 37 (AT VIII-1, 62). La croyance à la tendance naturelle au repos est un préjugé de l'enfance totalement contraire aux «lois de la nature». Voir également *à Mersenne*, décembre 1638, AT II, 466 : «Je ne reconnais aucune inertie ou tardiveté naturelle dans les corps…», puis *à de Beaune*, 30 avril 1639, AT II, 543.

[15] A. Koyré, *La révolution astronomique*, *op. cit.*, p. 198 : «Du point de vue formel, l'explication dynamique apparaît ainsi comme entièrement inutile…».

[16] Aussi est-il possible d'écrire des monographies sur la physique de Descartes et ses fondements métaphysiques sans poser autrement que de manière très allusive la question de son rapport à Kepler, e.g. D. Garber, *Descartes metaphysical physics*, Chicago university press, 1992 ; *idem* pour les mêmes monographies sur la physique supposée cette fois «sans métaphysique» de Descartes : R. Texier, *Descartes physicien*, L'Harmattan, 2008. En sens inverse, E. J. Aiton (*The vortex theory*, *op. cit.*, p. 13), trouvait dans un les premières pages de l'*Astronomia Nova* et le principe de la diffusion de la *species immateriata* (KGW 3, 34) «l'idée du tourbillon cartésien». C'est dire que le problème reste entier.

[17] Voir, pour une interprétation képlérienne de la physique des *Principia* la *Cosmopeia Cartesiana* de Johann Georg Hocheisen (Wittenberg, 1706), ff. C 2 r°-v°, soulignant

du texte cartésien – et même à l'intelligence de Kepler. Car lorsque l'analyse se borne à renvoyer chacun à ses énoncés et à sa logique propre, elle risque de manquer l'*épistémè* elle-même, et le lieu théorique où les pensées se croisent et se rencontrent[18]. Il faut donc commencer par situer le rapport Descartes-Kepler dans un *lieu commun* épistémique : l'élaboration d'une théorie déductive[19] dont la lumière constitue le premier sujet. Physique « pure » implicitement référée, dans sa version keplérienne, au récit mosaïque, et qui repose sur l'analogie *lux – tenebra / motus – quies / aliquid – nihil*[20]. Si Descartes fait aussi de la théorie de la lumière une sorte de *protheoria physica* (car la lumière ne s'identifie pas au mouvement mais à son principe, *prima praeparatio ad motum*[21]) son refus de chercher dans

l'origine keplérienne de la théorie tourbillonnaire, en s'appuyant sur l'*Epitome* et l'*Astronomia Nova*.

18 Notre propos ne vise donc qu'à tenter de prolonger ce qui fut la question directrice de G. Simon tout au long de son œuvre d'historien des sciences. Voir G. Simon, *Sciences et histoire*, Paris, Gallimard, 2008, p. 119. Après avoir rappelé qu'il avait envisagé initialement une thèse sur « Structures de pensée et objets du savoir chez Kepler et Descartes » (finalement limitée à Kepler), G. Simon relevait quelques unes des oppositions les plus obvies entre les deux penseurs, avant d'ajouter : « Quand on y pense, ce qu'il y a d'étonnant dans cette série d'oppositions, c'est ce qui les unit ».

19 La physique repose, ici et là, sur des « démonstrations *a priori* » dont le moyen est constitué par « les vérités éternelles, sur qui les mathématiciens ont accoutumé d'appuyer leurs plus certaines et évidentes démonstrations » (*Le Monde*, ch. VII, AT XI, 47_{12-28}). À *Vatier*, 22 février 1638 (AT I, 563_{3-5} : « Quant à ce que j'ai supposé au commencement des *Météores*, je ne le saurais démontrer *a priori*, sinon en donnant toute ma physique »). Sur la rencontre de Kepler et Descartes quant à la possibilité de démonstrations *a priori* en physique, voir D. A. di Liscia, « Kepler's *A Priori* Copernicanism in his *Mysterium Cosmographicum* », in : *Nouveau Ciel, Nouvelle Terre. L'astronomie copernicienne dans l'Allemagne de la Réforme, 1530-1630*, M. Á. Granada et É. Mehl (dir.), Paris, Les Belles Lettres, 2009, p. 317.

20 Voir notamment *Kepler an D. Fabricius*, 11 octobre 1605 (n° 358), KGW 15, 241, 51-54 : « Nam quies, ut tenebrae privatio quaedam est, non indigens creatione, sed creatis adhaerens, ut nullitas aliqua : motus vicissim est positivum quippiam, ut lux ». La lettre poursuit la *velitatio cum Fabricio* du *De Stella Nova*, ch. XX, KGW 1, 248-251, où Kepler avait déjà objecté à Fabricius (lequel distinguait la création initiale de l'étoile, et son illumination subite) que « produire la lumière, c'est créer » : « Dixit Deus, inquit divinus Propheta, fiat lux : atque hujus institutione finivit Deus diem primum. Itaque lucem producere, creare est » (249, 7-9). Sur cet échange, voir M. Á. Granada, « Kepler and Bruno on the infinity of the universe and of solar systems », *JHA*, 39 (2008), p. 469-495, et n. 25.

21 *Principia Philosophiae*, III, 63, AT VIII-1, 115_{13}. [i.e. *arkhè tès kineseos*, Ar. *Phys.* II, 1, 192b14, qui définit la « nature des étants » que « certains » identifient au feu (192b22)].

l'Écriture le fondement de la physique lui interdit tout recours au récit mosaïque, beaucoup plus nettement, en tous cas, que chez Kepler[22]. De surcroît, l'analogie entre le repos et le néant (*nihil, nullitas*) est irrecevable pour Descartes, du moins si elle suggère que la notion de repos est constitutivement obscure, alors qu'elle n'a pas moins de simplicité et d'intelligibilité que les notions d'espace et de mouvement. Le repos n'est pas une privation, comme l'affirme Kepler (par où l'on voit qu'il n'a pas su se défaire complètement des concepts ontologiques d'Aristote[23]), mais une négation; sa nature est comprise par l'*intuitus mentis* aussi bien que le mouvement lui-même. Quant au concept du mouvement lui-même, il résulte, pour Kepler, de l'affrontement entre la cause motrice et la résistance du mobile, comme l'opaque fait toujours obstacle à la diffusion de la lumière[24]. Le mouvement, comme le temps, est ce qui résulte de cette «mutuelle contention». Le mouvement est toujours pensé selon l'analogie avec l'illumination, avec cette différence fondamentale que le mouvement se déroule dans le temps, et l'illumination de manière instantanée. Tel est, sans doute, un des points les plus délicats de la confrontation entre Descartes et Kepler, puisque, pour Descartes, le mouvement n'a pas lieu dans le temps, mais dans l'espace. Et bien qu'«aucun mouvement ne se fasse en un instant», la séparation réciproque des parties de la matière, en quoi consiste sa nature[25], n'implique pas dans sa définition la

---

[22] Voir une note de jeunesse dans les *Cogitationes privatae* (AT X, 218$_{15-18}$): «Deum separasse lucem a tenebris, Genesi est separasse bonos angelos a malis, quia non potest separari privatio ab habitu: quare non potest litteraliter intelligi». Descartes emploie ici un argument augustinien classique (*De Genesi ad litteram*, V, 25; *De civitate dei*, XI, 19) comme l'indique V. Carraud dans son édition des textes de jeunesse (à paraître). Sur le sens des «eaux supercélestes» de l'Écriture (*Entretien avec Burman*, texte 46, éd. J.-M. Beyssade, p. 110), Descartes s'oppose catégoriquement à l'interprétation naturaliste de l'*Epitome IV* (KGW 7, 288), qui définit les eaux supercélestes comme la matière cristalline de l'orbe des fixes.

[23] Les critiques de la théorie aristotélicienne de la privation ne manquaient pourtant pas; l'une des plus intéressantes est celle du danois et paracelsien Pierre Severin, proche de Tycho Brahé (voir É. Mehl, «Le complexe d'Orphée», *Fictions du savoir à la Renaissance*, URL: http://www.fabula.org/colloques/document83.php).

[24] Sur ce point, voir le texte de l'*Epitome IV* (KGW 7, 304) cité et commenté dans É. Mehl, *Descartes en Allemagne, 1619-1620. Le contexte allemand de l'élaboration de la science cartésienne*, PU Strasbourg, 2001, p. 188-189.

[25] La définition de la nature du mouvement comme «séparation réciproque» des parties contiguës généralise en fait le cas du mouvement du ciel. Notons que Descartes reconduit les deux hypothèses de Copernic et de Tycho à leur racine commune: celle d'une «séparation» (qu'on appellera le mouvement) des parties de la terre et des parties du ciel (PP III, 38, AT VIII-1, 96). Il développe ici une des thèses fondamentales

succession temporelle[26]. C'est sur ces questions fondamentales et l'entrelacs conceptuel de la définition de la matière, du mouvement, et de l'action de la lumière, que se noue le rapport de la physique cartésienne à celle de Kepler, et c'est, sans surprise, sur le terrain de l'optique qu'apparaissent les points de rupture les plus décisifs.

Comme Descartes le répète souvent, au moment où il travaille à sa *Dioptrique*, en parallèle à la rédaction du *Monde*, il ne conçoit plus seulement l'optique comme une science mathématique subordonnée à la géométrie pure (dans la perspective néo-aristotélicienne des *scientiae mediae*), ni d'ailleurs celle-ci comme une science abstraite étudiant seulement les espèces de la quantité continue; mais il conçoit plutôt la physique elle-même comme une science qui se fonde et se règle sur l'optique, à laquelle revient la tâche, inaugurale, de «démêler le Chaos pour en faire sortir la lumière»[27]. C'est la lumière, et donc l'optique qui en étudie les lois, qui fournit à la physique son objet général et spécial. Le résumé du *Monde*

de Kepler, d'après qui, dans l'hypothèse de Copernic et de Ptolémée (et *a fortiori* chez Tycho), le moyen terme de la démonstration, commun aux deux hypothèses est constitué par l'assomption qu'il y a entre le ciel et la terre une certaine séparation des mouvements (*intercedat aliqua motuum separatio*: *Mysterium Cosmographicum*, I, = *Le Secret du Monde*, tr. A. Segonds, Les Belles Lettres, p. 33; *Contra Ursum* = *La Guerre des Astronomes*, II/2 [Le *Contra Ursum* de Kepler, édition et traduction par N. Jardine et A.-P. Segonds], Paris, Les Belles Lettres, 2008, p. 257-258). Sur ce point, voir notre étude *Descartes et la visibilité du monde, op. cit.*, p. 110-111.

26 Sur ce point voir notamment les éclaircissements de la *Règle IX* (AT X, 402), et *Principia Philosophiae*, II, art. 39, AT VIII-1, 63-64 (Dieu conserve le mouvement tel qu'il est dans le moment précis où il le conserve).

27 *Descartes à Mersenne*, 25 novembre 1630, AT I, 179: «J'y veux [en ma Dioptrique] insérer un discours où je tâcherai d'expliquer la nature des couleurs et de la lumière (…) mais aussi sera-t-il plus long que je ne pensais, et contiendra *quasi une physique toute entière*» (nos italiques). *À Mersenne*, 23 décembre 1630, AT I, 194: «Je vous dirai que je suis maintenant après à démêler le Chaos, pour en faire sortir de la lumière, qui est l'une des plus hautes et des plus difficiles matières que je puisse jamais entreprendre; car *toute la physique y est presque comprise*» (*id.*). Il ne faut donc pas s'étonner de trouver dans l'*Epistola Dedicatoria* des *Paralipomènes à Vitellion* une déclaration qui anticipe clairement sur la conception cartésienne de la géométrie (tr. C. Chevalley, Paris, Vrin, 1980, p. 95): «Plutôt que de m'épuiser à ces spéculations de géométrie abstraite… j'ai recherché la géométrie là où elle s'exprime réellement, dans les corps du monde…». Comparer avec Descartes, *à Mersenne*, 27 juillet 1638, AT II, 268$_{5-14}$: «Mais je n'ai résolu de quitter que la géométrie abstraite, c'est-à-dire la recherche des questions qui ne servent qu'à exercer l'esprit; et ce afin d'avoir d'autant plus de loisir de cultiver une autre sorte de géométrie, qui se propose pour questions l'explication des phénomènes de la nature».

(précisément intitulé «De la lumière»), dans le *Discours de la Méthode*, mérite attention:

> J'ai eu dessein d'y comprendre tout ce que je pensais savoir, avant que de l'écrire, touchant la nature des choses matérielles. Mais, tout de même que les peintres, ne pouvant également bien représenter dans un tableau plat toutes les diverses faces d'un corps solide, en choisissent une des principales qu'ils mettent seule vers le jour, et ombrageant les autres, ne les font paraître, qu'en tant qu'on les peut voir en la regardant: ainsi, craignant de ne pouvoir mettre en mon discours tout ce que j'avais en la pensée, j'entrepris seulement d'y exposer bien amplement ce que je concevais de la lumière; puis, à son occasion, d'y ajouter quelque chose du Soleil et des étoiles fixes, à cause qu'elle en procède presque toute; des cieux, à cause qu'ils la transmettent; des planètes, des comètes, et de la terre, à cause qu'elles la font réfléchir; et en particulier de tous les corps qui sont sur la terre, à cause qu'ils sont ou colorés, ou transparents, ou lumineux, et enfin de l'homme, à cause qu'il en est le spectateur[28].

La première partie de ce paragraphe, et la comparaison du discours scientifique avec le travail du peintre éclairant son sujet, outre sa résonance keplérienne très précise[29], suggèrent que la lumière n'est pas l'objet unique et exclusif, mais l'objet principal d'une science qui porte, plus généralement, sur la nature en tant que nature matérielle. Se pose donc la question de savoir si la lumière appartient elle-même à ce domaine de la nature matérielle et obéit à ses lois; autrement dit, si l'émission, la transmission, la réflexion, et la réfraction de la lumière obéissent aux lois du mouvement corporel.

Cela eût été inconcevable pour tous ceux qui considéraient le mouvement circulaire des astres comme leur mouvement naturel. Mais dès lors qu'on admet que «Dieu seul est l'auteur de tous les mouvements, en tant qu'ils sont, et en tant qu'ils sont droits; mais que ce sont les diverses dispositions de la matière qui les rendent irréguliers et courbés»[30], il deviendra effectivement «bien aisé à croire

---

28　*Discours de la Méthode*, V^e partie, AT VI, 41_{25}-42_{13}. Voir également *Principia Philosophiae*, III, 52, AT VIII-1, 105, en identifiant plus clairement encore les trois éléments aux trois modalités de la lumière (émission, transmission, réflexion).

29　Au début du chap. V des *Paralipomènes*, Kepler entend donc mettre en lumière, par le jeu de l'ombre, la manière dont se fait la vision: «Secundo summaria ratione modum, quo fiat visio, adumbrabo» (KGW 2, 143-144). Dans sa traduction, C. Chevalley (*op. cit.* p. 479), sans renvoyer à ce passage du *Discours*, fait un rapprochement encore plus littéral avec Descartes: la paraphrase de cet extrait du *Discours* dans la lettre *à Vatier*, 22 février 1638: «j'ai voulu en représenter [de la lumière] quelque idée par des comparaisons et des ombrages...» (AT I, 562_{17-19}).

30　*Le Monde*, AT XI, 46_{9-13}. La circularité n'est donc, à cet égard, qu'une irrégularité plus constante. L'énoncé «Dieu seul est auteur de tous les mouvements» semble

que l'action ou l'inclination à se mouvoir, que j'ai dit devoir être prise pour la lumière, doit suivre < en ceci > les mêmes lois que le mouvement» (Dioptrique, *Discours de la Méthode I*, Disc. I, AT VI, 89$_{1\text{-}4}$; Disc. II, AT VI, 100$_{27\text{-}28}$). Il est en effet bien évident que l'analogie entre lumière et mouvement est d'autant plus facilement concevable qu'on se donne pour modèle le mouvement rectiligne. Sans doute n'est-elle d'ailleurs concevable qu'à cette condition. Mais, outre la rectilinéarité, en quoi la lumière convient-elle avec les lois du mouvement, et en quoi disconviennent-elles ?

C'est ici que commence à jouer la différence entre Descartes et Kepler. Celui-ci, bien qu'il donne au corps du soleil le rôle de moteur planétaire, du moins pour la révolution orbitale, sépare l'émission et la transmission de la lumière (rectiligne / omnidirectionnelle) de la *vis motrix* proprement dite, mais en maintenant entre les deux, la lumière et la force mouvante, un certain rapport, une accointance et une convenance (*cognatio, sociatio, analogia*). Dans l'exposé détaillé qu'en donne l'*Astronomia Nova*, aux ch. XXXIII et suivants, Kepler insiste sur la nature immatérielle de la *species* motrice émanée du soleil, émanation dont il déduit *a priori* la rotation axiale du soleil qui seule rend possible le mouvement orbital des planètes. Découverte fondamentale[31] qui anticipe de quelques mois seulement sur les observations des taches solaires par Fabricius, Scheiner et Galilée, vérifiant l'hypothèse de la rotation solaire, mais invalidant aussi une partie des hypothèses de Kepler sur la constitution et les propriétés physiques du soleil.

---

répondre lui aussi au texte de Scaliger (voir *supra*, n. 12, *Exerc. XLVIII, op. cit.*, p. 106 : «Deum autem esse omnium non solum motuum, sed etiam moventium autorem». Ce que Scaliger comprend de la manière suivante : Dieu n'est pas *tant* l'auteur des mouvements que des *moteurs* qui les causent (les intelligences). En effet, Scaliger critique vivement les théologiens modernes (*novis nostri seculi Theologi*) qui rejettent les formes substantielles et veulent faire de Dieu la cause de tous les mouvements, sans s'apercevoir qu'ils font ainsi de lui l'auteur du mal (*sed etiam autorem facere Deum foedissimarum actionum*). Le recours de Descartes à la théologie («Ainsi que les théologiens nous apprennent que Dieu est aussi l'auteur de toutes nos actions, en tant qu'elles sont, et qu'elles ont quelque bonté ; mais que ce sont les diverses dispositions de nos volontés, qui les peuvent rendre vicieuses», AT XI, 46$_{13}$-47$_3$) est donc à lire comme une réponse cinglante à la position concordataire de Scaliger, qui pensait faire de l'aristotélisme, et de la théorie des formes substantielles, le meilleur avocat de la théologie.

31   En fait, Edmond Bruce lui en avait fait la suggestion depuis 1603, mais Kepler, s'arrêtant au problème (brunien) de l'infinité des mondes, ne l'avait alors pas remarqué (Koyré, *La révolution astronomique, op. cit.*, p. 409, KGW 14, n° 272, p. 450).

Il y a plusieurs différences entre la *species* lumineuse et la *vis motrix*, qui interdisent donc leur identification : la première, notamment, ne rencontre aucun obstacle matériel et se communique à une vitesse infinie (instantanée), tandis que la seconde doit affronter la matière des corps, leur résistance au mouvement et à la communication de ce mouvement, résistance sans laquelle la vitesse des corps célestes croîtrait de manière infinie (partant, si toutes deux s'affaiblissent avec la distance, ce n'est pas dans les mêmes proportions). Ainsi l'*Astronomia Nova* (ch. XXXIV) fait-elle de la résistance au mouvement et de l'inclination au repos une condition de possibilité du mouvement physique, pensé comme un certain état d'équilibre des forces entre la tendance au repos (qui n'est pas rien, et a bien une certaine entité) et la détermination au mouvement par la *species motrix*, captée par les fibres magnétiques *internes* du corps planétaire (perception interne et non, comme pour la lumière, réception superficielle). Autre paradoxe, non moins singulier, et difficilement tenable – Kepler l'admet lui-même –: la *species* motrice, aussi bien que la lumière, immatérielle, transite par le milieu sans y être : elle ne fait jamais qu'y avoir été (*...non est, sed ibi quasi fuit*, KGW3, 241$_{22}$). C'est dire combien est problématique, de l'aveu même de Kepler, la question de la réalité physique de la *species immateriata solis*, car il n'admet pas pour autant la solution, par trop facile, de l'action à distance.

Réception et critique de Kepler dans l'entourage de Descartes : Isaac Beeckman

C'est sur ce terrain de l'optique que prend son point de départ la différence entre la physique cartésienne et la *physica coelestis*; différence qui n'a de sens, et ne devient même audible que dans l'usage qu'ils font l'un et l'autre de l'analogie mécanique entre le mouvement de la lumière et celui des corps. C'est ici également que la rencontre de Descartes avec Isaac Beeckman doit avoir joué un rôle déterminant. Lorsque Descartes le rencontre en novembre 1618, Beeckman a déjà une physique constituée. Il a soutenu publiquement, dans sa thèse de médecine, que «ce que les opticiens appellent les espèces visibles sont des corps»[32], et tenté de donner une cause physique (*causa physica*) de la réfraction par le choc des corpuscules du rayon incident sur la surface du corps illuminé[33].

---

[32] Isaac Beeckman, (1588-1637), *Journal tenu par Isaac Beeckman de 1604 à 1634*; 4 vol, éd. Cornelis de Waard. La Haye: M. Nijhoff, 1939-1953, vol. I, p. 200. «Quas vocant Optici *species visibiles* sunt corpora». Voir II, 55 (10-21 juin 1620): «Particulae enim lucis sunt multo minora corpuscula quam quae reliquuum tactum afficiunt...». Puis, sur la réfraction, III, 28 (4 novembre 1627).

[33] *Ibid.*, août-septembre 1618, I, 211-212.

Sa théorie corpusculariste de la lumière, et son refus obstiné de la supposition d'une âme ou d'une *cognitio ingenita* dans l'explication des phénomènes naturels, sont les principaux fondements de sa physique, et commandent bon nombre des paragraphes où il se confronte aux théories de Kepler, dont il est un lecteur très averti : des *Paralipomènes*, de l'*Astronomia Nova*, Du *Mysterium Cosmographicum*, de l'*Epitome Astronomiae,* de l'*Harmonice mundi* – et même de la *Strena*, où Kepler donne des développements originaux sur la structure corpusculaire de la matière[34]. On peut, grâce à son *Journal*, reconstituer toutes les étapes d'une confrontation qui jalonne la période décisive de l'élaboration cartésienne de la loi de la réfraction – dont Beeckman est, en 1628, le premier et l'unique témoin. Cette médiation de Beeckman, entre Kepler et Descartes, est non seulement utile et doxographiquement enrichissante, mais elle est même nécessaire, conceptuellement, pour comprendre la genèse de la physique cartésienne dans les années 1628-1630[35]. Nous reprenons ici une liste quasi exhaustive des mentions de Kepler dans le *Journal* :

Ad Vitellionem Paralipomena, Francofurti, 1604, t. I, 99, 288 ; t. II, 247 ; t. III, 63, 74, 104, 105-106 [8 octobre 1628]- 1 février 1629, 114 (n), 233 ; t. IV, 142 (n).

Astronomia nova aitiologetos *seu Physica caelestis tradita commentariis de Motibus stellae Martis, (Pragae), 1609 :*
 – t. III, p. 73 [7-8 août 1628, AN ch. **36** = **KGW 3, 250**$_{1-8}$].
 – *ibid.,* p. 74, 75-76 [7-8 août – 10 septembre 1628, AN ch. **57**, **KGW 3, 348-349, 350**$_{9-21}$].

---

[34] *IBJ*, III, 33-34, en particulier : « De apibus sexangulas domos extruentibus ipse ante alubi rationis aliquod initium descripsi, Deo tribuens universae naturae compositionem, ita ut nostris ingenijs subjecerit integram contemplationem de rebus inferioribus per naturam factis. Sic apes non ob aliquam cognitionem ingenitam ita aedificant, sed quia omnibus simul agentibus necessario tale opus ab ijs fieri debeat. Conformatrix natura in universo, aut potius in calore, mihi videtur nimis ridicula et philosopho indigna. Hoc enim non est causam proferre (ut bene fecit in mali grannati acinis), sed eam occultare. Quin potius eam quaerit per suos globulos ? ». On trouvera les mêmes déclarations sur la force plastique de la terre et des abeilles dans l'*Epitome*, qui les suppose douées d'une âme et « capables de géométrie » (mais une géométrie instinctive et non rationnelle).

[35] La liste complète des références aux ouvrages de Kepler se trouve au tome IV du *Journal* (p. 299). Nous la complétons ici avec les références des KGW. Sur les rapports de Beeckman, Descartes, Kepler, voir également John A. Schuster, « *Waterworld* : Descartes' vortical celestial mechanics » in : *The science of nature in the seventeenth century. Patterns of Change in early modern natural philosophy*, P.R. Anstay et J.A. Schuster éds, Dordrecht, Springer, 2005, p. 35-79.

– *ibid.*, p. 99, [8 octobre 1628]- 1 février 1629. AN ch. **33, KGW 3, 240**$_{24-39}$.
1°) l'émission de la *species motrix* n'est pas intentionnelle mais naturelle, 2°)
Elle n'est pas destinée à mouvoir le corps qui la reçoit, et peut donc se perdre
dans le vide. 3°) Les planètes qui errent dans le vide peuvent être mues par la
moindre force, telle que semble être celle qui est émise par le soleil.
– *ibid.*, p. 101, [8 octobre 1628]- 1 février 1629. AN ch. **35, KGW 3, 247**. Sur
l'interposition des planètes : ne fait-elle pas obstacle à la *species*? Réponse de
Beeckman : *id quod semel movetur, semper muveri.* (idem, p. 104 : « Et tamen
in solis motu meum theorema ab ipso tandem erit assumendum »). Qui
plus est, la réfraction céleste fait qu'il y a toujours quelque lumière malgré
l'interposition.
– *ibid.*, p. 102, 103, sur le magnétisme solaire. Derechef, AN ch. **57** (*vide supra*
IBJ, III, p. 74-76). Le soleil est un aimant comme les autres corps. Son accord
avec Kepler sur les explications physiques du mouvement ; Kepler lui a volé
la vedette, mais il ne désespère pas d'achever son œuvre de restitution de
l'astronomie.
– *ibid.*, p. 106, AN ch. **57, KGW 3, 348-350** (troisième citation) « Planetae
vero nihil habent quod sequantur in nudo spacio; non igitur oportet ipsis
vim ascribere directoriam sine ullo fundamento, praesertim cum jam saepe
ostenderim axem parallelum manere ob alias causas omnino necessarias;
sufficiat igitur illis ea unica virtus perque eam omnia excusentur ».
– *ibid.*, p. 108, sur la trépidation, AN ch. **68**. « Hoc modo igitur ostendi
omnes tres terrae motus perfici absque ulla insita vi ficticia, et ex motu
corpusculorum ex sole ejaculatorum sequi consecutione mathematica ».
– *ibid.*, p. 143, (sur le mouvement de la toupie et la trépidation ; expérience de
la toupie dans un vase rempli d'eau, cf. *supra*, à t. III, p. 75-76)
– *ibid.*, p. 277. 15-[22] mai 1633. Brève allusion au magnétisme, sans référence
précise à l'AN. Développement sur la différence entre les planètes primaires
et secondaires (lune, satellites de Jupiter).

Dioptrice, Aug. Vind., 1611, t. 1, 304; t. II, 56, 211, 376; t. III, 157, 260.
Dissertatio cura Nuncio sidereo, Pragae, 1610, t. I, 288, t. III, 114 (n).
Strena seu de nive sexangula, 1611, t. III, 33, 34.
Epitome Astronomiae Copernicanae Libri tres priores, 1618, t. I, 34 (n), 304 (n);
t. III, 116-118 (plus un corps a de grandeur, plus il a de facilité à se mouvoir,
et plus il a de force pour s'arracher à l'attraction solaire) 277, 344 (n). Un
long développement concerne le traitement keplérien du mouvement de la
toupie, Beeckman estimant que cet exemple suffit pour expliquer exactement

la «façon et la cause» des trois mouvements de la terre (diurne, annuel, trépidation). Beeckman rapporte et analyse l'expérience de la toupie plongée dans un liquide, pour démontrer que le mouvement de «trépidation» est causé par le milieu liquide dans lequel tournent les corps célestes, à l'instar de la toupie dans l'expérience décrite[36]. Une cause que Kepler a évidemment négligée puisque le milieu corporel n'a selon lui aucune incidence sur la diffusion de la *species immateriata*. Sur l'analogie de la toupie voir *Principia Philosophiae*, III, art. 144 (AT VIII-1, 194). Sur la direction de l'axe des pôles, et l'inclinaison de l'écliptique, les *Principes* proposent une explication inédite (PP III, art. 155-156, AT VIII-1, 201-202)

Liber IV, 1620, t. III, 115, 120 (la densité variable des corps célestes, et la cause de la troisième loi), 143, 165.

Libri V, VI, VII, Francof., 1621, t. III, 123.

Harmonices Mundi Libri V, Lincii Austriae, 1619, t. III, 66, 67, 68, 69.

Mysterium cosmographicum, Francof., 1621, t. III, 99 [8 octobre 1628]- 1 février 1629, note 16 au ch. I [1984 p. 46] sur le mouvement d'accès et de recès, ou de trépidation, que Kepler rapporte à la terre, et renvoie, pour sa cause à une «inclinaison naturelle et magnétique des fibres à demeurer en repos, ou à cause de la de la continuité de la révolution quotidienne autour de cet axe, ce qui le tient constamment érigé, comme cela se produit dans le cas d'une toupie que l'on fait tourner sur elle-même» [Cf. derechef *Epitome astronomiae* I, 5, KGW 7, 87, qui donne en fait trois causes possibles : 1) le mouvement de rotation axiale 2) l'inertie naturelle de la matière du globe terrestre (*naturalis inertia materiae globi*), 3) une faculté naturelle des fibres à demeurer dans l'axe du mouvement]. Remarque de Beeckman : les causes alléguées (magnétisme) sont obscures et absurdes «Non igitur id fit, ut Keplerus nimium obscure, propter fibrarum naturalem et magneticam inclinationem ad quiescendum…». Ce mouvement est en fait un repos de l'axe, et «le *repos*, comme il l'appelle, est aussi naturel, et peut se comprendre par l'intelligence aussi distinctement que deux et trois font cinq». Sur le fait que ce mouvement est «plus semblable au repos qu'au mouvement», et même, en nature, assez «simple», voir derechef AN 57, KGW 3, 352_{17-21}.

Tabulæ Rudolphinae, 1627, t. III, 102.

---

[36] Le traitement beeckmanien de la toupie est analysé en détail par A. Gabbey, dans «Mechanics : one revolution or many ?» in *Reapparaisals of the scientific revolution*, David C. Lindberg et Robert S. Westman (eds), Cambridge, Cambridge University press, p. 515-518. Selon Gabbey, il ne s'est guère trouvé d'analyse plus avancée avant Euler.

Le premier résultat de ce recensement est l'insistance de Beeckman, puis de Descartes, sur le point crucial du «troisième mouvement» de la terre (parallélisme de l'axe des pôles), à travers les annotations de Kepler au *Mysterium Cosmographicum*, et à travers le ch. 57 de l'*Astronomia Nova*, chapitre qui fournit manifestement l'intertexte et l'occasion au texte cartésien de la *Règle IX*, et permet un éclaircissement important pour l'explication de sa genèse. La critique beeckmanienne qui se fait jour ici est assez lapidaire : au lieu de bataller pour démontrer, de manière peu convaincante, que le «repos» de l'axe a des causes corporelles (savoir une obscure *inclinatio magnetica ad quiescendum*) plutôt qu'intellectuelles, il eût suffi de considérer que la notion du repos se comprend par soi aussi distinctement que la notion du mouvement, et qu'il n'est l'effet d'aucune cause ou aucune force particulière. On peut d'ailleurs considérer que l'élargissement de la formule cartésienne de l'inertie au repos aussi bien qu'au mouvement[37] est directement induite du problème astronomique concret posé par Kepler.

Il s'agit de rendre compte de la possibilité du mouvement local. Kepler lui oppose le mouvement instantané de la *species immateriata*, tout en affirmant que celle-ci est seule capable de déterminer l'action de la *vis insita* dans le corps, d'où dépend ce mouvement local. Kepler entend donc *naturaliser* la communication et de la réception de la *species*, au même titre que le mouvement local, qui dépend de celle-ci comme de sa cause. Beeckman oppose, sur le cas particulier du troisième mouvement de la terre, qu'il n'y a pas lieu de le faire dépendre d'une cause (magnétique) pour la simple raison qu'il n'est pas un mouvement mais un repos. Descartes généralise et radicalise cette critique : au lieu d'expliquer ce qui est simple et clair (le mouvement) par l'action instantanée d'un *influxus stellarum*, de la lumière, ou d'une force magnétique dont le mode d'action demeure notoirement obscur, il faut procéder de manière inverse et expliquer celle-ci par celui-là. La méthode ne consiste d'ailleurs qu'en cela : savoir distinguer, dans tout problème, ce qui est le plus simple, ou le *quid absolutum* (Règle VI). C'est l'idée de «puissance naturelle», qui s'explique et s'illustre d'abord dans le mouvement local, lequel sert à son tour à penser l'*influxus*, et non l'inverse comme le croit Kepler.

---

[37] *Principia Philosophiae*, II, art. 37 : «Prima lex naturae : quod unaquaeque res, quantum in se est, semper in eodem statu perseveret». Le même article affirme que la supposition d'une «tendance au repos» est un préjugé contraire aux lois de la nature (AT VIII-1, 62_{27}-63_5).

En juillet-août 1628, Beeckman lit attentivement l'*Harmonice Mundi*, et s'interroge sur ce que peut être la «philosophie» de Kepler (i.e. sa philosophie seconde, donc sa physique), qu'il ramène à sa théorie de la perception des aspects. L'absence d'une connaissance directe du *De Stella Nova*, du *Tertius Interveniens*, ou de l'*Antwort* à Röslin, explique les incertitudes de Beeckman, mais Beeckman cerne les contours de la théorie dans laquelle le mouvement physique est déterminé par une passion (la perception) qui opère sans contact, ou du moins, sans mouvement local: comme les chiens réagissent à la simple vue d'un bâton, qui les détermine au mouvement ou au repos sans les toucher, de même l'*influxus stellarum* et les consonances musicales n'agissent pas par une cause efficiente (*apud nos nihil posse sua vi*), mais ne laissent pas d'agir, tant sur les animaux que sur les (corps) «bruts» (*etiam in brutis*), aussi bien soumis aux raisons harmoniques[38]. Beeckman, lui, ne critique pas ici la causalité de l'*influxus*, mais son mode d'action, et s'efforce de montrer par l'expérience et par le calcul que les *species visibiles* du bâton ou les sons que rendent les consonances meuvent réellement quelque chose par le mouvement local (*aliquid revera in nobis loco moveant*)[39]. Ce problème est parfaitement connu par Descartes, qui admet comme Beeckman que l'action de la lumière s'exerce localement sur les organes de la perception sensible, sans toutefois constituer l'«objet» de la perception, lequel est supposé et construit par l'esprit.

Beeckman ne se contente donc pas de lire Kepler: il le met à l'épreuve et à l'essai. Et cette épreuve coïncide entièrement avec l'élaboration de sa propre physique. C'est pourquoi, exposant sa philosophie à Gassendi à l'été 1629, il

---

[38] Voir ce que Kepler présente comme un «fondement infaillible en philosophie et en météorologie: que le ciel est à la terre comme la musique au danseur» («Dans dis halt ich für ein unfehlbarliches principium in philosophia et meteorologica: quod sicut se habet musicus ad saltantem, sic se habet caelum ad terram»), *Kepler an Wolfgang Wilhelm von Neuburg*, N° 332, 21 février 1605, KGW 15, 163$_{61-63}$. Voir ici même P. J. Boner, «Kepler's imprecise astrology» p. 125-132.

[39] *IBJ*, 7 juillet – 7 août 1628, III, 69: «Kepleri autem philosophia hac in re consistere videtur, quod existimet influxus stellarum apud nos nihil posse sua vi, sed eo modo quo pueros solo visu aut nutu, canes baculo tantum elevato, fugamus, etiam ea, quae hîc sunt, moveri a superioribus; utque pueros nutus non laedit aut baculus elevatus canem non vulnerat aut consonantia in cerebro nihil loco movet, ita etiam radij stellarum sensum terrae et elementorum feriunt, qui tactus se effert, movet et versat per propriam vim pro affectu quo a radijs afficitur». Beeckman vise probablement ce passage du *livre IV*, ch. 7: «Non est quippe Terra, animal tale, quale Canis, ad omnem nutum promptum; sed tale, quale Bos aut Elephas, tardum ad iram, tantoque violentius, cum excanduit» (*Harmonice mundi*, KGW 6, 268, l. 31-33).

juxtapose sa théorie de la pesanteur et ses remarques sur Kepler qui se résument
à la critique de son immatérialisme[40]. La physionomie générale du système du
monde beeckmanien, dans lequel les planètes primaires sont poussées par les
étoiles fixes vers le soleil, qui les repousse, en même temps qu'il les entraîne par sa
rotation axiale, en sorte que le *situs* des planètes corresponde au point d'équilibre
de ces forces, repose entièrement sur la réinterprétation de la dynamique
keplérienne et ne doit absolument rien, ni à Galilée ni à Bruno dont il ne connaît
pas encore les thèses cosmologiques dans les années 1620[41].

L'extension de l'optique

Cette médiation, bien qu'essentielle, n'est pas exclusive pour autant. Il faut
donc avancer avec prudence, et se demander *jusqu'à quel point* Descartes est
redevable et tributaire de Beeckman pour la lecture, l'assimilation et la critique
de Kepler. Ainsi deux témoignages remontant au séjour allemand (1619-1620)
attestent de premiers travaux cartésiens dans le domaine de l'optique, et très
vraisemblablement d'une première confrontation avec les *Paralipomena ad
Vitellionem*. 1) Un paragraphe des *Cogitationes Privatae* propose un développement,
fort vraisemblablement polémique, sur l'optique et la réfraction, et aboutissant
à des conclusions que ni Kepler ni Beeckman ne peuvent partager. Descartes
n'affirme pas directement la nature corpusculaire de la lumière, mais observe
que la lumière ne se produit et phénoménalise que dans les corps, donc dans la
matière («*lux... non nisi in materia potest generari*», AT X, 242$_9$), ce qui implique

---

[40] *IBJ*, [14 ou 17 juillet] 1629, III, 123 : «Tum quoque ostendi aerem esse gravem nosque
undique ab eo aequaliter premi ideoque non dolere eamque esse causam *fugae vacui*
quam vocant. Ostendi quoque illi Keplerum frustra laborare, ut inveniat punctum,
ad quod planetae respicientes semper eundem situm retinent, ac demonstravi id per
se necessarium esse ; Keplerum etiam multo melius scripturum fuisse, si lumen et
vires magneticas corpora esse statuisset. Dixi etiam aerem, qui auditum movet, esse
eundem numero qui erat in ore loquentis. Ac dedi ei *Corollaria* mea, olim in academia
Cadomensi [Caen], cum pro summo doctoratus gradu in medicina consequendo
disputarem, a me proposita. Etiam colorum naturam aperui et de modis modorum
musicorum». Gassendi considère Beeckman comme «le meilleur philosophe qu'[il] ait
jamais rencontré» (*Gassendi à Pereisc*, 21 juillet 1629, cit. in *IBJ*, IV, 153).

[41] *IBJ*, 15-22 mai 1633, III, 276-277. «Multa antehac de corporum magnorum inter se
connexione disserui et existimavi planetas quos vocant *primarios*, a stellis octavi orbis
ad Solem cogi, Solem vero eas a se repellere, ita ut ibi, ubi vis aequalis est, necessario
haereant... Sole igitur in suo loco hic fixo supra axem suum movetur, sicut ante alubi
diximus, eaque circumvolutione omnes planetas primarios circa se rapit».

immédiatement un énoncé parfaitement anti-keplérien : plus il y a de matière dans un corps, plus la lumière y est engendrée facilement ; donc la lumière pénètre plus facilement en un milieu plus dense que dans un milieu plus rare[42]. Descartes a toujours pensé que ce que d'autres appellent la densité optique d'un corps n'a pas de rapport avec sa masse, ni avec ce que Kepler désigne comme la « densité de la surface » (*Paralipomènes*, I, prop. 14 : « La lumière traverse plus difficilement les surfaces des corps denses, *en tant qu'elle sont denses* »)[43]. Il est donc vraisemblable que ce développement cartésien vise Kepler[44], et son traitement ambigu de la superficie supposée assumer les propriétés d'un corps.

Les prolongements de ces premières pensées cartésiennes vont jusqu'à l'explication dite physique de l'Eucharistie (et qu'il faut plutôt considérer comme une explication optique), où Descartes, exactement au rebours de Kepler, considère que la superficie du corps, qui constitue l'objet de la vision et de l'attouchement, est précisément indépendante de sa matière, c'est-à-dire de sa quantité :

> […] pour la superficie du pain ou du vin, ou de quelque autre corps que ce soit, on n'entend pas ici aucune partie de la substance, ni même de la quantité de ce même corps, ni aussi aucunes parties des autres corps qui l'environnent, mais seulement ce terme que l'on conçoit être moyen entre chacune des particules de ce corps et les corps qui les environnent, et qui n'a point d'autre entité que la modale[45].

---

[42] Position que non seulement Beeckman, mais aussi Hobbes jugeront aberrante (*à Mersenne pour Descartes*, AT III, $310_{4\text{-}24}$, faisant remarquer que Descartes n'ayant pas donné ses définitions de la dureté et de la densité, tout son propos est plutôt métaphorique que scientifique. Mais D. avait expressément signalé dans la lettre du 21 janvier 1641 (AT III, $290_{5\text{-}20}$), que la propagation de la lumière était plus facile dans les corps durs, qu'ils soient plus denses (verre) ou plus rares. Cf. *La Dioptrique, discours II*, AT VI, $103_{25\text{-}27}$: « (…) d'autant que les petites parties d'un corps transparent sont plus dures et plus fermes, d'autant laissent elles passer la lumière plus aisément ».

[43] Comparer en effet J. Kepler *Paralip.*, ch I, prop. XIV (tr., *op. cit.*, p. 114 = KGW 2, 23).

[44] Cf. C. Chevalley, *op. cit.*, Introduction, p. 41-45. Les textes déchiffrés par P. Costabel sur la genèse de la loi de la réfraction n'indiquent pas que Descartes n'a pas encore lu les *Paralipomènes* en 1626-1627, mais que certains mathématiciens de son entourage croient qu'il ne les a pas encore lus, ce qui est différent. Si une telle hypothèse est plausible, et venue à l'esprit de quelques uns dans le cercle de Mersenne, c'est peut-être aussi que Descartes les connaissait assez bien pour avoir déjà pris ses distances par rapport à des questions aussi importantes que celle du rapport entre la densité d'un corps et sa surface de réflexion.

[45] *Réponse aux Quatrièmes Objections*, AT VII, 250_{27}-251_3 / AT IX-1, 193. Voir également *à Mersenne*, 23 juin 1641.

On ne voit donc que les espèces du pain, c'est-à-dire les superficies, que la transsubstantiation elle-même n'affecte pas, de même qu'on voit la lumière qui provient de la surface du soleil et non pas le corps du soleil, en sorte que «si le corps du soleil n'était autre chose qu'un espace vide, nous ne laisserions par de le voir avec la même lumière que nous pensons venir de lui vers nos yeux, excepté qu'elle serait moins forte»[46]. La théorie générale de la substance corporelle, connue par la seule *inspectio mentis*, ne fait que généraliser ce paradoxe optique : on ne voit pas les corps, mais leurs superficies lorsqu'elles sont illuminées. C'est en tous les cas précisément le contraire de ce que soutient Kepler, pour qui, par exemple, le soleil est un corps transparent d'une densité maximale (*corpus densissimum*) dont on verrait le cœur, n'était que l'excès de sa puissance lumineuse le dérobe aux regards.

2) Second indice d'une lecture précoce des *Paralipomena* : le récit du deuxième songe dans les *Olympica*. Réveillé par un grand bruit qu'il prend pour un coup de tonnerre, le rêveur se trouve «les yeux assez étincelants pour lui faire entrevoir les objets les plus proches de lui» (AT X, 182). De telles «expériences» sur la vision nocturne sont fréquemment citées par les opticiens, notamment Scheiner dans son *Oculus* (1619)[47], mais l'insistance sur les «étincelles» suggère le rapprochement avec Kepler, lequel mentionne les «étincelles» qu'on aperçoit parfois dans les yeux, en les comparant avec ce que l'anatomiste Jessen identifie comme des «sources permanentes» de lumière (*luminaria*) qu'on voit aux yeux des chats, et qu'il situe dans l'iris[48]. Détail anecdotique, si ce n'est que tout ceci est étroitement lié à l'explication keplérienne de la vision, et à ce qui en fait la limite aux yeux de Descartes : contre Vitellion, Kepler juge que tout ce qui transite au-delà de la paroi opaque de l'œil n'est pas de nature optique (une image, la lumière) mais physique (du mouvement), si bien que les opticiens ne peuvent rien en dire. Tout ce qui est dit de l'impression physique des espèces dans les esprits est donc présenté comme purement conjectural, et comme relevant d'un mécanisme psycho-physique «admirable», c'est-à-dire inexplicable, en tout cas hors de la compétence de l'optique. Descartes, comme on le sait, relève ce défi par la supposition *inverse* que l'esprit n'a pas à recevoir des espèces visibles : l'ébranlement des nerfs par l'action de la lumière n'est rien de visible ou de visuel, mais ce ne sont que des mouvements dont procède le «sentiment de la lumière», qui ne se constitue ni devant ni derrière la paroi opaque de l'œil, mais dans l'esprit

---

[46]   PP, III, 64, AT IX-2, 136.
[47]   C. Scheiner, *Oculus, sive Fundamentum Opticum*, Francfort, 1619.
[48]   *Paralipomena*, ch. V, p. 165 (KGW 2, 149$_{30-35}$ = tr. fr. p. 313).

seul, uniquement et immédiatement affecté par les terminaisons cérébrales des mouvements qui se font dans les nerfs[49]. Le dualisme cartésien, avant d'être une thèse métaphysique, n'est pas autre chose qu'une réplique et une solution à ce qui paraît être, nonobstant la démonstration géniale de l'image rétinienne, une des limites de l'optique keplérienne, ou son incomplétude.

Depuis l'année 1616, Beeckman, s'en référant explicitement aux *Paralipomena*, considère, comme Kepler, que la *densité* d'un corps est cause de la réfraction, et le froid la cause de sa condensation ; chaud et froid n'étant d'ailleurs pas des qualités réelles mais le mouvement même de la condensation, et de la dilatation du corps[50]. Cependant, du fait qu'il considère avant tout la nature corporelle de la lumière (contre la théorie de la *species immateriata*), il faut bien qu'il assigne une certaine durée au trajet de la lumière (*ibid.*, 99 : *Lucem tempore moveri probatur*), et s'oppose constamment à l'idée de Descartes que la densité – densité *optique*, donc – favorise la pénétration de la lumière, voire «renforce» le rayon lumineux, qui se fait, en tout état de cause, en un minimum de temps (*minimum temporis*)[51]. Le terme même de densité ne se trouve d'ailleurs guère sous la plume de Descartes, pour cette raison que la mesure de la réfraction ne dépend pas de la «densité» d'un corps (que la plupart confondent avec sa dureté, et sans arriver à distinguer ce qu'il faudrait appeler la densité optique en la distinguant de la densité matérielle), mais de ce que la *Dioptrique* appelle, elliptiquement, la «nature particulière des corps»[52].

---

[49] Voir encore M. Fichant, «La Géométrisation du regard…», *op. cit.*, p. 46, citant à l'appui le résumé du *Discours de la Méthode* (AT VI, 490) : «Que la vision ne se fait point par le moyen des images qui passent des yeux dans le cerveau, mais par le moyen des mouvements qui les composent».

[50] *IBJ*, 6 février – 23 décembre 1616, I p. 99 : «Refractionis tantae causa est aeris densitas, densitatis frigus. Fit igitur frigore aer crassior et contrahitur, subito quidem expresso calore, propter minorem quam solitam partium aerearum ab invicem distantiam ; at longo usu et consuetudine frigoris in frigida plaga, ita aer subsidit, ut inde immanes illae refractiones subducantur». Ceci suit immédiatement une référence aux *Paralipomènes*, ch. IV, 9 (1980, p. 277 *sq.* = KGW 2, 128), «D'une observation des Hollandais dans le Grand Nord» (l'apparition inattendue du soleil au milieu de la nuit polaire, au mois de janvier 1597). Kepler tâche de s'en servir pour déterminer l'épaisseur de la couche atmosphérique.

[51] *IBJ*, 14 octobre – [11] novembre 1633, III, p. 318 : «Quod operae pretium foret experiri, ut D. des Cartes opinio refutaretur, ubi existimat eo fortiores fore radios, quo per densius medium transirent».

[52] *La Dioptrique*, Discours II, AT VI, 102₃. *Descartes à Mersenne*, 30 juillet 1640, AT III, 129₁₂₋₁₈ contre les objections de Bourdin à la *Dioptrique* : «Pour ce qu'il dit que c'est la densité du milieu qui cause la réfraction, cela peut être manifestement convaincu

Le préjugé keplérien de la rationalité du réel : Isaac Beeckman, Martin Hortensius

Cependant, et certainement parce qu'il a connaissance depuis peu de la mesure cartésienne de la réfraction, Beeckman semble avoir abandonné en 1629 la position keplérienne qui était encore la sienne en 1616, sur la question de la détermination de la *densité* d'un corps, comme en témoigne un texte important où Beeckman vise directement la troisième loi, dans l'exposé de l'*Epitome IV*, et la tentative d'en fournir une justification par recours à la densité variable des planètes (*densitas, copia materiae, copia materialis*)[53], là où, selon Beeckman, il serait parvenu au même résultat en raisonnant avec la seule variable de la superficie (inversement proportionnelle à la grandeur), sans considération de la densité, dont il pense qu'elle est arbitrairement déterminée, et arbitrairement supposée devoir obéir à des raisons harmoniques, puisqu'évidemment aucune expérience n'est susceptible de le pouvoir vérifier. Arrêtons-nous un instant sur les deux dernières lignes de ce texte, où Beeckman juge, non sans ironie, la *physica coelestis* un peu trop bien «accommodée» à l'imagination mathématique de son auteur. Liberté de l'imagination mathématique qui s'arroge des droits et empiète sur le terrain de la liberté divine : le décret divin semble avoir plutôt disposé les corps célestes de manière beaucoup plus libre (*magis fortuito Dei jussu haec corpora esse constituta*)

---

de fausseté, parce que la réfraction des rayons de lumière se fait dans l'eau *versus perpendicularem*, et celle des balles ou autres corps s'y fait *a perpendiculari*; de façon que la même densité aurait, à ce compte, deux effets du tout contraires». Dans les *Principia Philosophiae*, III, 147, AT VIII-1, 196, Descartes substitue à la variable keplérienne de la densité celle de la «solidité» variable des planètes. Sur la notion de solidité et sa définition voir PP III, 121, AT VIII-1, 170.

53   IBJ, III, 120 : «Keplerus *Lib. 4 Epit. astron.*, p. 532 [= KGW 7, 307$_{25}$ *sq.*] et ante sollicite quaerit causam cur motus planetarum periodici sint in proportione intervallorum sesquialtera eversa; et cur idem planeta in perihelio habeat motum in proportione intervallorum ad motum in perihelio [lire : aphelio ?]. At introducit variam corporum raritatem [= KGW 7, 283$_{10}$] cum idem praestare potuisset collimando ad varias superficies majorum et minorum planetarum, quae varie in motu suo propter aliquam ibi volitantem materiam impediuntur, ne infinite eorum celeritas crescat. Vidisset enim corpora ipsa triplicatam habere rationem in motu continuando, superficies vero duplicatam duntaxat in impediendo. Facillime igitur poterat, densitate non mutata, tales magnitudines exhibere, quae apparentijs satisfecissent, cum tamen interim non negaverim omnes planetas posse habere diversas in raritate et densitate consistentias. At miramur tantas et ubique tam proportionatas, et ejus harmonicis meditationibus adeo accommodatas; miramur, inquam, quia isti harmoniae non assentimur et magis fortuito Dei jussu haec corpora esse constituta quam ille existimat, exemplis montium apud nos et marium omniumque omnino, quae in Terra proveniunt».

que ne l'estime Kepler, comme il l'a fait des montagnes, des terres, et des mers qui les entourent. Cette notation, qui semble friser la légèreté, dit exactement tout ce que Beeckman a à dire sur la science keplérienne, du double point de vue de la théologie (la liberté divine) et de la physique (les raisons de la disposition des corps célestes). Beeckman récuse donc les proportions harmoniques pour excès d'(humaine) rationalité, avec des arguments en tous points semblables à ceux qu'employait déjà Galilée dans sa lettre à Gallanzoni, dont Kepler et sa manie de la symétrie semblent constituer une cible directe[54]. Chose peu remarquée à ce jour, la critique de Galilée (1611) et celle de Beeckman pourraient bien procéder d'une source commune, Bacon (1605) :

> Si [Dieu] avait été constitué comme un homme, il aurait disposé les étoiles dans des structures architecturales et des ordre jolis et agréables, comme les ornementations sur le toit des maisons, alors que c'est à peine si l'on trouve un arrangement qui soit en carré, en triangle ou en droite, parmi un nombre si extraordinairement grand d'étoiles. C'est qu'elle sont bien différentes, l'harmonie qui est dans l'esprit de l'homme et celle qui est dans l'esprit de la nature![55].

---

[54] Voir M.-P. Lerner, *Le Monde des Sphères*, II, 184, et p. 306 pour la comparaison avec la lettre de Galilée à G. Gallanzoni (juillet 1611, EN 11, 150) : « Dieu (…) comme s'il les avait jetées à la main au hasard, nous donne l'impression de les avoir éparpillées sans règle, sans symétrie, sans élégance » ; un texte dans lequel M. Clavelin juge par ailleurs « difficile de ne pas voir une critique indirecte des spéculations de Kepler, dont il avait reçu le *Mysterium Cosmographicum* en 1597 » (M. Clavelin, *Galilée copernicien*, Albin Michel, 2004, p. 177 n. 2). On peut également songer à la lettre de Galilée à Federico Cesi, 30 juin 1612, EN 11, 344, tr. dans M. Bucciantini, *Galilée et Kepler. Philosophie, cosmologie et théologie à l'époque de la Contre-Réforme* ; trad. Gérard Marino. Paris : Les Belles Lettres, 2008, p. 264 : « Nous ne devons pas désirer que la nature s'adapte à ce qui, à nous, nous semblerait mieux disposé et mieux ordonné, mais il convient que nous adaptions notre entendement à ce qu'elle a fait, avec l'assurance que là est l'excellence et non ailleurs ; et puisqu'elle s'est plu à faire circuler les étoiles errantes autour de centres différents, nous pouvons être sûrs que cette constitution est absolument parfaite et admirable, et que l'autre serait dépourvue de toute élégance, incongrue et puérile ». Ceci dit, c'est bien dans le texte de l'*Epitome IV* (1620), 1, ch. 4 (KGW 7, 276_{40} *sq.*), et sa réinterprétation originale de l'*opus sex dierum* à partir d'une théorie générale des proportions, que Beeckman a trouvé le motif d'une critique qui ne vise donc pas seulement la seule hypothèse polyédrale du *Mysterium Cosmographicum* (1596).

[55] F. Bacon, *Du Progrès et de la promotion des savoirs* (1605), tr. M. Le Doeuff, Paris, Gallimard, TEL, 1991, p. 174-175. *Works of Bacon*, éd. Spedding, III, 1, 1876 (repr. 1996, Routledge, Thoemmes Press) p. 396. Spedding cite d'ailleurs le passage de la lettre de Galilée à Gallanzoni dans la version latine de l'*Advancement of Learning* (*De Augmentis scientiarum*, V, 4, Spedding I, 2, p. 644). Sur Bacon et Kepler, voir

En tous les cas, en 1629-1630, cette défiance vis-à-vis des «raisons harmoniques» képlériennes, présentées comme de vaines spéculations faisant obstacle à la démonstration géométrique des mouvements et des distances célestes, est également affichée par un disciple de Beeckman, Martin Hortensius, dans une importante *Préface* au *Commentaires* de Lansbergen sur le mouvement de la Terre[56]. Ce texte a été lu et durement attaqué par Kepler juste avant sa mort, en 1630. L'attaque lui valut la riposte d'Hortensius juste après sa mort : dans sa *Responsio ad additiunculam Ioannis Kepleri...* (1631) Hortensius reproche à Kepler de n'avoir pas recherché les distances (Terre-Soleil) par une méthode «légitime et vraiment géométrique», mais par des «spéculations harmoniques» dont la certitude est inversement proportionnelle à leur caractère spéculatif[57]. Cette polémique renverse singulièrement les rôles : dans la discussion sur la détermination du diamètre du Soleil au moyen du tube optique, Kepler est renvoyé du côté des physiciens qui inventent on ne sait quelles raisons totalement conjecturales pour excuser l'inadéquation de leurs théories avec les observations ; là où «dans les sujets aussi douteux, on ne doit rien admettre sans une preuve manifeste et irréfutable», et là où l'on doit toujours observer la règle d'évidence[58], Kepler, en mauvais élève, aurait hasardé des raisons «frivoles» pour sauver ses hypothèses du verdict de l'expérience, et changé l'ordre du monde plutôt que ses désirs (en l'espèce, l'hypothèse d'une atmosphère plus dense enveloppant le corps du soleil, censée pouvoir expliquer des aberrations de la magnitude apparente du disque solaire). En un mot, ce qui dérange Beeckman et Hortensius dans la

---

M. Le Doeuff, *Du Progrès*, XLIX-L et Sp. III, 2, p. 723 (concernant la réception de l'*Astronomia Nova* dans le cercle de Thomas Harriot).

56 Proche d'Isaac Beeckman, Martin Hortensius est traducteur et préfacier du copernicien et calviniste Philippe van Lansbergen : *Commentationes In Motum Terrae Diurnum, & Annuum; Et In Verum Adspectabilis Caeli Typum... ex belgico sermone in latinum versae a* MARTINO HORTENSIO... *una cum ipsius Praefatione, in qua* Astronomiae Braheanae *fundamenta examinantur*, Middelburg, Romanus, 1630 [sur la «vanité» des spéculations harmoniques de Kepler, fol. A 4 **].

57 Martin Hortensius, *Responsio ad additiunculam Ioannis Kepleri...praefixam ephemeridi eius in annum 1624: in qua cum de totius astronomiae restitutione, tum imprimis de observatione diametri solis, fide tubi dioptrici eclipsium utriusq[ue] luminaris luculenter agitur / Ioannis Kepleri*, Leiden, Jean Maire, 1631, p. 13.

58 *Ibid.*, p. 50-51 : «Aliud sane exigunt Disciplinae nostrae principia : nec sufficit posse hoc ut illud in aura aetheriâ latere, ut tale aut tale phaenomenum praestet; sed est id demonstrandum; neque admittendum aliquid in rebus adeo dubiis, sine manifesta et irrefragabili comprobatione [...] Quid autem hinc concludere liceat, cuivis obvium esse puto».

science keplérienne, c'est son excès de rationalité – jusqu'à faire de la rationalité du réel le plus commode mais aussi le plus arbitraire de tous nos préjugés.

Le mouvement sans son nombre : Descartes et l'incalculabilité du monde

Plus tard, on verra Descartes employer des arguments semblables contre l'*Aristarque* de Roberval (1644)[59], qui, à ses yeux, n'est qu'un grossier plagiat de Copernic et de Kepler, abusant de surcroît largement leur autorité. Il est vrai que le *De mundi systemate aristarchi samii*, rédigé et publié par les soins de Mersenne en 1644 fait assez pâle figure devant les *Principia Philosophiae*, qui voient le jour la même année, et Descartes juge « absurdissime » l'hypothèse animiste par laquelle Roberval entend rendre compte de l'attraction à distance[60].

La question que pose Roberval est celle de la situation respective des planètes ; mais il est certain que la critique cartésienne vise aussi bien, et même mieux Kepler que le pseudo-Aristarque :

> Nous voyons qu'il a été nécessaire que les corps aient eu, au commencement, une disposition respective, et comme nous ne voyons pas de cause pour laquelle ils en auraient une autre que celle-ci, il n'y a pas lieu de chercher pour quelle cause ils l'ont eue[61].

Nulla est quaerenda causa. En un mot, avec les élucubrations de Roberval, c'est aussi bien l'hypothèse polyédrale, à laquelle Kepler n'a jamais voulu renoncer bien que l'observation ne cesse de la démentir, qui devient inutile et incertaine. Les raisons des mathématiques peuvent à la rigueur expliquer comment les choses

---

[59] 20 avril 1646, AT IV, 397-403. Sur Roberval, voir le chapitre de V. Jullien dans *Philosophie naturelle et géométrie au XVIIe siècle*, Paris, Champion, 2006, p. 187-209. Sceptique, phénoméniste, opposé à tous les fondamentaux de la science cartésienne (sur le vide, la lumière, la pesanteur), Roberval a exaspéré Descartes.

[60] *Descartes à Mersenne*, 20 avril 1646, AT IV, 401$_{5\text{-}17}$: « Denique absurdissimum est quod addit, singulis partibus materiae mundanae inesse quandam proprietatem, vi cujus ad se invicem ferantur, et reciproce attrahant » [« Enfin ce qu'il ajoute, comme quoi il y aurait une propriété dans les parties singulières de la matière du monde, par la force de laquelle elles se portent les unes aux autres et s'attirent réciproquement, est complètement absurde »].

[61] *Descartes à Mersenne*, 20 avril 1646, AT IV, 400$_{10\text{-}14}$: « Videmus enim necesse fuisse, ut ab initio omnia corpora aliquem inter se situm haberent, & <quia non apparet causa cur alium potius quam hunc haberent> nulla est etiam quaerenda cur hunc habuerint » [« Nous voyons donc qu'il était nécessaire que tous les corps aient eu initialement quelque position respective, et <comme nous ne voyons pas de raison pour laquelle elle fût autre que celle-ci> il n'y a pas non plus à chercher pourquoi elles l'ont eue »].

se font, mais certainement pas pourquoi elles sont ainsi. Ce n'est même pas que le «Dieu géomètre» fasse offense à la majesté divine, et à sa liberté infinie, c'est plutôt qu'il s'agit là d'une supposition arbitraire contrevenant à un impératif de la méthode[62], sans compter le tort qu'elle fait au «miracle de la création». Il est inutile et nuisible de vouloir rendre raison de la situation respective des planètes, et, de même que pour les Fixes, il convient de se borner à remarquer quelques généralités (*Principia Philosophiae*, III, 67):

> C'est pourquoi, bien que je ne présume pas tant de moi-même au point d'oser entreprendre de déterminer la place et le mouvement de tous les tourbillons du ciel, je pense toutefois pouvoir affirmer en général – et l'avoir suffisamment démontré –, que les pôles de chaque tourbillon ne sont pas si proches des pôles des tourbillons contigus, qu'ils ne le sont des parties qui en sont fort distantes[63].

Par ailleurs, on cherchera en vain dans les *Principes* une estimation précise et mathématiquement déterminée des distances et des vitesses des corps célestes. Descartes s'en justifie, lorsqu'il ne représente le système solaire que sous la forme d'une ellipse figurant l'orbite de Saturne autour d'un Soleil d'une grosseur délibérément disproportionnée[64], au centre d'un ciel sphéroïde soumis à la compression mécanique des tourbillons environnants.

Descartes admet donc, *grosso modo*, la loi des ellipses (et pas seulement pour l'orbite de la Lune), mais il en propose une justification toute différente au plan des causes physiques. La distinction keplérienne entre le mouvement instantané de la lumière et le mouvement local des corps matériels, est annulée chez Descartes, l'action de la lumière étant ramenée à l'agitation du premier élément, ce liquide subtil qui remplit tous les espaces intermédiaires entre les corps, et dont

---

[62] Sur la critique cartésienne du Dieu mathématicien de Kepler, voir le chapitre que lui consacre J.-L. Marion, *Sur la théologie blanche de Descartes*, Paris, PUF, 1981, § 10 («Le fondement théologique des mathématiques»). La soumission de la puissance divine au principe du meilleur ou au principe de raison, chez Kepler, est souvent rappelée par G. Simon, *Kepler, astronome, astrologue* (Paris, Gallimard, 1979) et la confusion de son essence avec les essences mathématiques, avait été soulignée par l'étude de P. Natorp (*Descartes' Erkenntnistheorie, op. cit.*).

[63] Descartes est donc en net recul par rapport à l'enthousiaste lettre *à Mersenne* de mai 1632 (AT I, 250$_{19\text{-}21}$): «(...) je suis devenu si hardi, que j'ose maintenant chercher la cause de la situation de chaque étoile fixe».

[64] Voir la planche AT VIII-1, 120-141, et sur le caractère irreprésentable de la proportion du soleil et de tout son tourbillon, III, 85 (AT VIII-1, 142$_{4\text{-}6}$). Cette disproportion répond à la proportion que Kepler entendait précisément instituer, sous la forme d'une moyenne géométrique proportionnelle entre l'orbe de Saturne et la sphère des fixes (*Kepler à J. Remus Quietanus*, 18 mars 1612, KGW 17, n° 629, p. 17).

les parties n'ont aucune figure assignable, puisqu'elles ne cessent de se diviser et de changer pour s'adapter aux espaces qu'elles doivent remplir. Les *Principia* (III, 84, AT VIII-1, 138-140) vont donc rendre raison de l'excentricité planétaire par le double mouvement de la matière solaire : mouvement de rotation axial du globe solaire, qui entraîne avec lui tout le ciel (deuxième élément) et les planètes, et mouvement de projection (ou même de simple compression) rectiligne de la matière du premier élément, d'où dépend la lumière et sa diffusion dans tout le ciel. Mais tandis que le second mouvement (celui du premier élément) se fait dans le soleil et hors de lui dans toutes les directions et avec une même force, le premier mouvement (la rotation axiale, entraînant le ciel) a moins de force vers les pôles du soleil que vers l'écliptique[65] : l'aphélie d'une planète est donc dans le prolongement de l'axe des pôles du soleil, et le périhélie au voisinage de l'écliptique.

Il est par ailleurs nécessaire que la matière du deuxième élément (i. e. du premier ciel) soit entraînée avec plus de force vers le centre du tourbillon que vers le milieu, ce qui fait que les parties les plus proches du centre sont plus divisées, plus petites, et font moins de résistance au mouvement que les parties supérieures, plus amples et plus lentes. Mais les *Principia* n'ignorent pas que les distances et temps périodiques s'expliquent non seulement par la « grandeur » des planètes, mais aussi par leur « solidité » variable, et enfin par la nature, elle aussi variable, du milieu fluide où elles évoluent. En ce sens, Descartes n'aura finalement pas retenu l'objection que Beeckman faisait à l'explication keplérienne de la troisième loi (Beeckman affirmant, on l'a vu, que Kepler aurait pu rendre raison des apparences sans faire appel à la variable de la densité des planètes). Toutes les explications physiques des *Principia* permettent donc de rendre raison, à peu près, de la situation des planètes décrite par Kepler (distances et temps périodiques), mais si Descartes n'en mentionne jamais les lois, c'est qu'elles sont rigoureusement invérifiables : le rapport des vitesses et des distances des parties du ciel emportant chaque planète ne peut être déterminé mathématiquement, et dépend seulement de l'expérience :

> Je ne détermine point la quantité de cette vitesse [i.e. la différentielle entre la vitesse des parties plus proches du soleil, et de celles qui sont plus éloignées], pour ce que c'est par la seule expérience que nous la pouvons apprendre ; et cette

---

[65] De surcroît (III, 74, AT VIII-1, 129$_{17}$), la révolution axiale du corps du soleil lui-même n'est pas parfaitement régulière, car l'axe de ses pôles n'est pas absolument rectiligne.

expérience ne peut se faire que par le moyen des comètes... qui... suivent à peu près le cours [du ciel] où elles se trouvent[66].

Il faut donc dire, en gros, que cela se fait par figure et mouvement, car cela est vrai. Mais de dire quelles (figures et vitesses), si cela n'est pas ridicule et téméraire, c'est en tous les cas d'un apriorisme excessif, qui n'hésite pas à déterminer des variables, comme la densité, que seule l'expérience pourrait à la rigueur renseigner. On voit donc que la théorie physique de Descartes se veut plus radicalement physicaliste que celle de Kepler : dans cet univers plein, l'essence des choses matérielles se résume, certes, à de l'étendue modifiée par figure et mouvement, mais la réalité physique du mouvement produit dans la matière des remous incessants, et une complication qui rend impossible l'explication du détail. Au lieu que la *species immateriata solis* illumine les corps sans les mouvoir ni les affecter (si ce n'est par l'intermédiaire de la chaleur qui lui est propre), jusqu'aux confins de l'univers, la matière du premier élément, dont l'agitation produit la lumière, s'écoule dans tout l'univers comme à travers un corps dont les organes s'étendent à perte de vue, et de telle manière que le circuit qu'elle emprunte est irreprésentable[67].

Le paradigme organique, présent chez Descartes avec la description du cœur comme «feu sans lumière»[68] prend chez lui un sens différent de chez Kepler, puisqu'elle n'implique plus qu'on décrive réciproquement le soleil, *cor mundi*, comme source de lumière, de chaleur et de vie. La cosmologie de Kepler est non seulement héliocentrique mais encore et aussi fondamentalement «héliologique» ; mais, au regard de la science cartésienne, ce pourrait être ce qu'elle a de moins moderne. Il est donc possible, en somme, que le jeune mathématicien sillonnant

---

66 *Principia Philosophiae*, III, 83, AT VIII-1, 138 / AT IX-2, 149. Voir, dans le même sens, la lettre *à de Beaune*, 30 avril 1639, AT II, $542_{18\text{-}22}$-$544_{12\text{-}15}$: «[...] Encore que toute ma physique ne soit autre chose que mécanique, toutefois je n'ai jamais examiné particulièrement les questions qui dépendent des mesures de la vitesse... D'où vous pouvez voir qu'il y a beaucoup de choses à considérer avant qu'on puisse rien déterminer touchant la vitesse, ce qui m'en a toujours détourné». Sur la question de la mathématisation effective du mouvement chez Descartes, voir V. Jullien, «Essai d'interprétation d'un extrait des *Anatomica*», *Philosophie naturelle et géométrie au XVIIᵉ siècle*, Paris, Champion, 2006, p. 377 *sq.*.

67 *Principia Philosophiae*, III, 71, AT VIII-1, 124 / AT IX-2, 141.

68 Descartes, *Traité de l'Homme*, AT XI, 123, *Discours de la Méthode*, AT VI, 46 ; *à Newcastle*, avril 1645 (?), AT IV, 231. Annie Bitbol (R. Descartes, *Le monde, l'Homme*, éd. A. Bitbol et J.-P. Verdet, Paris, Seuil, 1996, p. 175) considère que Descartes prend position contre Kepler, et en particulier le texte des *Paralipomènes à Vitellion*, ch. I, prop. 32, KGW 2, 35, p. 134-135 de la tr. fr. (*op. cit.*).

l'Allemagne en 1619-1620 ait été enthousiasmé par l'*inventum mirabile* du *Mysterium Cosmographicum*, voire par la troisième loi qui constituait le fondement encore caché, à Kepler lui-même, de cet *inventum*[69], il est aussi certain que la fréquentation de Beeckman et l'élaboration de sa physique l'amènent à considérer la science keplérienne d'un autre œil, et sous un angle où ce qui en faisait naguère la grandeur et la fécondité (la géométrie, l'optique, l'«apriorisme impénitent» [G. Simon]) devient une limite et un obstacle à dépasser.

Nous pouvons enfin répondre, par l'affirmative, à notre question initiale : Descartes a-t-il critiqué les lois de Kepler ? Comme la théorie complète des *Principes de la Philosophie*, comparée au *Journal* de Beeckman, le montre assez, Descartes n'a pas seulement critiqué les lois de Kepler : il s'est constitué en arbitre d'une interprétation critique, radicalement mécaniste, – la première, et une des plus construites qui aient jamais été – de la «physique céleste». Avec Beeckman, Descartes critique la thèse de la motricité solaire, et l'immatérialité des forces magnétiques. Toute motion est causée par le mouvement local des corps contigus : ce principe, beeckmano-cartésien, joue à plein contre les explications, plus ou moins claires, de l'*Astronomia nova* sur les causes du mouvement planétaire. Mais, contre Beeckman, Descartes refuse de simplifier l'explication des mouvements célestes au point qu'elle ne dépende plus que de la figure et la grandeur des corps. Les temps périodiques et les vitesses sont calculables en droit, mais pas en fait. Avec Descartes, le rêve d'une géométrisation sans reste s'évapore dans l'immensité, ce qui n'ôte rien à la beauté et perfection de ce monde, pour autant que l'imagination puisse s'en faire une idée distincte[70].

---

[69] Dans un précédent travail («Euclide et la fin de la Renaissance – sur le scolie de la proposition XIII. 18», *Revue d'Histoire des sciences,* 2003, n° 56/2, p. 439-455), nous avons étudié l'hypothèse que la découverte cartésienne de novembre 1619 soit liée à la découverte par Kepler lui-même, en 1618, de sa troisième loi qu'il recherchait comme le «fondement» des deux premières, et qui fut publiée dans l'*Harmonice Mundi* (1619). Sur le rapport des mathématiques cartésiennes de 1619 à Kepler, voir I. Schneider, «Trends in german mathematics at the time of Descartes' stay in southern Germany» dans *Mathématiciens français du XVIIe siècle. Descartes, Fermat, Pascal*, M. Serfati et D. Descotes (dir.), Clermont-Ferrand, Presses Universitaires Blaise Pascal, 2008, p. 45-67.

[70] *Principia Philosophiae*, III, art. 1, AT VIII-1, 80.

Huygens et Kepler :
variations autour de l'hypothèse copernicienne

FABIEN CHAREIX

L'objet de cet article est réduit, mais il témoigne de la lenteur des mutations intellectuelles qui ont conduit les astronomes du XVIIe siècle à admettre pleinement la transformation par Kepler de la leçon copernicienne. Christiaan Huygens (1629-1695), très certainement l'un des théoriciens les plus accomplis de son temps, a suivi l'enseignement de Galilée au point de n'admettre pour vraies que les trajectoires circulaires des planètes. Il y a des degrés de copernicianisme[1] chez ces astronomes post-révolutionnaires qu'une certaine vulgate tient unis dans une même attitude indistincte. Il est vrai que cette propriété du mouvement des planètes avait été soutenue avec force par le savant florentin dans le *Dialogo*. Le mouvement circulaire, seul mouvement naturel et infini, se conserve réellement en nature[2], lorsque le mouvement rectiligne uniforme, sur lequel Galilée fonde les lois abstraites du mouvement des corps, ne se présente chez lui que comme un être de raison destiné à faire entrer les mathématiques dans la détermination du réel.

---

[1] Christiaan Huygens, Lettre à Pierre Petit du 8 octobre 1665, in *Œuvres complètes de Christiaan Huygens,* La Haye, Société hollandaise des Sciences – Martinus Nijhoff, 1888-1950, vol. V, noté OC 5, p. 499 : « Ne savais pas qu'il n'était que demi-coperniciste ».

[2] Galilée, *Dialogo*, Première Journée, *Opere di Galileo Galilei*, A. Favaro (éd.), Firenze : Edizione nazionale, G. Barberà, 1890-1909, vol. VII, noté EN 7, 56-57.

Le cercle de l'astronomie classique

La justification de la conservation du mouvement circulaire se fait chez Galilée à travers la destruction des motifs qui avaient conduit Aristote à poser le mouvement circulaire comme une propriété exclusive de la matière céleste[3], car dans le *Dialogo*, ce mouvement est une propriété réelle de tous les corps. Il est intéressant de constater que Galilée réduit d'emblée la conception aristotélicienne du mouvement à sa composante de déplacement. C'est précisément cette réduction qui peut rendre immédiatement la physique aristotélicienne sinon absurde, du moins bornée. Car si tous les corps naturels et les «grandeurs» (dont le corps est la perfection) sont capables d'un déplacement, certains de ces corps peuvent se mouvoir, mais sans changement de lieu, or la critique galiléenne, en déplaçant les arguments de la physique aristotélicienne sur le seul terrain de la mécanique moderne, produit des artefacts qui sont en partie responsables de la lenteur où nous rencontrons la diffusion des idées nouvelles – copernicianisme inclus.

Galilée suit scrupuleusement, dans ces passages, l'ordre du *Traité du ciel* en distinguant les mouvement simples et les complexes[4]. Le mouvement circulaire n'est introduit dans le *Traité du ciel* qu'après une étude des deux mouvement

---

3   Aristote, *Traité du Ciel*, I, 2, trad. J. Tricot: «En outre, une telle translation est, de toute façon, nécessairement première. En effet, le parfait est par nature antérieur à l'imparfait; or le cercle rentre dans la classe des choses parfaites, tandis que la ligne droite n'est, en aucun cas, parfaite: n'est parfaite, en effet, ni la ligne droite infinie (car elle devrait avoir limite et fin), ni aucune ligne droite finie (car toutes ont quelque chose en dehors puisque l'on peut prolonger n'importe quelle ligne droite). Par conséquent, si le mouvement qui est antérieur est celui d'un corps lui-même naturellement antérieur, et si le mouvement circulaire est antérieur au mouvement rectiligne, et enfin si le mouvement rectiligne est celui des corps simples (le feu se portant vers le haut en ligne droite et les corps terrestres en bas vers le centre), il est nécessaire que le mouvement circulaire soit aussi celui de quelque corps simple: nous avons dit en effet que la translation des corps mixtes se fait d'après l'élément qui prédomine dans le mélange des corps simples». Aristote constate donc, par ce raisonnement indirect, que le mouvement circulaire, dont le *perpetuum motus* ne s'accorde pas à la nature des corps élémentaires, est lui aussi naturel, mais selon un principe radicalement soustrait à la physique ordinaire.

4   Galilée, *Dialogo, op. cit.*, EN 7, 39: «S'élevant, pour ainsi dire, du monde sensible et se retirant dans le monde intelligible, il commence de manière achitectonique à se représenter le fait que, la nature étant le principe du mouvement, il est juste que les corps naturels soient animés par un mouvement selon le lieu. Il déclare ensuite que les mouvements selon le lieu sont de trois genres: circulaire, droit et mixte du droit et du circulaire (…)».

simples fondamentaux : vers le centre et s'éloignant du centre. Le mouvement circulaire est naturel, certes, mais pas pour tous les corps. Or les corps doivent se mouvoir dans les trois dimensions (c'est là leur perfection), donc il y a des corps pour lesquels se mouvoir autour d'un centre est naturel. Tel est, grâce au mouvement, l'établissement véritable de la relation entre le corps et la structure de l'univers. Le raisonnement par lequel Galilée attribue à Aristote l'idée d'un déplacement lié, dans les corps composés, à la part élémentaire prédominante, est correct. Mais il ne semble pas que le Stagirite ait réellement pensé la composition du mouvement droit et du mouvement circulaire, car le corps simple qui a par nature un mouvement circulaire est d'une essence différente[5]. Car l'un et l'autre n'appartiennent pas à la même région du monde. Chez Aristote, droit et circulaire sont des mouvements simples mais ils ne sont naturels que pour certains types de corps, respectivement élémentaires et célestes. Il faut plutôt dire que ce qui se compose dans un corps, c'est du lourd et du léger, du haut et du bas. La composante de ce mixte est le mouvement lui-même, dont Galilée a étudié les lois dans le *De Motu Antiquiora* de 1588-1590.

Ainsi, Galilée en limite-t-il la portée, à la fin des *Discorsi*, à tous les cas pratiques pour lesquels on peut confondre un segment de droite et une courbe circulaire : la portée des tirs de canon appartient à ces phénomènes techniques qui peuvent se satisfaire pleinement d'une telle approximation : le tir n'excédera pas une distance où la courbure de la terre, réelle, peut-être approchée par une ligne droite. On a assez dit, ailleurs, que le véritable mouvement inertiel chez Galilée appartenait au corps qui se meuvent sans terminer leur mouvement, corps dont le seul exemple visible sont les corps célestes eux-mêmes. La fiction du mouvement sur un plan incliné, par laquelle Galilée déduit l'indestructibilité du mouvement acquis par un corps lancé sur une surface où il ne connaît aucune cause d'accélération ou de retard, demeure donc chez lui une fiction, qui cède à la majesté de la nature la puissance d'engendrer des mouvements authentiquement conservés.

Huygens avait en outre d'autres bonnes raisons de penser que seul le mouvement circulaire pouvait entrer dans une théorie cohérente du mouvement des planètes : ayant lu Galilée, il connaissait aussi les thèses cartésiennes. Réticent jusqu'à la publication des démonstrations mathématiques des règles de Kepler par Newton, en 1687, Huygens n'est que très lentement parvenu à reconnaître le mouvement elliptique comme étant le mouvement propre aux révolutions des planètes. La représentation de ces mouvements dans le modèle mécanique du planetarium, acte final de l'œuvre astronomique de Huygens, se satisfait

---

[5]   Comme Aristote le montre clairement aux chapitres 3 et 4.

pleinement, comme on le verra, du mouvement circulaire. Des règles de Kepler, notre savant hollandais n'admet que la plus empirique, qui touche aux périodes de révolution[6]. Selon cette règle, le rapport $\frac{a^3}{T^2}$ où a est le demi-grand axe de l'ellipse et T la période de révolution, est constant. Une conséquence aisée à comprendre est que la possession de la période d'une planète nous renseigne immédiatement sur la grandeur de son orbe. En effet, il suffit de prendre les valeurs terrestres pour formuler la constante. On a :

$$T_{\mathrm{P}}^2 = \frac{T_{\mathrm{Terre}}^2}{a_{\mathrm{Terre}}^3} a_{\mathrm{P}}^3$$

où T_{p} et a_{p} sont les valeurs de période et de longueur mesurées pour les planètes. Si la période et le demi-grand axe terrestres sont par convention d'unité astronomique égaux à 1, on a :

$$T_{\mathrm{P}}^2 = a_{\mathrm{P}}^3$$

La première règle, découverte en 1604 et constamment rejetée par les héritiers les plus importants du copernicianisme, étend au-delà du cas de Mars l'idée d'un mouvement elliptique des planètes autour du Soleil, placé sur l'un des deux foyers[7]. Reliant, à la même époque, la trajectoire elliptique et les temps de parcours sur des arcs d'ellipse ou de cercle au moyen d'une mesure formée par les surfaces triangulaires balayées dans l'ellipse par le rayon vecteur émané du Soleil[8], Kepler associe cette « loi des aires[9] » à la règle précédente. Élégante, mathématique, la loi des aires souffre cependant d'être associée à une théorie des forces motrices émanées du Soleil, au quasi-magnétisme incertain[10], trop sans doute pour le

---

6   Il s'agit de la règle qui s'est substituée, en 1618, aux vains efforts relatés par Kepler dans le *Mysterium cosmographicum* pour exprimer les distances par un emboîtement des solides réguliers. La règle qui associe les périodes aux distances (qui peuvent être les distances moyennes, les rayons ou les demi grands axes), est improprement appelée loi. Voir *Johannis Kepleri Astronomi Opera Omnia*, Francfort-Erlangen, éd. Frisch, 1858-1871, vol. V, iv, p. 337, Epit. astr., l. IV, IIe Partie (KGW 7, 291).

7   *Ibidem*, vol. V, vi, p. 408, Epit. astr. , l. V.

8   *Ibidem*, vol. V, iv, p. 411 et suiv., Epit. astr., l. V.

9   Le terme de loi n'est en rien usurpé ici, puisqu'il s'agit d'un rapport fondé mathématiquement dans les propriétés mêmes des figures géométriques, et découlant de leur nature.

10   Galilée n'utilise le terme de magnétisme que de manière analogique, sans qu'il soit possible de penser à une détermination d'essence qui irait jusqu'à présenter une relation causale ou physique, cf Galilée, *Dialogo*, EN 7, 67. S'il s'empare du concept de force, c'est toujours en un sens général qu'il se refuse à spécifier et renvoie à la capacité naturelle

rationalisme qui marque profondément les écoles galiléenne[11] et cartésienne. Newton quantifiera cette force par la loi d'attraction universelle, seul élément qui manquait encore à l'édifice construit par Kepler et dans lequel les déplacements, les distances au centre et les périodes de révolution étaient associées à des effets sans cause assignable. De fait, alors que Galilée n'avait pas encore son pamphlet sur les comètes et devrait encore peiner pour se voir attribuer un prix relatif à la mesure du temps au moyen du mouvement des satellites de Jupiter, Godefroy Vendelin, Pereisc et Riccioli reconnaissent très tôt que ces même satellites obéissent à la loi des aires[12]. Gassendi fut aussi aussi bien évidemment plus ouvert que ne le furent Galilée[13], Descartes, Boulliau et Huygens, aux idées de Kepler[14], à qui il ne reprochait pas de poursuivre de simples fictions mathématiques[15].

qu'un élément a de s'unir à une totalité : voir *Dialogo*, EN 7, 58, où Galilée affirme que les parties du globe terrestre s'assemblent non pas au centre du monde, mais les unes avec les autres, ce que l'on trouve aussi chez Pythagore et dans certains passages de Copernic pour expliquer la sphéricité de la Terre. S'il y a un centre, Salviati l'annonce, c'est plutôt le soleil. Il n'est qu'à regarder les planètes elles-mêmes et le soleil : là aussi la sphéricité s'explique par l'inclination égale des parties pour se réunir en un tout.

[11] Wilbur Applebaum et Renzo Baldasso, « Galileo and Kepler on the Sun as a Planetary Mover », in *Largo campo di filosofare, Eurosymposium Galileo 2001*, Orotava, Fundaciòn Canaria Orotava de la Historia de la Ciencia, p. 388-389 : « (…) Galileo was not entirely convinced of the Sun as a planetary mover, since he would not publish his opinion for many years. (…) Did Galileo independently conceive a non-uniform motion of the earth in ignorance of Kepler's position or, rejecting Kepler's quasi magnetic forces, did he see in the pendulum, which he cited by analogy, a mechanical and more reasonable explanation for an increase in planetary speed with proximity to the sun, an idea which might be of service for his theory of the tides ? ».

[12] Voir Guillaume Bigourdan, « Sur les travaux astronomiques de Peiresc et de Gassendi », *Comptes rendus de l'Académie des sciences,* de 1915 à 1917, vol. CLXI, p. 470, 513, 541 et 713, vol. CLXII, p.162, p. 237, 489, 773, 809 et 893.

[13] Galilée recherche cependant comme Kepler et plus tard Descartes un ordre dans le système solaire, ce en quoi l'astronomie moderne se dégage de la simple astronomie de position. Voir I. B. Cohen « Galileo, Newton and the divine order of the solar system » in McMullin (ed), *Galileo man of science*, New York, Basic Books, 1967, p. 207 et suiv. ; voir aussi S. Drake, « Galileo's Platonic cosmogony and Kepler's Prodromus » in *Journal for the History of Astronomy*, 4, 1973, p. 174-191.

[14] On sait que Gassendi a observé en 1631 la prédiction du passage de Mercure devant le disque solaire, que Kepler lui-même ne put observer, la fièvre l'ayant emporté en 1630. Or cette prédiction était entièrement fondée sur un calcul déduit de la loi des aires.

[15] Voir par ailleurs Bernard Rochot, « Gassendi et les mathématiques », *Revue d'histoire des sciences et de leurs applications* (1957), tome 10 n°1. p. 76 : « Pour ce qui est de Kepler, dont Gassendi cite les lois sans en tirer vraiment parti, rappelons qu'il est resté

Ce n'est qu'en 1688, après avoir lu Newton, que Huygens se déprend des réticences qu'il partage avec Ismaël Boulliau. Cette conversion tardive, sur laquelle nous nous arrêtons ici un moment, est un cinglant démenti à l'idée selon laquelle l'astronomic keplerienne aurait jeté à la face du monde les fondements évidents d'une pratique nouvelle de l'astronomie, ne laissant en quelque sorte à ses successeurs que des modifications mineures dans les mesures produites par l'astronomie descriptive[16]. D'autres, après Galilée[17] et Descartes, ont maintenu comme Huygens la pureté pristine du mouvement circulaire copernicien, admettant comme à regret telle ou telle des règles découvertes par Kepler, rejetant les autres, les examinant à la lumière des découvertes observationnelles, les rejetant encore.

Le planetarium de Christiaan Huygens

À une date aussi tardive que 1680, Huygens n'était en aucun cas convaincu par l'hypothèse keplerienne du mouvement elliptique des planètes. Il construit à cette date un planétaire qui est destiné à produire la première modélisation animée et précise dans le temps du système solaire. Kepler est bien présent dans ce planétaire puisque Huygens applique aux données des tables de Kepler un ratio qui lui permet d'exprimer toutes les périodes des planètes par rapport à la révolution annuelle de la Terre. Dans les manuscrits, appliquant la méthode des fractions continues il exprime par exemple le rapport des périodes de la Terre et de Saturne à 7 :206[18].

Ce rapport est directement exprimé dans la taille des diamètres des roues dentées qui font mouvoir le dispositif. Un mécanisme d'horloge avec un

méconnu pendant presque un siècle, jusqu'à Newton, à cause d'un mathématisme pythagoricien qui l'a aidé, mais gêné aussi, dans ses recherches ; et Gassendi est pourtant de ceux qui lui rendent le mieux justice ».

[16] Voir Augustin Sesmat, *Le système absolu classique et les mouvements réels, étude historique et critique*, II-64, Paris, Hermann, 1936, p. 141 : « On peut dire que les lois formulées par le grand Astronome sur les orbites des planètes, sur les variations de vitesse de leur mouvement, et sur leurs distances relatives avaient achevé de nous révéler le véritable "système du monde" ».

[17] Voir, pour une étude détaillée de la relation antithétique et cependant complémentaire qui existe entre l'œuvre de Galilée et celle de Kepler, Massimo Bucciantini, *Galilée et Kepler : philosophie, cosmologie et théologie à l'époque de la Contre-Réforme*, Paris, Les Belles Lettres, 2008.

[18] Ce rapport donne une valeur de 3,40 10^{-2}, la valeur actuelle étant de 3,45 10^{-2} (données NSSDC/ NASA).

échappement à ancre vient animer le planétaire : la dimension respective des pièces vaut immédiatement pour des périodes variées selon les données fournies, cette fois, par l'*Harmonices mundi* et ce qu'il est convenu d'appeler la troisième règle exprimant le rapport du demi-grand axe et des périodes de chaque planète.

Planetarium : « Johannes van Ceulen fecit Hagae Hollandiae; Chr. Hugenius inventor » A° 1682 ; A. J. Royer ipsis manibus restauravit 1786 ». © Boerhaave Museum.

On touche là au cœur du problème : la forme elliptique n'est pas nécessaire, seule la question de la différence des vitesses aux aphélies et aux périhélies mérite l'attention de l'astronome. Le planétaire le fait voir, lui qui n'admet une correction, en théorie, qu'après plus de 1200 révolutions de la Terre sur son orbe ! Huygens a entrepris cette construction à Paris, une commande ayant été faite par Colbert. Ce dernier étant décédé, Huygens a dû rentrer à Hofwijk, peu avant la révocation de l'Édit de Nantes, et c'est donc à La Haye qu'il commande, sur ses propres fonds, la construction par Johannes van Ceulen de l'exemplaire qui se trouve aujourd'hui à Leiden, dans la collection Royer au Boerhaave Museum.

Huygens aura donc été, jusqu'au seuil de la lecture de Newton, un partisan de la version galiléenne stricte du système de Copernic, c'est-à-dire aussi et surtout à la version cartésienne du système du monde, Descartes dont le Tourbillon impliquait nécessairement une trajectoire circulaire. Van Schooten appuie, dans

une lettre de 1656, cette hypothèse d'une liaison intime entre la philosophie de
Descartes et le système de Copernic, eux dont les détracteurs tels que Du Bois
pensent avoir éradiqué le fondement dogmatique commun[19]. Ces échanges du
printemps 1656[20], où Huygens lui-même n'est pas avare de commentaires sur
Du Bois, montre le lien intime établi dans les université des Provinces Unies :
Copernic est lié au système cartésien, qui en est comme l'inscription dans la
cosmologie.

Les trajectoires elliptiques sont au mieux, chez Huygens, des approximations
des perturbations des trajectoires réelles qui se font sur une voie moyenne qui
demeure circulaire. La loi des aires, de la même manière, est regardée de manière
très circonspecte par Huygens car il manquait encore, dans ce que Huygens a pu
lire de l'*Astronomia nova* (très peu mentionnée dans la correspondance : on sait que
le frère de Christiaan, Constantijn, a acheté sur ces instruction et auprès de van
Schooten, ce livre en 1655, soit bien après que Huygens ait eu accès aux débats
entre Boulliau et Ward[21]), un traitement mathématique complet permettant de

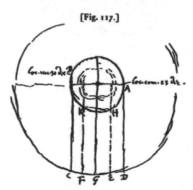

[Fig. 117.]

passer de la portion de courbe à la figure
complète. L'acceptation de la troisième
règle de Kepler est, chez notre savant, assez
précoce. Les documents préparatoires au
Systema saturnium montrent Huygens aux
prises avec la mise en compatibilité du texte
des *Principes de la philosophie* de Descartes
et un rapport qui est au fond admis par
ceux à qui Huygens doit d'avoir été initié
à l'astronomie : Wendelinus, Seth Ward et
Ismaël Boulliau, mais dont il peut, sur un
point précis, se séparer.

Ce sont les autres « règles » qui posent un problème, car elles sont liées à
l'acceptation d'une trajectoire elliptique (la loi des aires, dans le cas du cercle,
est triviale). Boulliau estime en effet dans l'*Astronomia philolaica* (1645), que
les travaux de Kepler sur Mars ont établi d'une manière suffisante le caractère

---

[19] Fr. van Schooten à Huygens, 30 mai 1656, OC 1, p. 422 : « *ac audacter se Systema
Copernicanum ac Philosophiam Cartesianam funditus evertisse jactabat* ». Du Bois avait
publié un in 4° destructeur, intitulé *Naecktheijt van de Cartesiaensche Philosophie,
ontbloot in een Antwoort op een Cartesiaench Libel*, Utrecht, J. van Waesberge, 1655.

[20] Christiaan Huygens écrit à van Schooten sur ce sujet, le 6 mai 1656.

[21] OC 1, p. 327, lettre de mai 1655.

elliptique des trajectoires planétaires. Mercure, à la trajectoire la plus excentrée, est aussi une autre preuve de l'hypothèse[22], Huygens s'essayant scrupuleusement à reproduire ces objections dans ses propres manuscrits. Si Boulliau admet la forme elliptique des orbes, ou première «règle», il modifie le modèle keplerien en faisant en sorte que l'axe du foyer principal de l'ellipse traverse aussi le centre des mouvements moyens des planètes. Ainsi, sur le cône de l'ellipse, les cercles parallèles à la base, touchés successivement par l'ellipse inclinée, régulent le mouvement et en expliquent les inégalités. Seth Ward a eu, quant à lui, une profonde influence sur Christiaan Huygens. Ses critiques de Boulliau, publiées en 1653[23] et communiquées à Huygens par la filière anglaise, ont une nature mathématique qui séduit notre géomètre. Il s'agit de montrer que le mouvement varié de la planète sur une ellipse peut être attribuée à une propriété du mouvement qui est fonction du second foyer de l'ellipse: une détermination uniforme permanente du mouvement dirigée vers ce second foyer, ce qui est une manière d'introduire à nouveaux frais la correction d'un cercle équant. La critique des tables philolaïques, qui prennent en fait des tables rudolphines de Kepler des valeurs qu'elles étaient supposées corriger (en particulier s'agissant de Mars), aura moins de succès auprès de Huygens. Mais Boulliau et Ward acceptent la première règle tirée de *l'Astronomia nova*, ainsi que la troisième, qui ne s'y trouve pas. Huygens, quant à lui, tout préoccupé encore d'une explication du système du monde par un tourbillon déférent, n'admet ni la première ni la deuxième. Tous rejettent l'explication des vitesses variées par la construction géométrique des aires. Huygens est en effet entré en astronomie d'une part en étant tenu informé de la querelle entre Ward et Boulliau, et d'autre part en résolvant le problème posé par la forme de Saturne. Il confie de manière énigmatique à Hevelius, en 1656, que c'est sans doute en s'inspirant de Kepler que la forme des anses peut être résolue[24]: c'est une timide ouverture, précoce, à la première règle, mais c'est peut-être surtout – et simplement – une manière d'utiliser la troisième règle, celle du rapport entre période et axe, pour montrer que Saturne est entouré d'un corps ou d'une forme en révolution.

---

[22] Livre XI, Th. XIII: *Orbitam Mercurii esse ellipticam.*

[23] Seth Ward, *In Ismaels Boullialdi Philolaici Fundamenta Inquisitio Brevis,* ouvrage auquel Boulliau répondra en corrigeant ses propres calculs, dans les *Astronomiæ Philolaicæ fundamenta explicata,* 1657, et, de Seth Ward aussi, voir l'*Astronomia geometrica, ubi methodus proponitur qua primariorum planetarum astronomia sive elleptica, [sive] circularis possit geometrice absolvi,* Londres: J. Flesher, 1656.

[24] Un tel aveu fait suite à l'affirmation par Huygens de l'impossibilité, en nature, des épicycles coperniciens.

La défense du *Systema saturnium* est menée dans *L'Assertio*, écrit publié contre les attaques de Eustache de Divinis, qui est en fait le très catholique Fabri. Huygens reprend dans cette réponse au verbe haut une distinction entre l'équivalence des hypothèses et le traitement du mouvement des planètes selon « la vérité de la chose » :

> Personne à mon avis ne pourrait raisonnablement me reprocher d'avoir adapté mon système de Saturne au système de Copernic. Comme cependant Fabri défend à tous les Catholiques de se servir de ce dernier, je m'étonne de ce qu'il ne déclare pas que déjà pour cette seule raison toutes mes fictions doivent être rejetées. Mais il voyait, je pense, que je pourrais facilement substituer au Système de Copernic celui de Tycho. En effet, pour les phénomènes en question il importe peu lequel des deux j'emploie. Toutefois la vérité de la chose ne peut être expliquée autrement qu'en suivant Copernic; et de plus notre Système de Saturne corrobore fortement ce lien.
>
> (…) Mais il est certain qu'en France le Systeme de Copernic est défendu parfois non pas comme une hypothèse mais comme une vérité acquise, et cela même par des ecclésiastiques et des prêtres qui enseignent ouvertement cette doctrine dans des volumes entiers, sans aucune contradiction que je sache de la part de Rome[25].

L'opposition entre « vérité » et « hypothèse » est formulée tout aussi nettement que dans la contradiction de la *Préface* et de l'*Avant-Propos* du *De revolutionibus* de Copernic[26]. La position de Huygens illustre parfaitement une oscillation qui parcourt toute son oeuvre: en tant que théoricien de la mécanique, il sait que le principe du mouvement relatif est indépassable et sanctionne toute recherche du « vrai » système du monde. En tant qu'astronome, il sait aussi bien que cette apparence de neutralité géométrique ne tient pas face à une sorte d'évidence copernicienne: aucun système ne peut mieux expliquer les apparences célestes.

Cette tension se retrouve chez Huygens dans les textes tardifs où il tente de définir un mouvement vrai et absolu qui puisse être tiré du mouvement circulaire et de la force qui s'en dégage, preuve s'il en est qu'au moment même où il constate que le copernicianisme n'est plus, en France, un problème pour l'Église, Huygens consacre l'idée d'une astronomie traitée, au fond, comme une mécanique céleste qui appartient en propre à la théorie pure du mouvement et à la physique mathématique. Ce jugement de 1660, dix ans après la mort d'un Descartes qui jugeait plus prudent de s'en tenir, dans les *Principes de la philosophie*,

---

25 *Assertio Systematis Saturni*, 1660, OC 15, p. 458-460.
26 Nicolas Copernic, *De Revolutionibus Orbium Cœlestium*, Trad. Alexandre Koyré, *Des révolutions des orbes célestes*, Paris, Diderot éditeur, 1998.

à l'équivalence des hypothèses, porte un regard intéressant sur la structure du copernicianisme en France. Il devient assez rapidement une adhésion à un système détourné de son statut d'hypothèse, même chez un Huygens qui entend ne pas transiger sur ce point et considère, avec raison, que l'équivalence des hypothèses est indépassable. Il a de bonnes raisons de le faire puisqu'il n'établit sa propre physique, à la même époque, que sur le caractère opératoire du principe du mouvement relatif. Sans doute sera-t-il contaminé par son passage à l'Académie par la pathologie essentialiste typiquement française qu'il observe ici, puisque les écrits plus tardifs il recherchera aussi en astronomie la «vérité de la chose».

L'interprétation que Laplace, après Lagrange[27], donne du rapport historique et logique qui se noue entre l'établissement des lois de la force centrifuge et la synthèse gravitationnelle newtonienne est purement récurrente, mais elle témoigne aussi d'une part de cette tension grandissante dans l'oeuvre de Huygens, et d'autre part, de l'étroite convergence entre les constructions mécaniques de Huygens et de Newton, que seuls les principes séparent :

> Ainsi les théorèmes de Huygens sur la force centrifuge suffisaient pour reconnaître la loi de la tendance des planètes vers le soleil ; car il est très vraisemblable qu'une loi, qui a lieu d'une planète à l'autre et qui se vérifie, pour chaque planète, au périhélie ou à l'aphélie, s'étend à tous les points des orbes planétaires et généralement à toutes les distances du soleil[28].

Laplace conclut alors :

> Mais, pour l'établir d'une manière incontestable, il fallait avoir l'expression de la force qui, dirigée vers le foyer d'une ellipse, fait décrire cette courbe à un projectile[29].

Cela n'est, bien évidemment, exact que si l'on réduit, jusqu'à le faire disparaître, le contexte théorique exact de la formulation des lois de la force centrifuge, fort éloigné de toute généralisation au système du monde. Un fragment du manuscrit F, fol. 8, datant du début des années 1680 montre la direction suivie par Huygens pour résoudre les décalages du parhélie et de l'aphélie. Du moins

[27] *Mechanique analitique*, Paris, La Veuve Desaint, 1788, rééd. *Méchanique analytique*, Paris, Blanchard, 1965. Lagrange insiste sur le fait que la synthèse des lois de Kepler et d'une théorie générale de la gravitation est analytiquement comprise dans les lois hugueniennes de la force centrifuge auxquelles s'adjoignent la théorie des développées et celle des développantes de courbe.

[28] Laplace, *Exposition du système du monde*, livre IV, in *Œuvres complètes*, Paris, Gauthier-Villars, 1878-1912, vol. VI, p. 204 *sq.*

[29] *Ibidem.*

cette reconstruction nous permet-elle de comprendre ce qui manquait encore dans l'expression même de la seconde règle de Kepler dans l'*Astronomia nova* : l'application d'une règle de sommation qui permette d'achever le raisonnement pour toute la révolution d'une planète, ce qui ne sera effectif que dans le Livre I des *Principia* de Newton.

> Peut-être que la planète prend moins de temps pour aller du périhélie à l'aphélie, que de celle-ci au premier. Peut-être que l'orbite de la planète est de cette sorte ; comme plus courbée vers le soleil. Par quoi il adviendra que, en posant l'excentricité de la terre moitié moindre seulement qu'elle n'a été dans le passé, le retard sera plus accentué dans l'hémisphère de l'aphélie que dans celui du périhélie. Il peut être celui qui est réellement observé, quand même on poserait que la vitesse dans le périhélie est à la vitesse dans l'aphélie en raison sous-double des distances, ce qui conviendrait parfaitement à la nature. Il faudrait rechercher par des observations le progrès journalier de la Terre près de l'aphélie et du périhélie. Et les distances par rapport au soleil doivent être mesurées à partir des diamètres observés [apparents] du soleil, ce qui est déjà donné avec assez de précision par Mouton et Picard[30].

Pour toute proportion des vitesses aux aphélie et périhélie Huygens donne donc, conformément à ce qu'il avait aussi annoncé dans une communication à l'Académie, en 1669[31] :

> *Qæreritur centrum motus æquabilis planetæ, hoc est unde talis appareret, saltem in perihelio A et aphelio C, posita proportione celeritatum quam Keplerus invenit, ut nempe tempora convertionum in ratione subsesquialtera distantiarum[32].*

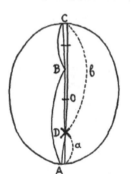

Traduit en proportions, cela donne :

$$\sqrt{ab} \text{ --}a \text{ -----AB ad BC, soit } \frac{\sqrt{ab}}{a} = \frac{AB}{BC}$$

ce qui donne, en substituant les paramètres de vitesse et de rayon :

$$\frac{v_1}{v_2} = \frac{\frac{1}{\sqrt{r_1}}}{\frac{1}{\sqrt{r_2}}}$$

Huygens tente ici de trouver une voie médiane entre la courbe circulaire et la courbe elliptique. Force est de remarquer que l'abandon de la voie circulaire marque déjà une contradiction entre les outils mathématiques déployés pour résoudre l'orbite des planètes et

30 OC 21, p. 143 (nous traduisons).
31 OC 22, p. 232, Manuscrit D, p. 208.
32 OC 22, p. 232.

le modèle cosmologique et mécaniste du vortex. Puis Huygens abandonne là cette voie, sans doute parce qu'il ne parvient pas à déduire de ce rapport de vitesses un rapport de périodes à la fois conforme à la proposition IV du *De vi centrifuga*[33] et capable d'inclure la variation de vitesse aux aphélies prévue par la seconde loi de Kepler et dont l'observation confirme l'existence *in re*. Mais la question qui demeure, et qui demeurera jusqu'en 1688, est la proportion de ces ralentissements aux aphélies. Huygens n'admet donc de Kepler, à cette date, que la troisième loi[34], conservant pour la trajectoire des planètes un modèle circulaire éventuellement excentré[35] et justifiant les variations de vitesses[36] que par des ajustements locaux dans les arcs qu'il aménage à cet effet[37].

À dire vrai, il ne peut en aller ici comme de la forme de la terre pour laquelle on dispose très tôt, grâce aux horloges de Huygens, de mesures fiables. Les différences entre les prédictions de la théorie keplerienne et celle de Huygens sont si minimes[38] que seule une avancée théorique pourrait remettre en cause l'hypothèse circulaire adoptée par Huygens,

L'excentricité est parfaitement visible sur le *Planetarium* de 1680. © Boerhaave Museum

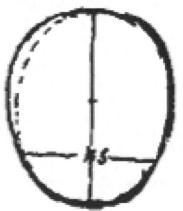

[Excentricité terrestre.]

---

[33]   OC 16, p. 272.

[34]   Admise comme vraie par Huygens suite aux observations par Wendelin des satellites de Jupiter et consignée en 1672 : « *duorum planetarum, in eodem vortice circumlatorum, tempora periodica sunt inter se ut radices quadratae cuborum a distantijs eorum a centro vorticis. hoc de planetis circa solem primus observavit Keplerus. deinde de comitibus jovis Wendelinus* », OC 15, p. 116.

[35]   Contre la première loi.

[36]   Notées par lui comme étant « revera » dans le texte que nous venons de citer.

[37]   La seconde loi, ou loi des aires, n'est donc pas admise non plus.

[38]   Voir en OC 21, p. 140.

pour des raisons qui tiennent évidemment au modèle tourbillonnaire qui est le sien depuis une dizaine d'années au moins lorsqu'il entreprend de construire son système du monde en confectionnant un planétaire aussi exact que possible. Nous voyons Huygens tenter de corriger les variations de vitesse en jouant sur les courbures, produisant ainsi une figure qui ressemble à s'y méprendre à une ellipse dont le soleil S est un foyer. Mais il ne peut encore s'agir de cela.

C'est au dessin de 1680 que Huygens revient après avoir lu les *Principia* :

> 14 Dec. 1688. *Hasce omnes difficultates abstulit Clar. vir. Neutonus, simul cum vorticibus Cartesianis; docuitque planetas retineri in orbitis suis gravitatione versus solem. Et excentricos necessario fieri figurae Ellipticae. Valeat igitur et Wardi, Pagani et Bullialdi prima hypothesis*[39].

La *prima hypothesis* de Seth Ward et d'Ismaël Boulliau est la première « règle » de Kepler qui, étant avérée géométriquement dans l'ouvrage de Newton, annonce effectivement, comme cela est noté ici par Huygens, la fin présumée de tout *vortex* déférent dont le mode de circulation ne peut être que circulaire – opinion sur laquelle Huygens reviendra en 1691, dans le *Discours de la cause de la pesanteur*. Relevons que Huygens renvoie à Descartes l'échec de la forme tourbillonnaire, estimant sans doute, sans que l'argument puisse réellement convaincre, que son propre tourbillon, auquel il met la dernière main en 1689, échappe par quelque miracle à la clarté de la synthèse newtonienne. Si Huygens revient à ce feuillet plusieurs années plus tard pour y déclarer sa conversion aux ellipses de Kepler et de Newton, c'est sans doute parce qu'au moment où il l'abandonne à son sort, ce feuillet lui donne précisément à *voir* une ellipse. L'apport de Huygens à la mise en œuvre de l'astronomie moderne tient donc tout à la fois en une activité observationnelle moins constante mais plus dense que la moyenne de ses contemporains, ainsi qu'en une fonction simplement critique[40] au sein d'une astronomie enfin géométrisée[41]. Contrairement à ce qu'en disent les mécaniciens

---

[39] OC 21, p. 143 : « 14 décembre 1688. Toutes ces difficultés, Newton, cet homme illustre, les a détruites, en même temps que les tourbillons de Descartes ; et il a montré que les planètes sont retenues sur leurs orbites par la pesanteur dirigée vers le soleil. Et les excentriques deviennent nécessairement des figures elliptiques. La première hypothèse de Ward, de Paganus et de Boulliau est donc valable ».

[40] Où nous reconnaissons l'acuité et la probité intellectuelle de la lecture que Huygens fait de ses contemporains puisque la démonstration géométrique de la convergence entre ellipse et orbite des planètes est immédiatement acceptée et analysée dans ses conséquences les plus dommageables à la doctrine du tourbillon.

[41] Et non pas seulement géométrique, c'est-à-dire utilisant la géométrie pour ordonner au mieux les mesures.

du XVIIIᵉ siècle, au nombre desquels figure John Keill[42], Huygens n'a pas préparé le terrain des *Principia* de Newton, il n'a fait qu'explorer les voies les plus traditionnelles, même s'il demeure possible de voir dans la synthèse qu'il opère entre les mécaniques galiléenne et cartésienne un corps de propositions prêtes à l'emploi qu'en fera Newton[43].

Peu de temps avant les *Principia* de Newton, Huygens maintient fermement, comme on l'a vu, une conception purement copernicienne. Il concède à Kepler d'avoir simplifié le système du monde, mais ce qui est mathématiquement simple ne correspond pas toujours à une assertion valable du point de vue physique. Huygens écrit en 1686, lorsqu'il cherche à déterminer un point de perspective qui pourrait gouverner le système du monde copernicien:

> § 2. Que je ne m'arresteray pas a produire les raisons pour le mouvement de la terre, mais que je supposeray le systeme selon Copernic.
>
> Kepler a reduit le systeme a une merveilleuse simplicitè et facilitè a concevoir.
>
> § 5. En expliquant mon inegalitè des planetes je parleray de la fausse conclusion de Kepler, qui veut que le soleil les meuve, et inegalement selon les distances.
>
> En marge: Si l'on ne pourroit pas mettre la celerité d'une mesme planete suivant la regle qu'elles gardent entre elles pour leur mouvement periodique.
>
> § 6. Raison a chercher pourquoy les planetes a peu pres dans un mesme plan et chacune dans celuy qui passe par le soleil.
>
> Pourquoi elles tournent en elles avec leur compagnons toutes d'un mesme sens, et le mesme que le grand tourbillon.[44]

Le reproche principal à Kepler, qui parcourt ces *Pensees meslees*: avoir fait du soleil la puissance motrice quasi animale qui retient les planètes. C'est pour des motifs rationalistes que Huygens se détourne de Kepler, c'est parce que la causalité dont il voit la source dans le soleil n'est en aucun cas intelligible. Huygens s'emploie énergiquement, lui-même, pour montrer à quel point il eût été incapable d'anticiper le lien qu'établit Newton entre la dynamique terrestre

---

[42] *Introductio ad veram Physicam seu Lectiones physicae Habitae in Schola Philosophiae Academiae OXONIENSIS, quibus accedunt Christiani Hugenii Theoremata de Vi Centrifuga et Motu circulari demonstrata.*, Oxford, Bennet, 1705 (2ᵉ éd.), ouvrage dans lequel se trouvent publiés, afin de les intégrer dans une histoire reconstruite de la mécanique classique, les *Theoremata de vi centrifuga et motu circulari demonstrata.*

[43] Richard Westfall, *Force in Newton's Physics: The Science of Dynamics in the Seventeenth century.* London, New York, Macdonald-American Elsevier, 1971, p. 188, franchit le pas et relie Huygens et Newton en dehors de toute considération pour les propres écrits de Huygens.

[44] Christiaan Huygens, *Pensees meslees*, OC 21, p. 357-358.

et le mouvement des corps au sein du système du monde : il conteste l'idée d'un soleil qui serait la source d'une force centrale, alors qu'il aurait suffi de débarrasser la langue de Kepler des implications irrationalistes qu'elle contient :

> Descartes (voyez pag. 127) n'a donné, comme il me semble, du mouvement a toute la matiere qui environne les fixes, c'est a dire il n'a fait ses tourbillons aussi grands qu'ils pouvoient estre et qui se touchent, que pour trouver du mouvement aux cometes, y adjoutant que la matiere aux extremitez des vortex fait son tour en un mois peutestre), et qu'ainsi elle est beaucoup plus viste que celle de vers Saturne.
> [*En marge*] : si cette matiere celeste est capable d'accelerer le mouvement des Cometes, comme veut des Cartes, elle devroit aussi en allant contre leur mouvement les arrester ou beaucoup retarder. mais j'en ay vu qui alloient contre le mouvement du tourbillon.
> Moy je cherche le mouvement des Cometes de leur embrasement comme aux fusees.
> Mais comment ne sont elles pas emportees par la matiere etheree qui porte les planetes. car j'en scay qui sont allè contre le flux de cette matiere. Je respond que c'est la grande liquiditè de cette matiere qui fait aisement place a un corps qui recoit du mouvement d'ailleurs, quoyqu'il emporte d'autres corps qui sont une fois en train d'aller avec elle. Elle leur peut accelerer et diminuer mesme un peu leur mouvement suivant l'equation physique de Kepler[45].

La question des comètes, nouvel argument en faveur de Kepler, intervient dans le contexte du traitement des variations de vitesse et de la périodicité des comètes. Par contraste, la légèreté du traitement cartésien ou du traitement galiléen des comètes indique que seule la piste képlerienne apporte quelques lumières, sans toutefois pouvoir la généraliser à l'univers entier. La référence à l'«équation physique de Kepler» est une allusion transparente à la deuxième règle, qui semble séduire de plus en plus Huygens par sa simplicité : deux années avant le choc subi par la lecture des *Principia* de Newton, l'astronomie dynamique de Kepler suit dans les écrits de Huygens une pente ascendante. Il pense encore, certes, opposer à Kepler des arguments physiques liés à la structure géométrique de la transmission d'une force centrale, par opposition à une force mouvante qui serait véhiculée par un milieu, et plus homogène dans toutes les parties de l'ambiant, et cette objection ne sera jamais vraiment levée du vivant de Huygens, de telle sorte que s'il fallait se demander quand notre savant s'est rendu aux raisons des trois règles de Kepler, la réponse devrait bien être : jamais.

> § 17. Suivant la proportion de Kepler des temps periodiques avec les distances du soleil, la matiere pres du soleil devroit tourner incomparablement plus viste [en

---

[45] *Ibidem.*

marge: comme il est aisè de voir en supposant cela. et cela sans faire le calcul] que ne font les taches [*ajouté dans l'interligne*: 285 fois et plus]. Et la matiere aupres de la Terre (la terre mesme ou la surface) devroit tourner aussi beaucoup plus viste qu'elle ne fait. 15 ou 16 fois, en supputant par la periode de la Lune.

D'ou vient donc qu'on ne s'appercoit point de ce grand mouvement de la matiere etheree. Est ce que cette matiere est remuee autrement pres de la terre. ou que la proportion ne continue pas jusques la. ou que la surface de la terre est capable d'arrester le mouvement de cette matiere. Si cela est et de mesme au soleil, c'est bien tout le contraire de ce que Kepler veut que le soleil meuve les planetes.

Comment, en effet, intégrer Kepler dans un modèle tourbillonnaire? L'exemple du mouvement de circulation harmonique de Leibniz, en date de 1675, n'a jamais convaincu Huygens. Kepler veut que le soleil meuve les planètes: cela est impossible et impensable, mais en vertu de quoi? En vertu de l'attachement de Huygens à une philosophie naturelle qui sache rendre intelligibles les opérations de la nature.

§ 34. Reflexions physiques sur les fixes. Contre Kepler qui veut un grand espace autour du soleil en comparaison de celuy qui est autour des autres fixes. Il croioit que c'estoit icy la principale partie du monde a cause de ses proportions des corps reguliers rencontrees dans les distances des planetes*). Ce qui est vain aussi bien que les proportions des corps planetaires qu'il avoit supposees fausses comme il a reconnu luy mesme depuis les lunettes trouvees.

§ 35. Contre des Cartes que les tourbillons ne sont pas contigus. Frivole preuve qu'il donne du mouvement du vortex plus viste au dessus de Saturne. qu'il le vouloit à cause des Cometes, ou il se trompe comme je feray voir un peu apres. (...)

§ 48. Du tourbillon autour du soleil. ce qu'est le soleil. son mouvement. taches. Planetes nagent dans la matiere. Demonstration de cecy. Parce que sans cela qu'est ce qui retiendroit les planetes de s'enfuir. qu'est ce qui les mouvroit. Kepler veut a tort que ce soit le soleil &c. Argument d'icy pour Copernic. Periodes proportionnez aux distances. Autre argument pour Copernic[46].

Contre Kepler, contre Descartes: la discussion sur la forme que doit prendre au fond le système copernicien ne se sépare donc pas d'un strict point de vue physique et ne comprend pourtant rien qui puisse faire passer l'hypothèse pour la description d'un vrai système. Huygens est à la recherche d'une explication physique du système qui tient les planètes sur leurs orbes, mais la causalité brutale de l'idée d'une force centrale émanée du soleil va bien au-delà de l'explication intelligible qu'après Descartes – et bien souvent contre lui – notre physicien recherche: il la rejette avec constance chez Kepler tout comme, après 1688, chez

---

[46] *Ibidem.*

Newton. En avouant que "les proportions des corps planétaires sont fausses", Huygens en reste donc à la lecture – et à la nausée éprouvée à leur contact – des textes du *Mysterium cosmographicum*. L'*Astronomia nova*, d'où il tire la bonne proportion du mouvement planétaire, ne corrige pas chez lui le sentiment que Kepler est «vain», bien qu'il y ait chez lui un traitement mathématique et rationnel de tout ce qui, dans le monde, présente des trajectoires manifestement non circulaires: les comètes, les anneaux de Saturne, ou le système jovien décrit par Galilée d'après des tables précises. La différence qui existe entre les apparences justifiées par des trajectoires circulaires et elliptiques ne sont pas telles – le planetarium le montre – qu'elles puissent constituer un élément de décision: manque encore une synthèse mathématique entre les lois des trajectoires elliptiques et l'expression de la dynamique des forces centrales.

Cette résistance aux idées de Kepler est commune à bien des astronomes qui gravitent autour de Huygens et Ismaël Boulliau en est un bon exemple. La correspondance de Huygens et Boulliau nous montre que l'un et l'autre sont impressionnés par leurs écrits respectifs. Huygens apprécie l'*Astronomia Philolaica* et Boulliau vient à Huygens suite aux découvertes liées à Saturne. Leurs discussions tournent essentiellement sur des points relevant de l'astronomie d'observation ainsi que sur l'équation du temps à laquelle Huygens travaille avec l'appui, des ses horloges.

> Ainsi l'on apprend dans le Systeme Copernicien la proportion de toutes les distances des Planetes au Soleil comparees au demidiametre de l'orbe annuel de la Terre, dont on ne pouvoit rien scavoir dans le systeme de la terre immobile de Ptolemee[47].

Huygens assimile Kepler dans l'énoncé de ce que permet le copernicianisme: une détermination positive et dynamique des positions. Cette proportion est encore, de manière transparente, l'effet de la troisième règle plutôt que des deux qui sont données dans l'*Astronomia nova*. Huygens est fidèle donc, jusqu'à l'entêtement, à l'orthodoxie de Copernic. La loi des aires est de toutes manières valable dans le cercle, il n'a pas de raison de supposer que la confirmation mathématique de Newton demeure mathématique et ne détermine qu'abstraitement la forme de la trajectoire des planètes. Ainsi après avoir clairement reconnu que les planètes devaient suivre une trajectoire elliptique, Huygens se prédispose-t-il aussi à défendre son écrit récent, le *Discours de la cause de la pesanteur*, dans lequel c'est l'édifice de Newton et de Kepler qui se trouve

---

[47] Lettre de Huygens à P. Bayle du 13 janvier 1691, OC 10, p. 5.

renvoyé à son obscurité sémantique. Huygens était trop géomètre pour ne pas apprécier par dessus tout, obstinément et jusqu'au bout, la clarté et la distinction dans l'examen des choses naturelles.

Kepler in der Wahrnehmung von Vertretern der wissenschaftlichen Revolution wie Huygens und Newton

Ivo Schneider

Verschiedene Faktoren sind dafür verantwortlich, wie bestimmte wissenschaftliche Leistungen in der Fachliteratur wahrgenommen werden. Die Benennung nach dem für eine solche Leistung Verantwortlichen wie im Fall der nach Kepler benannten drei Gesetze für die Planetenbewegungen ist die auffälligste Form der Wahrnehmung. Das Spektrum der Möglichkeiten reicht von mehr oder weniger genauen, oft auch kritischen Hinweisen auf Autor und/ oder Werk bis zu bewußter Nichtbeachtung oder gar bis zum Plagiat.

Darauf, dass bei durchaus nicht selbstverständlichen redlichen Absichten eines Autors seine Zuweisungen zu Vorgängern fehlerhaft sein können und möglicherweise nie korrigiert werden, sei hier ebenso verwiesen wie auf eine mögliche Änderung des Status eines zu einer bestimmten Zeit gefundenen Ergebnisses durch die nachfolgende Entwicklung, in der es z. B. von einem zunächst für allgemein gehaltenen Gesetz zu einem nur unter bestimmten Bedingungen gültigen Spezialfall degeneriert und damit eventuell seinen Entdecker in Vergessenheit geraten läßt. Zu den wissenschaftlichen Leistungen sind auch weiterführende Fragestellungen, Forschungsansätze und Methoden zu rechnen, auch dann, wenn ihre Urheber selbst nicht in der Lage waren, die dahinterstehenden Probleme richtig und/oder vollständig zu lösen oder die damit verbundenen Projekte zu Ende zu führen. Gerade aber in diesem letzten Fall waren oder sind Zeitgenossen oder Nachwelt oft nur wenig bereit, die Ideengeber zu würdigen, da sie die Problemlösung oft viel höher bewerten als die unerläßliche Einsicht in das Bestehen des zugrunde liegenden Problems.

Die vielen Möglichkeiten der Wahrnehmung eines Werks im Verlauf der für den Nachruhm meist entscheidenden ersten nachfolgenden Generationen sollen hier am Beispiel des Werkes von Johannes Kepler durch Newton und Christiaan Huygens untersucht werden.

Eine der ersten Voraussetzungen für die Bereitschaft, die Leistung eines kreativen Naturwissenschaftlers wahrzunehmen ist durch dessen Darstellungsform, dessen Stil gegeben.

Urteile über Keplers Stil

In seinem 1960 erschienenen Buch *Geburt einer neuen Physik* mit dem Untertitel „Von Kopenikus zu Newton" äußerte sich der inzwischen verstorbene bekannte Newtonforscher I. B. Cohen über den Stil in Keplers Schriften. Cohen wollte damals mit seiner Charakterisierung von Keplers Stil und Sprache begründen, dass bzw. warum Kepler außerhalb des deutschen Kulturkreises bis heute im Vergleich zu Galilei und Newton kein nennenswertes Interesse beanspruchen konnte[1]:

> Stil und Sprache sind von unvorstellbarer Schwierigkeit und Weitschweifigkeit und wirken, im Gegensatz zur Klarheit und Einprägsamkeit eines jeden Wortes in Galileis Schriften, unerträglich langweilig. Kepler war ein grüblerischer Mystiker, der in unbeholfenen, geisterhaften Tasten über seine großen Entdeckungen stolperte [...] Wenn er etwas Bestimmtes beweisen wollte, entdeckte er etwas anderes, und in seinen Berechnungen machte er einen Fehler nach dem anderen, so daß sie sich gegenseitig wieder aufhoben. Er war ganz anders als Galilei oder Newton.

So war die Schwierigkeit, die Keplergesetze zu finden, für Cohen „fast ebenso groß" wie „die drei Keplerschen Gesetze aus seinen restlichen Schriften herauszuschälen"[2].

Ohne auf Einwände gegen eine solche Charakterisierung von Kepler einzugehen und ohne Rücksicht darauf, dass eine solche Aussage über einen heutigen Autor für eine Anklage wegen Rufschädigung ausreichen würde, ist sie

---

[1]   I. Bernard Cohen, *Die Geburt einer neuen Physik*, München/Wien/Basel, 1960, S. 148.
[2]   *Ibid.*, S. 166.

zuallererst als ein Alibi dafür zu werten, sich mit Keplers eigenen Aussagen und dem Weg, auf dem sie Newton bekannt wurden, nicht befassen zu müssen.

Es sei hier bereits vermerkt, dass Newton selbst seine Biographen nicht zu solchen Äußerungen autorisiert hat; zumindest sind keine Aussagen Newtons über den Stil der von ihm benutzten Quellen bekannt. Sollte Newton, worauf noch später zurückzukommen ist, aus welchen Gründen auch immer, Kepler im Original gar nicht gelesen haben, hatte er auch keinen Anlaß, sich über dessen Stil zu verbreiten. Es sei auch erlaubt, darauf zu verweisen, dass Johann Wolfgang von Goethe, dem in Stilfragen wohl mehr Autorität zuzubilligen ist als jedem Wissenschaftshistoriker, sich ausdrücklich sehr positiv über Keplers Stil im historischen Teil seiner *Farbenlehre* geäußert hat.

Immerhin hätte sich der von Newton hoch geschätzte, aber bereits 1640 im Alter von nur 22 Jahren verstorbene Engländer Jeremiah Horrocks nicht geradezu hymnisch über Keplers astronomisches Werk geäußert, wenn ihm dessen Stil mißfallen hätte.

Tatsächlich hat sich aber ein älterer Zeitgenosse Newtons, der Holländer Christiaan Huygens, in einer für den Sohn eines Diplomaten wenig zurückhaltenden Form kritisch über den Stil Keplers geäußert. Huygens' in einem lateinischen Manuskript aus den späten Jahren gemachte Bemerkung „Über den nüchternen Stil, dessen sich Autoren befleißigen sollten, die auf eine dauerhafte Gültigkeit ihrer Werke hoffen dürfen" ist in verschiedener Hinsicht interessant. Zunächst zeigen die ersten drei Wörter der Überschrift, „In 10000 Jahren", in welchen zeitlichen Dimensionen Huygens in einer Epoche dachte, in der für die meisten Europäer als gläubige Christen die Welt nicht älter als etwa 6000 Jahre alt war, und sein in dieser Hinsicht kühnster Zeitgenosse Niels Stensen mit seiner Deutung von Fossilien in Sedimentgesteinen nur qualitative Ansätze für ein höheres Alter der Erde geliefert hatte. Im letzten Abschnitt dieser Erörterung über Stil schrieb Huygens[3]:

> Gewisse Anspielungen auf uralte Geschichten bei Autoren, die über Wissenschaften wie die Astronomie und Physik schreiben, wie das Kepler beinahe ständig [macht] und Verulam, wenn er Mythologisches behandelt, sind unpassend und dumm.

Immerhin konnte Huygens aufgrund seiner intensiven Auseinandersetzung mit dessen Werk Keplers Stil beurteilen. Insofern erscheint ein Vergleich zwischen Newton und Huygens hinsichtlich der Wahrnehmung bzw. fachlichen Würdigung der Leistungen Keplers reizvoll, auch weil sich daraus möglicherweise

---

[3]   *OC* 21, S. 188; die Übersetzung dieses Zitats wie aller nachfolgenden stammt von mir.

Bedingungen für das, was ich als Erosion des historischen Gedächtnisses bezeichnen möchte, ableiten lassen.

Wenn Kepler tatsächlich, wie von Cohen behauptet, aufgrund seiner angeblich langatmigen und verworrenen Darstellung vor allem von den Astronomen, aus deren Werken sich Newton informierte, aber wohl auch von Newton selbst nicht gelesen wurde, bleibt zu erklären, warum sich Newton in den *Principia* und in *De Motu* ausschließlich mit den drei Keplerschen Gesetzen und nicht mit den von zeitgenössischen Astronomen angebotenen alternativen Darstellungen der Planetenbewegungen befaßte.

Cohen hat sich allerdings 15 Jahre später doch näher mit Keplers möglichen Einfluß auf Newton beschäftigt[4]. Danach hatte Newton zwar in seiner Frühzeit Keplers *Dioptrice* gelesen, aber seine Kenntnisse über die Keplergesetze, Keplers Begriff von inertia, von Wirbeln als Ursache für die Planetenbewegungen und einem auf der Grundlage physikalischer Ursachen errichteten Weltgebäude nicht der Lektüre von Keplers Schriften sondern den Aussagen anderer über Kepler verdankt. Nach Cohen blieben die bedeutenderen Schriften Keplers zur Dynamik und theoretischen Astronomie weitgehend unbekannt, weil nicht gelesen; seine Beiträge hatten keinen positiven Einfluß auf den wissenschaftlichen Fortschritt, wenn man von Newtonss *Principia* absieht[5]. I. B. Cohen verzichtete in dieser späteren Darstellung aus naheliegenden Gründen – sein Beitrag war der erste Vortrag im Rahmen eines Keplerjubiläums – auf jeden Hinweis auf Keplers Stil als Begründung für das behauptete Desinteresse an Keplers Werk vor Erscheinen der *Principia*. Nach I. B. Cohen wurden die drei Keplergesetze von der Fachwelt erst nach dem Erscheinen der *Principia* wirklich wahrgenommen.

Auch wenn Cohen darauf verweisen konnte, dass Newton durch sein Gravitationsprinzip die strenge Gültigkeit der Keplergesetze außer Kraft gesetzt und im ersten Buch der *Principia* nur durch die in Wirklichkeit nicht gegebene Voraussetzung einer Zentralkraft die Gültigkeit etwa des Flächensatzes nachgewiesen hatte, erklärt das weder, warum sich Newton gerade mit den Keplergesetzen auseinandersetzte, noch, warum er auch nach dem Nachweis ihrer nur approximativen Gültigkeit den ihm bekannten Entdecker dieser Gesetze nicht nennen sollte. Dass das nichts mit dem Keplerschen Stil zu tun hatte, soll die nachfolgende Entwicklung zeigen.

---

4   I. Bernard Cohen, „Kepler's century: prelude to Newton's", *Vistas in Astronomy* 18, 1975, S. 3-36.
5   *Ibid.*, S. 4.

Newtons Quellen für Keplers Werk und seine Gründe für die weitgehende Nichtbeachtung der Leistungen Keplers

Dass englische Astronomen, die mit Newton in Verbindung standen, anders als Newton selbst, bereit waren, die von Kepler gefundenen Bewegungsgesetze der Planeten auch Kepler zuzuschreiben, zeigt z. B. der Astronomer Royal John Flamsteed. Flamsteed unterrichtete Richard Towneley in einem Brief vom 4. November 1686 über die ihm von Halley mitgeteilten Fortschritte bei der

> Drucklegung der *Principia* und bemerkte in diesem Zusammenhang, dass der Flächensatz und das später so genannte dritte Keplersche Gesetz von Kepler als erstem entdeckt wurden, wobei Kepler allerdings für diese aus der Erfahrung gewonnenen Gesetze keine Begründung geben konnte[6].

Die Newton besonders nahestehenden Astronomen Edmond Halley und David Gregory waren jedenfalls davon überzeugt, dass Kepler mehr verdient hätte als seine karge Erwähnung für das dritte Gesetz im dritten Buch der *Principia*.

So sah es Edmund Halley in seiner Rezension der *Principia mathematica philosophiae naturalis* in den *Philosophical Transactions*[7] im Zusammenhang mit der Darlegung der Tragweite der Newtonschen Gravitationskraft als selbstverständlich an, auf „the great sagacity and diligence of Kepler", „den großen Scharfsinn und Fleiß Keplers", zu verweisen, mit der die „Phenomena of the Celestial motions", die heute so genannten Keplergesetze gefunden wurden[8]. Auch wenn Halley einige Seiten weiter die Keplergesetze als eine „hypothesis" bezeichnete, deren Wahrheit erst durch Newton bewiesen wurde[9], erscheint Keplers Leistung dadurch nicht geschmälert.

Noch direkter als Halley verwies David Gregory in seinen 1702 in Oxford erschienenen *Astronomiae Physicae & Geometricae Elementa* auf Newtons Unterlassung, indem er „den scharfsinnigen Kepler" als Vorbereiter der von Newton auf eine ungeahnte Höhe gebrachten Himmelsphysik bezeichnete und in seinen handschriftlichen Anmerkungen zu den *Principia* seine Verwunderung darüber ausdrückte, dass Newton im ersten Buch das dritte Gesetz als unabhängig voneinander von Hooke, Halley und Wren gefunden behauptet und erst im dritten Buch Kepler als dessen ersten Entdecker erwähnt hatte[10].

---

6 I. B. Cohen, *Introduction to Newton's* Principia, Cambridge 1971, S. 136.
7 *Philosophical Transactions* Nr. 186 für die Monate Januar, Februar und März 1687, S. 291-297.
8 *Ibid.*, S. 292.
9 *Ibid.*, S. 296.
10 zitiert nach I. Bernard Cohen, „Kepler's century: prelude to Newton's", op. cit., S. 11 f.

Auch für Thomas Birch, den Verfasser der ersten Geschichte der Royal Society, war es selbstverständlich, im Zusammenhang mit einer Inhaltsangabe des der Royal Society gewidmeten Manuskripts der *Principia* auf Kepler zu verweisen[11]:

> worin er [Newton] einen mathematischen Beweis der Copernicanischen Hypothese gibt, wie sie von Kepler vorgeschlagen wurde, und alle Erscheinungen der Veränderung am Himmel allein mit der Annahme einer zum Mittelpunkt der Sonne gerichteten Gravitation erklärt, die mit im umgekehrten Verhältnis des Quadrats des Abstands von ihr abnimmt.

Newton, dessen Werk gewöhnlich als Abschluß der so genannten wissenschaftlichen Revolution angesehen wird, war hinsichtlich seiner Bereitschaft, die von ihm genutzten Vorleistungen von Vorgängern anzuerkennen nach heutigen Maßstäben einer der zurückhaltendsten und deshalb undankbarsten unter den großen Naturwissenschaftlern. So wurde Descartes, der Newton dafür als negatives Beispiel dienen konnte, aber dem Newton wichtige Fragestellungen für seine spätere Karriere verdankte, von Newton nur des Nachweises von Fehlern und der Unverträglichkeit der Descarteschen Wirbeltheorie mit den Keplergesetzen gewürdigt. Eine bessere Behandlung durften auch andere Autoren von Newton nicht erwarten. Auch von daher ist es ein Problem festzustellen, ob und wenn, was Newton von Kepler gelesen hat oder ob Newton, wie I. B. Cohen behauptet hatte, über Keplers Leistungen nur über andere Autoren informiert war.

Der Katalog der über 2000 Bände umfassenden Bibliothek Newtons weist nur ein einziges Werk von Kepler auf, nämlich die der dritten Auflage von Pierre Gassendis in Amsterdam 1682 erschienener *Institutio astronomica*, beigebundene *Dioptrice* Keplers. Dieser Band enthielt auch den *Sidereus nuncius* Galileis[12]. Die verschiedentlich als wichtige Quelle von Newtons astronomischen Kenntnissen angegebene *Astronomia Carolina* von Thomas Streete besaß Newton nur in der zweiten Auflage von 1710[13], die jedenfalls nicht Grundlage für die *Principia* gewesen sein kann.

---

[11] Thomas Birch, *The history of the Royal Society of London for improving of natural knowledge*, Bd. 4, London, 1757, S. 479 f. : „Wherein he [Newton] gives a mathematical demonstration of the Copernican hypothesis as proposed by Kepler, and makes out all the phaenomena of the celestial motion by the only supposition of a gravitation towards the centre of the sun decreasing as the squares of the distances therefrom reciprocally".

[12] John Harrison, *The library of Isaac Newton*, Cambridge, 1978, S. 147, Nr. 651.

[13] Harrison, S. 245, Nr. 1575.

Allerdings besaß Newton eine Reihe von astronomischen Werken, aus denen er zumindest die Keplergesetze entnehmen konnte, so das zweibändige 1651 in Bologna veröffentlichte *Almagestum Novum* von Giovanni Battista Riccioli, in dem zumindest für das dritte Keplersche Gesetz auf Kepler verwiesen wurde[14].

Wichtig und von ihm auch hoch geschätzt waren für ihn die 1678 in London veröffentlichten *Opera posthuma; viz. Astronomia Kepleriana, defensa & promota* von Jeremiah Horrocks[15]. Horrocks, der bereits 1640 als 22-jähriger gestorben war, hatte sich nach einem Vergleich der Rudolphinischen Tafeln mit den 1632 erschienenen *Tabulae motuum coelestium perpetuae* des Philip van Lansbergen für Kepler entschieden, dessen Astronomie wie auch deren theologischer Einbettung er sehr positiv gegenüber stand. Horrocks hatte eine eigene Mondtheorie entwickelt, wonach der Mond auf einer elliptischen Bahn um die in einem Brennpunkt der Ellipse befindliche Erde kreist. Horrocks propagierte sowohl das erste wie das dritte Keplersche Gesetz. Für die Geschwindigkeitsänderungen der Planeten ging er von einem gegenüber Kepler modifizierten Radiensatz aus, wonach die Geschwindigkeiten dem umgekehrten Verhältnis der Wurzel ihres Abstands von der Sonne bzw. im Fall des Mondes von der Erde entsprechen, während er den Flächensatz nie erwähnte[16].

In den beiden 1651 und 1669 in London veröffentlichten Werken von Vincent Wing *Harmonicon coeleste : or, The coelestial harmony of the visible world* und *Astronomia Britannica*[17] sowie in den Werken Seth Wards *Idea trigonometriae demonstratae, in usum juventutis Oxoniensis. Item Praelectio de cometi. Et Inquisitio in Bullialdi Astronomiae Philolaicae fundamenta* von 1654[18] und in der *Astronomia Geometrica, ubi methodus proponitur qua Primariorum Planetarum Astronomia sive Elliptica sive Circularis possit Geometrice absolvi, opus astronomis hactenus desideratum* von 1656 konnte Newton eine von Ismael Boulliau in dessen 1645 in Paris veröffentlichten *Astronomia Philolaica* modifizierte Keplersche Astronomie finden, wonach sich ein Planet auf seiner elliptischen Bahn, betrachtet vom nicht von der Sonne besetzten Brennpunkt, in gleichen Zeiten um gleiche Winkel fortbewegt.

---

[14] Harrison, S. 227, Nr. 1400.
[15] Harrison, S. 163, Nr. 808.
[16] Wilbur Applebaum, „Horrocks, Jeremiah", in : *Dictionary of Scientific Biography*, Bd. 6, S. 514-516.
[17] Harrison, S. 263, Nr. 1743 und 1744.
[18] Harrison, S. 260, Nr. 1711.

Ob Newton auch Seth Wards 1657 erschienene Arbeit *Ismaelis Bullialdi Astronomiae Philolaicae Fundamenta clarius explicata & asserta adversus Clarissimi Viri Sethi Wardi Oxoniensis Professoris impugnationem* kannte, in der die Boulliau-Wardsche Hypothese nochmals modifiziert wurde, ist nicht bekannt. Zu einer Befriedigung seines Bedürfnisses, sich ohne großen Aufwand über erhofftes gesichertes astronomisches Wissen informieren zu können, dürfte Ward ohnehin nicht beigetragen haben.

Weit mehr Vertrauen verdienten die 1676 in London erschienenen *Institutionum astronomicarum libri II, de motu astrorum communi & proprio, secundum hypotheses veterum & recentiorum praecipuas* von Nicolaus Mercator[19], die in dem der „Hypothese Keplers" gewidmeten Kapitel 20 die Boulliau-Wardsche Hypothese durch den Keplerschen Flächensatz ersetzten und den wohl besten Überblick über den Stand zeitgenössischer astronomischer Forschung anboten. Sie wurden von Newton gründlich durchgearbeitet und dürften den größten Einfluß auf seine astronomischen Kenntnisse gehabt haben, zumal er in den 1670er Jahren mit Mercator vor allem über die Mondbewegung korrespondiert hatte[20]. Nicolaus Mercator hatte sich bereits in einem in den *Philosophical Transactions* von 1670 erschienenen Artikel kritisch mit Cassinis Theorie der Planetenbewegung auseinander gesetzt und darin auf den Flächensatz als die von Kepler stammende Beschreibung der wahren Planetenbewegung verwiesen, nachdem er noch in seiner 1664 in London publizierten *Hypothesis Astronomica Nova et Consensus ejus cum Observationibus* eine vom zweiten Gesetz Keplers und auch von Boulliaus und Wards Hypothesen für die Variation der Geschwindigkeit der Planeten auf ihren Umlaufbahnen abweichende Hypothese angeboten hatte.

Aus Robert Hookes *Lectures and Collections* von 1678 konnte Newton die „Methode Keplers" zur Bestimmung der Lage der von Kepler angenommenen geradlinigen Kometenbahn entnehmen[21].

Aber auch wenn Newtons eigene Bibliothek keine astronomischen Werke von Kepler enthielt, konnte er solche in den Bibliotheken der Colleges und der Universität in Cambridge oder der ihm bis zu dessen 1677 erfolgten Tod zugänglichen Bibliothek von Isaac Barrow einsehen, wo er z. B. die *Epitome Astronomiae Copernicanae* von Kepler finden konnte[22]. Ob Newton von diesen

---

[19]   Harrison, S. 191, Nr. 1072.
[20]   Siehe Derek T. Whiteside, „Newton's early thoughts on planetary motion: a fresh look", *British journal for the history of science* 2, 1964, S. 117-137.
[21]   Harrison, S. 162, Nr. 795.
[22]   Siehe Harrison S. 60-62.

Möglichkeiten Gebrauch machte, kann man seinen erhaltenen Briefen und handschriftlichen Aufzeichnungen nicht entnehmen. Diese Quellen geben allenfalls über von Kepler behandelte Gegenstände nicht aber über die Werke Auskunft, aus denen er sich über sie informiert hatte. So war der für Newtons dritte Definition im ersten Buch der *Principia* und für die *Lex prima* centrale Begriff *inertia* durch Kepler in die Physik und Astronomie eingeführt worden. Auch wenn sich Keplers Verständnis von *inertia* von dem Newtons unterscheidet, wäre es für Newton angemessen gewesen, auf Kepler als Schöpfer dieses Begriffs zu verweisen. In den gedruckten Versionen der *Principia* mit all ihren Varianten fehlt jeder Hinweis auf Keplers *inertia*.

Die Herausgeber der kritischen Ausgabe der *Principia* I. B. Cohen und Koyré fanden allerdings ein für Ergänzungen und Änderungen durchschossenes Exemplar der zweiten Auflage, in das eine Randbemerkung und ein Zettel in Newtons Handschrift eingefügt war mit dem Hinweis[23]:

> Ich verstehe unter dem Begriff *vis inertiae* nicht den Keplers, demzufolge Körper zur Ruhe neigen, sondern die Kraft, im selben Zustand zu verbleiben, sei es der Ruhe oder der Bewegung.

Keplers inertia-Begriff ist in der 1710 veröffentlichten *Théodicée* von Leibniz beschrieben[24]. Newton besaß ein Exemplar der *Théodicée*, das er ersichtlich aus dem für ihn typischen dogearing, also Markierung relevanter Stellen durch Eselsohren, auch gelesen hat. Damit ist eine mögliche Quelle für Newtons Kenntnis von Keplers inertia-Begriff gegeben[25], die jede weitere Suche nach einer Lektüre Newtons von Keplers einschlägigen Schriften überflüssig machen könnte.

In den *Principia* taucht Keplers Name erst im dritten und letzten Buch über das Weltsystem auf.

---

[23] I. Bernard Cohen, *Introduction to Newton's 'Principia', op. cit.*, S. 28 : „Non intelligo vim inertiae Kepleri qua corpora ad quietem tendunt sed vim manendi in eodem seu quiescendi seu movendi statu".

[24] Leibniz beschreibt Keplers *inertia* in § 380 seiner *Théodicée* : „Kepler, mathématicien moderne des plus excellents, a reconnu une espèce d'imperfection dans la matière, lors même qu'il n'y a point de mouvement déréglé: c'est ce qu'il appelle son inertie naturelle, qui lui donne une résistance au mouvement par laquelle une plus grande massse reçoit moins de vitesse d'une même force" (*Essais de Théodicée sur la bonté de Dieu, la liberté de l'homme et l'origine du mal*, éd. J. Brunscwig, Paris, Garnier Flammarion, 1969, S. 342).

[25] I.B. Cohen, *The Newtonian Revolution*, Cambridge 1980, S. 190.

Da Newton sich bereits im ersten Buch der *Principia* mit den von Kepler gefundenen und nach ihm benannten drei Gesetzen befaßt hatte, um sie zunächst als Folge einer im umgekehrten Verhältnis des Abstandsquadrats wirkenden Zentralkraft darzustellen, ohne deren Entdecker Kepler zu nennen, hatte er eine auch damals von manchen Zeitgenossen so empfundene moralische Verpflichtung verletzt. Dass Newton, auch wenn er über die von Kepler gefundenen Planetengesetze nur über andere wie Thomas Streete oder Nicolaus Mercator erfahren haben sollte, genau wußte, auf wenn sie zurückgehen, zeigt sein den *Principia* vorangehendes Manuskript *De Motu*, in dem er die beiden ersten Keplerschen Gesetze mit ausdrücklichen Verweis auf Kepler erwähnte :

> Deshalb kreisen die größeren Planeten auf elliptischen Bahnen, die einen Brennpunkt im Mittelpunkt der Sonne aufweisen, und überstreichen mit ihren zur Sonne gezogenen Radien den [verflossenen] Zeiten entsprechende Flächen, genau wie Kepler angenommen hat.

In späteren Manuskripten, die die Entwicklung des Infinitesimalkalküls betreffen, konstatierte Newton, dass er den Kalkül in den Jahren 1676 bis 1678 benutzte – seine Zeitangaben schwanken – um die ersten beiden Keplerschen Gesetze zu beweisen[26].

Newton suchte auch nach einer Rechtfertigung für die Nichtnennung Keplers in den ersten beiden Büchern der *Principia* und fand sie in der Behauptung, dass es sich bei den von Kepler formulierten Planetengesetzen nur um weder physikalisch begründete noch um mathematisch bewiesene Annahmen handelte.

In seiner Auseinandersetzung mit Hooke über das Konzept einer Gravitationskraft hatte Newton in einem Brief an Halley vom 20. Juni 1686[27] dazu näheres ausgeführt. In dem Brief hatte Newton gegen den ihm von Halley am 22. Mai 1686[28] mitgeteilten Anspruch Hookes auf das Konzept einer einem inversen Abstandsquadratgesetz folgenden Gravitation, das Newton von Hooke übernommen haben sollte, ziemlich erregt argumentiert. Danach hatte Newton 1675 oder 1676, also vor er 1679 von Hooke in Briefen von dessen Hypothese informiert wurde, eine Hypothese bei der Royal Society hinterlegt mit einem Hinweis auf die Ursache der zwischen Erde, Sonne und den Planeten wirkenden Gravitation in einer Form, die nach Newtons sophistischer Argumentation

---

26 *Ibid.* S. 295 f.
27 *The correspondence of Isaac Newton* (Ed. H. W. Turnbull) Vol. II, Cambridge 1960, S. 435-437 mit einer langen zusätzlichen Erklärung S. 437-440.
28 *Ibid.*, S. 431 f.

zumindest für jemanden mit ausreichenden mathematischen Fähigkeiten ein inverses Abstandsquadratgesetz implizierte. Dem hatte Newton hinzugefügt[29]:

> Selbst angenommen, ich hätte dieses Gesetz erst später von Hooke erhalten, so habe ich doch einen ebenso großen Anspruch darauf wie auf eine Ellipse [als Bahnform der Planeten]; denn wie Kepler wußte, dass die Umlaufbahn nicht kreisförmig sondern oval ist und sie als elliptisch annahm, so kann Herr Hooke in Unkenntnis meiner Entdeckungen seit seinen an mich gerichteten Briefen nicht mehr wissen, als dass ein Quadratgesetz näherungsweise für große Abstände vom Zentrum gilt, das er nur als genau gültig annahm, wobei er fälschlich dessen Gültigkeit bis zum eigentlichen Zentrum ausdehnte, während Kepler zu Recht eine elliptische Bahnform annahm. Und so fand Hooke weniger von diesem Gesetz als Kepler von der elliptischen Bahnform. Es gibt einen so starken Einwand gegen die strenge Gültigkeit dieses Gesetzes, dass ohne meine Beweise, die Herrn Hooke völlig unbekannt sind, kein kritischer Naturforscher an ihre strenge Gültigkeit glauben kann. Und da ich so das Problem erledigt habe, behaupte ich so viel zu diesem Gesetz wie für die elliptische Bahnform beigetragen zu haben und dass mir darauf ein ebenso großer Anspruch von Herrn Hooke und der ganzen Menschheit zugestanden werden muß wie andererseits [auf die elliptische Bahnform] von Kepler.

Newton beanspruchte also als derjenige, der die drei Keplerschen Planetengesetze zunächst unter der Voraussetzung einer im umgekehrten Verhältnis des Abstandsquadrates wirkenden Zentralkraft abgeleitet und dann deren strenge Gültigkeit unter der Wirkung seiner universellen Gravitationskraft wieder außer Kraft gesetzt hatte, für sich einen Wissensstand, der weit über die aus seiner Sicht bloßen Annahmen Keplers hinausging und deshalb Keplers Nennung in den rein mathematischen Teilen der *Principia* überflüssig erscheinen ließ.

Dass Newton von der Gültigkeit des Flächensatzes vor der Abfassung von *De Motu* und der nachfolgenden *Principia* überzeugt war und sich darin mit den Astronomen seiner Zeit einig glaubte, obwohl Kepler selbst mit seinem mit dem Flächensatz inkompatiblen Radiensatz eine alternative Beschreibung der variablen Geschwindigkeiten der Planeten bei ihrem Umlauf um die Sonne angeboten und eine Reihe von Astronomen vor und nach dem Erscheinen der *Principia* andere Konstruktionen angeboten hatten, ist auf den Einfluß von Nicolaus Mercator zurückzuführen. Damit wird auch deutlich, wie gering Newtons Kenntnisse über die einschlägige Literatur waren[30].

Dass Mercator die die drei Planetenbewegungsgesetze umfassende Keplersche „Hypothese" zumindest als die wahrscheinlichste ansah und damit auch die

---

[29] *Ibid.*, S. 436 f.
[30] Derek T. Whiteside, 1964, S. 131.

Fellows der Royal Society überzeugte, zeigt der Anhang von Edmond Halleys 1679 in London erschienenen *Catalogus stellarum australium*. Dort hatte Halley Horrocks Mondtheorie skizziert, in der es heißt[31]:

> Jedenfalls beschreibt der Mond bei seinem Umlauf auf der zusammengedrückten Bahn gleiche Flächen in gleichen Zeiten, welche ausgezeichnete Entdeckung Keplers...

Newton selbst hat, wenn auch lange nach dem Erscheinen der *Principia*, in einem Manuskript *Theoria Lunae*, das mutmaßlich vor 1702, als Newtons *A Theory of the Moon* in einem von David Gregory herausgegebenen Werk erschien[32], auf Kepler als den ersten Entdecker der ersten beiden nach ihm benannten Gesetze verwiesen[33].

Nur im allgemeinverständlicher abgefaßten dritten Teil „Über das Weltsystem" der *Principia* erschien es Newton angemessen, Kepler einige Male zu erwähnen. Er tat dies zunächst nur bei dem von ihm als viertes geschilderten Phänomen, daß die Umlaufzeiten der Planeten Merkur, Venus, Mars, Jupiter und Saturn sowie der Erde um die Sonne „im anderthalbfachen Verhältnis zu ihren mittleren Abständen von der Sonne" stehen. Im Anschluß an diese Aussage bemerkte Newton: „Dieses von Kepler entdeckte Verhältnis ist allgemein anerkannt".

Nach der Feststellung, dass über die Umlaufzeiten der Planeten unter den Astronomen Einigkeit besteht, versicherte Newton den von Kepler und Boulliau aus Beobachtungen sorgfältig ermittelten und nur wenig von einander abweichenden Daten über die Dimensionen der Umlaufbahnen größte Zuverlässigkeit.

Später verwies Newton in einem Scholium der dritten Auflage der *Principia* nochmals auf Kepler als Entdecker des dritten Gesetzes[34].

Andere beiläufige Bemerkungen wie die, dass der Erddurchmesser nach Kepler und anderen von der Sonne aus unter einem Winkel von 40" erscheint[35], oder dass Kepler die Beobachtung des dritten Kometen von 1618 am 7. Januar 1619 einstellte, weil er den Kometenkopf nicht mehr ausmachen konnte[36], sind kaum geeignet, Keplers Image in den Augen der Leser der *Principia* wesentlich zu

---

[31] S. 12, siehe *The correspondence of Isaac Newton*, op. cit., Vol. V, S. 297.
[32] David Gregory, *Astronomiae Physicae et Geometriae Elementa*, London 1702 ; siehe *The correspondence of Isaac Newton,* op. cit., Vol. IV, S. 5.
[33] *The correspondence of Isaac Newton*, op. cit., Vol. IV, S. 1.
[34] S. 398.
[35] Nur in der 1. Auflage der *Principia*.
[36] *Principia*, 3. Auflage, S. 483.

beeinflussen. Dies gilt auch für eine Hypothese Keplers über die Entstehung der Kometenschweife aus deren Köpfen durch die Einwirkung des Sonnenlichts, die Newton immerhin als „nicht völlig vernunftwidrig" würdigte[37].

Das Problem der Saturnbahn

Newton hat sich allerdings für die Auswirkung seines Gravitationsprinzips auf die Keplergesetze konkret auf die Saturnbahn im Fall einer Konjunktion zwischen Jupiter und Saturn interessiert. Er hat dazu aber nicht selbst beobachtet und die beobachteten Saturnpositionen mit den in den Rudolphinischen Tafeln angegebenen verglichen, sondern diese Aufgabe an den Astronomer Royal Flamsteed weitergeleitet, wie Newtons Briefwechsel mit Flamsteed zur Zeit der Abfassung der *Principia* zeigt. Newton war offenbar davon überzeugt, dass die Angaben in Keplers *Tabulae Rudolphinae* bezüglich der Saturnbewegung in der Nähe einer Konjunktion mit Jupiter falsch sein müssten, weil Saturn bei Annäherung des schneller um die Sonne kreisenden Jupiter aufgrund von dessen Anziehung abgebremst und nach der Kunjunktion gezogen von Jupiter beschleunigt werden müßte. In diesem Sinn schrieb Newton am 30. Dezember 1684 an Flamsteed nach der Feststellung, dass die Saturnbahn von Kepler zu klein angenommen ist, um sein drittes Gesetz erfüllen zu können, dass sich Saturn bei jeder Konjunktion mit Jupiter aufgrund der Einwirkung des Jupiter etwa zwei Sonnenradien außerhalb seiner üblichen Bahn und für den restlichen Umlauf ebensoviel oder mehr innerhalb seiner üblichen Bahn bewegen sollte[38]. Möglicherweise war das, wie Newton vermutete, der Grund für Keplers zu kleinen Wert. Warum sich der Abstand des Saturn von der Sonne bei einer Konjunktion mit Jupiter vergrößern sollte, ist, da ja die Anziehungskraft von Jupiter im Vergleich zu einer Opposition wesentlich größer ist, nicht unmittelbar einzusehen. Auch das Argument, dass bei Annäherung von Jupiter eine Verlangsamung der Bahngeschwindigkeit von Saturn nur durch eine Vergrößerung des Abstands von der Sonne kompensiert werden könnte, sollte der Flächensatz unverändert gelten, kann für Newton keine Rolle gespielt haben, weil er nicht zwischen der Zeit vor und nach der Konjunktion unterscheidet.

In seinem Brief an Flamsteed fügte Newton hinzu[39]:

---

[37] *Ibid.*, S. 514.

[38] Setzt man die Gültigkeit des Flächensatzes trotz der Störung voraus, so muß der Radiusvektor bei einer Verlangsamung größer werden und umgekehrt.

[39] *The correspondence of Isaac Newton, op. cit.*, Vol. II, S. 407.

Aber ich würde gerne wissen, ob Sie jemals bei Saturn beträchtliche Abweichungen von Keplers Tafeln zur Zeit seiner Konjunktion mit Jupiter festgestellt haben. Die größte Abweichung sollte meiner Meinung nach im Jahr vor der Konjunktion, wenn Saturn 3 oder 4 Sternzeichen von der Sonne *in consequentia* entfernt ist, oder im darauffolgenden Jahr auftreten, wenn Saturn ebenso weit von der Sonne *in antecedentia* entfernt ist.

Flamsteed antwortete darauf am 5. Januar 1684/85, dass sich Abweichungen bei Saturn gegenüber Kepler feststellen lassen, die aber nicht immer gleich groß sind, sondern bei den Quadraturen erwartungsgemäß geringer sind und durch geringfügige Veränderungen der Zahlen ausgeglichen werden können. Dies zeigen die neuen Tafeln für Saturn, die Halley auf Veranlassung Flamsteeds berechnet hatte. Seine eigenen Verbesserungen der Werte für Jupiter führten zu einer guten Übereinstimmung mit den Beobachtungen. Allerdings sähe er sich im Moment nicht in der Lage, die Frage mit der erforderlichen Genauigkeit zu beantworten, um die von Newton vermutete Abweichung des Saturn von seiner Bahn definitiv ausschließen zu können. Er wird sich aber mit dieser Frage im nächsten Trimester (term) beschäftigen. Offen gestanden kann er sich angesichts des Abstands von vier Erdbahnradien zwischen den beiden Planeten bei einer Konjunktion die von Newton vermutete Störung in Form einer negativen oder positiven Abstandsänderung nicht vorstellen, zumal die Massen der beiden Planeten im Vergleich zur Masse der Sonne, „dem größten und stärksten Magneten des Systems" als klein zu betrachten sind. Als Vergleich verwies Flamsteed auf die bisher gefundenen stärksten Magneten, die auf eine Entfernung von 100 Yards keinerlei nachweisbare Wirkung aufeinander oder eine Magnetnadel aufweisen. Dabei ist das Verhältnis des Abstands von etwa 40000 Erddurchmessern zwischen den beiden Planeten zu deren Durchmessern wesentlich größer als das von 100 Yards zum Durchmesser eines solchen Magneten. Dies sei allerdings nur eine Anregung und möglicher Weise mißverstehe er den Grund für Newtons Vermutung. Er fuhr dann fort[40]:

> Ich weiß, dass Keplers Abstände von Saturn nicht mit dem eineinhalbfachen Verhältnis übereinstimmen und dass auch die von Jupiter berichtigt werden müssen; beide müssen verändert werden, vor man sich mit der Frage beschäftigt, ob Jupiters Bewegung irgendeinen Einfluß auf die von Saturn im Jahr vor oder nach der großen Konjunktion hat. Ich werde das gerne versuchen, sobald unser kaltes Wetter aufhört und ich ein wenig Zeit erübrigen kann.

---

[40] *Ibid.*, S. 408 f.

In seiner Antwort an Flamsteed vom 12. Januar 1684/85 betonte Newton, dass seine Vermutung einer Abstandsänderung zwischen Jupiter und Saturn in Unkenntnis ihrer gegenseitigen Anziehung aufs Geratewohl (at random) erfolgte, seit er aber über Flamsteeds Zahlen für Jupiter verfügte, sei ihm klar, dass er dessen Anziehungskraft überschätzte. Für Saturn sei er noch immer in Verlegenheit. Flamsteeds Mitteilung über den Fehler in den Rudolphinischen Tafeln für Jupiter und Saturn habe einige seiner Bedenken zerstreut. Newton war schon bereit, an eine ihm unbekannte Ursache für die Abweichung vom dritten Gesetz zu glauben. Die gegenseitigen Anziehungskräfte der beiden Planeten erschienen ihm nicht ausreichend, eine solche Abweichung zu erklären; deswegen hatte er die Anziehungskraft von Jupiter größer eingeschätzt als sie nach Flamsteeds Zahlen sein dürfte. Er bittet Flamsteed um Angabe der von Flamsteed und Halley in den neuen Tafeln bestimmten großen Halbmesser der Bahnen von Jupiter und Saturn, um zu sehen, wie weit das dritte Gesetz zusammen mit einer kleinen zuzugestehenden Korrektur am Himmel gilt.[41]

Am 27. Januar 1684/85 teilte Flamsteed seine Überlegungen zu dem unter der Voraussetzung eines Ausstoßes aus seiner Bahn zu erwartenden Beobachtungsorten des Saturn mit, die kaum wahrnehmbar wären, obwohl in den Quadraturen beobachtet. Hingegen wäre die Veränderung des Beobachtungsorts von Jupiter durchaus wahrnehmbar, wenn er in gleicher Weise aus seiner Bahn gedrückt würde[42].

Es dauerte bis zum 19. September 1685 bis Newton sich speziell für die Informationen über Saturn bedankte[43]. Damit scheint das Thema in der Korrespondenz zwischen Newton und Flamsteed abgeschlossen zu sein. Ob Newton in der langen Zeit von beinahe acht Monaten noch weitere Auskünfte von Flamsteed über die Saturnbahn erwartet oder vielleicht sogar erhalten hatte, ist nicht klar. Wahrscheinlich ist aber der Briefwechsel in dieser Form vollständig. Er zeigt, dass Newton noch Anfang 1685 an die Möglichkeit glaubte, das dritte Keplersche Gesetz, wenn auch nur geringfügig, modifizieren zu müssen. Hintergrund dafür waren offenbar konkrete Rechnungen über die Veränderung des Saturnabstands von der Sonne unter dem Einfluß von Jupiter. Diese Rechnungen scheinen verloren zu sein ; sie finden sich jedenfalls weder in den erhaltenen Briefen Newtons an Flamsteed noch in den *Mathematical papers*.

---

[41] *Ibid.*, S. 412/13.
[42] *The correspondence of Isaac Newton*, op. cit., Vol. II, Cambridge 1960, S. 414 f.
[43] *Ibid.*, S. 419.

Die von mir konsultierten Fachleute[44] konnten zu der Frage, wie Newton die
Veränderung der Saturnbahn unter dem Einfluß von Jupiter bestimmt haben
könnte, nur Vermutungen äußern. Die einfachste Erklärung einer Verschiebung
des gemeinsamen Schwerpunkts des Systems Sonne, Jupiter und Saturn beim
Übergang von Opposition zu Konjunktion der beiden Planeten würde bei einem
gegenüber dem von Jupiter ungestörten Saturn unveränderten Abstand des Saturn
von diesem gemeinsamen Schwerpunkt und bei Annahme einer entsprechenden
Jupitermasse eine Vergrößerung des Saturnabstands vom Sonnenmittelpunkt in
der von Newton angegebenen Größenordnung von einem Sonnendurchmesser
ergeben[45]. Eine andere Erklärung liefert die spontane Änderung der Bahnparameter
bei Auftreten einer Störung. So könnte unter geeigneten Bedingungen eine
Verkürzung der großen Halbachse und eine Verlängerung der kleinen Halbachse
und damit eine der Newtonschen Vermutung zumindest teilweise entsprechende
Veränderung der Saturnbahn eintreten[46].

Thesen über die Bekanntheit und Akzeptanz der Keplerschen Gesetze vor 1687

Der These Cohens von dem erst durch die *Principia* ausgelösten Interesse an
den Keplergesetzen steht die von Russell gegenüber[47], wonach die Keplergesetze
auch vor 1687 wohl bekannt und auch zumindest von einem Teil der
angeseheneren Astronomen vor Newton akzeptiert waren, was allerdings für
den Flächensatz von Whiteside bestritten wurde[48]. Whiteside verstand Newtons
Kennzeichnung des Flächensatzes in den *Principia* als „Astronomis notissima"[49]
als Indiz für Newtons weitgehende Unkenntnis der einschlägigen astronomischen
Literatur.

Aus den offenbar einander widersprechenden Thesen von Cohen und Russell
versuchte der Wissenschaftstheoretiker Baigrie eine Teilsynthese mit der Einführung
einer Unterscheidung zwischen nur bekannten und wichtigen Problemen zu

---

[44] Prof. (em.) Dr. Peter Brosche Universität Bonn, Prof. (em.) Dr. Manfred Schneider
     TUM und Dr. Oliver Muntenbruck von der DLR.
[45] Von mir modifizierter Vorschlag des Astronomen und Geodäten Dr. Oliver
     Muntenbruck vom 22.12.08.
[46] Mitteilung von Prof. (em.) Dr. Manfred Schneider.
[47] J. L. Russell, „Kepler's laws of planetary motion: 1609-1666", *British Journal for the
     History of Science*, 2, 1964, S. 1-24.
[48] Derek T. Whiteside, „Newton's early thoughts on planetary motion: a fresh look", art.
     cit., S. 131.
[49] *Principia*, 1. Auflage, S. 404.

konstruieren[50]. Danach hatte Russell durch den Nachweis der Bekanntheit der Keplerschen Gesetze diesen angesichts der vorhandenen Alternativen dazu den Status von bekannten Problemen oder besser Problemlösungen gesichert. Die von Cohen beobachtete Prominenz der Keplerschen Gesetze erst nach Erscheinen der *Principia* führte Baigrie auf deren Übergang von nur bekannten zu wichtigen Problemlösungen zurück, der durch Newtons Nachweis der Unverträglichkeit der drei Keplerschen Gesetze als Gesamtheit mit der für die Cartesianer konstitutiven Wirbeltheorie in den *Principia* erfolgt war. Es war Leibniz, der nach Baigrie in seinem 1689 in den *Acta Eruditorum* veröffentlichen *Tentamen de motuum cœlestium causis* (1689)[51] auf diese Problematik hingewiesen hatte. Baigrie, der sich für seine Interpretation im wesentlichen auf die Arbeiten der Wissenschaftshistoriker Cohen und Russell stützte, war überzeugt davon, dass die Cartesianer, zu denen er Leibniz trotz dessen heftiger Kritik an Descartes zählte, vor der ersten Auflage der *Principia* keinerlei Interesse an den Keplerschen Gesetzen hatten.

Der führende Vertreter einer cartesianischen Position in den damals noch als Naturphilosophie bezeichneten Naturwissenschaften war nicht Leibniz, der auch kaum als Cartesianer anzusprechen ist, sondern Christiaan Huygens. Huygens Haltung gegenüber den Keplergesetzen stimmt mit Baigries These insofern überein, als Huygens erst nach 1687 bereit war, die Keplerschen Gesetze in ihrer Gesamtheit, wenn auch nur wie bei der elliptischen Bahnform seinem Geschmack entsprechend und damit als sehr wahrscheinlich aber eben nicht endgültig anzuerkennen. Andererseits geht Huygens' Interesse an und Beschäftigung mit Keplers Werk und insbesondere den nach Kepler benannten Gesetzen zeitlich viel weiter zurück.

Christiaan Huygens' Auseinandersetzung mit Keplers Werk

Anders als Newton besaß Christiaan Huygens, wie der nach seinem Tod 1695 veröffentlichte Katalog seiner Bibliothek zeigt, die meisten der von Kepler veröffentlichten Werke. Darüberhinaus standen Christiaan Huygens privat die auch in Bezug auf Kepler reichhaltigen Bibliotheken seines Vaters und seines Bruders Constantyn zur Verfügung. Offenbar stand Huygens mit

---

[50] Brian S. Baigrie, „Kepler's laws of planetary motion, before and after Newton's Principia: An essay on the transformation of scientific problems", *Studies in History and Philosophy of Science* Part A 18, 1987, S. 177-208.

[51] *Ibidem*, S. 194.

verschiedenen Buchhändlern in Verbindung, die ihm oder seinen Brüdern die jeweils gewünschten Werke von Kepler und anderen beschafften. In seinen Pariser Jahren erhielt Huygens auch viele Informationen über einschlägige Literatur von Mitgliedern der neu gegründeten Académie des sciences.

Huygens hat die ihm zugänglichen Werke Keplers, ersichtlich aus seinen veröffentlichten Werken und seinen nachgelassenen Schriften einschließlich seines Briefwechsels, auch gelesen und sich damit auseinandergesetzt. So besaß Christiaan ebenso wie sein älterer Bruder Constantyn, dem er, wie sein Briefwechsel mit Frans van Schooten zeigt[52], bei deren Beschaffung behilflich war, die *Astronomia Nova* von 1609. Dazu kamen die astronomischen Werke *De stella nova* von 1606, *Harmonices Mundi* von 1619, *De cometis libelli tres* von 1619, die in seiner Bibliothek zweimal vorhandene *Epitome Astronomiae Copernicanae* von 1618-1621, *Tychonis Brahei Dani Hyperaspistes adversus Scipionis Claramontii Anti-Tychonem* von 1625, die *Tabulae Rudolphinae* in der Erstausgabe von 1627 mit einem Anhang von 1629 sowie das erst posthum veröffentlichte *Somnium seu opus posthumum de Astronomia lunari* von 1634. Von den optisch orientierten Werken waren in Huygens Bibliothek vorhanden *Ad Vitellionem paralipomena, quibus Astronomiae pars optica traditur* von 1604, die *Dissertatio cum nuncio sidereo* von 1610 und natürlich die *Dioptrice* von 1611. Außerdem besaß Huygens die *Strena seu de nive sexangula* von 1611 sowie Keplers Briefwechsel mit Gelehrten aus den Jahren 1606-1611, die *Eclogae Chronicae* von 1615.

Ein Beispiel dafür, dass sich Huygens mit Keplers Werken auch befaßt hat, bietet die inhaltlich abgelegener erscheinende *Strena*, in der u. a. vom Auftreten einer Zylinderform in einem Schneekristall die Rede ist; sie diente Huygens später zu einer Assoziation für ein ähnliches Phänomen bei Nebensonnen in einem längeren Manuskript über Coronen und Nebensonnen[53]. In der *Epitome Astronomiae Copernicanae* fand Huygens einen Fehler in Keplers Zeitrechnung[54]. In den handschriftlichen „Chartae astronomicae" erwähnt Huygens Keplers *Ad Epistolam Jacobi Bartschii responsio* von 1629, in der Kepler die Sonnenstrahlen beim Landgrafen Philipp von Hessen durch einen Tubus von 50 Fuß Länge durch ein erbsgroßes Loch an dem der Sonne zugewandten Ende auf ein weißes Papier am anderen Ende projizierte. Damit konnte er die Sonnenflecken und auch einen Planetendurchgang vor der Sonne sehr gut beobachten. In seiner

---

[52] Briefe von und an van Schooten vom 29. Mai und 5. Juni 1655, *Œuvres Complètes de Christiaan Huygens*, Bd. 1-22, La Haye 1888-1950 (*OC*) 1, S. 327-329.
[53] *OC* 17, S. 387, 513 und 516.
[54] *OC* 21, S. 237.

Aufforderung an die Astronomen solchen Durchgängen besondere Beachtung zu schenken, hatte Kepler bekannt, wie hier Huygens bemerkte, dass er 1607 einen Sonnenfleck für den Merkur hielt[55].

Vor allem in der Optik setzte sich Huygens mit Keplers Beiträgen wenn auch kritisch, aber doch mit dem Respekt auseinander, den man sonst einem auf diesem Gebiet arbeitenden fachlich ausgewiesenen Zeitgenossen zollt. So bemerkte Huygens in einem Brief an Tacquet vom 10. Dezember 1652, dass Kepler im Gegensatz zu ihm vergeblich versucht hatte, den Brennpunkt für eine bikonvexe Linse zu bestimmen, deren Seiten unterschiedliche Krümmung aufweisen[56]. Als einen Grund für die Defizite in Keplers Dioptrik verwies Huygens auf Keplers Unkenntnis des von Descartes formulierten Brechungsgesetzes[57]. Als Bernardus Fullenius, der spätere Mitherausgeber von Huygens' *Opera posthuma*, in einem Brief vom 10. August 1683 an Huygens Kepler als Autor der *Dioptrice* vorwarf, die notwendigen Schlüsse aus den Voraussetzungen nicht gezogen und sich statt auf einen sicheren zweifelsfreien mathematischen Beweis eher auf Vermutungen gestützt zu haben, wie Keplers Konstruktion des durch ein System von zwei konvexen Linsen erzeugten Bildes zeigt[58], räumte Huygens in seiner Antwort vom 12. Dezember 1683 ein, dass auch Keplers Darstellung der Dioptrik noch viele Wünsche offen läßt. Wenn auch Kepler seine Vorgänger bei weitem übertraf, „hinterließ er doch sehr vieles und auch grundlegendes ungeklärt, was zum Beispiel die Bestimmung des Punktes anlangt, an dem die von einem gewissen Punkt oder zu einem Punkt ausgehenden Strahlen zusammentreffen"[59]. Nichtsdestotrotz war Huygens noch 1668, wie er am 11. Mai an seinen Bruder Constantyn schrieb, der Meinung[60]:

> Was einen Autor über Dioptrik angeht, kenne ich bis jetzt nichts besseres als Kepler, von dem es ein Exemplar in der Bibliothek meines Vaters gibt, außer dem, welches ich weggenommen habe, das mit anderen Traktaten zusammengebunden ist.

Huygens hatte Keplers *Dioptrice* von Grund auf studiert. Ihm waren deren Schwächen wie der Mangel eines Brechungsgesetzes, die Beschränkung auf einige Spezialfälle bei der Bestimmung des Brennpunktes von Linsen wie einer

---

55   *OC* 21, S. 336.
56   *OC* 1, S. 201-205, speziell S. 204.
57   Brief an G. A. Kinner a Löwenthurn von Januar 1654, *OC* 1, S. 268.
58   *OC* 8, S. 444.
59   *OC* 8, S. 476.
60   *OC* 6, S. 215.

bikonvexen Linse gleicher Krümmung auf beiden Seiten ebenso bekannt wie deren für die nachfolgende Entwicklung wichtige Vorleistungen. So hatte Kepler induktiv die allgemeine Lösung der Brennpunktbestimmung ebenso vorbereitet wie mit dem von ihm verwendeten Vergrößerungsbegriff die genaue Bestimmung von Wesen und Ausmaß der Vergrößerung des Bildes eines Gegenstands bei Teleskopen, wenn Art und Lage der Linsen gegeben sind. Huygens konnte in seiner erst 1703 posthum veröffentlichten *Dioptrica*, an der er immer wieder zwischen 1653 und 1692 gearbeitet hatte, auch den Aufbau des menschlichen Auges und Sehschwächen wie die Alterssichtigkeit von Kepler übernehmen. Anders als Newton war Huygens trotz aller Kritik in seiner Korrespondenz und in seinen nachgelassenen Schriften[61] immer bereit, Kepler als seinen bedeutendsten Vorgänger und entscheidenden Pionier der Dioptrik zu würdigen.

Kepler war auch als Astronom für Huygens eine Autorität, der Huygens zwar kritisch aber auch mit gebührender Achtung für seine Leistungen gegenüber stand. Mit welcher Aufmerksamkeit Huygens die astronomischen Werke Keplers studiert hatte, zeigen gelegentliche Bemerkungen über Einzelheiten, die dort enthalten sind.

Welche Rolle Kepler für die Diskussionen über astronomische Probleme zwischen Christiaan und seinem älteren Bruder Constantyn spielte, zeigt ein Brief vom 20. September 1682, in dem Constantyn seinen Bruder Christiaan um genauere Angaben über die Häufigkeit einer großen Konjunktion der oberen Planeten Mars, Jupiter und Saturn bat. Christiaan hatte nach der damals beobachteten Konjunktion der drei oberen Planeten behauptet, dass die nächste Konjunktion dieser Art nur nach vielen Jahrhunderten wieder zu beobachten sein wird. Der niederländische Botschafter Citters war nach Constantyn sogar der Meinung, dass die derzeitige erst die vierte seit Beginn der Schöpfung ist[62].

> Das was Sie über dieses angeblich so seltene Ereignis äußern, paßt auch nicht zu dem, was ich mich bei Kepler gelesen zu haben erinnere, nämlich von einer großen Konjunktion, die er zu seiner Zeit, die von unserer nicht sehr weit entfernt ist, beobachtet hat.

Die Antwort Christiaans auf diese Frage ist im erhaltenen Briefwechsel nicht zu finden, wahrscheinlich hat Christiaan die Frage seines Bruders bei einer persönlichen Begegnung beantwortet Er hätte dabei darauf verweisen können, dass Kepler zwar über Konjunktionen der drei oberen Planeten in seinem 1623 in Linz erschienenen *Discurs von der Großen Conjunction oder Zusammenkunfft*

[61] Huygens Schriften zur Dioptrik finden sich vor allem in *OC* 13.
[62] *OC* 8, S. 392.

Saturni und Jovis im Fewrigen Zaichen deß Löwen, so da geschicht im Monat Iulio des M. DC. XXIII. Jahrs berichtet hatte, wobei allerdings Mars zum Zeitpunkt der Konjunktion von Jupiter und Saturn einen größeren Abstand von den beiden Planeten aufwies, aber im Verlauf eines Umlaufs in den Jahren 1622 bis 1624 sowohl Jupiter als auch Saturn sehr nahe kam[63].

In den Auseinandersetzungen um die Bahn der beiden großen Kometen von Ende 1664 Anfang 1665 und von Mitte 1665 verteidigte Christiaan Huygens Keplers Annahme einer geradlinigen, wenn auch mit variabler Geschwindigkeit durchlaufenen Kometenbahn in verschiedenen Fällen, obwohl diese These von verschiedenen Seiten wie etwa dem astronomisch interessierten Festungsbauingenieur Pierre Petit bestritten wurde[64]. Huygens übernahm auch die in Keplers *De Cometis libelli tres* von 1619 mitgeteilte Methode der Lagebestimmung der angenommenen geradlinigen Kometenbahn. In diesem Sinn hatte Huygens an Johannes Schuler, einen 1676 in Breda verstorbenen Pastor und Lehrer, im März 1665 geschrieben; es erschiene ihm weder wahrscheinlich, dass, wie Schuler annimmt, die Kometenmaterie von den Planeten stammt, noch dass sie eine Kreisbewegung ausführen[65].

> Ich finde nämlich die Aussage von Kepler durch die Erscheinungen sowohl anderer Kometen als auch des Jüngsten hervorragend bestätigt, dass sich nämlich der Komet auf einer geraden Linie bewegt, und ich habe festgestellt, dass die Gerade unseres jetzigen zwischen den Umlaufbahnen von Mars und Erde mit beinahe gleichen Abstand von beiden hindurchgegangen ist; zu demselben Ergebnis kamen bedeutende Astronomen in England.

Wie eines der verschiedenen Manuskripte beweist, die sich mit „Mouvement absolu" beschäftigen und die wahrscheinlich alle nach dem Erscheinen der *Principia* Newtons niedergeschrieben wurden, blieb Huygens auch noch später bei der Annahme geradliniger Kometenbahnen[66].

Dass Huygens auch von anderer Seite auf die Keplersche These geradliniger Kometenbahnen hingewiesen wurde, zeigt ein Manuskript, das nach dem Auftreten des großen Kometen der Jahre 1680/81 verfaßt wurde. In § 4 des Manuskripts[67] verwies Huygens auf den Kometen gewidmeten Teil der 1654 veröffentlichten *Idea Trigonometriae demonstratae* von Seth Ward, dem späteren Bischof von

---

[63] f. D IV v. und in Johannes Kepler, KGW 11. 2, 237.
[64] Siehe Brief an Huygens vom 23. Januar 1665 in *OC* 5, S. 207.
[65] *OC* 5, S. 300.
[66] *OC* 16, S. 230.
[67] *OC* 19, S. 294.

Salisbury. Ward, der sich hier vor allem mit Gassendi auseinandersetzte, stand zwar der von Gassendi vertretenen geradlinigen Kometenbewegung skeptisch gegenüber, hielt es aber für nötig, seine Leser darüber zu informieren, dass Gassendi diese These Kepler entnommen hatte.

Auch wenn Huygens im folgenden § 5 dieses Manuskripts kritisch bemerkte, dass Kepler den Aufgang des Kometen außerhalb der Ebene der Ekliptik nicht genügend berücksichtigt hatte und deshalb zu falschen Ergebnissen gekommen war[68], bekräftigte er in § 6 „De Cometis" zunächst seine Übereinstimmung mit Kepler hinsichtlich einer geradlinigen Kometenbewegung, um dann auf Hookes *Lectiones Cutlerianae* von 1679 zu verweisen, in denen berichtet wird, dass Christopher Wren unter der Voraussetzung einer geradlinigen Kometenbewegung einen Weg zur Bestimmung der Kometenbahn aus vier „methodo Kepleri" gemachten Beobachtungen gefunden habe[69].

Huygens hat auch nie einen Zweifel daran gelassen, dass für ihn die Rudolphinischen Tafeln das zu seiner Zeit zuverlässigste Tafelwerk darstellten[70]. Möglicherweise hatte dazu eine Äußerung von Seth Ward in dessen Oxford 1653 veröffentlichter *In Ismaelis Bullialdi Astronomiae Philolaicae Fundamenta. Inquisitio brevis* beigetragen, wonach Boulliau seine Tafeln abweichend von den Rudolphinischen in Hinblick auf seine damals noch von Ward abgelehnte Hypothese korrigiert hatte.

Beispiele für Huygens' Vertrauen in die Rudolphinischen Tafeln sind ein im Anhang zu einem Brief von April 1673 an einen gewissen Royer aus Keplers Tafeln berechnete Angaben, „pour marquer les cercles de latitude sur la table Planétaire"[71] oder die Bestimmung der Zeitpunkte für das Eintauchen von Merkur in die Sonnenscheibe und seines Wiederauftauchens aus ihr, nachdem ein Versuch, den Vorbeigang des Merkur an der Sonne vom 7. November 1677 zu beobachten, wegen des bewölkten Himmels gescheitert war[72]. Auch kritische Bemerkungen wie im Brief an Hevelius vom 22. August 1661, wonach eine Konjunktion der Venus nach seiner und Hevelius Ansicht im Süden, nach Boulliau und Kepler im Norden wahrgenommen werden müßte[73], hinderten Huygens nicht daran, die meisten Daten wie Aphel, aufsteigenden

---

[68]   *OC* 19, S. 301 f.
[69]   *OC* 19, S. 307.
[70]   *OC* 19, S. 260 f.
[71]   *OC* 7, S. 272.
[72]   *OC* 15, S. 120.
[73]   *OC* 3, S. 314.

Knoten, Bahnneigung, Radiusvektor, Excentrizität für einen bestimmten Tag den Rudolphinischen Tafeln zu entnehmen[74].

Baigries These, dass die drei Keplergesetze erst nach der Rezeption der *Principia* vor allem durch die Cartesianer wirkliche Prominenz erreichten, die sich vorher nicht dafür interessierten, muß sich an Huygens' astronomischen Arbeiten bewähren. Dabei wird deutlich, dass Huygens Beschäftigung mit und Interesse an den drei Keplergesetzen nicht erst durch die *Principia* ausgelöst wurden.

Hinsichtlich einer Anerkennung der Keplerschen Planetengesetze verhielt sich Huygens lange Zeit ziemlich unentschieden. Leider ist nicht bekannt, ob und wenn, was Huygens auf eine Anfrage von Andreas Colvius vom 4. September 1659 zu seiner Meinung über Keplers *Harmonices mundi* geantwortet hat[75].

In astronomischen Beobachtungen von 1672 verwies Huygens auf Kepler, der das nach ihm benannte dritte Gesetz „als erster bei den Planeten, und Wendelin für die Jupitertrabanten beobachtet hat"[76]. Godefrid Wendelin (1580-1660), ein katholischer Niederländer, hatte in Rom studiert und war später als Pfarrer und zuletzt als Domherr in Rothenac tätig. Er gründete Schulen für Mathematik und unterhielt einen regen Briefwechsel mit vielen Gelehrten. Allerdings muß obige Aussage nicht unbedingt eine Frucht der Lektüre der Werke von Kepler und / oder Wendelin sein, sondern könnte dem 1651 erschienenen und Huygens bekanntem *Almagestum novum* von Riccioli entnommen sein, wo sich genau diese Aussage findet[77].

Huygens zeigte sich auch später hinsichtlich seiner Bereitschaft, die Keplergesetze anzuerkennen, stark von der Meinung zeitgenössischer Astronomen beeinflußt. Von der Gültigkeit aller drei Keplerschen Gesetze war er auch nach der Lektüre von Newtons *Principia* nicht endgültig überzeugt. Am längsten scheint er vor dem Hintergrund in der Literatur angebotener alternativer Modelle dem Flächensatz Keplers mißtraut zu haben. So ist Huygens noch 1686 nicht bereit, den Flächensatz anzuerkennen, obwohl er zu dieser Zeit Kepler zugestand, das Weltsysten nach Copernicus auf eine wunderbare Einfachheit und Einsichtigkeit gebracht zu haben[78].

---

[74] *OC* 21, S. 623.
[75] *OC* 2, S. 475.
[76] *OC* 15, S. 116.
[77] Giovanni Battista Riccioli, *Almagestum novum astronomiam verterem novamque complectens,* Bologna, 1651, S. 492.
[78] *OC* 20, S. 349f.

Nach welchen Gesetzen Huygens ein Planetarium konstruiert hatte, über das er in einem Brief vom 27. August 1682 dem allmächtigen französischen Minister Colbert berichtete, geht aus dem Text nicht hervor, er beschrieb das Planetarium ziemlich knapp wie folgt[79]:

> Eine in der Maschine eingeschlossene Uhr, die man alle acht Tage aufzieht, zeigt den Ablauf der Stunden, Tage, Jahre und aller Planeten genau ihren Umlaufzeiten entsprechend an, sowohl für die mittlere Bewegung als auch für die Ungleichheit, die erfordert, dass sie nach Maßgabe ihrer größeren Entfernung von der Sonne langsamer gehen, womit ich die Hypothese von Kepler wiedergegeben habe.

Eine ähnliche Beschreibung des Planetariums schickte Huygens am 6. Februar 1683 zusammen mit einer Zeichnung auch an S. Alberghetti, wobei er darauf hinwies, dass die Planetenbewegungen nach dem Copernicanischen System und nach den von Kepler angegebenen Verhältnissen sowie Ungleichheiten erfolgen[80].

Nach diesen Beschreibungen hatte Huygens zumindest das dritte Keplersche Gesetz für die Umlaufzeiten berücksichtigt. Inwieweit die beiden ersten Keplerschen Gesetze, insbesondere das zweite oder eine Alternative dazu für die angesprochenen Ungleichkeiten eine Rolle spielten, geht aus Huygens' Aussagen nicht hervor.

Auch in einer erstmals 1703 in den *Opuscula posthuma* veröffentlichten weiteren Beschreibung seines Planetariums, die mutmaßlich nach 1691 niedergeschrieben worden war, als Huygens für die Planetenbewegungen nur noch die Keplergesetze zugrunde legte, verwies er wie in seinem Brief an Colbert darauf, dass die Umläufe der Planeten nach dem System des Copernicus, aber den von Kepler angegebenen Verhältnissen entsprechend erfolgen.[81] Er führte darin weiter aus, dass er nicht nur die mittleren Bewegungen berücksichtigte, sondern auch die „Ungleichheit, die in Wirklichkeit den Planetenbewegungen innewohnt" nach den von Kepler erdachten Anomalien, denen bei den Astronomen höchste Autorität zukommt. Später hat Huygens diesen letzten Relativsatz ersetzt durch „denen bis jetzt die meisten Astronomen folgen"[82]. Obwohl Huygens nicht erläutert hat, was er unter

---

[79] *OC* 8, S. 376.
[80] *OC* 8, S. 408 f.
[81] *OC* 21, S. 590 f.
[82] *OC* 21, S. 607.

den genannten Anomalien versteht, kann dies dem noch erhaltenen, nach seinen Anweisungen gebauten Planetarium entnommen werden[83].

Dass Huygens im Zusammenhang mit Planetarien auch Keplers Bemerkung in der *Astronomia Nova* über Peter Apians Papierplanetarien im 1540 gedruckten *Astronomicum Caesareum* nicht entgangen war, mit der sich Kepler über den ihm überflüssig erscheinenden ungeheuer großen Aufwand ebenso lustig gemacht hatte wie allgemein über den Bau von Planetarien mit hunderten von Zahnrädern[84], zeigt ein Manuskript von Huygens aus dem Jahr 1682[85].

Die *Principia* hatten Huygens unter der für ihn noch hypothetischen aber für Newton unumstößlichen Voraussetzung der Gültigkeit des Gravitationsprinzips davon überzeugt, dass die Planetenbewegungen nur durch den Verbund aller drei Keplerschen Gesetze angemessen beschrieben werden können, wobei für Huygens die Aufhebung ihrer strengen Gültigkeit durch die Gravitationstheorie keine Rolle oder allenfalls eine vernachlässigbare Nebenrolle spielte.

Es ist richtig und wegen des für ihn nur hypothetischen Charakters des Gravitationsprinzips erklärlich, dass Huygens zunächst, wie andere Cartesianer auch, versuchte, die Verträglichkeit der Keplergesetze mit einer Wirbeltheorie nachzuweisen, trotz Newtons Aussage, dass ein solcher Nachweis nicht möglich ist. Es ging dabei nicht wie von Baigrie angenommen um die Rettung von Descartes' philosophischem System, dem Huygens in verschiedenen Punkten kritisch gegenüber stand, sondern um die damals einzig vorstellbare Möglichkeit, sich die von Newton unerklärt gelassene Kraftübertragung von einem Körper auf einen anderen Körper durch einen körperlichen Kontakt vorstellbar und damit verständlich zu machen.

Huygens behauptete in diesem Zusammenhang, mit einer Wirbeltheorie zumindest das erste und das dritte Keplersche Gesetz ableiten zu können.

Wie wenig Huygens bereit war, sich auch angesichts der mathematisch saubersten Darstellung der damals bekannten terrestrischen und extraterrestrischen Erscheinungen auf der Grundlage eines einzigen Prinzips, des Gravitationsprinzips, Newton vorbehaltlos anzuschließen, zeigt sein Briefwechsel mit Leibniz. Anlaß zu einer Diskussion über die *Principia* war ein von Leibniz in den *Acta Eruditorum* für Februar 1689 veröffentlichter Artikel *Tentamen de motuum coelestium causis*, in dem Leibniz versucht hatte, gegen die ihm bekannten Einwände von Huygens die

---

[83] Siehe dazu den Beitrag von Fabien Chareix: „Huygens et Kepler: variations autour de l'hypothèse copernicienne".
[84] *Astronomia nova*, S. 82 und in Johannes Kepler, *Gesammelte Werke*, Bd. 3, S. 142
[85] *OC* 21, S. 172.

Keplergesetze mit der Existenz eines einzigen großen einseitigen Sonnenwirbels zu erklären. Die Tatsache, dass alle Planeten die Sonne und alle damals bekannten Satelliten ihren jeweiligen Planeten im gleichen Uhrzeigersinn umkreisen, schien Leibniz ausreichend für seine Annahme eines solchen Sonnenwirbels[86].

Huygens hatte in einem Brief an Leibniz vom 8. Februar 1690 auf diesen Artikel reagiert[87]:

> Ich sehe, dass Sie sich in bezug auf die natürliche Ursache der elliptischen Bahnen der Planeten wieder mit ihm [Newton] einig sind. Aber bei der Behandlung dieses Gegenstands haben Sie bis jetzt nur eine Zusammenfassung seines Buches statt das Buch selbst gesehen; ich wüßte gerne, ob Sie seither nichts an Ihrer Theorie geändert haben, denn Sie führen dort die Wirbel von Herrn Descartes ein, die meiner Ansicht nach überflüssig sind, wenn man das System von Herrn Newton zuläßt, in dem sich die Planetenbewegung erklärt aus der Schwere gegen die Sonne und der vis centrifuga, die sich das Gleichgewicht halten.

Hier machte Huygens klar, dass für ihn auch nach der Lektüre der *Principia* die Keplergesetze nur bedingt gültig sind, nämlich unter den von Newton gemachten Voraussetzungen, die zu übernehmen oder abzulehnen er natürlich Leibniz' Ermessen überlassen wollte.

In seinem Brief an Huygens von Oktober 1690 berichtete Leibniz, der bereits Huygens' 1690 als Anhang zu seinem *Traité de la lumière* veröffentlichten *Discours de la cause de la pesanteur* gelesen hatte, dass er in Rom zum ersten Mal die *Principia* Newtons gesehen habe, die eine Menge schöner Dinge enthalten. Allerdings blieb Leibniz unklar, was Newton unter Schwere oder Anziehung versteht, für die Huygens eine äußerst subtile, alle Poren schwerer Körper durchdringende und erfüllende Materie verantwortlich gemacht hatte[88]:

> Es scheint, dass sie nach ihm [Newton] nur eine gewisse unkörperliche und unerklärliche Eigenschaft ist, während Sie sie sehr einleuchtend durch mechanische Gesetze erklären. Als ich meine Überlegungen über die harmonische Zirkulation (Circulation harmonique) anstellte, also im umgekehrten Verhältnis zu den Abständen, die mir erlaubte, auf die Keplersche Regel zu stoßen, nämlich der den Zeiten proportionalen Flächen, sah ich den außerordentlichen Vorzug dieser Art von Zirkulation…

Im selben Brief verwies Leibniz darauf, dass aus seinen Annahmen auch das dritte Keplersche Gesetz folgt. Dieses Gesetz, das inzwischen als auch für die Satelliten von Jupiter und Saturn gültig erkannt worden war, für die Planeten

---

[86] *OC* 21, S. 495.
[87] *OC* 9, S. 367 f.
[88] *OC* 9, S. 523.

des Sonnensystems gefunden zu haben, war, wie Leibniz betonte, das Verdienst von Kepler[89].

Ein Brief von Huygens vom 18. November 1690 machte Leibniz klar, dass Huygens nicht gewillt war, Newtons Gravitationsprinzip anzuerkennen[90]:

> Was die von Newton angegebene Ursache der Gezeitenbewegung anlangt, bin ich damit keineswegs zufrieden ebensowenig wie mit all seinen anderen Theorien, die er auf sein Anziehungsprinzip gründet, das mir absurd erscheint, wie ich schon im Zusatz zum *Discours de la Pesanteur* bezeugt habe. Ich habe mich auch oft darüber gewundert, wie er sich die Mühe machen konnte, so viele Untersuchungen mit schwierigen Berechnungen durchzuführen, die keine andere Grundlage haben als eben dieses Prinzip

In seinem Brief an Huygens vom 11. April 1692 kam Leibniz auf die Keplerschen Ellipsen zu sprechen, die aus einer dem Abstandsquadrat umgekehrt proportionalen Schwere folgen unabhängig von der Art ihrer Vermittlung nach Newton oder nach ihm selbst. Nach einem Verweis auf die dem vier Jahre nach den *Principia* erschienenem Mathematischen Lexikon von Jacques Ozanam entnommene, von Kepler abweichende Planetenbahnform von Cassini[91] wollte Leibniz wissen, ob Cassini eine physikalische Begründung für seine Bahnform angegeben hatte; er selbst fand die elliptischen Bahnen von Kepler, die darüber hinaus so gut mit den mechanischen Gesetzen übereinstimmen, sehr nach seinem Geschmack[92],

> wobei Abweichungen davon vielleicht von den Wechselwirkungen zwischen den Planeten und den sie tragenden Wirbeln kommen, ganz zu schweigen von Inhomogenitäten der Materie.

In seinem Brief an Leibniz vom 11. Juli 1692 kam Huygens erneut auf Leibniz' Artikel in den *Acta Eruditorum* für Februar 1689 zurück, wobei er ihn auf die seiner Ansicht nach unüberbrückbaren Unterschiede zwischen seiner und Leibniz' eigener Erklärung der Schwere aufmerksam machte. Huygens bat deshalb Leibniz um eine Erklärung, wie er mit seiner „Circulation harmonique" die Keplerschen Ellipsenbahnen ableiten konnte, weil er dies nach dem Text des Artikels nie verstanden hätte. Auch er fand die Ellipsen weit mehr nach seinem Geschmack

---

89   *OC* 9, S. 526.
90   *OC* 9, S. 538.
91   Jacques Ozanam, *Dictionnaire Mathématique*, Amsterdam 1691, S. 436-438.
92   *OC* 10, S. 284 („fort à mon gré").

als die Cassinischen Ellipsoide, für die Cassini seiner Meinung nach auch keine physikalische Begründung gefunden haben dürfte[93].

Sowohl der Umstand, dass Ozanam in seinem von führenden Mathematikern und Naturwissenschaftlern mit Interesse aufgenommenen Lexikon eine von ihm ausführlich diskutierte Alternative zu den Keplerellipsen anbieten konnte, als auch die Bewertung der Keplerellipsen durch Leibniz und Huygens als mehr nach ihrem Geschmack, aber eben nicht als jetzt einzig zulässige Planetenbahnform zeigt deutlich, dass die elliptische Bahnform nicht einmal fünf Jahre nach Erscheinen der *Principia* als allgemein akzeptiert in der Astronomie gelten konnte. Insofern müssen die Thesen von I. B. Cohen und von Baigrie zurückgewiesen werden, weil die Gültigkeit oder zumindest approximative Gültigkeit der Keplergesetze durch die *Principia* nicht allgemein durchgesetzt war, und weil die Keplergesetze nur unter der Voraussetzung ihrer allgemeinen Akzeptanz zum Testfall für die Wirbeltheorien der Cartesianer werden konnten.

Leibniz verteidigte seine Verwendung eines großen Wirbels, der die Planeten gleichsinnig um die Sonne trägt, gegen erneute Einwände von Huygens[94], wie der Schwierigkeit für Kometen, die Bahnebenen der Planeten unbeeinflußt von einem solchen Wirbel queren zu können, in einem Brief vom 20. März 1693. Leibniz behauptete darin, sehr wohl die von Huygens erwähnten Schwierigkeiten bei der Erklärung der Keplerschen Ellipsen lösen zu können, ohne dies allerdings zu belegen[95].

Die weitere Diskussion kam zu einem gewissen Abschluß, als Leibniz im Brief vom 14. September 1694 zugestand, dass zwar Huygens' Erklärung der Schwere bis jetzt am einleuchtendsten erschien; da sie aber keine Begründung für ein reziprokes Abstandsquadrat lieferte, müssten die Ansätze von Huygens, Newton und von ihm selbst als gleichwertige Hypothesen angesehen werden, wobei er bei einem Vergleich die größere Wahrheitsnähe der einfacheren Hypothese zubilligen würde[96].

Obwohl er lange nur bereit war, das dritte Keplersche Gesetz anzuerkennen, hatte Huygens schon vor der Lektüre der *Principia* Newtons allmählich seine Vorbehalte gegen das erste Keplersche Gesetz aufgegeben. Huygens hat sich in den 1680er Jahren in verschiedenen im Manuskript erhaltenen Arbeiten mit den als Hypothesen bezeichneten Kepler-Gesetzen beschäftigt, um sich dann 1688

---

[93] *OC* 10, S. 297.
[94] Im Brief vom 12. Januar 1693 in: *OC* 10, S. 385.
[95] *OC* 10, S. 426.
[96] *OC* 10, S. 681.

nach der Lektüre der *Principia* für Keplers zweites Gesetz, den Flächensatz, zu entscheiden.

Huygens Interesse an Keplers astronomischen Schriften galt aber nicht nur den Keplerschen Annahmen über die Bewegungen von Planeten und Kometen.

In einem Manuskript *Verisimilia de planetis* von 1689/90 zählte Huygens Kepler zusammen mit Galilei und Wilkins zu den Autoren, die neben einer sich bewegenden Erde auch die Existenz mehrerer Erden, also z. B. bezüglich ihrer Bewohner erdähnlichen Planeten für möglich hielten[97]. An späterer Stelle desselben Manuskript verwies Huygens darauf, dass es jetzt 80 Jahre her ist, seit Kepler „die wahre und einfache Bewegung der Planeten entdeckt hatte nach der Zurückweisung jeder Vorstellung von Epizykeln[98]".

Im *Cosmotheoros* bezeichnete Huygens Kepler einerseits als „magnus astronomiae instaurator" distanzierte sich aber andererseits vom *Mysterium Cosmographicum*, das er als ein aus der Philosophie von Pythagoras und Platon entstandenes Traumbild bezeichnete, wie von anderen Ideen Keplers.

Am Anfang des erst posthum 1698 erschienenen *Cosmotheoros*, verwies Huygens auf frühere Autoren, die sich mit der Frage nach den Bewohnern anderer Planeten beschäftigt hatten. Er stellte fest, dass keiner von ihnen eine nach seinen Maßstäben seriöse Beantwortung dieser Frage versucht hatte. Das gilt auch für den erstmals 1686 erschienenen Dialog Fontenelles *Entretiens sur la pluralité des mondes*, dem noch eine Reihe weiterer Auflagen in kurzen Abständen folgte. Einige der Vorgänger hatten in Huygens' Augen nur zum Spaß irgendwelche Märchen über Mondbewohner erfunden, die nicht viel wahrscheinlicher waren als die allgemein bekannten von Lukian. Solchen Märchen rechnete er Keplers 1634 veröffentlichten *Somnium* zu, dessen Hauptziel nach Huygens die Unterhaltung seiner Leser war[99].

Huygens, der für sich keine höhere Einsicht als seine Vorgänger, sondern nur, sieht man von dem 28 Jahre jüngeren Fontenelle ab, das Glück einer späteren Geburt beanspruchte, glaubte aufgrund von plausiblen Annahmen der Beantwor-tung die Frage nach dem Bewohntsein anderer Planeten beantworten zu können.

Obwohl er in verschiedenen Punkten mit Kepler nicht einverstanden war, bezeichnete er im *Cosmotheoros* Kepler zusammen mit Galilei und Gassendi

---

[97] *OC* 21, S. 542.
[98] *OC* 21, S. 551.
[99] *Cosmotheoros*, S. 4 und *OC* 21, S. 682.

als bedeutendste Vertreter des Copernicanischen Weltsystems[100]. So kritisierte Huygens Keplers Behauptung, dass die riesigen auf dem Mond erkennbaren Ringwälle von den Mondbewohnern geschaffen worden seien, weil er für die Entstehung dieser gewaltigen Gebilde natürliche Ursachen in Anspruch nahm[101],

Auch hinsichtlich der Wärmeverteilung auf dem Mond war Huygens ganz anderer Meinung als Kepler[102]. Huygens konnte auch der These Keplers nicht zustimmen, dass es Aufgabe der Sonne sei, die Planetenbewegungen durch ihre eigene Rotation auszulösen[103]. Im Gegensatz zu Kepler, der in der im zweiten Teil des ersten Buchs der *Epitome astronomiae copernicanae* der Sonne eine Sonderstellung in einem von der Fixsternsphäre begrenzten und um die Sonne weitgehend leeren Kosmos zugewiesen hatte, sah Huygens in der Sonne nur einen von vielen Fixsternen, die als viele andere Sonnen mit eigenen aber wegen der großen Entfernungen nicht wahrnehmbaren Planetensystemen anzusehen und in der Tiefe des Raums mit unterschiedlichen Abständen verteilt sind. Ein Grund für Kepler, der Sonne eine solche Sonderstellung zuzuweisen, war nach Huygens, Keplers Versuch, den von ihm im *Mysterium Cosmographicum* dargestellten Aufbau des Sonnensystems zu begründen[104]. Am Ende verwies Huygens auf Newton als denjenigen, der die Planetenbewegungen befriedigender als andere und dabei auch das erste Keplersche Gesetz abgeleitet hatte[105].

Insgesamt zeigen seine hinterlassenen Papiere und veröffentlichten Arbeiten, wie intensiv sich Huygens mit dem Werk Keplers auseinandergesetzt hat. Huygens war, anders als Newton, bereit, die Verdienste Keplers vorbehaltlos wenn auch kritisch zu würdigen. Seinem Urteil ist daher weit größeres Gewicht zuzubilligen als dem eines Newton, der bei seinen Vorgängern nur deren Defizite und Fehler suchte.

Huygens kann auch als Kronzeuge dafür dienen, dass die *Principia* Newtons die Etablierung der drei Keplergesetze als fester Bestandteil astronomischen Wissens zwar förderten aber noch nicht durchsetzen konnten.

---

[100] *Cosmotheoros*, S. 13 f. und *OC* 21, S. 692-695.
[101] *Cosmotheoros*, S. 114 und *OC* 21, S. 793.
[102] *Cosmotheoros*, S. 120 und *OC* 21, S. 799.
[103] *Cosmotheoros*, S. 128 und *OC* 21, S. 809.
[104] *Cosmotheoros*, S. 130-132 und *OC* 21, S. 809-813.
[105] *Cosmotheoros*, S. 141 und *OC* 21, S. 819.

Bibliographie

NICOLAS ROUDET

Abréviations utilisées

AT   Descartes, *Œuvres*; 11 vol., éd. par Adam et Tannery; 2e éd. revue par Pierre Costabel et Bernard Rochot. Paris: J. Vrin, 1964-1974.

BK   Max Caspar, Martha List, *Bibliographia Kepleriana*. München: C. H. Beck, 1968.

BK³   *Bibliographia Kepleriana. Ergänzungsband zur 2. Aufl.*; von Jürgen Hamel. München: C.H. Beck, 1997.

EN   *Opere di Galileo Galilei*, ed. Antonio Favaro. Firenze: Edizione nazionale, G. Barberà, 1890-1909.

KGW   Kepler, *Gesammelte Werke*; 21 Bde., hrsg. von Max Caspar, Franz Hammer [et alii]. München: C.H. Beck, 1937-.

NCGA   *Nicolaus Copernicus Gesamtausgabe im Auftrag der Kommission für die Copernicus-Gesamtausgabe*; hrsg. Heribert M. Nobis [*et alii*]. Hildesheim: A. Gerstenberg [dann] Berlin: Akademie Verlag, 1974-…

NDB   *Neue Deutsche Biographie*; 24 Bde. Berlin: Dunckler & Humblot, 1953.

OC   *Œuvres complètes de Christiaan Huygens*; 22 vol. La Haye: Société hollandaise des Sciences; Martinus Nijhoff, 1888-1950. [& vol. 23, *Liste alphabétique de la correspondance de Christiaan Huygens*. Amsterdam: Swets & Zeitlinger, 1970].

TBOO   Brahe, *Opera omnia*; 13 vol., ed. John Ludvig Emil Dreyer. Hauniae: in libraria Gyldendaliana, 1913-1929.

VD16   Verzeichnis der im deutschen Sprachbereich erschienenen Drucke des
         XVI. Jahrhunderts; 25 Bde. Stuttgart: A. Hiersemann, 1983-2000.
WA   *D. Martin Luthers Werke*; 72 Bde. Weimar: H. Bölhau, 1883-2009.
WABr.   *D. Martin Luthers Werke. Briefwechsel*; 18 Bde. Weimar: H. Bölhau,
         1930-1985.
WATR   *D. Martin Luthers Werke. Tischreden*; 6 Bde. Weimar: H. Bölhau,
         1912-1921.
Zinner   Ernst Zinner, *Geschichte und Bibliographie der astronomischen Literatur in
         Deutschland zur Zeit der Renaissance*. Leipzig: A. Hiersemann, 1941. 2.
         Aufl. mit einem Nachtrag von 622 Nummern, 1964.

I. Sources

Adam (Melchior), *Vitae germanorum medicorum*. Francofurti: J.G. Geyder,
     1620.

Archimède, *The Works of Archimedes*, translated with introduction and notes by
     Thomas L. Heath. Cambridge: Cambridge University Press, 1897.

Aristote, *De l'âme*; éd. et tr. Edmond Barbotin. Paris: les Belles Lettres, 1966.
     (Collection des Universités de France).

Aristote, *De l'âme*; tr. Richard Bodéüs. Paris: Flammarion, 1993. (GF; 711).

Aristote, *Des parties des animaux*; éd. et tr. Pierre Louis. Paris: les Belles Lettres,
     1956. (Collection des Universités de France).

Aristote, *Traité du ciel;* tr. Jules Tricot. Paris: J. Vrin, 1948. (Bibliothèque des
     textes philosophiques).

Aurivillius (Petrus F.), *Catalogus librorum impressorum bibliothecae Regiae
     Academiae Upsaliensis*. Upsaliae: Stenhammar et Palmblad, 1814.

Bacon (Francis), *The Works of Bacon*, 14 vol., ed. James Spedding... London:
     Longman, 1857-1874. [reprint Stuttgart: Fromann-Holzboog, 1963-1989].

Bacon (Francis), *Du Progrès et de la promotion des savoirs* (1605), tr. Michèle Le
     Doeuff. Paris: Gallimard, 1991. (Tel; 178).

Beeckman (Isaac), *Journal tenu par Isaac Beeckman de 1604 à 1634*; 4 vol, éd.
     Cornelis de Waard. La Haye: M. Nijhoff, 1939-1953.

Besold (Christoph), *Thesaurus practicus... editio secunda et posthuma*. Norinbergae:
     Vvolffgangi Endteri, 1643.

Birch (Thomas), *The history of the Royal Society of London for improving of natural
     knowledge*, Bd. 4. London: printed for A. Miller, 1757.

Boulliau (Ismaël), *Astronomia Philolaica...* Parisiis: Piget, 1645.

Brahe (Tycho), *Epistolarum astronomicarum libri*. Uraniburgi: ex offic. typ.
     authoris, 1596.

Brahe, *Tyge Brahes meteorologiske dagbog: holdt paa Uraniborg for aarene
     1582-1597; udgiven som appendix til Collectanea meteorologica af Det Kgl.*

Danske Videnskabernes Selskab ved dets meteorologiske comite. Kjøbenhavn : Selskabet, 1876.

Brenz (Johannes), *Operum reverendi et clarissimi theologi, D. Ioannis Brentii, praepositi Stutgardiani tomus I, Commentarij in Genesin Stutgardiae, Exodum Tubingae, Exodum Stutgardiae, Leuiticum Halae Sueuorum...* Tubingae : G. Gruppenbach, 1576.

Bruno (Giordano), *De immenso et innumerabilibus.* Francofurti : apud I. Wechelum & P. Fischerum, 1591.

Bruno (Giordano), *Opera latine conscripta,* ed. F. Fiorentino *et al.* Neapoli-Florentia : Morano-Le Monnier, 1879-1891.

Cardano (Girolamo), *Opera omnia.* Lyon : Huguetan & Ravaus, 1663.

Catalogus universalis pro nundinis francofurtensibus autumnalibus de anno 1609. Francfort : S. Latomus, 1609.

Cavalieri (Bonaventura), *Geometria indivisibilibus continuorum nova quadam ratione promota* (1635).

Cavalieri (Bonaventura), *Geometria degli indivisibili* ; a cura di Lucio Lombardo-Radice. Torino : UTET, 1966. (Classici della scienza ; 5).

Copernic, *De revolutionibus libri sex* ; besorgt von Heribert Maria Nobis und Bernhard Sticker. Hildesheim : A. Gerstenberg, 1984. (Nicolaus Copernicus Gesamtausgabe ; 2).

Copernic, *Les révolutions des orbes célestes* ; tr. fr. partielle Alexandre Koyré. Paris : Alcan, 1934. [rééd. Paris : Diderot, 1998].

Corpus Paracelsisticum ; 2 Bde ; hrsg. Wilhelm Kühlmann und Joachim Telle. Tübingen : M. Niemeyer, 2001-2004. (Frühe Neuzeit ; 59 & 89).

Crusius (Martin), *Diarium Martini Crusii* ; Bd. 1, 1596-1597. Tübingen : H. Laupp, 1927.

Dasypodius (Petrus), *Dictionnarium Latinogermanicum.* Argentorati : Rihel, 1535.

Descartes (René), *Entretien avec Burman* ; éd. Jean-Marie Beyssade. Paris : Presses universitaires de France, 1981. (Épiméthée).

Descartes, *Discours de la méthode* ; éd. Étienne Gilson, 6ᵉ éd. Paris : J. Vrin, 1987. (Bibliothèque des textes philosophiques).

Descartes (René), *Le monde. L'Homme* ; éd. Annie Bitbol-Hespériès et Jean-Pierre Verdet. Paris : Seuil, 1996. (Sources du savoir).

Du Bois (Jacob), *Naecktheijt van de Cartesiaensche Philosophie, ontbloot in een Antwoort op een Cartesiaench Libel.* Utrecht : J. van Waesberge, 1655.

Estienne (Robert), *Dictionarium latinogallicum,* 3a ed. Lutetiae : apud Carolum Stephanum, 1552. Version en ligne consultée le 25.6.2011 : http://portail. atilf.fr/dictionnaires/

Fabricius (David), *Calendarium Historicum.* Mss. Staatsarchiv Aurich (Dep. 1 Msc. 90 in 2°).

Fabricius (David), *Faecialis cœlestis Romani Aquilae revicturi. Hoc est, De illustri & Nova quadam Stella, conjunctionem magnam Saturni & Iovis anni spacio consecuta; futuram Imperij Romani mutationem, restaurationem & gloriam praesignificante.* [s.l.] 1606.

Fabricius (David), *Himlischer Herhold vnd Geluck-Botte Des Romischen Adelers furstehende Renovation oder vorjungung offentlich ausruffendt...*, Magdeburg 1606.

Fabricius (David), *Kleine Chronica, von etlycken besonderen Geschiedenissen, de sick in Ostfriesland vnd den benarborden Orden tho gedragen. Beschrewen vor desen durch David Fabricium Prediger tho Osteel in Ostfriesland. Nu avererst upt ney upgelecht vnde mit velen denckwordigen saken vermehret, bet uptagenwardiges Jahr.* Emden 1640.

Fabricius (David), *Kurtzer und Grundtlicher Bericht / Von Erscheinung un[d] Bedeutung des grossen newen WunderSterns / welcher den 1. Octobr. des 1604. Jahrs / gegen dem Sudtwesten / nach der Sonnen Untergang / zu sehen ist: Darbey auch von dem AchthundertJahrigen Climacterio, das ist: Von dem grossen und weitberuffenem Reichstage / der zween obersten Him[m]lischen Churfursten / und Planeten Saturni und Iovis, in Decembri des 1603. Jahrs gehalten / gehandelt wird.* [Hamburg?]: Frobenius, 1605.

Fabricius (David), *Prodromvs Romani aquilae iam iam renouandi hoc est. De Illustri & noua quadam stella coniunctionem magnam Saturni & Iouis anni spacio consecuta...*, Magdeburg 1606.

Fabricius (David), *Van Islandt vnde Gronlandt / eine korte beschryuinge vth warhafften Scribenten mit vlyte colligeret / vnde in eine richtige Ordnung vorfahtet / Dorch DAVIDEM FABRICIVM Predigern in Ostfreslandt.* Gedruckt Im Jahr / 1616.

Feselius (Philipp), *Gründtlicher Discurs von der Astrologia Judiciaria / aus den furnemsten Authoribus zusammen gezogen / und den Vorrede zweyer Prognosticorum Herren M. Melchior Scharers Pfarrherren zu Mentzingen / von Anno 1608. und 1609. entgegen gesetzt.* [...]. Gedruckt zu Straßburg / Jn Verlegung Lazari Zetzneri, 1609. <Zinner 4225>

Feselius (Philipp), *Theses de Hæmoptysi, seu de sputo sanguinolento...* Basilæ, typis Leonhardi Ostenij, 1592. <exemplaire BNU Strasbourg R.102.603>

Furetière (Antoine), *Dictionnaire universel.* La Haye; Rotterdam: Arnout & Reinier Leers, 1690.

Galilei (Galileo), *Schriften, Briefe, Dokumente*; hrsg. von Anna Mudry. Berlin: Rütten u. Loening, 1987.

Galilei (Galileo), *Sidereus Nuncius*; tr. Pietro A. Giustini. Città del Vaticano: Pontificia Università Lateranense, 2009.

Goclenius (Rudolf), *Lexicon philosophicum, quo tanquam clave philosophiae fores aperiuntur.* Francofurti: Typis viduae Matthiae Beckeri, impensis Petri Musculi & Ruperti Pistorij, 1613.

Gregory (David), *Astronomiæ Physicæ et Geometriæ Elementa.* Oxoniæ: Theatrum Sheldonianum, 1702.

Guldin (Paul), *[Centrobaryca Guldini]. De centro gravitatis trium specierum Quantitatis continua*; 4 vol. Viennæ Austriæ: Formis Gregorii Gelbhaar Typographi Cæsarei, 1635 [vol. 1]; Mattheaus Cosmerovius, 1640-1641 [vol. 2-4].

Halley (Edmund), [Recension de] Newton, Principia mathematica philosophiae naturalis, *Philosophical Transactions*, Nr. 186 (jan.-march 1687), 291-297.

Hobbes (Thomas), *De corpore (Elementorum philosophiae sectio prima)*, ed. William Molesworth. Londini: apud J. Bohn, 1839. (Opera philosophica quae latine scripsit omnia; 1).

Hocheisen (Johann Georg), *Cosmopeia Cartesiana*, Wittenberg, 1706.

Hornschuch (Jérôme), *Orthotypographia, instruction utile et nécessaire pour ceux qui vont corriger des livres imprimés & conseils à ceux qui vont les publier*; tr. Susan Baddeley, préf. Jean-François Gilmont. Paris: éd. des cendres, 1997.

Hortensius (Martin), [P. Lansbergen] *Commentationes In Motum Terrae Diurnum, & Annuum; Et In Verum Adspectabilis Caeli Typum... ex belgico sermone in latinum versae a Martino Hortensio... una cum ipsius Praefatione, in qua* Astronomiae Braheanae *fundamenta examinantur*, Middelburg, Romanus, 1630.

Hortensius (Martin), *Responsio ad additiunculam Ioannis Kepleri... praefixam ephemeridi eius in annum 1624: in qua cum de totius astronomiae restitutione, tum imprimis de observatione diametri solis, fide tubi dioptrici eclipsium utriusq[ue] luminaris luculenter agitur/ Ioannis Kepleri*, Leiden: Jean Maire, 1631.

Keill (John), *Introductio ad veram Physicam seu Lectiones physicae Habitae in Schola Philosophiae Academiae OXONIENSIS, quibus accedunt Christiani Hugenii Theoremata de Vi Centrifuga et Motu circulari demonstrata.*, 2d ed. Oxford: Bennet, 1705.

Kepler, *Alter vnnd Newer Schreib-Kalender / auff das Jahr nach der Gnadenreichen Geburt vnsers lieben HERRN vnnd Heylands JEsu Christi. MDCXVIII. Mit dem Stand/ Lauff vnnd Furnembsten Aspecten der sieben Planeten/ sampt den Erwehlungen / vnnd gemeine Monds witterung*, Nürnberg, o.J. (Exemplar in der Zentralbibliothek Zürich).

Kepler, *Astronomia Nova ΑΙΤΙΟΛΟΓΗΤΟΣ seu Physica Coelestis tradita Commentariis de motibus stellæ Martis, ex observationibus G. V. Tychonis Brahe.* Heidelberg: Vögelin, 1609. <BK 31; Zinner 4237>

Kepler, *Antwort [...] auff D. Helisæi Röslini Medici & Philosophi Discurs Von heutiger zeit Beschaffenheit/ vnd wie es ins künfftig ergehen werde. [...].* Gedruckt zu Prag bey Pauln Sesse, Jm Jahr/ 1609. <BK 32; Zinner 4238>

Kepler, *Tertius interveniens. Das ist/ Warnung an etliche* Theologos/ Medicos vnd Philosophos, *sonderlich* D. Philippum Feselium/ *daß sie bey billicher Verwerffung der Sternguckerischen Aberglauben/ nicht das Kindt mit dem Badt außschütten/ vnd hiermit jhrer Profession vnwissendt zuwider handlen. Mit vielen hochwichtigen zuvor nie erregten oder erörterten* Philosophischen *Fragen gezieret/ Allen waren Liebhabern der natürlichen Geheymnussen zu nohtwendigem Vnterricht/ gestellet durch Johann Kepplern/ der Röm. Keys. Majest.* Mathematicum [...] Gedruckt zu Franckfurt am Mäyn/ Jn Verlegung Godtfriedt Tampachs. Jm Jahr 1610. <BK 33; Zinner 4276>

Kepler, *Ephemerides novæ...*, Linz 1617. <BK 53.1>

Kepler, *Prognosticon astrologicvm Auff das Jahr ... MDCXVIII*, Nürnberg [1617]. <BK 53.2>.

Kepler, *Tychonis Brahei Dani Hyperaspistes, adversus Scipionis Claramontii Anti-Tychonem.* Francofurti: aoud Godefridum Tampachium, 1625. <BK 76>

Kepler, *Neue Astronomie*; übersetzt und eingeleitet von Max Caspar. München; Berlin: R. Oldenbourg, 1929.

Kepler, *Johannes Kepler in seinen Briefen*; 2 Bde; hrsg. Max Caspar & Wather von Dyck. München; Berlin: Oldenbourg, 1930.

Kepler, *Weltharmonik*; übersetzt von Max Caspar. Darmstadt: Wissenschaftliche Buchgesellschaft, 1967.

Kepler, *L'étrenne ou neige sexangulaire*; trad. Robert Halleux. Paris: J. Vrin, 1975. (L'histoire des sciences. Textes et études).

Kepler, *Paralipomènes à Vitellion. Les fondements de l'optique moderne*; tr. Catherine Chevalley. Paris: J. Vrin, 1980. (L'histoire des sciences. Textes et études).

Kepler, *Le Secret du monde [Mysterium cosmographicum]*; tr. Alain Segonds. Paris: Les Belles Lettres, 1984 (Science et humanisme; 1).

Kepler, *The new Astronomy [Astronomia nova]*; trans. William H. Donahue. Cambridge: Cambridge University Press, 1992.

Kepler, *The Harmony of the World [Harmonices mundi libri V]*; trans. Eric J. Aiton, Alistair M. Duncan and Judith V. Field. Philadelphia [PA]: American Philosophical Society, 1997. (Memoirs of the American philosophical Society held at Philadelphia for promoting useful knowledge; 209).

Kepler, *Selections from Kepler's* Astronomia Nova. *A Science Classics Module for Humanities Studies, selected, translated and annotated by* William H. Donahue. Santa Fe [New Mexico]: Green Lion Press, 2004.

Kepler, *Tertius Interveniens. Warnung an etliche Gegner der Astrologie das Kind nicht mit dem Bade auszuschutten*; eingel. und mit Anm. versehen von

Jürgen Hamel. Frankfurt a. M.: H. Deutsch, 2004. (Ostwalds Klassiker der exakten Wissenschaften; 295).

Kepler, *Contra Ursum*; éd. et tr. Nicholas Jardine & Alain-Philippe Segonds, in: Id., *La guerre des astronomes. La querelle au sujet de l'origine du système geohéliocentrique à la fin du XVIe siècle.* Vol. 2, *Le Contra Ursum de Jean Kepler*; 2 tomes [Ire partie, Introduction et textes préparatoires; IIe partie, Édition critique, traduction et notes]. Paris: Les Belles Lettres, 2008. (Science et humanisme; 10).

Kepler, *Kepler's Astrology. The Baby, the Bathwater, and the Third Man in the Middle*; tr. Ken Negus; introduction and notes by Valerie Vaughan. [s.l.]: Earth Hearth Publications, 2008.

Kepler, *Schriften zur Optik, 1604-1611.* Eingeführt und ergänzt durch historische Beiträge zur Optik-und Fernrohrgeschichte von Rolf Riekher. Frankfurt a. M.: H. Deutsch, 2008. (Ostwalds Klassiker der exakten Wissenschaften; 198).

Lagrange (Joseph Louis), *Mechanique analitique.* Paris: La Veuve Desaint, 1788 [rééd. *Mechanique analytique.* Paris: Blanchard, 1965].

Laplace (Pierre Simon de), *Œuvres complètes.* Paris, Gauthier-Villars, 1878-1912.

Leibniz (G.W.), *Essais de Théodicée sur la bonté de Dieu, la liberté de l'homme et l'origine du mal*; éd. Jacques Brunschwig. Paris: Garnier Flammarion, 1969. (GF; 209).

Lulle (Raymond), *Sermones contra errores Auerrois (op. 174)*; ed. Hermogenes Harada. Turnhout: Brepols, 1975. (Corpus christianorum. Continuatio Mediaevalis; 32).

Luther (Martin), *Alle Bücher und Schrifften. Tomus IV, Vom XXVIII. Jar [= 1528] bis auffs XXX. [= 1530] Ausgenommen etlich wenig stück.* Jhena: Christian Rhödinger, 1556. [VD 16 L 3326]

Luther (Martin), *Uber das erst buch Mose, predigete Mart. Luth. sampt einer unterricht wie Moses zu leren ist.* Nürnberg: Friedrich Peypus, 1527. [VD 16 L 6826]

Maestlin (Michael), *Observatio et demonstratio cometa Atherei, qui anno 1577 et 1578 constitutus in sphaera Veneris apparuit...* Tubingae: G. Gruppenbach, 1578. <Zinner 2836; VD 16 M 101>

Maïmonide, *Le guide des égarés, traité de théologie et de philosophie [...]*; 3 vol., tr. Salomon Munk. Paris: A. Franck, 1856-1866.

Meissner (Heinrich), *Stern und Kern der Algebrae.* Hamburg 1692.

Moller (Tobias), *Prognosticon Astrologicum M.D.LXXXVII.* Eisleben, s.d.

Montucla (Jean-Étienne), *Histoire des mathématiques.* Paris: H. Agasse, 1802. [réimp. Paris: A. Blanchard, 1960].

Newton (Isaac), *The Correspondence of Isaac Newton*, 7 vol.; ed. Herbert W. Turnbull. Cambridge: Cambridge University Press, 1959-1977.

Osiander (Lucas), *Biblia sacra Qvae Praeter Antiqvae Latinae Versionis Necessariam Emendationem, & amp; difficiliorum locorum succintam explicationem (ex Commentarijs Biblicis Reuerendi Viti D. D. Lvcae Osiandri, &c. Andreae parentis, depromptam) multis insuper vtilissimas obseruationes, ex praestantissimorum quorundam nostri seculi Theologorum... lucubrationibus, nec non ex Formula Concordiae excerptas... fideliter accomodatus contient [...].* Tubingae: G. Georgij Gruppenbachij, 1600. [VD16 B2672]. En ligne sur www.europeana.eu

Ozanam (Jacques), *Dictionnaire Mathématique.* Amsterdam: Huguetan, 1691.

Patrizi (Francisco), *Nova de universis philosophia.* Ferrariae: apud Benedictum Mammarellum, 1591.

Ptolemy, *Tetrabiblos*; ed. and trans. by F. E. Robbins. Cambridge [MA]: Harvard University Press, 1940.

Ptolemy's Almagest, translated and annotated by Gerald J. Toomer. London: Duckworth, 1984. (Duckworth classical, medieval and Renaissance editions).

Ratio studiorum. Plan raisonné et institution dans la Compagnie de Jésus; présentée par Adrien Demoustier et Dominique Julia; tr. Léone Albricux et Dolorès Pralon-Julia. Paris: Belin, 1997. (Histoire de l'éducation).

Riccioli (Giovanni Battista), *Almagestum novum astronomiam veterem novamque complectens, observationibus aliorum...* Bononiae: ex typographia haeredis Victorij Benatij, 1651.

Robert Grosseteste, *Die Philosophischen Werke des Robert Grosseteste, Bischof von Lincoln*; hrsg. Ludwig Baur. Münster i. W.: Aschendorff, 1912. (Beiträge zur Geschichte der Philosophie des Mittelaters; 9).

Roeslin (Helisaeus), *Historischer politischer und astronomischer naturlicher Discurs von heutiger Zeit Beschaffenheit.* Gedruckt zu Straßburg bey Konrad Scher in Verlegung Paulus Ledertz, 1609. <Zinner 4254>

Rothmann (Christoph), *Handbuch der Astronomie von 1589*; hrsg. von Miguel A. Granada, Jürgen Hamel, Ludolf von Mackensen. Frankfurt am Main: H. Deutsch, 2003. (Acta Historica Astronomiae; 19).

Rothmann (Christoph), mss. Universitätsbibliothek Kassel, HSA, Ms. 2° Astr. 5.

Scaliger (Julius Caesar), *Julii Caesaris Scaligeri Exotericarum Exercitationum Liber Quintus Decimus, de Subtilitate, ad Hyeronymum Cardanum.* Lutetiae: Ex officina typographica Michaelis Vescosani, uia Iacobæa, ad insigne Fontis, 1557.

Scheiner (Christoph), *Oculus, hoc est: Fundamentum Opticum [...].* Œniponti: Apud Danielem Agricolam, 1619.

Scultetus (Abraham), *Die Selbstbiographie des Heidelberger Theologen und Hofpredigers Abraham Scultetus*; hrsg. Gustav Adolf Benrath. Karlsruhe: Evangelischer Presseverband, 1966. (Veröffentlichungen des Vereins für Kirchengeschichte in der Evangelischen Landeskirche in Baden; 24).

Scultetus (Abraham), *Warnung für der Warsagerey der Zäuberer vnd Sterngücker/ verfast in zwoen Predigten/ so vber die letzte vier Versickel des 47. Capitels des Propheten Jesaiae.* Newstadt an der Hardt: Niclas Schrammen, 1608. <Zinner 4206>

Snellius (Willebrord), *Cœli et siderum in eo errantium observationes Hassiacae, illustrisimi principis Wilhelmi Hassiae Lantgravii auspicijs quondam institutae. Nunc primum publicante Willebrordo Snellio.* Lugduni Batavorum [Leyden]: apud J. Colsterum, 1618.

Suarez (Francisco), sj, *Disputationes Metaphysicae.* Salmanticae: Apud Ioannem et Andream Renaut Fratres, 1597.

Ursus (Nicolaus Reymer), *Tractatiuncula von der allerkhunstleichesten und sinnreichesten Regel Cossa oder Algebra.* Österreichische Nationalbibliothek Wien Cod.Ser.n.10943.

Valère Maxime, *Factorum et dictorum memorabilium libri IX.* Argentorati, Ex aedibus Schurerianis, 1516. [VD16 V134]

Valère Maxime, *Faits et dits mémorables*; éd. Robert Combès. Paris: les Belles Lettres, 1995-1997, 2003². (Collection des universités de France).

Valleriola (Francesco), *Enarrationum medicinalium libri sex.* Lugdunum: apud Franciscum Fabrum, 1589. [1e éd. Lugdunum: apud Sebastianum Gryphium, 1554].

Ward (Seth), *Astronomia geometrica, ubi methodus proponitur qua primariorum planetarum astronomia sive elleptica, [sive] circularis possit geometrice absolvi.* Londini: J. Flesher, 1656.

Ward (Seth), *In Ismaelis Bullialdi Astronomiæ Philolaicæ Fundamenta, Inquisitio Brevis.* Oxoniæ: Lichtfeld, 1653.

Zabarella (Giacopo), *De rebus naturalibus libri XXX, editio postrema.* Francofurti: Sumptibus Lazari Zetzneri Bibliop., 1607. [réimp. Frankfurt: Minerva, 1966].

II. Commentaires, études critiques

Aden (M.), Pseudofabriciana aus Amsterdam und Antwerpen. Ein Beitrag zur Kartographie Ost-und Westfrieslands. Mit einigen Nachrichten über Emmius und Fabricius, *Ostfriesland* 3, 1963, 22-31; 4, 1963, 10-23; 1, 1964, 13-18.

Ahnert (Paul), *Kleine praktische Astronomie*; 2. überarb. u. erw. Aufl. Leipzig: Barth, 1983.

Aiton (Eric J.), Kepler's Second Law of Planetary Motion, *Isis*, 60/1, 1969, 75-90.

Aiton (Eric J.), *The vortex theory of planetary Motions*. London; New York: Macdonald & American Elsevier, 1972.

Applebaum (Wilbur), art. «Horrocks, Jeremiah», in: *Dictionary of Scientific Biography*, ed. Charles C. Gillispie, New York: C. Scribner, 1981, vol. 6, p. 514-516.

Applebaum (Wilbur), Baldasso (Renzo), «Galileo and Kepler on the Sun as a Planetary Mover», in: *Largo campo di filosofare, Eurosymposium Galileo 2001*, La Orotava: Fundaciòn Canaria Orotava de la Historia de la Ciencia, 2001, p. 381-390.

Baigrie (Brian S.), Kepler's laws of planetary motion, before and after Newton's *Principia*: An essay on the transformation of scientific problems, Studies *in History and Philosophy of Science*, Part A 18, 1987, 177-208.

Baldini (Ugo), art. «Giovanni Antonio Magini», in: *Dizionario biografico degli italiani*, vol. 67, Roma: Istituto della Enciclopedia Italiana, 2006, p. 413-418.

Baldini (Ugo), Coyne (George V.), *The Louvain Lectures (Lectiones Lovanienses) of Bellarmine and the Autograph Copy of his 1616 Declaration to Galileo*. Città del Vaticano: Specola Vaticana, 1984. (Vatican Observatory Publications. Special Series. Studi Galileiani; vol. I, n° 2).

Barker (Peter), Goldstein (Bernard R.), Theological Foundations of Kepler's Astronomy, *Osiris*, 16, 2001, 88-113.

Baroncelli (Giovanna), Lo 'Specchio Ustorio' di Bonaventura Cavalieri, *Giornale critico della filosofia italiana*, 62, 1983, 153-172.

Bartmann (Horst), *Die Kirchenpolitik der Markgrafen von Baden-Baden im Zeitalter der Glaubenskampfe*. Freiburg: Herder, 1961. (Freiburger Diözesan-Archiv; 81).

Bellone (Enrico), *Galileo e l'abisso. Un racconto*. Torino: Codice edizioni, 2009.

Berthold (Gerhard), *Der Magister Johann Fabricius und die Sonnenflecken, nebst einem Excurse über David Fabricius*. Eine Studie. Leipzig: Veit, 1894.

Betsch (Gerhard), Hamel (Jürgen), Hrsg., *Zwischen Copernicus und Kepler. M. Maestlinus Mathematicus Goeppingensis, 1550-1631*. Frankfurt am Main: H. Deutsch, 2002. (Acta Historica Astronomiae; 17).

Bigourdan (Guillaume), Sur les travaux astronomiques de Peiresc et de Gassendi, *Comptes rendus de l'Académie des sciences*, de 1915 à 1917, vol. CLXI, p. 470, 513, 541 et 713; vol. CLXII, p. 162, 237, 489, 773, 809 et 893.

Boner (Patrick J.), «The New Star of 1604 and Kepler's Copernican Campaign», in: Patrick J. Boner, ed., *Change and Continuity in Early Modern Cosmology*, Dordrecht: Springer, 2011 (= Archimedes; 27), p. 93-114.

Boner (Patrick J.), Kepler's Living Cosmology: Bridging the Celestial and Terrestrial Realms, *Centaurus*, 48, 2006, 32-39.

Boner (Patrick J.), Life in the Liquid Fields: Kepler, Tycho and Gilbert on the Nature of Heavens and Earth, *History of Science*, 46, 2008, 275-297.

Borghero (Carlo), Il crepusculo del cartesianismo. I Gesuiti dei Memoires de Trevoux e la dottrina dei 'petits tourbillons', *Nouvelles de la République des Lettres,* n° 1-2, 2004, 65-98.

Brosseder (Claudia), *Im Bann der Sterne. Caspar Peucer, Philipp Melanchthon und andere Wittenberger Astrologen*. Berlin: Akademie Verlag, 2004.

Bubendey (Johann Friedrich), *Geschichte der Mathematischen Gesellschaft in Hamburg, 1690-1890*. Hamburg 1890 (Mitteilungen der Mathematischen Gesellschaft in Hamburg; 2. Teil 1).

Bucciantini (Massimo), Dopo il Sidereus Nuncius: il copernicanesimo in Italia tra Galileo e Keplero, *Nuncius*, 9-1, 1994, 15-35.

Bucciantini (Massimo), *Galilée et Kepler. Philosophie, cosmologie et théologie à l'époque de la Contre-Réforme*; trad. Gérard Marino. Paris: Les Belles Lettres, 2008. (L'âne d'or; 29).

Bucciantini (Massimo), *Galileo e Keplero. Filosofia, cosmologia e teologia nell'Eta della Controriforma*. Torino: Einaudi, 2000; 2007². Trad. fr. par Gérard Marino: *Galilée et Kepler. Philosophie, cosmologie et théologie à l'époque de la Contre-Réforme*. Paris: Les Belles Lettres, 2008. (L'âne d'or; 29).

Bunte, Über David Fabricius, *Emder Jahrbuch* 6/2 (1885), S. 91-128; 7/1 (1886), S. 93-130; 7/2 (1887), S. 18-66; 8/1 (1888), S. 1-40.

Burke-Gaffney (Michael W.), sj, *Kepler and the Jesuits*. Milwaukee: The Bruce Publishing Co., 1944.

Burton (Dan), *Nicole Oresme's* De visione stellarum *(On Seeing the Stars)*. Leiden: Brill, 2007. (Medieval and early modern science; 7).

Buzon (Catherine de), « La propagation de la lumière dans l'optique de Kepler », in: *Roemer et la vitesse de la lumière. [Actes du Colloque de] Paris, 16 et 17 juin 1976*, Paris: J. Vrin, 1978 (= L'histoire des sciences. Textes et études), p. 73-82.

Camerota (Michele), *Galileo Galilei e la cultura scientifica nell'eta della controriforma*. Roma: Salerno Editrice, 2004. (Profili: nuova serie; 35).

Campedelli (Luigi), art. Giovanni Antonio Magini, in: *Dictionary of Scientific Biography*, 9, New York: Charles Scriber's Sons, 1981, p. 12-13.

Carolino (Luis M.), The Making of a Tychonic Cosmology: Cristoforo Borri and the Development of Tycho Brahe's Astronomical System, *Journal for the History of Astronomy*, 39, 2008, 313-344.

Caspar (Max), *Kepler*; tr. C. Doris Hellman, with a new introduction and references by Owen Gingerich, bibliographical citations by Owen Gingerich and Alain-Philippe Segonds. New York: Dover, 1993.

Cassirer (Ernst), *Œuvres.* Tome XIX, *Le problème de la connaissance dans la philosophie et la science des Temps Modernes,* I; tr. René Fréreux. Paris: Cerf, 2004.

Céard (Jean), «Les transformations du genre du commentaire», in: *L'automne de la Renaissance, 1580-1630. XXIIe Colloque international d'études humanistes, Tours, 2-13 juillet 1979*; études réunies par Jean Lafond et André Stegmann, Paris: J. Vrin, 1981, (= De Pétrarque à Descartes; 41), p. 101-115.

Chantraine (Pierre), *Dictionnaire étymologique de la langue grecque*; nouvelle éd. Paris: Klincksieck, 1999.

Chareix (Fabien), éd., *Galilée-Descartes: entre science et philosophie.* [Numéro spécial de la revue] *XVIIe siècle,* 61/1 (Paris: Presses universitaires de France, 2009).

Clavelin (Maurice), *Galilée copernicien. Le premier combat, 1610-1616.* Paris: Albin Michel, 2004. (Bibliothèque de «L'évolution de l'humanité»; 44).

Cohen (I. Bernard), «Quantum in se est»: Newton's concept of inertia in relation to Descartes and Lucretius, *Notes and records of the Royal Society of London,* 19, 1964, 131-155.

Cohen (I. Bernard), *Die Geburt einer neuen Physik.* München; Wien; Basel: K. Desch, 1960.

Cohen (I. Bernard), *Introduction to Newton's* Principia. Cambridge: Cambridge University Press, 1971.

Cohen (I. Bernard), Kepler's century: prelude to Newton's, *Vistas in Astronomy* 18, 1975, 3-36.

Cohen (I. Bernard), *The Newtonian Revolution.* Cambridge: Cambridge University Press, 1980.

Cohen (I.Bernard), «Galileo, Newton and the divine order of the solar system», in: Ernan McMullin (ed), *Galileo man of science,* New York: Basic Books, 1967, p. 207-231.

Cramer (Max-Adolf), Schuchmann (Heinz), Hrsg., *Baden-Württembergisches Pfarrerbuch.* Bd. I, Kraichgau-Odenwald. Teil 2, *Die Pfarrer.* Karlsruhe: Verlag Evangelischer Presseverband für Baden, 1988. (Veröffentlichungen des Vereins für Kirchengeschichte in der Evangelischen Landeskirche in Baden; 37).

Dall'Olmo (Umberto), Latin Terminology Relating to Aurorae, Comets, Meteors and Novae, *Journal for the History of Astronomy* 11, 1980, 10-27.

Dascal (Marcelo), «Controverses et polémiques», in: Michel Blay & Robert Halleux, éd., *La science classique. XVIe-XVIIIe siècle. Dictionnaire critique* (Paris: Flammarion, 1997), p. 26-35.

Davis (A.E.L.), *Astronomia Nova*: classification of the planetary eggs, *Studia Copernicana* 42, 2009, 101-112.

Davis (A.E.L.), Kepler's concept of an orbit, *Oriens Occidens. Cahiers du Centre d'Histoire des Sciences et des Philosophies Arabes et Médiévales,* 7, 2010, 269-277.

Davis (A.E.L.), Kepler's Physical Framework for Planetary Motion, *Centaurus* 35/2, 1992, 165-191.

Davis (A.E.L.), Kepler's Road to Damascus, *Centaurus,* 35/2, 1992, 143-164.

Davis (A.E.L.), Kepler's via ovalis composita: unity from diversity, *Journal for the History of Astronomy,* 40, 2009, 55-69.

Davis (A.E.L.), Some plane geometry from a cone: the focal distance of an ellipse at a glance, *The Mathematical Gazette,* vol. 91, n°521, 2007, 235-245.

Davis (A.E.L.), The Mathematics of the Area Law: Kepler's successful proof in *Epitome Astronomiae Copernicanae* (1621), *Archive for History of Exact Sciences* 57/5, 2003, 355-393.

Di Liscia (Daniel A.), «Copernicanische Notizen und Exzerpte in einer Handschrift des Zeitgenossen von Kepler, Johannes Broscius», in: *Miscellanea Kepleriana. Festschrift für Volker Bialas zum 65. Geburtstag,* hrsg. Friederike Boockmann, Daniel A. Di Liscia, Hella Kothmann, München: Rauner, 2005 (= Algorismus; 47), p. 107-127.

Di Liscia (Daniel A.), «Kepler's A Priori Copernicanism in his *Mysterium Cosmographicum*», in: *Nouveau Ciel, Nouvelle Terre. L'astronomie copernicienne dans l'Allemagne de la Réforme,* Miguel. A. Granada et Édouard Mehl (dir.), Paris: Les Belles Lettres, 2009 (= L'âne d'or; 30), p. 283-317.

Diesner (Paul), Leben und Streben des elsässischen Arztes Helisaeus Röslin (1544-1616), Jahrbuch der Elsass-Lothringischen Wissenschaftlichen Gesellschaft zu Strassburg, 11, 1938, 192-215.

Drake (Stillman), Galileo's Platonic Cosmogony and Kepler's Prodromus, *Journal for the History of Astronomy,* 4, 1973, 174-191.

Dreyer (John L.E.), *History of the Planetary Systems from Thales to Kepler.* Cambridge: Cambridge University Press, 1906.

Du Cange (Charles Du Fresne), *Glossarium mediae et infimae latinitatis.* Niort: L. Favre, 1883-1887.

Duch (Arno), «Georg Friedrich von Baden-Durlach», *Neue Deutsche Biographie* 6 (Berlin 1964), p. 197-199.

Dünnhaupt (Gerhard), *Bibliographisches Handbuch der Barockliteratur. Hundert Personalbibliographien deutscher Autoren des siebzehnten Jahrhunderts*; 3 Bde. Stuttgart: Hiersemann, 1980-1981. (Hiersemanns bibliographische Handbücher; 2).

Dyroff (Hans Dieter), Gotthard Vögelin, Verleger, Drucker, Buchhändler 1597-1631, *Archiv für Geschichte des Buchwesens* 4, 1963, 1129-1424.

Ernout (Alfred), Meillet (Antoine), *Dictionnaire étymologique de la langue latine*; 4e éd. Paris: Klincksieck, 2001.

Favaro (Antonio), *Carteggio inedito di Ticone Brahe, Giovanni Keplero e di altri celebri astronomi e matematici dei secoli XVI e XVII con Giovanni Antonio Magini.* Bologna: N. Zanichelli, 1886.

Favaro (Antonio), *Galileo e lo studio di Padova.* Firenze: Le Monnier, 1883, 1966².

Feyerabend (Paul), *Against Method. Outline of an Anarchistic Theory of Knowledge.* London: New Left Books, 1975.

Fichant (Michel), « La géométrisation du regard. Réflexions sur la Dioptrique de Descartes », in: *Science et Métaphysique dans Descartes et Leibniz,* Paris: Presses universitaires de France, 1998 (= Épiméthée), p. 29-57.

Field (Judith V.), Kepler's Rejection of Solid Celestial Spheres, *Vistas in Astronomy,* 23, 1979, 207-211.

Field (Judith V.), *Kepler's Geometrical Cosmology.* London; Chicago: Athlone Press, 1988.

Folkerts (Menso), Art. « Fabricius, David », *Biographisches Lexikon für Ostfriesland.* Bd. 2, Aurich: Ostfriesische Landschaftliche Verl.-und Vertriebsges, 1997, p. 106-114.

Folkerts (Menso), Der Astronom David Fabricius (1564-1617): Leben und Wirken, *Berichte zur Wissenschaftsgeschichte* 23, 2000, 127-142.

Fontanier (Jean-Michel), *La beauté selon Saint Augustin.* Rennes: Presses universitaires de Rennes, 1998. (Aesthetica).

Friedman (Michael): « Causal laws and the foundations of natural science », in: *The Cambridge Companion to Kant,* ed. Paul Guyer, Cambridge: Cambridge University Press, 1992, p. 161-199.

Frijhoff (Willem), *La société néerlandaise et ses gradués, 1575-1814.* Amsterdam: APA; Holland University Press, 1981.

Fritz (Gerd), *Einführung in die historische Semantik.* Tübingen: M. Niemeyer, 2005. (Germanistische Arbeitshefte; 42).

Gabbey (Alan), « The Case of Mechanics: one revolution or many? » in: *Reapparaisals of the scientific revolution,* David C. Lindberg and Robert S. Westman, ed., Cambridge: Cambridge University press, 1990, p. 515-518.

Gäbe (Lüder), *Descartes' Selbstkritik. Untersuchungen zur Philosophie des jungen Descartes.* Hamburg: F. Meiner, 1972.

Garber (Daniel), « Physics and Foundation », in: Katharine Park & Lorraine Daston, ed., *Cambridge History of Science.* Vol. 3, *Early modern Science,* Cambridge: Cambridge University Press, 2006, p. 21-69.

Garber (Daniel), *Descartes' metaphysical physics.* Chicago: Chicago university press, 1992.

Garin (Eugenio), *Lo zodiaco della vita*. Roma; Bari: Laterzi, 1976. Tr. fr. par Jeannie Carlier, *Le zodiaque de la vie. Polémiques antiastrologiques à la Renaissance*. Paris: Les Belles Lettres, 1991 (L'âne d'or; 2).

Gaulke (Karsten), Hrsg., *Der Ptolemaus von Kassel. Landgraf Wilhelm IV. von Hessen-Kassel und die Astronomie*. Kassel: Museumslandschaft Hessen Kassel, 2007 (Staatliche Museen Kassel. Kataloge; 38).

Gilmont (Jean-François), *Le livre et ses secrets*. Genève: Droz, 2003. (Cahiers d'humanisme et Renaissance; 65).

Gingerich (Owen), *An annotated census of Copernicus' De revolutionibus (Nuremberg, 1543 and Basel, 1566)*. Leiden: Brill, 2002. (Studia Copernicana. Brill Series; 2).

Gingerich (Owen), Voelkel (James R.), Tycho Brahe's Copernican Campaign, *Journal for the History of Astronomy*, 29/1, 1998, 1-34.

Gloning (Thomas), «Zur sprachlichen Form der Kepler/Röslin/Feselius-Kontroverse über Astrologie um 1600», in: Marcelo Dascal, Gerd Fritz, ed., *Controversies in the République des Lettres. 3, Scientific controversies and theories of controversies* (Gießen; Tel-Aviv 2002), p. 35-85.

Goldstein (Bernard R.), Hon (Giora), Kepler's Move from Orbs to Orbits: Documenting a Revolutionary Scientific Concept, *Perspectives on Science*, 13, 2005, 74-111.

Grafton (Anthony), *Cardano's Cosmos*. Cambridge: Harvard University Press, 1999.

Granada (Miguel Ángel), After the Nova of 1604: Roeslin and Kepler's Discussion on the Significance of the celestial novelties (1607-1613), *Journal for the History of Astronomy*, 42, 2011, 353-390.

Granada (Miguel Ángel), «Johannes Kepler and David Fabricius: Their Discussion on the Nova of 1604», in: Patrick J. Boner, ed., *Change and Continuity in Early Modern Cosmology*, Dordrecht: Springer, 2011 (= Archimedes; 27), p. 67-92.

Granada (Miguel Ángel), «La théorie des comètes de Helisaeus Roeslin», in: *Nouveau Ciel, Nouvelle Terre. L'astronomie copernicienne dans l'Allemagne de la Réforme*, Miguel. A. Granada et Édouard Mehl (dir.), Paris: Les Belles Lettres, 2009 (= L'âne d'or; 30), p. 207-244.

Granada (Miguel Ángel), Novelties in the Heavens between 1572 and 1604 and Kepler's Unified View of Nature, *Journal for the History of Astronomy* 40, 2009, 393-402.

Granada (Miguel Ángel), Kepler and Bruno on the infinity of the universe and of solar systems, *Journal for the History of Astronomy*, 39, 2008, 469-495.

Granada (Miguel Ángel), «Aristotle, Copernicus, Rheticus and Kepler on Centrality and the Principle of Movement», in: Menso Folkerts und Andreas Kühne, hrsg., *Astronomy as a Model for the Sciences in Early Modern Times*, Augsburg: E. Rauner, 2006 (=Algorismus; 59), p. 175-194.

Grant (Edward), *Planets, Stars, and Orbs. The Medieval Cosmos, 1200-1687.* Cambridge: Cambridge University Press, 1994.

Graubard (Mark), Astrology's Demise and its Bearing on the Decline and Death of Beliefs, *Osiris,* 13, 1958, 210-261.

Grendler (Marcella), A Greek Collection in Padua: The Library of Gian Vincenzo Pinelli (1535-1601), *Renaissance Quarterly,* 33-3, 1980, p. 386-416.

Grössing (Helmuth), «Gedanken zu Keplers Astrologie», in: *Miscellanea Kepleriana. Festschrift fur Volker Bialas zum 65. Geburtstag,* hrsg. Friederike Boockmann, Daniel A. Di Liscia, Hella Kothmann, München: Rauner, 2005 (= Algorismus; 47), p. 175-182.

Günther (Hans-Jürgen), art. «Johannes Pistorius», in: *Lebensbilder aus Baden-Württemberg,* Bd. 19, Stuttgart: Kohlhammer, 1998, p. 109-145.

Hadot (Pierre), *Le voile d'Isis. Essai sur l'histoire de l'idée de nature.* Paris: Gallimard, 2005. (NRF essais).

Hamel (Jürgen), «Die Kalenderreform Papst Gregors XIII. von 1582 und ihre Durchsetzung [unter besonderer Berücksichtigung der Landgrafschaft Hessen]», in: *Geburt der Zeit. Eine Geschichte der Bilder und Begriffe. Eine Ausstellung der Staatlichen Museen Kassel vom 12. Dez. 1999 bis 19. März 2000,* hrsg. Hans Ottomeyer [...], Wolfratshausen: Minerva, 1999, p. 292-301.

Hamel (Jürgen), «Die Rolle Michael Mästlins in der Polemik um die Kalenderreform von Papst Gregor XIII», in: Betsch (Gerhard), Hamel (Jurgen), Hrsg., *Zwischen Copernicus und Kepler. M. Maestlinus Mathematicus Goeppingensis, 1550-1631,* Frankfurt am Main: H. Deutsch, 2002 (= Acta Historica Astronomiae; 17), p. 33-63.

Hamel (Jürgen), Hrsg., *Die astronomischen Forschungen in Kassel unter Wilhelm IV. mit einer Teiledition der Ubersetzung des Hauptwerkes von Copernicus um 1586.* Thun; Frankfurt a. M.: H. Deutsch, 1998; 2002² (Acta Historica Astronomiae; 2).

Hantzsch (Viktor), Art. «Blefken, Dithmar», *Allgemeine deutsche Biographie.* Bd. 47 (Berlin 1903), p. 17-19.

Harrison (John R.), *The library of Isaac Newton.* Cambridge: Cambridge University Press, 1978.

Henry (John), Animism and Empiricism: Copernican Physics and the Origins of William Gilbert's Experimental Method, *Journal of the History of Ideas* 62, 2001, 99-119.

Hirai (Hiro), ed., *Cornelius Gemma. Cosmology, Medicine and Natural Philosophy in Renaissance Louvain.* Pisa; Roma: F. Serra, 2008. (Supplementi di «Bruniana & Campanelliana». Studi; 10).

Holton (Gerald), «L'univers de Kepler: physique et métaphysique» [1956]; tr. Jean-françois Roberts, in: *L'imagination scientifique*, Paris: Gallimard, 1981 (= Bibliothèque des sciences humaines), p. 48-73.

Howell (Kenneth J.), *God's Two Books: Copernican Cosmology and Biblical Interpretation in Early Modern Science*. Notre Dame [Indiana]: University of Notre Dame Press, 2002.

Hübner (Jürgen), *Die Theologie Johannes Keplers zwischen Orthodoxie und Naturwissenschaft*. Tübingen: Mohr Siebeck, 1975. (Beiträge zur historischen Theologie; 50).

Jammer (Max), *Concept of force*. Cambridge: Harvard University Press, 1956.

Janssen (Frans Anton), «The rise of the typographical paragraph», in: Karl Alfred Engelbert Enenkel, Wolfgang Neuber, ed., *Cognition and the Book. Typologies of Formal Organisation of Knowledge in the Printed Book of the Early Modern Period*, Leiden: Brill, 2005 (= Intersections; 4), p. 9-31.

Jullien (Vincent), *Philosophie naturelle et géométrie au XVIIe siècle*. Paris: H. Champion, 2006. (Sciences, techniques et civilisations du Moyen Âge à l'aube des Lumières; 9).

Jung (Carl Gustav), Pauli (Wolfgang), *Naturerklärung und Psyche*. Zürich: Rascher, 1952.

Jung (Carl Gustav), *Synchronicité et Paracelsica*; tr. Claude Maillard et Christine Pflieger-Maillard. Paris: Albin Michel, 1988.

King (Henry), *The History of the Telescope*. London: Griffin, 1955.

Koyré (Alexandre), «Les origines de la science moderne. Une interprétation nouvelle», in: *Études d'histoire et de philosophie des sciences*, Paris: Presses universitaires de France, 1966 [réimp. Paris: Gallimard, 1973], p. 61-86.

Koyré (Alexandre), *Études galiléennes*. Paris: Hermann, 1966. (Histoire de la pensée; 15).

Koyré (Alexandre), *La révolution astronomique. Copernic, Kepler, Borelli*. Paris: Hermann, 1961. (Histoire de la pensée; 3).

Kozhamthadam (Job), s.j., *The Discovery of Kepler's Laws: The Interaction of Science, Philosophy, and Religion*. Notre Dame; London: University of Notre Dame Press, 1994.

Krafft (Fritz), «The new celestial physics of Johannes Kepler», in: Sabetai Unguru, ed., *Physics, Cosmology and Astronomy, 1300-1700. Tension and Accomodation*, Dordrecht: Kluwer, 1991 (= Boston Studies in the Philosophy of Science; 126), p. 185-227.

Krafft (Fritz), «*Tertius interveniens*: Johannes Keplers Bemühungen um ein Reform der Astrologie», in: August Buck, Hrsg., *Die okkulten Wissenschaften in der Renaissance*, Wiesbaden: O. Harrassowitz, 1992 (=Wolfenbütteler Abhandlungen zur Renaissance-forschung; 12), p. 197-225.

Kühlmann (Wilhelm), «Eschatologische Naturphilosophie am Oberrhein. Helisaeus Röslin (1554-1616) erzählt sein Leben», in: Günther Frank *et alii*, Hrsg., *Erzählende Vernunft*, Berlin: Akademie Verlag, 2006, p. 167-174.

Kusukawa (Sachiko), *The Transformation of Natural Philosophy. The Case of Philip Melanchthon*. Cambridge: Cambridge University Press, 1995. (Ideas in Context; 34).

Lang (Arend W.), *Kleine Kartengeschichte Frieslands zwischen Ems und Jade. Entwicklung der Land-und Seekartographie von ihren Anfangen bis zum Ende des 19. Jahrhunderts*. Von 1900 bis 1985 fortgesetzt durch Heinrich Schumacher. Norden: Soltau-Kurier, 1985.

Lattis (James), *Between Copernicus and Galileo. Christoph Clavius and the Collapse of Ptolemaic Cosmology*. Chicago; London: The University of Chicago Press, 1994.

Launert (Dieter), *Nicolaus Reimers Ursus: Stellenwertsystem und Algebra in der Geodaesia und der Arithmetica*. München: C.H. Beck, 2007. (Nova kepleriana. Neue Folge; 9 Abhandlungen der Bayerischen Akademie der Wissenschaften. Mathematisch-naturwissenschaftliche Klasse. Neue Folge; 175).

Launert (Dieter), *Nicolaus Reimers Ursus, Stellenwertsystem und Algebra*. München 2007.

Lawn (Brian), *The rise and decline of the scholastic* quaestio disputata, *with special emphasis on its use in the teaching of medicine and science*. Leiden; New York; Köln: E.J. Brill, 1993. (Education and society in the Middle ages and Renaissance; 2).

Ledderhose (Karl Friedrich), *Aus dem Leben des Markgrafen Georg Friedrich von Baden*. Heidelberg: C. Winter, 1890.

Lenke (Nils), Roudet (Nicolas), «*Philippus Feselius*. Biographische Notizen zum unbekannten *Medicus* aus Keplers *Tertius Interveniens*», in: *Kepler, Galilei, das Fernrohr und die Folgen*, hrsg. von Karsten Gaulke u. Jürgen Hamel, Frankfurt am Main: H. Deutsch, 2010 (= Acta historica Astronomiae; 40), p. 131-159.

Lenke (Nils), Roudet (Nicolas), «Die drei Leben des Melchior Schaerer» (article soumis).

Lerner (Michel Pierre), *Le monde des sphères*; 2 vol., 2e éd. Paris: les Belles Lettres, 2008. (L'âne d'or; 6-7).

Lerner (Michel Pierre), Segonds (Alain-Philippe), Sur un avertissement célèbre: l'*Ad lectorem* du *De Revolutionibus* de Nicolas Copernic, *Galilæana* 5, 2008, 113-148.

Lindgren (Uta), Hrsg., *Die Beschreibung von West-Indien und von Ost-Indien des David Fabricius. Faksimile der Ausgabe von 1612; kommentiert, ins*

Hochdeutsche übertragen, erläutert und mit Abbildungen und alten Karten versehen. Aurich : Ostfriesische Landschaftliche Verl.-und Vertriebsges, 2006.

List (Martha), «Helisäus Röslin, Arzt und Astrologe», in : *Schwäbische Lebensbilder.* Bd. 3, hrsg. von Hermann Haering u. Otto Hohenstatt, Stuttgart : Kohlhammer, 1942, p. 468-480.

List (Martha), Bialas (Volker), *Die Coss von Jost Burgi in der Redaction von Johannes Kepler. Ein Beitrag zur frühen Algebra.* München : Bayerische Akademie der Wissenschaften, 1973. (Nova kepleriana ; 5 Abhandlungen der Bayerischen Akademie der Wissenschaften. Mathematisch-naturwissenschaftliche Klasse ; 154).

Ludwig (Albert), *Die evangelische Pfarrer des badischen Oberlands im 16. und 17. Jahrhundert.* Lahr in Baden : M. Schauenburg, 1934.

Marion (Jean-Luc), *Sur la Théologie blanche de Descartes. Analogie, création des vérités éternelles et fondement.* Paris : Presses universitaires de France, 1981 ; 1991².

McEvoy (James), *Robert Grosseteste.* Oxford : Oxford University Press, 2000. (Great medieval thinkers).

Mehl (Édouard), «Le complexe d'Orphée», in : *Fictions du savoir à la Renaissance, Littératures,* préf. Olivier Guerrier, Toulouse : Presses universitaires du Mirail, 2003, p. 87-100.

Mehl (Édouard), *Descartes en Allemagne, 1619-1620. Le contexte allemand de l'élaboration de la science cartésienne.* Strasbourg : Presses universitaires de Strasbourg, 2001.

Mehl (Édouard), *Descartes et la visibilité du Monde. Les Principes de la Philosophie.* Paris : Presses universitaires de France / CNED, 2009.

Mehl (Édouard), Euclide et la fin de la Renaissance – sur le scolie de la proposition XIII. 18, *Revue d'Histoire des sciences,* 56/2, 2003, 439-455.

Methuen (Charlotte), «De la *sola scriptura* à l'*Astronomia Nova*», in : *Nouveau Ciel, Nouvelle Terre. L'astronomie copernicienne dans l'Allemagne de la Réforme,* Miguel. A. Granada et Édouard Mehl (dir.), Paris : Les Belles Lettres, 2009 (= L'âne d'or ; 30), p. 319-338.

Methuen (Charlotte), «The teaching of Aristotle in the late sixteenth-century Tübingen», in : Constance Blackwell and Sachiko Kusukawa, ed., *Philosophy in the Sixteenth and Seventeenth Centuries. Conversations with Aristotle,* Ashgate : Aldershot, 1999, p. 189-205.

Motta (Uberto), La biblioteca di Antonio Querenghi. L'eredità umanistica nella cultura del primo Seicento, *Studi secenteschi,* 41, 2000, 177-283.

Natorp (Paul), *Descartes' Erkenntnistheorie. Eine Studie zur Vorgeschichte des Kriticismus.* Marburg : N.G. Elwert, 1882.

Pantin (Isabelle), «Kepler's Epitome : New Images for an Innovative Book», in : Sachiko Kusukawa, Ian Maclean, dir., *Transmitting Knowledge :*

Words, Images and Instruments in Early Modern Europe, Oxford: Oxford University Press, 2006, p. 217-237.

Pantin (Isabelle), « Lire les signes du ciel. Tycho Brahe entre prose et poésie », in: *Écrire en vers, écrire en prose: Une poétique de la révélation*; études réunies par Catherine Croisy-Naquet, Nanterre: Université Paris X-Nanterre, 2007 (= Littérales; 41), p. 245-258.

Pantin (Isabelle), La querelle savante dans l'Europe de la Renaissance. Éthique et étiquette, *Enquête. Anthropologie, Histoire, Sociologie* 5, 1997, p. 71-82 et 226-229. [consulté en ligne le 25.6.2011 sur le site: http://enquete. revues.org/].

Pantin (Isabelle), Mise en page, mise en texte et construction du sens dans le livre moderne. Où placer l'articulation entre l'histoire intellectuelle et celle de la disposition typographique, *Mélanges de l'École Française de Rome. Italie et Méditerranée*, 120-2, 2008, 343-361.

Pauli (Wolfgang), *Le cas Kepler*; trad. Marielle Carlier. Paris: Albin Michel, 2002.

Pellegrin (Pierre), Crubellier (Michel), *Aristote. Le philosophe et les savoirs*. Paris: Seuil, 2002. (Points. Essais; 491).

Pellegrin, (Pierre), art. « Médecine », in: Jacques Brunschwig, Geoffrey Lloyd, avec la collab. de Pierre Pellegrin, éd., *Le savoir grec. Dictionnaire critique*, Paris: Flammarion, 1996, p. 439-448.

Principe (Lawrence M.), « The Alchemies of Robert Boyle and Isaac Newton: Alternate Approaches and Divergent Deployments », in: Margaret J. Osler, ed., *Rethinking the Scientific Revolution*, Cambridge: Cambridge University Press, 2000, p. 201-220.

Rabin (Sheila J.), *Two Renaissance Views of Astrology: Pico and Kepler*. Ph.D. Dissertation: New York, 1987.

Rabin (Sheila J.), Kepler's Attitude toward Pico and the Anti-astrology Polemic, *Renaissance Quarterly* 50/3, 1997, 750-770.

Rabin (Sheila J.), Was Kepler's species immateriata substantial?, *Journal for the History of Astronomy*, 36/1, 2005, 49-56.

Raugei (Anna Maria), « Echi della cultura lionese nella biblioteca di Gian Vincenzo Pinelli », in: A. Possenti, G. Mastrangelo (ed.), *Il Rinascimento a Lione*, Roma: Edizioni dell'Ateneo, 1988, 839-880.

Rey (Alain), dir., *Dictionnaire historique de la langue française*, 3 vol., Paris: Le Robert, 2006.

Rivolta (Adolfo), *Catalogo dei codici pinelliani dell'Ambrosiana*. Milano: Tipografia Pontifica Arcivescovile S Giuseppe, 1933.

Rochot (Bernard), Gassendi et les mathématiques, *Revue d'histoire des sciences et de leurs applications*, 10/1, 1957, 69-78.

Ronchi (Vasco), *Il cannocchiale di Galileo e la scienza del Seicento*. Torino: Einaudi, 1958.

Ronchi (Vasco), *Occhi e occhiali*; 2a ed. Bologna: N. Zanichelli, 1951.

Ronchi (Vasco), *Storia della luce*. Bologna: N. Zanichelli, 1939. [Tr. fr. *Histoire de la lumière*, par Juliette Taton. Paris: Armand Colin, 1956].

Rosen (Edward), « Kepler and the Lutheran Attitude towards Copernicus », in: Edward Rosen, *Copernicus and his Successors*, London and Rio Grande: The Hambledon Press, 1995, 217-237.

Rosen (Edward), Kepler's Early Writings, *Journal of the History of Ideas*, 46/3, 1985, 449-454.

Rosen (Edward), Erratum: Kepler's Early Writings, *Journal of the History of Ideas*, 46/4, 1985, 628.

Rosen (Edward), « Kepler's Attitude toward Astrology and Mysticism », in: Brian Vickers, ed., *Occult and Scientific Mentalities in the Renaissance*, Cambridge: Cambridge University Press, 1984, p. 261-264.

Rosen (Edward), Kepler and the Lutheran Attitude towards Copernicanism, *Vistas in Astronomy* 18, 1975, 317-337.

Rosen (Edward), The Invention of Eyeglasses, *Journal for the History of Medicine and Allied Sciences*, 11, 1956, 13-46 and 183-218.

Roudet (Nicolas), Lenke (Nils), Weitere Straßburger Quellen zu Philipp Feselius (1565-1610), *Acta historica Astronomiae* 43, 2011, 173-180.

Roudet (Nicolas), Tampach, Frisch, Caspar: note sur trois éditions du *Tertius interveniens* de Kepler, *Archives internationales d'histoire des sciences*, n° 166-167, 2011, p. 435 *sq.* (à paraître).

Roux (Sophie), Les lois de la nature à l'âge classique: la question terminologique, *Revue de Synthèse,* 2-4, 2001, 531-576.

Russell (J. L.), « Kepler's laws of planetary motion: 1609-1666 », *British Journal for the History of Science*, 2, 1964, 1-24.

Schindling (Anton), « L'école latine et l'Académie de 1538 à 1621 », in: P. Schang et G. Livet, *Histoire du Gymnase Jean Sturm*, Strasbourg: Oberlin, 1988, 16-154.

Schipperges (Heinz), Zur Bedeutung von « physica » und zur Rolle des « physicus » in der abendländischen Wissenschaftsgeschichte, *Sudhoffs Archiv* 60, 1976, 354-374.

Schmitt (Charles B.), *Aristote et la Renaissance*; tr. Luce Giard. Paris: Presses universitaires de France, 1992. (Épiméthée). Trad. de: *Aristotle and the Renaissance*. Cambridge: Harvard University Press, 1983.

Schneider (Ivo), « Trends in german mathematics at the time of Descartes' stay in southern Germany », in: *Mathématiciens francais du XVIIe siècle*. Descartes, Fermat, Pascal, Michel Serfati et Dominique Descotes (dir.), Clermont-Ferrand: Presses Universitaires Blaise Pascal, 2008, 45-67.

Schramm (Matthias), «Zu den Beobachtungen von Mästlin», in: Betsch (Gerhard), Hamel (Jürgen), Hrsg., *Zwischen Copernicus und Kepler. M. Maestlinus Mathematicus Goeppingensis, 1550-1631,* Frankfurt am Main: H. Deutsch, 2002 (= Acta Historica Astronomiae; 17), 64-71.

Schuster (John A.), «Waterworld: Descartes' vortical celestial mechanics» in: *The science of nature in the seventeenth century. Patterns of Change in early modern natural philosophy,* Peter R. Anstay et John A. Schuster, ed., Dordrecht: Springer, 2005, 35-79.

Schwaetzer (Harald), «*Si nulla esset in terra anima*». *Johannes Keplers Seelenlehre als Grundlage seines Wissenschaftsverstandnisses.* Hildesheim: G. Olms, 1997. (Studien und Materialen zur Geschichte der Philosophie; 44).

Schwarzmeier (Hansmartin), «Die feindliche Brüder. Das Jahrhundert der Konfrontation», in: Michael Klein, Hrsg., *Handbuch der Baden-Württembergische Geschichte.* Bd. 2, Stuttgart: Klett-Cotta, 1995, 222-226.

Scriba (Christoph J.), *Mathematische Gesellschaft Hamburg.* Institut für Geschichte der Naturwissenschaften, Mathematik und Technik 1996: www.math. uni-hamburg.de/spag/ign/hh/1fi/mathg-hh.htm.

Seck (Friedrich), Johannes Kepler und der Buchdruck, *Archiv für Geschichte des Buchwesens* 11, 1970, 609-726.

Seebass (Gottfried), *Bibliographia Osiandrica. Bibliographie der gedruckten Schriften Andreas Osianders d. Ä. (1496-1552).* Nieuwkoop: B. De Graaf, 1971.

Segonds (Alain-Philippe), Jardine (Nicholas), «Kepler as reader and translator of Aristotle», in: Constance Blackwell and Sachiko Kusukawa, ed., *Philosophy in the Sixteenth and Seventeenth Centuries. Conversations with Aristotle,* Ashgate: Aldershot, 1999, 206-233.

Segonds (Alain-Philippe), Jardine (Nick), «A challenge to the reader: Petrus Ramus on astrologia without hypotheses», in: Mordechai Feingold, J. S. Freedman and W. Rother (dir.), *The Influence of Petrus Ramus: Studies in Sixteenth and Seventeenth Century Philosophy and Sciences,* Basel: Schwabe, 2001, 248-266.

Sesmat (Augustin), *Le système absolu classique et les mouvements réels, étude historique et critique.* Paris: Hermann, 1936.

Shea (William R.), Galileo, Scheiner, and the Interpretation of Sunspots, *Isis* 61, 1970, 498-519.

Simon (Gérard), *Kepler astronome astrologue.* Paris: Gallimard, 1979. (Bibliothèque des sciences humaines).

Simon (Gérard), «L'astrologie dans la pensée du XVIe siècle», in: *Sciences et savoirs aux XVIe et XVIIe siècles,* Villeneuve d'Ascq: Presses universitaires du Septentrion, 1996 (= Savoirs et systèmes de pensée), 63-75.

Simon (Gérard), *Sciences et histoire.* Paris: Gallimard, 2008. (Bibliothèque des histoires).

Spanneut (Michel), *Le stoïcisme des Pères de l'Église, de Clément de Rome à Clément d'Alexandrie*. Paris: Seuil, 1957. (Patristica Sorbonensia; 1).

Stella (A.), «Galileo, il circolo culturale di Gian Vincenzo Pinelli e la 'patavina libertas'», in: Galileo a Padova, Trieste: Edizioni Lint, 1995, p. 325-344.

Steneck (Nicholas H.), *Science and Creation in the Middle Ages: Henry of Langenstein (d. 1397) on Genesis*. Notre Dame: University of Notre Dame Press, 1976.

Stephenson (Bruce), *Kepler's Physical Astronomy*. Princeton [N.J.]: Princeton University Press, 1987.

Straker (Stephen M.), Kepler, Tycho and the Optical part of astronomy, *Archive for History of Exact Science*, 24, 1981, 267-293.

Tannen (Karl), Hrsg., *Island und Gronland zu Anfang des 17. Jahrhunderts kurz und bundig nach wahrhaften Berichten beschrieben von David Fabricius, weil. Prediger und Astronomen zu Osteel in Ostfriesland. In Original und Übersetzung herausgegeben und mit geschichtlichen Vorbemerkungen versehen*. Bremen: H. Silomon, 1890.

Tanona (Scott), «The anticipation of necessity: Kant on Kepler's Laws and universal gravitation», *Philosophy of science*, 67, 2000, 421-443.

Tessicini (Dario), art. «[G. Bruno] Astronomia», in: *Enciclopedia bruniana e campa-nelliana*; dir. E. Canone & Germana Ernst, vol. II, Pisa; Roma: F. Serra, 2010 (= Supplementi di «Bruniana & Campanelliana». Enciclopedie et lessici; 2), col. 16-26.

Tessicini (Dario), *I dintorni dell' infinito. Giordano Bruno e l'astronomia del Cinquecento*. Pisa; Roma: F. Serra, 2007. (Supplementi di «Bruniana & Campanelliana». Studi; 9).

Texier (Roger), *Descartes physicien*. Paris: L'Harmattan, 2008. (L'ouverture philosophique).

Thonnard (François-Joseph), «Caractère platonicien de l'ontologie augustinienne», in: *Augustinus Magister*, Paris: Études augustiniennes, 1954, vol. 1, 317-327.

Thorndike (Lynn), *History of Magic and experimental Science*; 8 vol. New York: Columbia University Press, 1923-1958.

Thorndike (Lynn), The true Place of Astrology in the History of Science, *Isis*, 46/3, 1955, 273-278.

Tredwell (Katherine A.), Michael Maestlin and the Fate of the *Narratio prima*, *Journal for the History of Astronomy* 35, 2004, 305-325.

van Berkel (Klaas), *Isaac Beeckman (1588-1637) en de Mechanisering van het wereldbeeld*. Amsterdam: Rodopi, 1983.

van Helden (Albert), «Galileo's Telescope»; page web: http://cnx.org>content

van Helden (Albert), The 'Astronomical Telescope', 1611-1650, *Annali dell'Istituto e Museo di Storia della Scienza di Firenze*, 1(2), 1976, 13-36.

van Helden (Albert), The Invention of the Telescope, *Transactions of the American Philosophical Society*, 67/4, 1977, 3-67.

van Helden (Albert), The Telescope in the Seventeenth Century, *Isis*, 65, 1974, 38-58.

Voelkel (James R.), Publish or Perish: Legal contingencies and the Publication of Kepler's Astronomia nova, *Science in Context* 12-1, 1999, 33-59.

Voelkel (James R.), *The Composition of Kepler's* Astronomia nova. Princeton: Princeton University Press, 2001.

Wattenberg (Dietrich), *David Fabricius. Der Astronom Ostfrieslands (1564-1617)*. Berlin-Treptow: Archenhold-Sternwarte, 1964.

Westfall (Richard), *Force in Newton's Physics. The Science of Dynamics in the Seventeenth century*. London; New York: Macdonald-American Elsevier, 1971.

Westman (Robert S.), «Was Kepler a Secular Theologian?», in: Robert S. Westman and David Biale, eds., *Thinking Impossibilities. The Intellectual Legacy of Amos Funkenstein*, Toronto-Buffalo-London: University of Toronto Press, 2008, 34-62.

Whiteside (Derek T.), Keplerian Planetary Eggs, laid and unlaid, 1600-1605, *Journal for the History of Astronomy*, 5, 1974, 1-21.

Whiteside (Derek T.), Newton's early thoughts on planetary motion: a fresh look, *British Journal for the History of Science* 2, 1964, 117-137.

Wolf (Rudolf), Mittheilungen über die Sonnenflecken, VI, *Vierteljahrsschrift der Naturforschenden Gesellschaft in Zürich* 3, 1858, 124-154.

Wolfson (Harry A.), The Problem of the Soul of the Spheres from the Byzantine Commentaries on Aristotle to Kepler, *Dumbarton Oaks Papers*, 16, 1962, 67-93.

Zinner (Ernst), *Verzeichnis der astronomischen Handschriften des deutschen Kulturgebietes*. München: C.H. Beck, 1925.

Zorzi (M.), «Le biblioteche a Venezia nell'età di Galileo», in: *Galileo a Padova*, Trieste: Edizioni Lint, 1995, 165-168.

Index *locorum*

Nicolas Roudet

Manuscrits

Index *nominum*

Nicolas Roudet

I. Auteurs anciens

Nota bene : les mentions en italiques pour les auteurs anciens renvoient aux notes de bas de page ou bien à un emploi générique du nom propre (*e. g.* «aristotélisme», «galiléen», etc.)

II. Auteurs modernes

Table des matières

Ce volume,
le trente-sixième
de la collection « L'Âne d'or »
publié aux Éditions les Belles Lettres
a été achevé d'imprimer
en octobre 2011
sur les presses
de l'imprimerie SEPEC
01960 Peronnas

N° d'éditeur : 7323 - N° d'imprimeur : 05425111064
Dépôt légal : novembre 2011
Imprimé en France